Diferentes

Frans de Waal

Diferentes

O que os primatas nos ensinam sobre gênero

Com desenhos e fotografias do autor

Tradução:
Laura Teixeira Motta

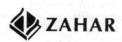

Copyright © 2022 by Frans de Waal

Os direitos sobre todos os desenhos pertencem ao autor. Todas as fotografias são de direito do autor, salvo quando indicado em contrário.

Grafia atualizada segundo o Acordo Ortográfico da Língua Portuguesa de 1990, que entrou em vigor no Brasil em 2009.

Título original
Different: Gender Through the Eyes of a Primatologist

Capa e ilustração
Rafael Nobre

Revisão técnica
Dr. José H. F. Mello

Preparação
Angela Ramalho Vianna

Índice remissivo
Gabriella Russano

Revisão
Jane Pessoa
Nestor Turano Jr.

Dados Internacionais de Catalogação na Publicação (CIP)
(Câmara Brasileira do Livro, SP, Brasil)

Waal, Frans de
    Diferentes: O que os primatas nos ensinam sobre gênero / Frans de Waal ; tradução Laura Teixeira Motta. — 1ª ed. — Rio de Janeiro : Zahar, 2023.

    Título original : Different: Gender Through the Eyes of a Primatologist.
    Bibliografia
    ISBN 978-65-5979-107-1

    1. Comportamento sexual 2. Gênero e sexualidade 3. Primatas – Comportamento 4. Sexo – Aspectos sociais. I. Título.

23-149315   CDD: 306.7

Índice para catálogo sistemático:
1. Comportamento sexual : Sociologia   306.7

Eliane de Freitas Leite – Bibliotecária – CRB-8/8415

Todos os direitos desta edição reservados à
EDITORA SCHWARCZ S.A.
Praça Floriano, 19, sala 3001 — Cinelândia
20031-050 — Rio de Janeiro — RJ
Telefone: (21) 3993-7510
www.companhiadasletras.com.br
www.blogdacompanhia.com.br
facebook.com/editorazahar
instagram.com/editorazahar
twitter.com/editorazahar

Para Catherine,
que faz toda a diferença

Sumário

Introdução   9

1. **Diga-me com o que brinca**   33
Como meninos, meninas e outros primatas brincam

2. **Gênero**   60
Identidade e autossocialização

3. **Seis meninos**   91
Como cresci sem irmãs na Holanda

4. **A metáfora errada**   120
O exagero do patriarcado primata

5. **A irmandade das bonobos**   149
Um reexame do grande primata esquecido

6. **Sinais sexuais**   182
Genitália, face, beleza

7. **O jogo do acasalamento**   211
O mito da fêmea recatada

8. **Violência**   247
Estupro, assassinato e os cães da guerra

9. **Machos e fêmeas alfa**   280
Diferença entre dominância e poder

10. Manter a paz 318
Rivalidade, amizade e cooperação entre membros do mesmo sexo

11. Criação 358
Cuidados maternos e paternos com a prole

12. Sexo com o mesmo sexo 400
Animais carregando a bandeira do arco-íris

13. O problema do dualismo 431
Mente, cérebro e corpo são uma unidade

Agradecimentos 447
Notas 449
Referências bibliográficas 481
Índice remissivo 519

Introdução

O DIA MAIS TRISTE da minha carreira começou com um telefonema avisando que meu chimpanzé macho favorito tinha sido trucidado por dois rivais. Corri de bicicleta para o Zoológico Burgers, na Holanda, e encontrei Luit sentado numa poça de sangue, prostrado, com a cabeça apoiada nas barras da sua jaula noturna. Normalmente arredio, ele deu um suspiro profundo quando afaguei sua cabeça. Mas era tarde demais. Luit morreu naquele mesmo dia, na mesa de cirurgia.

A rivalidade entre chimpanzés machos pode alcançar tamanha intensidade que eles se matam, e não só no zoológico. Hoje temos uma dúzia de relatos sobre machos em alta posição hierárquica que foram chacinados em lutas por poder. Na competição pelo topo, machos oportunistas firmam e rompem alianças, traem, tramam ataques. Sim, eles tramam, pois não foi por acidente que as agressões a Luit ocorreram no recinto noturno, onde três machos adultos ficavam separados do resto da colônia. O resultado talvez fosse outro na grande ilha arborizada da mais conhecida colônia de chimpanzés do mundo. As fêmeas dessa espécie não hesitam em interromper os confrontos entre machos. Embora Mama, a fêmea alfa, não pudesse impedir a politicagem dos machos, ela não admitia derramamento de sangue. Se estivesse presente na ocasião, sem dúvida teria convocado suas aliadas para intervir.

A morte repentina de Luit me afetou profundamente. Ele tinha sido uma figura amistosa que, como líder, trazia paz e harmonia. Porém, mais que tudo, eu estava muito decepcionado. Até então as batalhas que havia presenciado sempre terminavam em reconciliação. Os rivais trocavam beijos e abraços depois de cada briga e eram perfeitamente capazes de administrar suas desavenças. Ou pelo menos eu assim pensava. Na maior parte do tempo, os chimpanzés machos adultos convivem amistosamente, se dedicam à catação* uns nos outros e aprontam escaramuças para se divertir. A briga desastrosa ensinou-me que as coisas também podem sair de controle e que esses mesmos machos são capazes de matar intencionalmente uns aos outros. Pesquisadores de campo descreveram ataques na floresta em tons similares. Parecem convictos o suficiente para falar em "assassinato".

A agressividade exacerbada entre chimpanzés machos tem seu equivalente nas fêmeas. No entanto, para elas, as circunstâncias que desencadeiam a ira são bem diferentes. Até os machos maiores sabem que toda mãe se transformará em um furacão se eles levantarem um dedo contra sua cria. Ela se tornará tão destemida e furiosa que nada poderá detê-la. A ferocidade com que uma mãe primata defende suas crias excede a que ela exibiria em defesa própria. O comportamento protetor materno é uma característica tão universal nos mamíferos que virou alvo de gracejo entre os humanos — por exemplo, quando Sarah Palin, candidata a vice-presi-

---

* Catação (*grooming*, em inglês) é a prática social dos símios de limpar, alisar, catar (pulgas, carrapatos etc.) e acariciar os pelos do corpo de seus companheiros de bando. (N. T.)

Introdução 11

dente dos Estados Unidos, referiu-se a si mesma como Mamãe Ursa ["Mama Grizzly"*].

O maior medo dos *fandis* (caçadores de outrora, que capturavam elefantes selvagens para trabalhar na extração de madeira) nas selvas da Tailândia não era aprisionar um macho de presas enormes. Um macho grande preso em cordas representava um perigo menos gritante do que um filhote capturado enquanto a mãe pudesse ouvi-lo. Não foram poucos os *fandis* que tiveram a vida ceifada por uma elefanta furiosa.[1]

Na nossa espécie, a defesa dos filhos pela mãe é tão previsível que, segundo a Bíblia Hebraica, o rei Salomão contou com ela. Procurado por duas mulheres que disputavam a maternidade de um bebê, o rei mandou trazer uma espada. Propôs dividir a criança ao meio e dar metade para cada mulher. Uma delas aceitou o veredicto, mas a segunda protestou e implorou para que então ele desse o bebê à primeira. E foi assim que o rei soube quem era a verdadeira mãe. Como disse Agatha Christie, "o amor de uma mãe pelo filho não tem igual no mundo. Não conhece lei nem piedade, ousa tudo e esmaga sem remorso o que se puser em seu caminho".[2]

Mas enquanto admiramos as mães que defendem seus filhos, não vemos com bons olhos a beligerância dos machos humanos. Meninos e homens frequentemente instigam confrontos, ostentam agressividade, escondem vulnerabilidades e buscam o perigo. Nem todo mundo aprecia homens que adotam essas atitudes, e alguns especialistas as desaprovam. Quando dizem que o comportamento masculino é impelido

---

* O *grizzly*, ou urso-cinzento, é uma espécie famosa pela ferocidade e pela agressividade. (N. T.)

pela "ideologia tradicional da masculinidade", isso não é um elogio. Em um documento de 2018, a American Psychological Association, a APA, definiu essa ideologia como algo baseado em "antifeminilidade, realização, repúdio a demonstrações de fraqueza, aventura, risco e violência". A tentativa da APA de salvar os homens dessa ideologia reavivou o debate sobre a "masculinidade tóxica", mas também desencadeou uma reação contrária a essa generalização do comportamento masculino típico.[3]

É fácil ver por que os padrões masculinos e femininos de agressividade são avaliados de modos tão distintos: só os primeiros trazem problemas à sociedade. Horrorizado com a morte de Luit, eu não quero retratar a rivalidade entre machos como um passatempo inócuo. Mas quem diz que ela é produto da ideologia? Aqui há um pressuposto enorme: o de que somos os senhores e moldadores do nosso próprio comportamento. Se fosse verdade, isso não contrastaria com o comportamento de outras espécies? No entanto, não é o que geralmente acontece. Na maioria dos mamíferos, os machos competem por status ou território enquanto as fêmeas defendem vigorosamente as crias. Independente de aprovarmos ou não esse comportamento, não é difícil ver como ele evoluiu. Para ambos os sexos, ele sempre foi o bilhete de ingresso para um legado genético.

A ideologia não tem nada a ver com isso.

As DIFERENÇAS DE COMPORTAMENTO entre os sexos nos animais e nos humanos suscitam questões que estão no cerne de quase todos os debates sobre gênero na nossa espécie.

Introdução

O comportamento de homens e mulheres difere de maneira natural ou artificial? Quanto esses comportamentos são realmente diferentes? E há dois gêneros apenas ou mais?

Antes de entrar nesse assunto, porém, quero deixar claro por que me interesso por ele e qual é a minha posição. Não pretendo justificar as relações de gênero vigentes entre os humanos descrevendo a nossa herança primata; tampouco acho que tudo está bem do jeito que está. Reconheço que os gêneros não são iguais e nunca foram, até onde a nossa memória alcança. As mulheres levam a pior na nossa sociedade e em quase todas as outras. Elas tiveram de lutar para conseguir cada melhoria, do direito à educação e ao voto até a legalização do aborto e a remuneração igual. Não são melhorias de pouca importância. Alguns direitos só foram reconhecidos recentemente, alguns ainda encontram resistência, enquanto outros foram alcançados mas estão constantemente sob ataque. Vejo tudo isso como uma tremenda injustiça, e me considero feminista.

O menosprezo pelas habilidades inatas das mulheres tem longa tradição no Ocidente, e remonta, no mínimo, a dois milênios atrás. É assim que a desigualdade entre os gêneros sempre foi justificada. Por exemplo, o filósofo alemão oitocentista Arthur Schopenhauer achava que as mulheres permaneciam a vida inteira como crianças que vivem no presente, enquanto os homens tinham a capacidade de pensar no futuro. Para outro filósofo alemão, Georg Wilhelm Friedrich Hegel, os "homens correspondem aos animais, enquanto as mulheres correspondem às plantas".[4] Não me pergunte o que Hegel quis dizer, mas, como observou a britânica Mary Midgley, filósofa da moral, quando o assunto são as mulheres, os pesos-pesados do pensamento ocidental produziram reflexões extraordinariamente tolas. E nisso não vemos nada de sua costumeira divergência de opiniões: "Não pode haver muitas questões sobre as quais Freud, Nietzsche, Rousseau e Schopenhauer concordem amistosamente uns com os outros e ainda com Aristóteles, são Paulo e São Tomás de Aquino, mas sobre as mulheres as opiniões deles são extremamente parecidas".[5]

Nem meu caríssimo Charles Darwin escapou a essa tendência. Em carta a Caroline Kennard, americana defensora dos direitos das mulheres, Darwin registrou sua opinião sobre as mulheres: "Parece-me que pelas leis da hereditariedade é grande a dificuldade para que elas se tornem equivalentes intelectuais do homem".[6]

Tudo isso numa época em que as disparidades na educação explicariam facilmente os contrastes intelectuais propostos. Quanto às "leis da hereditariedade" de Darwin, só posso dizer que dediquei toda a minha carreira ao estudo da inteligência animal e nunca notei uma diferença sequer entre os sexos. Temos indivíduos brilhantes e não tão brilhantes de ambos os lados, mas centenas de estudos, meus e de outros, não revelaram disparidades cognitivas. Embora não faltem contrastes comportamentais entre machos e fêmeas primatas, suas capacidades mentais só podem ter evoluído lado a lado. Também na nossa espécie, até os domínios cognitivos tradicionalmente associados a um gênero e não ao outro, como a habilidade matemática, revelam-se indistinguíveis por gênero quando testados em uma amostra grande o suficiente.[7] A ideia de que um dos gêneros é mentalmente superior não tem respaldo na ciência moderna.

Uma segunda questão que precisa ser esclarecida é a visão estereotipada que se tem dos nossos colegas primatas, perspectiva que às vezes é usada para defender desigualdades

Introdução

na sociedade humana. Na imaginação popular, um macaco macho chefe é "dono" de fêmeas, que passam a vida fazendo bebês e obedecendo às ordens dele. A principal inspiração para essa ideia foi um estudo sobre babuínos feito um século atrás que, como explicarei, tinha falhas substanciais e deu origem a uma metáfora dúbia.[8] Infelizmente, ele atingiu o público como uma flecha que se mostrou impossível de extrair, apesar de todas as informações em contrário coligidas desde então. A supremacia masculina como ordem natural foi promulgada vezes sem conta por uma profusão de autores populares no século passado, e um livro de 2002 intitulado *King of the Mountain* [Rei da Montanha], do psiquiatra americano Arnold Ludwig, ainda afirma:

> A maioria dos humanos foi programada social, psicológica e biologicamente com a necessidade de uma única figura masculina dominante para governar suas vidas em comum. E essa programação corresponde acentuadamente ao modo como quase todas as sociedades de primatas antropoides são governadas.[9]

Um dos meus objetivos neste livro é desiludir os leitores quanto a essa noção de que há obrigatoriedade de haver um senhor supremo masculino. O estudo sobre primatas, em sua origem, contemplou uma espécie da qual não somos particularmente próximos. Pertencemos a uma pequena família de primatas (grandes primatas sem cauda), e não de macacos como os babuínos. Quando estudamos nossos parentes mais próximos, os grandes primatas não humanos, revela-se um panorama com outras nuances, no qual os machos exercem menos controle do que se imaginava.

Embora seja inegável que os primatas machos podem se comportar como brutamontes opressores, também precisamos perceber que eles não ganharam sua agressividade e sua vantagem em tamanho para dominar as fêmeas. Não é para isso que eles vivem. Considerando as demandas ecológicas, as fêmeas evoluíram para ter o tamanho perfeito. Seus corpos são ótimos para coletar os alimentos que devem coletar, para a magnitude dos seus deslocamentos, para o número de crias que têm e para se esquivar dos predadores dos quais se esquivam. A evolução levou os machos a se desviarem desse ideal para melhor lutarem uns contra os outros.[10] Quanto mais intensa a competição entre eles, mais imponentes são suas características físicas. Em algumas espécies, como o gorila, os machos têm o dobro do tamanho das fêmeas. Como o objetivo da luta entre os machos é chegar perto das fêmeas com as quais possam se reproduzir, o propósito deles nunca é machucá-las ou tirar-lhes a comida. De fato, a maioria das fêmeas primatas desfruta de muita autonomia e passa seu dia procurando alimentos para si mesmas e socializando umas com as outras, os machos são periféricos na existência delas. A sociedade primata típica é, em essência, uma rede de parentesco feminina gerida por matriarcas mais velhas.

Ouvimos essa mesma reflexão no relançamento de *O Rei Leão*. No filme, o leão macho é retratado como o chefe — porque a maior parte das pessoas não consegue conceber um reino de qualquer outro modo. A mãe de Simba, o leãozinho destinado a tornar-se o próximo rei, praticamente não tem papel algum. No entanto, embora seja verdade que os leões são maiores e mais fortes que as leoas, eles não têm uma posição central no bando, que é sobretudo uma irmandade feminina,

Introdução

que se incumbe da maior parte das caçadas e dos cuidados com a prole. Os leões machos permanecem no grupo por poucos anos até serem expulsos por rivais vindos de fora. Como observou Craig Parker, um dos principais especialistas em leões do mundo, "as fêmeas são o cerne. O coração e a alma do bando. Os machos vêm e vão".[11]

Quando nos compara a outras espécies, a mídia popular apresenta uma realidade superficial. A realidade profunda pode ser bem diferente. Pode refletir diferenças substanciais entre os sexos, mas não necessariamente aquelas que suporíamos. Além disso, muitos primatas têm o que chamo de *potenciais*, isto é, capacidades que raramente são expressas ou que são difíceis de ver. Um bom exemplo é a liderança feminina, como descrevi no meu livro *O último abraço da matriarca*, pois Mama, a matriarca do título e por longo tempo a fêmea alfa no Zoológico Burgers, foi absolutamente fundamental para a vida social, ainda que, se medíssemos pelos resultados das lutas, ela se classificasse abaixo dos machos superiores. O macho mais velho também ficava abaixo destes, porém era igualmente fundamental. Compreender como esses dois grandes primatas idosos lideravam juntos uma numerosa colônia de chimpanzés requer olhar para além da dominância física e reconhecer quem toma as decisões sociais determinantes. Precisamos distinguir entre poder político e dominância. Em nossas sociedades, ninguém confunde poder com força muscular, e o mesmo acontece nas sociedades de outros primatas.[12]

Outro potencial é a capacidade dos primatas machos para cuidar. Nós a vislumbramos às vezes após a morte de uma mãe, quando de repente o órfão chora pedindo atenção. Na natureza, já foram observados chimpanzés machos adultos que adotaram um bebê e cuidaram dele amorosamente, às vezes durante anos. O macho desacelera seus deslocamentos para que o pequeno adotado consiga acompanhá-lo, procura-o quando ele se perde e tem um comportamento tão protetor quanto o de uma mãe. Como os cientistas tendem a enfatizar os comportamentos típicos, nem sempre estudamos mais atentamente esses potenciais. Ainda assim, é possível buscar uma analogia com papéis de gênero humanos, pois vivemos em uma sociedade que está em mudança permanente, testando os limites daquilo de que a nossa espécie é capaz. Portanto, há muita razão para pensar que podemos aprender sobre nós mesmos fazendo comparações com outros primatas.[13]

Mesmo quem duvida de explicações evolutivas e acredita que as mesmas regras não se aplicam a nós terá de admitir uma verdade básica sobre a seleção natural. Nenhuma pessoa hoje no planeta poderia ter chegado aqui se não fossem os ancestrais que sobreviveram e se reproduziram. Todos os nossos ancestrais conceberam filhos e os criaram com êxito ou ajudaram outros a criar os deles. Não há exceções a essa regra, pois quem não fez isso não se tornou ancestral de ninguém.

Seus genes estão ausentes do reservatório gênico.

A SOCIEDADE MODERNA está pronta para uma correção de diferenças de poder e privilégios entre os gêneros. Mas as mulheres não podem obter isso sozinhas. Os papéis de gênero são tão interligados que tanto os homens como as mulheres precisarão mudar ao mesmo tempo. Alguns desses ajustes já

Introdução

estão em andamento. Vejo uma geração mais jovem fazendo as coisas de modos bem diferentes dos da minha geração, por exemplo, com participação maior dos homens nos cuidados com os filhos e o ingresso das mulheres em trabalhos dominados por homens. Para avançar é preciso que os homens embarquem. Por isso é que detesto generalizações, por exemplo culpar os homens por tudo o que está errado no mundo. Chamar de "tóxicas" certas expressões de masculinidade não é minha ideia de feminismo. Por que estigmatizar todo um gênero? Concordo com a atriz americana Meryl Streep quando ela afirma que isso é desnecessário: "Magoamos nossos rapazes quando chamamos alguma coisa de masculinidade tóxica. Mulheres podem ser tóxicas pra caramba... é gente tóxica".[14]

É quase impossível sabermos a origem da maioria das diferenças de gênero no cotidiano dos seres humanos. Afinal de contas, nossa cultura faz pressão constante tanto sobre os homens como sobre as mulheres. Espera-se que todo mundo se encaixe num molde e obedeça às regras de masculinidade e feminilidade. É assim que criamos gênero? E será que o gênero suplantou o sexo biológico? No entanto, esta não pode ser a resposta completa. Outros primatas não estão sujeitos às nossas normas de gênero, porém frequentemente agem como nós, e nós agimos como eles. Embora o comportamento deles também possa obedecer a normas sociais, essas normas derivam da cultura *deles*, não da nossa. Mais provável é que as similaridades entre o comportamento deles e o nosso reflitam uma biologia que temos em comum.

Outros primatas oferecem um espelho para nós mesmos, o que nos permite ver o gênero sob uma luz diferente. Contudo, eles não são iguais a nós, portanto oferecem uma comparação mas não um modelo para imitarmos. Acrescentei essa ressalva porque às vezes afirmações factuais são interpretadas como normativas, mas não são. Algumas pessoas têm dificuldade para pensar em descrições de outros primatas sem relacioná-las a si mesmas. Elogiam esses seres por agirem de modos que elas aprovam e se incomodam quando fazem coisas que elas detestam ver. Como estudo dois tipos de grandes primatas com relações radicalmente diferentes entre os sexos, capto imediatamente essas reações na plateia quando faço palestras sobre o assunto. Algumas pessoas reagem como se minhas descrições fossem aprovativas. Sempre que falo sobre chimpanzés, elas acham que sou fã do poder e da brutalidade masculinos. Como se eu pensasse que seria ótimo se os homens agissem assim também! E quando discorro sobre a vida social dos bonobos, meus ouvintes têm certeza de que acho o máximo o erotismo das fêmeas e o controle que elas exercem. Na verdade, gosto tanto dos bonobos quanto dos chimpanzés, e para mim eles são igualmente fascinantes. Eles revelam lados diferentes de nós mesmos. Temos um pouco de cada grande primata em nós, porém além disso tivemos vários milhões de anos para adquirir, pela evolução, as nossas características exclusivas.

Um exemplo de ocasião em que ouvintes se zangaram aconteceu quando eu era jovem e fiz uma palestra no Zoológico Burgers sobre os chimpanzés que eu estudava lá. Eu falava para vários tipos de público, desde a associação dos padeiros até a academia de polícia e professores e alunos de escolas elementares. Todos gostavam das minhas histórias, até o dia em que fiz a palestra para um grupo de advogadas.

Introdução

Elas ficaram visivelmente irritadas com minha mensagem e até me chamaram de "sexista", acusação que havia acabado de entrar na moda na época. Mas como é que podiam concluir tudo isso se eu não tinha dito uma palavra sequer sobre o comportamento humano?

Eu tinha descrito as diferenças entre chimpanzés machos e fêmeas. Os machos fazem simulações de agressividade espetaculares para expressar sua ânsia de poder. São estrategistas, sempre planejando a próxima manobra. Já as fêmeas passam a maior parte do tempo em catação e socializando. Concentram-se nos relacionamentos e na família. Também mostrara, todo orgulhoso, fotos do nosso mais recente baby boom na colônia. Só que minhas ouvintes não estavam a fim de achar uma gracinha os bebezinhos primatas.

No final, as advogadas me perguntaram como eu podia ter tanta certeza de que os machos dominavam as fêmeas. Não seria o contrário? Elas sugeriram que talvez eu tivesse uma ideia errada sobre dominância. Embora eu dissesse que tinha visto machos vencerem lutas, na realidade era bem possível, argumentaram elas, que as fêmeas tivessem vencido. Eu, que tinha passado todos os dias e milhares de horas com os chimpanzés, estava sendo corrigido por pessoas que mal sabiam distinguir um chimpanzé de um gorila! Na minha área de estudo não faltavam mulheres especialistas, mas eu nunca tinha ouvido descrições de chimpanzés que não apontassem a dominância dos machos. Falo apenas da superioridade física, uma perspectiva restrita, mas ainda assim significativa. Os chimpanzés machos são maiores e mais robustos do que as fêmeas e têm constituição de fisiculturista, com braços e ombros possantes e pescoço grosso. Além disso, possuem caninos longos, quase como os dos leopardos, o que não vemos nas fêmeas. Elas não são páreo para eles. A única exceção ocorre quando as fêmeas se unem.

Naquele mesmo dia, durante uma visita à ilha dos chimpanzés, o grupo de advogadas mudou um pouco de ideia quando viu pessoalmente alguns incidentes que confirmaram minha argumentação. Mas isso não contribuiu para melhorar o estado de espírito delas.

Tempos mais tarde, quando eu trabalhava com bonobos e dava palestras sobre eles, aconteceu o oposto. Chimpanzés e bonobos são símios antropoides, ambos geneticamente muito próximos de nós, porém mostram diferenças surpreendentes no comportamento. A sociedade dos chimpanzés é agressiva, territorial e liderada por machos. Os bonobos são pacíficos, adoram fazer sexo e são dominados por fêmeas. Como duas espécies de grandes primatas poderiam contrastar mais? Os bonobos desmentem a ideia de que saber mais sobre nossos parentes primatas fatalmente reforçará estereótipos de gênero. Eu sou o cientista que os apelidou de primatas "paz e amor", e iniciei meu primeiro artigo de divulgação científica sobre essa espécie dizendo: "Em uma fase da história na qual as mulheres buscam a igualdade com os homens, a ciência traz um presente atrasado para o movimento feminista". Isso foi nos idos de 1995.[15]

As plateias aplaudem os bonobos. Adoram esses primatas, acham que eles trazem luz numa época em que a biologia lhes parece sombria. A escritora Alice Walker dedicou seu livro *By the Light of My Father's Smile* [Pela luz do sorriso do meu pai] ao nosso parentesco próximo com os bonobos, e a colunista do *New York Times* Maureen Dowd certa vez misturou comen-

Introdução

tários políticos com louvores ao éthos igualitário dos bonobos. Eles já foram chamados de "os primatas politicamente corretos", tanto pela dominância inversa entre machos e fêmeas como por sua vida sexual incrivelmente diversificada. Bonobos fazem sexo em todas as combinações de parceiros, não apenas macho com fêmea. Sempre gosto de falar sobre os nossos parentes hippies, mas penso que não convém confundir desejo com realidade quando fazemos comparações evolutivas. Não podemos simplesmente escolher no reino animal as espécies de que gostamos mais.

Se temos dois parentes grandes primatas que são igualmente próximos de nós, então eles são igualmente relevantes para nossas discussões sobre a relação entre os sexos. Este livro dará ênfase a essas duas espécies, embora os chimpanzés sejam conhecidos pela ciência há muito mais tempo e tenham sido mais bem estudados. Dedicarei menos atenção a outros primatas, como os macacos, que são mais distantes de nós.

O ASSUNTO DAS DIFERENÇAS DE GÊNERO desperta emoções de um jeito ou de outro. É uma área sobre a qual todo mundo tem opiniões arraigadas, algo a que não estamos acostumados quando estudamos animais. Os primatólogos procuram não julgar. Nem sempre conseguimos, porém jamais classificamos comportamentos como certos ou errados. Nosso trabalho inclui a interpretação, que é inevitável, mas da nossa boca você não ouvirá termos como "abominável" para o comportamento de machos, nem "maldosas" para qualificar as fêmeas de uma espécie. Aceitamos o comportamento como ele é. Essa atitude tem uma longa tradição entre os naturalistas. Embora o louva-a-deus macho literalmente perca a cabeça durante a cópula, ninguém irá censurar as fêmeas. Do mesmo modo e pela mesma razão, não julgamos o calau macho, que traz bocados de argila para que sua parceira se emparede na cavidade do ninho por semanas. Tudo o que fazemos é nos perguntar por que a natureza atua dessa maneira.

Esse também é o modo como um primatólogo observa uma sociedade. Não nos preocupamos com a questão de um comportamento ser ou não desejável; em vez disso, tentamos descrevê-lo da melhor maneira possível. É mais ou menos como na paródia de vídeos da BBC na qual David Attenborough, o naturalista e celebridade da TV, narra os rituais de acasalamento da nossa espécie. Enquanto na tela um vídeo mostra universitários entornando cerveja em um bar canadense, a voz suave de Attenborough entoa que "o ar está denso com o odor das fêmeas" e "cada macho procura mostrar que é forte e habilidoso". O vídeo termina com um "vencedor" na cama com uma das mulheres, enquanto ela assume o domínio da situação.[16]

Isso é sexista? Só se você acreditar que qualquer alusão a comportamentos típicos de cada sexo implica uma postura política. Vivemos numa época em que algumas pessoas sistematicamente alardeiam diferenças entre os sexos como se elas estivessem por toda parte, enquanto outras tentam apagá-las, retratando-as como insignificantes. O primeiro grupo enfocará diferenças pouco importantes na memória espacial, no raciocínio moral ou em qualquer outra coisa, e lhes dará uma ênfase desproporcional. Suas conclusões costumam ser amplificadas pela mídia, que transformará a variação de alguns pontos percentuais em favor de um ou outro sexo em uma diferença gri-

Introdução 25

tante. Certos autores dirão até que homens e mulheres vêm de planetas diferentes. Outro grupo fará o oposto: atenuará qualquer afirmação sobre como os homens e as mulheres diferem. "Isso não se aplica a todos nós" ou "É produto do ambiente", dirão os desse grupo. Sua palavra-chave é "socialização", por exemplo, quando garantem que "os homens são socializados para competir" ou "as mulheres são socializadas para cuidar dos outros". Alegam saber de onde vêm as diferenças no comportamento, e certamente não da biologia.

Uma das defensoras pioneiras desta segunda posição é a filósofa americana Judith Butler, que considera "macho" e "fêmea" meras construções. Em um artigo importante, escrito em 1988, ela declarou: "Como o gênero não é um fato, os vários atos de gênero criam a ideia de gênero, e sem esses atos não haveria gênero algum".[17] Essa é uma posição radical com a qual não posso concordar. No entanto, considero *gênero* um conceito útil. Toda cultura tem normas, hábitos e papéis distintos para os sexos. O termo gênero refere-se aos invólucros aprendidos que transformam uma fêmea biológica em uma mulher e um macho biológico em um homem. É verdade que somos seres inteiramente sociais. Eu diria até que o conceito de gênero talvez também possa aplicar-se a outros primatas. Os grandes primatas não humanos tornam--se adultos por volta dos dezesseis anos de idade, o que lhes dá bastante tempo para aprender com outros. Se isso altera neles o comportamento típico de seu sexo, devemos falar em gêneros também nesse caso.

Gênero também abrange identidades que não correspondem ao sexo biológico, por exemplo as dos homens e mulheres transgênero. E há outras exceções, como quando o sexo anatômico ou cromossômico de uma pessoa é difícil de classificar, ou quando pessoas não se identificam nem com um gênero nem com o outro. Ainda assim, para a maioria das pessoas, gênero e sexo são congruentes. Apesar de seus significados diferentes, esses dois termos permanecem fortemente associados. Portanto, uma discussão sobre diferenças de gênero automaticamente inclui diferenças entre os sexos e vice-versa.

A ciência passou um tempo enorme sem dar atenção às diferenças entre os sexos, mas isso começou a mudar. Uma das razões é que essa negligência prejudica o tratamento médico.[18] Costumava-se diagnosticar e tratar as mulheres como se fossem homens — homens de porte menor. Desde a observação de Aristóteles de que "a fêmea é, por assim dizer, um macho mutilado", a medicina considerou o corpo masculino como o padrão ouro. Pensava-se que a única modificação requerida pelo corpo feminino era uma dose menor de qualquer que fosse o remédio desenvolvido para homens.[19]

Acontece que o corpo masculino e o feminino estão longe de serem iguais. Algumas das diferenças são meramente estruturais. Por exemplo, as mulheres têm maior probabilidade do que os homens de sofrer lesões graves em acidentes de automóvel, o que pode decorrer de uma diferença na densidade óssea ou talvez do fato de a indústria automotiva ainda usar em seus testes de colisão bonecos baseados no corpo masculino, que tem uma distribuição de peso diferente da do feminino.[20] Mas também existem diferenças relacionadas a condições específicas de cada sexo (por exemplo, as associadas ao útero, mamas e próstata) e a outras vulnerabilidades de saúde. Em 2016 os National Institutes of Health (NIH) dos

Introdução 27

Estados Unidos solicitaram aos cientistas médicos do país que sempre incluíssem ambos os sexos em suas pesquisas. As *Diretrizes dos NIH sobre sexo como variável biológica* abrangem todos os vertebrados, como camundongos, ratos, macacos e humanos. Muitas doenças acometem desproporcionalmente um dos sexos. Por exemplo, mulheres têm maior probabilidade do que os homens de ter doença de Alzheimer, lúpus e esclerose múltipla. Em contraste, nos homens há maior incidência de doença de Parkinson e transtorno do espectro autista. De modo geral, as mulheres são o sexo mais resistente e vivem mais tempo do que os homens, diferença que é encontrada na maioria dos mamíferos. Essas diferenças não têm relação com a "ideia de gênero" de Butler, e sim com o sexo por ocasião do nascimento.[21]

Os primatólogos não têm razão para subestimar o sexo. Já devo ter assistido a umas mil apresentações em conferências de primatólogos, e nelas nunca ouvi alguém comentar "Acompanhei orangotangos machos e fêmeas na floresta e constatei que têm comportamentos notavelmente similares". Um orador que dissesse tal coisa seria expulso da sala sob gargalhadas, de tão claras que são as diferenças de comportamento entre os sexos na maioria dos primatas. Além do mais, gostamos dessas diferenças. Elas são o nosso ganha-pão. É isso que torna a vida social dos primatas tão fascinante. Os machos têm suas prioridades, as fêmeas têm as delas, e a nossa tarefa é descobrir a interação entre as pautas de ambos. Machos e fêmeas às vezes têm interesses conflitantes, mas como nenhum dos sexos pode vencer a corrida evolutiva sem o outro, suas pautas sempre se encontram em algum ponto.

Não que as minhas comparações produzam respostas fáceis. Algumas supostas diferenças entre os sexos revelaram-se impossíveis de confirmar, enquanto as que realmente existem em geral são menos diretas do que o imaginado. Ao examinar a nossa espécie contra um cenário primata, recorrerei a uma rica bibliografia sobre o comportamento humano. Faço isso de modo seletivo e de uma posição relativamente externa. Meu principal viés consiste em não confiar em autorrelatos humanos. Fazer perguntas às pessoas sobre elas mesmas virou moda nas ciências sociais, mas prefiro proceder como antigamente, quando ainda testávamos e observávamos o comportamento propriamente dito — por exemplo, crianças brincando no recreio ou a reação dos atletas na hora em que vencem ou perdem. O comportamento das pessoas é muito mais informativo e honesto do que aquilo que elas dizem sobre si mesmas! E também é mais fácil de ser comparado a comportamentos de primatas.[22]

Minha análise das relações de gênero humanas deixará de contemplar algumas questões importantes. Como o meu ponto de partida são observações primatológicas, considerarei apenas comportamentos humanos afins, portanto passarei ao largo de áreas para as quais não temos paralelos animais, por exemplo, disparidades econômicas, tarefas domésticas, acesso a educação e regras culturais de vestuário. Minha especialização não me capacita a elucidar assuntos desse tipo.

O ÊXITO OU O FRACASSO dos esforços em favor da igualdade de gênero não dependerá do resultado do eterno debate sobre diferenças reais ou imaginárias entre os sexos. Igualdade

Introdução 29

não requer similaridade. As pessoas podem ser diferentes e mesmo assim merecer exatamente os mesmos direitos e oportunidades. Portanto, uma análise de como os sexos diferem tanto nos humanos como nos demais primatas não valida de modo algum o statu quo. Acredito sinceramente que o melhor modo de alcançar a igualdade de gênero será aprender mais sobre a nossa biologia, em vez de tentar varrê-la para debaixo do tapete. De fato, a razão de estarmos tendo esta conversa reside em uma pequena invenção biológica que transformou radicalmente a sociedade.

A pílula de estrogênio e progesterona que impede a ovulação (a liberação de óvulos dos ovários) teve um impacto tão tremendo que ela é conhecida simplesmente como "a Pílula". Nenhuma outra pílula tem esse privilégio. Sua introdução nos anos 1960 foi um divisor de águas que permitiu desvincular as relações sexuais da procriação. As pessoas puderam então passar a ter menos filhos ou até nenhum filho sem precisar abrir mão da cópula. O controle efetivo da natalidade nos deu a revolução sexual, desde Woodstock até o movimento pelos direitos dos homossexuais. De uma tacada, pôs em xeque questões morais tradicionais relacionadas ao sexo antes do casamento, ao sexo extraconjugal e a muitas outras expressões de sexualidade. Feministas começaram a considerar a busca do prazer sexual pelas mulheres como parte do processo de alcançar maior independência. Mudanças nos papéis de gênero também podem remontar à introdução da Pílula. Em uma sociedade na qual cuidar dos filhos cabia principalmente à mulher, não ter filhos ou ter poucos mudou a necessidade de as mulheres permanecerem em casa. Nos anos 1970, após se derrubarem restrições morais à Pílula (por exemplo, negá-la a mulheres não casadas), as mulheres começaram a entrar em massa na força de trabalho.

Eu não estaria aqui para discorrer sobre a Pílula se ela tivesse existido na época em que fui concebido. Meus pais não queriam muitos filhos, mas viviam em uma parte da Holanda conhecida como o Sul Católico, onde a Igreja exercia uma influência enorme e se opunha a qualquer tipo de planejamento familiar. Uma história muito contada em nossa família é a de quando minha mãe, pouco depois do parto do sexto filho, zangou-se com um padre que veio nos visitar. Ele, sentado confortavelmente com seu café e charuto, começou sem cerimônia a falar "no próximo". Foi posto para fora sem terminar o café. Depois disso não ganhei mais irmãos. Antes da Pílula as atitudes já estavam mudando, mas, quando ela chegou, tornou tudo mais fácil. Nas décadas seguintes, o tamanho das famílias na nossa região despencou.

E foi assim que uma pequena interferência na biologia humana alterou as circunstâncias na sociedade, e isso mostra que a biologia não tem de ser o inimigo. Da minha parte, eu a vejo como nossa amiga. A humanidade precisava da Pílula porque a maneira alternativa mais lógica de impedir a gravidez não funcionava muito bem para nós. Poderíamos simplesmente parar de fazer sexo ou pelo menos nos abster por períodos intermitentes. Mas isso seria pedir demais para os primatas lascivos que somos. Também se mostraram precárias as soluções que exigiam parar para pensar e pôr um preservativo. Isso resulta em parte dos ardores da ocasião e em parte do fato de as providências ficarem a cargo do gênero menos atingido. A Pílula mudou tudo isso. A biologia humana requeria uma resposta biológica. E ainda requer, mesmo que

Introdução 31

tenhamos começado a nos preocupar com os efeitos colaterais da Pílula sobre o humor e a saúde mental.

Somos animais, e nessa categoria pertencemos à ordem dos primatas. Assim como temos em comum com os chimpanzés e os bonobos no mínimo 96% do nosso DNA (a porcentagem exata está em debate), partilhamos com eles a nossa constituição emocional. O quanto temos em comum não sabemos ao certo, mas o que nos separa é muito menos do que fomos levados a acreditar. Embora muitas disciplinas acadêmicas amem enfatizar a natureza única dos humanos e nos ponham num pedestal, essa perspectiva tem se distanciado cada vez mais da ciência moderna. Se a humanidade é um iceberg flutuante, pedem que atentemos apenas para a pontinha brilhante das nossas diferenças em relação às outras espécies e desconsideremos a vastidão dos aspectos em comum oculta sob a superfície. A biologia, a medicina e a neurociência, por sua vez, preferem contemplar o iceberg inteiro. Sabem que, apesar de o cérebro humano ser relativamente grande, ele difere pouquíssimo do cérebro de um macaco no que diz respeito à estrutura e à química neural. Possui as mesmas partes e funciona do mesmo modo.

Uma coisa engraçada aconteceu comigo certa vez durante uma entrevista para a televisão nacional norueguesa. Enquanto eu falava sobre a evolução da empatia, a entrevistadora me perguntou, quase como um aparte: "Como vai a Catherine?". Estranhei. Tudo bem se me perguntassem sobre as personalidades dos primatas em meus livros — eu sempre tinha uma história sobre eles para contar. Mas Catherine é a minha esposa. Respondi: "Ela vai bem, obrigado", e achei que seguiríamos na conversa. Mas a entrevistadora indagou:

"Quantos anos ela tem agora"? E eu respondi: "Tem mais ou menos a minha idade. Por quê?". Surpresa, ela exclamou: "Nossa, eles ficam tão idosos *assim?*". Então caiu a ficha: ela pensava que Catherine era uma das primatas que eu estudava.

Percebi de súbito a fonte desse mal-entendido: eu tinha dedicado meu livro mais recente "Para Catherine, minha primata favorita".

1. Diga-me com o que brinca

Como meninos, meninas e outros primatas brincam

CERTA MANHÃ, pelo binóculo, observei Amber vir para a ilha com uma postura estranhamente arqueada, capengando apoiada em um só braço e nas duas pernas. Com a outra mão ela segurava a parte de baixo de uma vassoura de pelo contra a barriga, exatamente como uma grande mãe primata segura um recém-nascido ainda muito pequeno e fraco para agarrar-se a ela. Amber — assim chamada pela cor âmbar dos seus olhos — era uma fêmea adolescente da colônia de chimpanzés do Zoológico Burgers. Um dos tratadores devia ter esquecido ali a vassoura, e Amber arrancara fora o cabo. De vez em quando ela fazia catação na vassoura e ficava andando com ela no lombo, como a mãe que carrega uma cria um pouco mais velha. À noite, se aninhava com a vassoura em sua cama de palha. Amber conservou aquela vassoura perto de si por semanas. Em vez de cuidar dos bebês de outras fêmeas, ela agora tinha um bebê, só que não era real.

Quando damos bonecos para grandes primatas brincarem, acontece uma de duas coisas. Se um macho jovem pegar o boneco, pode despedaçá-lo — principalmente por curiosidade, para ver o que tem lá dentro, mas às vezes por competição. Quando dois machos jovens agarram um mesmo boneco, talvez puxem até cada um acabar com um pedaço só. Nas mãos de machos, raramente os brinquedos têm vida longa. Já quando uma fêmea apanha um brinquedo, logo o adota e o trata carinhosamente. Ela cuidará dele.

Uma jovem chimpanzé chamada Georgia entrou numa ocasião no recinto interno com um ursinho de pelúcia que ela vinha carregando por vários dias. Eu a conhecia bem e queria ver se ela me deixaria segurar o ursinho. Estendi uma mão aberta como quem pede, num gesto que os próprios chimpanzés usam. Estávamos separados por barras, e Georgia ficou em dúvida. Manteve o ursinho longe de mim. Então eu me sentei no chão para mostrar que não iria levar o ursinho embora. Ela empurrou o ursinho na minha direção, mas o manteve firmemente seguro por uma perna. Permitiu que eu o examinasse e falasse com ele, enquanto me observava atentamente. Quando o devolvi, tínhamos criado um vínculo com esse ato de confiança, e ela aconchegou seu ursinho enquanto ficava perto de mim.

A bibliografia especializada sobre primatas contém inúmeros exemplos de grandes primatas, quase todos fêmeas, sob a custódia de humanos, que cuidam de bonecos que lhes são dados. Levam os bonecos para todo lado, carregam-nos nas costas e encostam a boca dos bonecos em um mamilo como se os amamentassem; ou, como Koko, a gorila que se comunicava em língua de sinais, dão um beijo de boa-noite nos bonecos, um por um, e depois encenam uma rodada de beijos entre eles.[1]

Outra primata treinada em língua de sinais, a chimpanzé Washoe certa vez fez seu boneco de cobaia. Ao notar que um novo capacho tinha sido colocado em seu trailer, pulou para trás, horrorizada. Pegou o boneco e, de uma distância segura, jogou-o no capacho. Durante alguns minutos ela observou a situação atentamente para ver o que acontecia com o boneco, depois pegou-o e o inspecionou bem. Concluiu que estava ileso, acalmou-se e ousou pisar no capacho.²

Dizem que as pessoas socializam meninos e meninas por meio da escolha dos brinquedos. Que impingimos às crianças os nossos preconceitos e assim moldamos seus papéis de gênero. A ideia é que a criança é uma tábula rasa na qual o ambiente deve escrever. Embora seja verdade que muitos aspectos do gênero são definidos culturalmente, nem todos o são. Os brinquedos, por serem fundamentais para esse debate,

Quando brinquedos de crianças foram dados para macacos, a maioria dos veículos com rodas acabou em mãos de machos jovens e a maioria dos bonecos ficou com fêmeas jovens. A diferença foi determinada pela falta de interesse dos machos pelos bonecos.

oferecem um excelente ponto de partida para essa discussão. A indústria de brinquedos nos diz do que as nossas crianças precisam, porém, mesmo se comprássemos a loja inteira, ainda assim quem escolheria com o que brincar seriam elas. Essa é a beleza do brincar: a escolha é de quem brinca. O melhor é simplesmente observarmos as crianças enquanto elas se entretêm com suas reencenações e imaginação, e permanecermos receptivos à possibilidade de que, em vez de nós as moldarmos, talvez seja o contrário.

Judith Harris, psicóloga americana de pensamento independente, considerava a influência dos pais mera ilusão aprazível. Em seu livro *Diga-me com quem anda*, de 1998, ela aventou: "Sim, os pais compram caminhõezinhos para os filhos e bonecas para as filhas, mas talvez tenham uma boa razão: talvez seja isso o que as crianças querem".[3]

OBSERVANDO AMBER com seu bebê-vassoura, ficou evidente que ela queria um boneco. Isso é típico das fêmeas primatas? Quando cientistas fizeram testes usando bonecos com macacos, estes mostraram que suas escolhas não tinham nada de neutras. No primeiro desses experimentos, realizado vinte anos atrás na Universidade da Califórnia em Los Angeles (UCLA), Gerianne Alexander e Melissa Hines deram a macacos-verdes africanos (*Cercopithecus aethiops sabaeus*) um carrinho de polícia, uma bola, um boneco de pelúcia e alguns outros brinquedos. Reconhecidamente essa era uma configuração forçada, repleta de pressuposições sobre o que tais objetos poderiam significar para os macacos. Prefiro experimentos inspirados no comportamento real dos animais à

Diga-me com o que brinca 37

nossa tendência antropocêntrica de impingir a eles questões humanas. Mas vejamos o que as pesquisadoras constataram. Os macacos imitaram as preferências de crianças humanas segundo cada sexo. Brinquedos de transporte, como carrinhos, foram mais manuseados pelos machos, que os deslocaram pelo chão. Os machos também gostaram da bola. Por sua vez, os bonecos foram mais carregados pelas fêmeas, que os pegavam, seguravam perto do corpo ou os examinavam atentamente na região genital. Esta última ação condiz com a curiosidade dos macacos a respeito da região genital dos recém-nascidos. Não é raro as fêmeas rodearem a mãe que acabou de ter uma cria, abrirem as pernas do recém-nascido inquieto, cutucarem, puxarem e cheirarem o local em meio a um coro de grunhidos suaves e estalar de lábios. Elas parecem concordar sobre a importância dessa parte do corpo. Os primatas vêm fazendo isso desde tempos imemoriais, muito antes de termos inventado o "chá da revelação".[4]

Esse estudo da UCLA não apresentou todos os brinquedos ao mesmo tempo, portanto os macacos não puderam realmente fazer uma escolha. Tudo o que sabemos é por quanto tempo eles brincaram com cada tipo de brinquedo. Um segundo estudo, usando resos (*Macaca mulatta*) na Estação de Campo do Centro Nacional Yerkes de Pesquisas sobre Primatas, próximo de Atlanta, procurou resolver essa falha. Como trabalho lá, vejo esses macacos todos os dias. O ano inteiro eles vivem ao ar livre em grandes cercados, onde se metem em brigas barulhentas, praticam catação social em grupos e brincam freneticamente. Embora eles tenham bastante coisa para fazer, novos brinquedos chamam sua atenção. Kim

Wallen, um colega da Universidade Emory, e sua aluna de pós-graduação Janice Hassett deram a um grupo de 135 macacos dois tipos de brinquedo para ver quais eles escolhiam. Entregaram os brinquedos simultaneamente: uns de pelúcia macios, como bonecos, e outros de rodas, como carrinhos.[5]

Os macacos machos preferiram os brinquedos de rodas. Mostraram-se mais seletivos do que as fêmeas, que gostaram de todos os brinquedos, inclusive dos carrinhos. Graças à indiferença dos machos pelos brinquedos de pelúcia, a maioria destes acabou nas mãos das fêmeas. Crianças mostram um padrão similar, no qual os meninos têm preferências mais demarcadas em relação aos brinquedos. Uma explicação que costuma ser dada é que os meninos têm receio de parecer femininos, enquanto as meninas se preocupam menos com se parecerão masculinas ou não. Porém, na ausência de evidências de que os macacos se preocupem com a percepção de gênero, é improvável que sintam o mesmo constrangimento que os meninos supostamente sentem. A realidade talvez seja mais direta: talvez os bonecos não representem atrativo para a maioria dos meninos e dos primatas machos.

A configuração desses experimentos foi estranha, pois eles apresentaram aos macacos artigos artificiais com os quais não estavam acostumados. Essa deficiência aplica-se especialmente aos caminhõezinhos. Veículos coloridos feitos de plástico ou metal não se parecem com nada que exista no hábitat natural desses primatas. Será que os macacos machos eram fascinados por objetos móveis, que convidam à ação, como as bolas e os carrinhos? Machos têm alto nível de energia e gostam de brincadeiras físicas. É mais fácil explicar o fato de as fêmeas brincarem com brinquedos de pelúcia que podem

Diga-me com o que brinca 39

ser abraçados. Os bonecos têm corpo, cabeça e membros, o que os torna superficialmente parecidos com bebês ou animais. As fêmeas passarão o resto da vida carregando bebês, e os machos não.[6] Nunca brinquei com bonecos, apesar de minha mãe sempre manter alguns em casa para meus irmãos e para mim. Eu gostava do meu grande buldogue de pelúcia, mas nunca dormi com ele, e às vezes o lançava longe praticando socos de boxeador. Entre os meus brinquedos típicos estavam lápis de cor e papel, porque eu amava desenhar, e materiais de construção e trenzinhos elétricos. Meu maior interesse eram, de longe, os animais. Não sei quando isso começou, mas ainda era bem pequeno e já colecionava rãs, gafanhotos e peixes. Criei filhotes de gralhas (*Corvus monedula*) e uma pega que caiu do ninho. Aos sábados eu gostava de agarrar a rede de pesca que eu mesmo fizera e ir de bicicleta a riachos onde capturava salamandras, esgana-gatas, enguias jovens, girinos, peixinhos ornamentais (*Rhodeus sericeus*) etc. Meu objetivo era manter todos eles vivos. Acabei tendo um pequeno zoológico num galpão nos fundos da casa com tanques de peixes, camundongos que se multiplicavam, passarinhos e gatinhos adotados. Cães eu não tinha, mas um cachorrão de uma casa vizinha ficou meu amigo e vivia ao meu lado. Eu gostava do cheiro dos animais e da companhia deles. Ainda gosto.

Onde classificar interesses desse tipo na escala da socialização pelos brinquedos? Animais movem-se, como os carrinhos, mas também precisam de cuidados "pessoais", como bonecos. Como minha família não me orientou nessa direção e, na melhor das hipóteses, meramente tolerava minha obsessão, eu estava, essencialmente, me autossocializando — um termo aparentemente contraditório. Eu sonhava com meus animais, com a montagem do primeiro aquário, com onde eu iria libertar os filhotes de gralha. Inexoravelmente me encaminhei para ser um *animal lover* e assentei os alicerces da minha profissão atual. A afeição pelos animais não tem base alguma no gênero, pois a encontramos em meninos e meninas, em homens e mulheres. No entanto, não me lembro de alguma vez ter me preocupado com meus interesses serem ou não suficientemente masculinos.

A Suécia, país que promove oficialmente a igualdade de gênero, certa vez pressionou um fabricante de brinquedos para que mudasse seu catálogo de Natal de modo a apresentar meninos com uma casa da Barbie e meninas com armas e bonecos de ação.[7] Mas quando o psicólogo sueco Anders Nelson pediu a crianças de três e cinco anos que lhe mostrassem suas coleções de brinquedos, o quadro foi outro. Quase todas as crianças tinham em seu quarto uma estonteante média de 532 brinquedos. Depois de entrar em 152 quartos e classificar milhares de brinquedos, Nelson concluiu que as coleções refletiam exatamente os mesmos estereótipos de outros países. Os meninos tinham mais ferramentas, veículos e jogos eletrônicos, e as meninas tinham mais utensílios domésticos, artigos de cuidados pessoais e vestuário. Suas preferências revelaram-se imunes ao éthos de igualdade da sociedade sueca. Estudos em outros países confirmam que as atitudes dos pais têm pouco ou nenhum impacto sobre as preferências das crianças quanto aos brinquedos.[8]

Meninos fazem qualquer coisa de revólver, transformam bonecas em armas pulverizadoras e casas de boneca em garagens; se ganharem um conjunto de panelinha e frigideira, irão movê-las pelo tapete como carros ao som de *vrum! vrum!*. Meninos brincam fazendo muito barulho! Gostam de produzir sons altos de veículos e tiros, de um tipo que muito dificilmente você vai ouvir entre as meninas quando brincam. Conheço um menino cuja primeira palavra não foi "papai" ou "mamãe", e sim "carro". Mais tarde, ele espontaneamente começou a chamar seus avós pela marca de carro que cada um dirigia.

Brincadeiras não podem ser impostas. Se você der um trenzinho a uma menina, talvez ela vá niná-lo ou colocá-lo num carrinho de bebê e cobri-lo com um lençol antes de levá-lo para passear. Isso também acontece com nossos animais de estimação. Compramos brinquedos elaborados para eles, mas preferem roer um sapato velho (se tivermos sorte) ou correr atrás de uma rolha que caiu acidentalmente no chão.

A americana Deborah Blum, que escreve sobre ciência, desesperou-se silenciosamente diante da tendência obstinada dos pequenos a brincar como bem entendem:

> Meu filho Marcus tem um desejo ardente por armas de brinquedo. Como sua mãe, que não tolera armas, não lhe dá nem um mísero revólver de plástico, ele compensa construindo armamentos com os mais diversos materiais, desde argila até utensílios de cozinha. Eu o vi perseguir o gato em disparada pela casa, berrando "Atire nele com a escova de dentes!", e me peguei mentalmente jogando a toalha.[9]

Temos três modos principais de descobrir se as preferências humanas possuem origem biológica. O primeiro é nos compararmos com outros primatas que não têm viés cultural — ou seja, todos eles. O segundo é examinar um grande número de culturas humanas para ver quais preferências são universais. E o terceiro é testar crianças tão novas que a cultura ainda não as tenha influenciado.

Minha formação me leva a preferir o primeiro método. Considerando os experimentos sobre preferência por brinquedos já mencionados, poderíamos indagar se essas mesmas tendências são encontradas em primatas livres da influência humana. Os primatólogos Sonya Kahlenberg e Richard Wrangham relatam comportamentos em chimpanzés selvagens que lembram os de Amber com sua vassoura. Durante catorze anos, no Parque Nacional da Floresta de Kibale, em Uganda, os dois pesquisadores documentaram muitas ocasiões em que chimpanzés jovens seguraram pedras ou tocos de madeira de tal modo que davam a impressão de carregarem um recém-nascido. Esse comportamento foi três ou quatro vezes mais comum entre fêmeas jovens do que nos machos. Elas às vezes deixavam sua pedra de lado enquanto procuravam frutas em uma área, mas tornavam a pegá-la antes de se deslocarem para outro terreno. Também às vezes mantinham a pedra bem perto do corpo enquanto dormiam em seu ninho, ou até faziam um ninho especial para a pedra. As fêmeas brincavam carinhosamente com esses objetos como se estivessem segurando uma cria, enquanto os machos se mostravam menos zelosos e às vezes chutavam uma pedra da mesma maneira brusca com que chutam uns aos outros. Esse comportamento não refletia uma imitação das mães, pois mães jamais carregam tocos de madeira ou pedras. Essas mesmas fêmeas jovens pararam de agir assim depois de terem a primeira cria.[10]

Diga-me com o que brinca

Fêmea chimpanzé anda por uma reserva animal segurando um boneco nas costas como uma mãe primata quando carrega sua cria recém-nascida. Jovens primatas fêmeas sentem atração por bonecos e, na natureza, praticam habilidades maternas com tocos de madeira.

Na Guiné, uma chimpanzé de oito anos (pré-púbere) que era irmã de um recém-nascido gravemente doente seguia a mãe por toda parte na floresta. O primatólogo japonês Tetsuro Matsuzawa disse que se surpreendeu ao ver a mãe preocupada "levar a mão à testa do bebê. Parecia estar medindo a febre". Depois que o bebê morreu, a mãe não largou o cadáver e o carregou por dias, até que ele se transformou numa múmia desidratada. Ela espantava as moscas que esvoaçavam ao redor da cria morta. Talvez por se identificar com a situação trágica de sua mãe, a filha adquiriu o hábito de carregar uma vara curta sob o braço, como se fosse um recém-nascido. Em uma ocasião, ela pôs a vara no chão e "deu vários tapinhas com a mão, como quem bate de leve nas costas de um bebê". Matsuzawa interpretou o comportamento dessa fêmea jovem como uma simulação de cuidados maternos. Comparou-o a comportamentos do povo Manon, na aldeia de Bossou, nas imediações, onde as meninas imitam as mães com recém-nascidos andando por toda parte com um boneco de gravetos amarrado às costas.[11]

Este último comentário relaciona-se ao segundo modo de determinar se as preferências humanas são biológicas: observar uma grande variedade de culturas para verificar quais são universais. Elas são encontradas em toda a humanidade? Infelizmente, temos poucas informações transculturais sobre o comportamento das crianças. Há muitos estudos em sociedades industrializadas, mas obviamente precisaríamos de uma variedade maior de culturas. O único estudo que abrangeu uma mistura cultural diversificada constatou que recém-nascidos atraem muito mais as meninas do que os meninos. Tipicamente, meninas ajudam a cuidar de irmãos mais novos. Fazem isso sob a vigilância atenta de suas mães, enquanto os meninos costumam brincar longe de casa.[12]

Até mesmo o livro *Macho e fêmea*, de Margaret Mead, a mais célebre antropóloga do século passado, lançado em 1949, diz incrivelmente pouco sobre as brincadeiras infantis. Mead entrevistou 25 garotas adolescentes — e nenhum garoto — de várias culturas das ilhas do Pacífico. Brinquedos não constaram de seus relatos. Para Mead, a fonte de socia-

Diga-me com o que brinca 45

lização não eram as brincadeiras de criança, e sim o modo como os adultos conversam sobre homens, mulheres e suas interações na vida real.

O trabalho de Mead é o marco zero da teoria de socialização dos gêneros, pois ela demonstrou o quanto os papéis dos sexos podem ser variáveis. Sua obra inspirou as afirmações de que a maioria desses papéis, ou todos eles, são culturais. No entanto, após reler *Macho e fêmea*, já não estou convencido de que essa foi a principal mensagem de Mead. Ela analisa várias verdades do mundo todo sobre ser macho ou fêmea. Por exemplo, afirma que as meninas sempre são mantidas mais perto de casa e estão permanentemente vestidas, enquanto os meninos da mesma idade podem andar nus e têm liberdade para ir aonde quiserem. Um menino também aprende que ainda tem um longo caminho a percorrer até chegar a ser "o homem capaz de ganhar e manter uma mulher num mundo cheio de outros homens". Mead enfatiza a universalidade da competição masculina e declara que, "em toda sociedade humana conhecida, a necessidade masculina de realização pode ser reconhecida". Para se sentirem realizados e bem-sucedidos, os homens precisam sobressair em alguma coisa — ser melhores nisso do que outros homens e melhores do que as mulheres.[13]

Toda civilização precisa oferecer aos homens oportunidades de realizar seu potencial. Um levantamento recente de setenta países confirmou essa diferença. Universalmente, os homens dão mais valor à independência, ao autoaperfeiçoamento e status, enquanto as mulheres enfatizam o bem-estar e a segurança de seu círculo íntimo e também das pessoas em geral.[14]

Para se sentirem realizadas, as mulheres sempre contam com seu potencial biológico para dar à luz. É a única coisa que elas podem fazer e os homens não. O trabalho de uma mãe é tão vital para a sociedade e tão enriquecedor que, para Mead, os homens talvez se ressintam de sua incapacidade para fazer algo de valor equivalente. Ela cunhou a frase "inveja do útero", em contragolpe à "inveja do pênis" proposta por Freud. Em uma fase mais avançada da vida, Mead arrependeu-se de sua ênfase unilateral na cultura. No prefácio da edição de 1962 do seu livro, ela observou: "Se estivesse escrevendo [esse livro] hoje, eu daria mais ênfase à herança biológica específica do homem advinda de formas humanas anteriores".[15]

Isso nos leva ao terceiro modo de aquilatar o papel da biologia. Pouco depois que a criança humana nasce, temos uma janela de tempo para aproveitar antes que ela venha a conhecer qualquer coisa relacionada ao gênero ou às nossas complicações nessa esfera. Quando meninos e meninas de um ano assistiram a vídeos de carros em movimento ou de rostos conversando, os meninos olharam mais para os primeiros e as meninas, para os segundos. Porém, como esses bebês podiam já ter sido influenciados pela cultura dos brinquedos, um estudo complementar analisou crianças com o menor tempo de vida possível. Foram testados recém-nascidos de um dia na maternidade de um hospital inglês, ao lado de suas mães exaustas. Os bebês viam o rosto do experimentador ou um objeto de cor similar que não era um rosto. Codificadores cegos para o sexo dos bebês registraram que as meninas olharam mais para o rosto e os meninos, mais para o objeto, indício de que desde o primeiro dia as meninas são mais socialmente orientadas.[16]

Diga-me com o que brinca

As preferências por brinquedos também aparecem tão cedo na vida e são tão disseminadas que um estudo recente com 787 meninos e 813 meninas de culturas predominantemente ocidentais concluiu:

Apesar da variação metodológica na escolha e do número de brinquedos oferecidos, do contexto da testagem e da idade da criança, a uniformidade das constatações das diferenças nas preferências das crianças por brinquedos do tipo feito para seu próprio gênero indica a força desse fenômeno e a probabilidade de que ele tenha uma origem biológica.[17]

Por sua vez, a cor é uma questão bem diferente. Em teste com bebês de dezoito meses a quem eram apresentadas diversas figuras, os meninos olharam mais para carros e as meninas para bonecos, mas a cor das figuras não influiu. As crianças não demonstraram preferência por rosa ou azul. Crianças pequenas ainda não estão enfeitiçadas pela codificação cromática à nossa volta. A distinção de azul para meninos e rosa para meninas foi criada pelas indústrias do vestuário e de brinquedos. Aliás, houve época em que essas cores eram inversas. Houve um tempo, antes, em que todos os bebês usavam branco, que era mais fácil de limpar e alvejar. Um artigo de 1918 na revista *Earnshaw's Infants' Department* introduziu as primeiras cores pastel com os dizeres: "A regra aceita em geral é rosa para os meninos e azul para as meninas. A razão é que o rosa, por ser uma cor mais decidida e forte, é mais apropriada ao menino, enquanto o azul, mais delicado e mimoso, é mais bonito para a menina". Só em tempos relativamente recentes o Ocidente fixou-se no esquema cromático binário inverso. Se hoje tais cores falam às crianças — com meninas se recusando ao azul e meninos ao rosa, e com pais preocupados com a possibilidade de "perverter" seus filhos se os vestirem com a cor "errada" —, essa é uma escolha puramente cultural.[18]

No mínimo, há evidências muito melhores de que a cultura afeta mais as preferências por cores do que as preferências por brinquedos.

ENTRETANTO, ao nos concentrarmos em brinquedos e cores, corremos o risco de desconsiderar a mais gritante diferença entre os sexos quando se trata de brincar. Constatou-se, em uma grande variedade de culturas humanas e em todos os estudos de primatas, que machos jovens têm nível elevado de energia e são fisicamente mais agitados do que fêmeas da mesma idade.[19] A probabilidade três vezes maior de que meninos sejam diagnosticados com transtorno do déficit de atenção e hiperatividade (TDAH) reflete a mesma diferença entre os sexos.[20] Quando crianças têm liberdade para brincar sem supervisão em um cômodo, meninos tipicamente fazem baderna e meninas têm menos contato físico e tendem a estruturar suas brincadeiras em um fio narrativo.[21]

Cientistas instalaram acelerômetros, um pequeno dispositivo colocado na cintura para medir movimentos corporais, em 375 meninos e meninas americanos típicos. Fizeram a medição durante uma semana para cada criança e constataram que meninos de todas as idades são sempre mais ativos fisicamente do que meninas. No que diz respeito à atividade geral, as diferenças não foram acentuadas, mas as meninas

Diga-me com o que brinca

apresentaram muito menos rompantes de movimentos vigorosos do que os meninos.[22] Estudo similar com 686 crianças europeias chegou ao mesmo resultado.[23] Uma análise de mais de cem países concluiu que a maior mobilidade física dos meninos é universal.[24]

Sempre me espanta a energia inextinguível com que jovens primatas machos se dedicam a brincadeiras turbulentas, pulam para cima e para baixo das coisas e atacam uns aos outros, rolando pelo chão com um sorriso rasgado enquanto se engalfinham. Essas brincadeiras turbulentas consistem sobretudo em simulações de ataque, lutas, empurrões puxões, tapas e mordidas nos braços e pernas dos adversários, tudo isso enquanto riem. Os primatas riem com a boca aberta e emitem sons de risada que servem para deixar claras as suas intenções. Isso é essencial para evitar confusão, já que frequentemente a brincadeira social se parece com uma luta. Se um jovem chimpanzé pula em cima de outro e põe os dentes em seu pescoço enquanto ri, o outro saberá que é só de brincadeira. Mas se o mesmo ato fosse executado em silêncio, poderia ser um ataque e obviamente exigiria uma resposta diferente. A risada dos chimpanzés é tão alta e contagiante que, quando a ouço da minha sala na Estação de Campo de Yerkes, que tem vista para uma área gramada ao ar livre onde vivem 25 primatas, frequentemente começo a rir também, pensando no quanto eles parecem estar se divertindo.

Entre as fêmeas ocorrem muito menos brincadeiras turbulentas. As chimpanzés se engalfinham em lutas simuladas, porém menos energicamente, e raras vezes isso parece um teste de força. Elas preferem brincadeiras diferentes, às vezes bem inventivas. Por exemplo, duas fêmeas pré-púberes adquiriram o hábito de tentar alcançar a minha sala. Por algum tempo, fizeram essa brincadeira todos os dias. Primeiro, carregavam juntas um tambor de plástico e o colocavam embaixo da minha janela. Depois subiam nele, uma por cima da outra. A que estava embaixo começava a flexionar e estender as pernas, como um trampolim. A que estava sobre seus ombros tentava alcançar minha janela com as mãos, mas não conseguia. Esse esforço cooperativo era bem diferente das lutas simuladas dos machos.

A exuberante turbulência dos machos e suas exibições de vigor explicam por que fêmeas jovens mantêm distância deles. Não é assim que elas gostam de brincar. Sem dúvida é por isso que a segregação por sexo é marcante nas brincadeiras de todos os primatas. Machos geralmente brincam com outros machos, e fêmeas com fêmeas. Seus estilos de interação são mais compatíveis, e as fêmeas costumam se afastar quando machos começam a brincar.[25] Fazem isso sem as instruções de gênero vigentes em nossas sociedades. Entre os humanos, o brincar segregado por sexo é a regra. Crianças do mundo todo criam esferas de brincadeiras separadas: a dos meninos e a das meninas.[26]

Por seis meses, Carol Martin e Richard Fabes observaram 61 crianças americanas de quatro anos durante brincadeiras não estruturadas e concluíram:

> Quanto mais os meninos brincaram com outros meninos, mais expressões de emoções positivas foram observadas neles com o passar do tempo. Portanto, embora o brincar em meio a outros meninos seja bruto e marcado pela dominação, os meninos parecem considerar esse modo de brincar cada vez mais interes-

Diga-me com o que brinca 51

sante e envolvente. [...] Outro estudo sugere que os meninos respondem com aumento do interesse e resposta correspondente quando outro menino toma uma iniciativa de brincadeira bruta, enquanto com as meninas isso não ocorre.[27]

Nem todos os professores gostam das brincadeiras brutas dos meninos; considerando-as agressivas demais. Talvez essa seja a razão de meninos serem desproporcionalmente castigados e expulsos da escola.[28] No entanto, a maioria das brincadeiras entre meninos não tem relação com agressão. É fácil ver isso em suas expressões faciais, nas risadas e na reversibilidade dos papéis (primeiro um está por cima, depois o outro), e especialmente no modo como se separam. Depois de uma luta corporal, eles se afastam como amigos felizes.

Brincadeiras brutas servem para criar vínculos entre os machos e ensinam habilidades cruciais. Como em quase todos os primatas, os machos adultos são fisicamente mais fortes do que as fêmeas e mais propensos ao confronto, por isso precisam aprender a controlar sua força desde bem jovens. Um gorila macho adulto é tão incrivelmente forte que com uma pequena pressão de seus dedos poderia expulsar todo o ar do peito de um bebê. No entanto, os machos de dorso prateado brincam com bebês gorilas e estes sobrevivem. Agem com tanta delicadeza que a mãe fica por perto assistindo sem o menor sinal de apreensão.

Não pense que essas inibições surgem naturalmente nos animais: elas são adquiridas. No decorrer de sua longa vida, o macho grandalhão aprende a conter seus movimentos enquanto brinca com parceiros mais fracos. Essa cautela é conhecida como *self-handicapping*, autorrestrição, fenômeno observado em muitos animais, como no cão enorme quando brinca de lutar com um cachorrinho ou no urso-polar no Ártico ao brincar com um cão puxador de trenó atrelado que ele poderia devorar se quisesse.[29]

A força da parte superior do corpo é tão diferente em homens e mulheres que quase nenhuma mulher se equipara a qualquer homem. Apenas uma pequena minoria de mulheres chega perto de ter a força física média dos homens.[30] Assim, seria catastrófico se os homens da casa não tivessem consciência de sua vantagem física. Pais costumam fazer brincadeiras brutas com suas crianças, jogam-nas para o alto e tornam a pegar, fazem cócegas ou rolam com elas no chão. Às vezes deixam que elas ganhem. As gargalhadas nos dizem que as crianças amam essas brincadeiras e os riscos e desafios que elas contêm. Brincadeiras de luta são particularmente comuns entre pais e seus filhos homens. Em consequência, frequentemente as crianças veem a mãe e o pai de modos diferentes, procuram pela mãe quando estão aflitas e pelo pai quando querem brincar. Como resumiu um estudo: "As interações das mães com seus filhos são dominadas pelo cuidado, enquanto os pais são, em termos comportamentais, definidos como companheiros de brincadeira".[31]

As brincadeiras brutas dos pais ensinam às crianças, de forma direta, lições cruciais a respeito da força masculina, ao mesmo tempo que aumentam nelas a habilidade e a autoconfiança. Mas isso só funciona com um pai extremamente inibido que aprendeu a se conter durante milhares de sessões de brincadeira quando era menino ou moço. As brincadeiras de luta são uma parte crucial da socialização realizada pelo pai e pelos pares masculinos.

Diga-me com o que brinca

Fazer baderna com jovens chimpanzés machos ensinou-me pessoalmente como essas inibições são adquiridas. Quando eu era estudante, costumava dar aos primatas um descanso dos testes de inteligência que eu tinha de aplicar. Os testes, formulados por um especialista em ratos para quem todos os animais não passavam de máquinas de aprender, eram terrivelmente repetitivos e maçantes, muito abaixo da capacidade mental de um chimpanzé. Os dois primatas sempre me faziam gestos convidando a participar com eles de uma sessão de brincadeira. Isso era muito mais divertido, inclusive para mim, porém logo ficou claro que eles eram fortes demais. Aqueles chimpanzés ainda nem tinham chegado à puberdade: tinham só quatro e cinco anos. Quando eu batia nas costas deles com toda a força, continuavam a rir, como se isso fosse a coisa mais engraçada do mundo. Mas quando eles faziam o mesmo comigo, ou me imobilizavam num de seus abraços inescapáveis de mãos e pés, eu ficava em apuros e tinha de protestar ("Ai! Ai!"). Eles imediatamente me libertavam e vinham examinar de perto a minha expressão, com um ar preocupado, querendo saber qual era o problema. Quem imaginaria que os humanos eram fracotes assim? Se eles vissem que eu estava disposto a retomar a brincadeira, começávamos com mais calma. Também é assim que regulam as brincadeiras entre eles e se asseguram de que todos se sintam confortáveis. O objetivo de brincar de luta é a diversão, e não infligir dor.

Quando alguém resiste a esse processo e tenta buscar a dominância, a situação pode ficar feia. Isso aconteceu com meu sucessor, que continuou os experimentos com os dois chimpanzés depois que eu fui embora. Em vez de se vestir com simplicidade, ele chegou no primeiro dia de paletó e gravata. Tinha certeza de que poderia lidar com aqueles animais relativamente pequenos, gabando-se de sua habilidade com cães. Ele provavelmente deve ter tentado intimidar os primatas na sala de recreio, sem saber que os chimpanzés sempre revidam e têm mais força em um braço do que nós nos quatro membros juntos. Ainda me lembro desse estudante sair cambaleante da sala de testes, com dificuldade para se desvencilhar dos dois chimpanzés agarrados às suas pernas. O paletó estava em trapos, com as duas mangas arrancadas. Teve sorte: os dois chimpanzés não descobriram o poder enforcador de uma gravata.

As brincadeiras de meninas e primatas fêmeas geralmente são mais voltadas para o cuidar, e isso costuma ser explicado como uma expressão do instinto materno. No entanto, vejo com ceticismo esse tipo de interpretação, pois a palavra "instinto" implica comportamento estereotípico. Comportamento "instintivo" soa inflexível, não merecedor de atenção porque sem dúvida dispensa inteligência. O termo "instinto" agora não é bem-visto no estudo do comportamento animal. Embora todos os animais, assim como os humanos, possuam tendências inatas, elas são suplementadas por muita experiência. Isso vale tanto para uma atividade natural como voar (aves jovens podem ser incrivelmente desajeitadas enquanto aprendem a decolar e pousar) quanto para caçar, construir ninho e até cuidar da cria. Pouquíssimos comportamentos são instintivos no sentido de não exigirem prática.

Em primatas, a orientação para recém-nascidos vulneráveis e seus substitutos, como bonecas ou pedaços de madeira, sem dúvida é parte da biologia e mais típica das fêmeas que dos machos. Isso também se aplica aos cães, por exemplo. Cadelas grávidas ou com gravidez psicológica às vezes pegam todos os brinquedos de pelúcia da casa e passam a vigiá-los e limpá-los. A atração por substitutos de bebês é lógica, considerando os mais de 200 milhões de anos de evolução dos mamíferos, durante os quais cuidar da prole foi obrigatório para as fêmeas e opcional para os machos.

Isso, contudo, não quer dizer que as fêmeas nasçam com habilidades maternais. Um recém-nascido pode buscar automaticamente um mamilo, mas a mãe ainda precisa aprender a amamentar. Isso vale para humanos e outros grandes primatas. Muitas primatas em zoológicos não têm êxito em cuidar de suas crias por falta de experiência e exemplos. Não

Menina segura carinhosamente e beija sua irmãzinha recém-nascida. A atração das meninas pelos bebês é um universal humano.

seguram o bebê na posição correta para amamentar ou empurram quando ele gruda em um mamilo. Frequentemente precisam de modelos humanos para preencher a lacuna de conhecimento. Zoológicos que têm uma primata grávida costumam convidar mulheres voluntárias para demostrarem como alimentar o bebê. A maternidade e a similaridade dos corpos aproximam naturalmente humanas e grandes primatas. Estas observam a humana nutriz e copiam cada movimento quando seu próprio bebê nasce.[32]

Jovens primatas fêmeas têm paixão por recém-nascidos. Mostram muito mais interesse neles do que os machos.[33] Jovens fêmeas rodeiam uma mãe que acabou de ter uma cria e tentam chegar perto do bebê. Fazem catação na mãe e — se tiverem sorte — conseguem tocar no bebê e examiná-lo. Jovens machos raramente estão presentes nesses grupos, enquanto fêmeas seguem a mãe por toda parte. Elas podem brincar com o recém-nascido e segurá-lo se a mãe permitir, o que serve como preparação para o momento em que tiverem sua própria cria.[34] Amber, por exemplo, era uma tia popular para todos os bebês da colônia de chimpanzés. Ela os carregava, fazia cócegas neles e os levava de volta para mamar assim que se tornavam agitados. Em consequência, as mães se mostravam despreocupadas quando Amber lhes pedia os bebês, enquanto podiam relutar em entregá-los a outras fêmeas. Sempre se recusavam a emprestar seus bebês para jovens machos, às vezes tão brutos e descuidados que representavam perigo. Por exemplo, um jovem macho podia levar um recém-nascido para o alto de uma árvore, algo inaceitável para qualquer mãe. Amber jamais fez isso.

Diga-me com o que brinca

O treinamento das fêmeas jovens ajuda para que, mais tarde, elas cuidem de suas próprias crias nos aspectos de amamentação, proteção e transporte. A maternidade é uma das tarefas mais complexas que uma primata enfrentará na vida. Quando Amber teve sua primeira cria, revelou-se uma mãe perfeita logo de saída. Isso é raro em grandes primatas, mas não nos surpreendeu.

Praticar o comportamento materno, no entanto, está longe de ser o único interesse de jovens primatas fêmeas. Entre os humanos, os bonecos podem ter usos diferentes. Em um tuíte, a candidata à presidência dos Estados Unidos Elizabeth Warren publicou uma foto dela quando menina com várias bonecas e escreveu: "Desde o segundo ano eu quis ser professora. Esta sou eu com minha coleção de bonecas — eu as enfileirava e brincava de escola".[35]

Primatas fêmeas gostam de brincadeiras imaginativas. Uma dessas brincadeiras tornou-se lendária em círculos científicos, pois foi um indício de que o faz de conta podia ser usado por um grande primata. Até então o faz de conta era considerado uma capacidade exclusivamente humana. A primeira indicação de que grandes primatas são capazes de fingir é, como vimos, que eles podem usar objetos inanimados para simular bebês. Mas esse caso específico foi além, pois o objeto era inteiramente fictício. Aconteceu com Vicky, uma jovem chimpanzé criada no abrigo de Cathy Hayes, na Flórida.

Em suas memórias de 1951, Hayes incluiu um capítulo intitulado "O caso muito estranho do puxa-puxa imaginário". Certo dia. Hayes notou que Vicky passava um dedo em volta da borda de um vaso sanitário. De início, parecia que ela estava examinando atentamente uma rachadura no vaso, mas por que estaria tão fascinada? Depois Hayes reparou que Vicky parecia participar de um cabo de guerra puxando com força alguma coisa invisível. Por fim, com um arranco, ela puxou a "coisa" em sua direção, com uma mão sobre a outra, exatamente do modo como fizera previamente com brinquedos presos a uma corda. Hayes teve a impressão de que Vicky tinha um brinquedo imaginário amarrado a uma corda invisível que ficara presa em volta do vaso sanitário.

Nos dias seguintes, Vicky brincou desse modo com mais frequência, confirmando a suspeita de Hayes. Por exemplo, ela transferia a corda invisível de uma mão para outra enquanto olhava atrás de si com um braço estendido para trás, como se puxasse o brinquedo. Numa ocasião, Vicky gritou aflita para sua mãe humana quando a corda imaginária ficou presa e ela não conseguiu soltá-la. Vicky continuou a puxar enquanto olhava para Hayes. Esta entrou na brincadeira e desvencilhou cuidadosamente a corda para Vicky, que saiu em disparada arrastando seu brinquedo invisível.[36]

Hayes mal pôde acreditar em sua interpretação audaciosa, e declarou que contava aquela história simplesmente como uma "mãe perplexa". Há tantas coisas que desconhecemos sobre as brincadeiras de jovens primatas. Sempre menosprezamos os pequenos. O comportamento das crianças ao brincar também carece de estudo. Embora as crianças dediquem animadamente muitas horas do dia às brincadeiras, os psicólogos pouco atentam para isso, enquanto os pais acalentam a ilusão de que eles são os arquitetos das brincadeiras. É por isso que debatemos tanto sobre os brinquedos. A ideia é que as crianças não têm interesses próprios e precisamos ajudá-las com brinquedos feitos para seu gênero a fim de moldá-las

Diga-me com o que brinca

como mulheres e homens "de verdade". Alternativamente, nós as direcionamos para brinquedos do gênero oposto para permitir que cresçam como progressistas esclarecidas. Ambas as abordagens são arrogantes.

A melhor estratégia seria abolir todas as divisões típicas encontradas nas lojas de brinquedos e aceitar as escolhas das próprias crianças, independentemente de atenderem ou não às nossas esperanças e aos nossos sonhos. Ficar de lado e deixar que brinquem como quiserem. Além do mais, grande parte das brincadeiras não tem relação com brinquedos ou com gênero, como é o caso do meu fascínio precoce pelos animais e da atração das crianças por música, leitura, acampamentos ou coleções de pequenos objetos como conchas e pedras.

O único problema é que roupa de menina ainda não tem tantos bolsos!

2. Gênero
Identidade e autossocialização

UM CAPPUCCINO ERA TUDO o que eu queria naquela manhã de 1991 em uma conferência internacional em Amsterdam. Em pé no saguão do centro de convenções, segurando minha xícara de café de Java, dei uma olhada na tela da televisão. Para minha surpresa, ela mostrava o close de um pênis humano ereto sendo acariciado e lambido. Não era pornografia, e sim o anúncio de um vendedor de terapias sexuais. Notei cenas eróticas similares em outros monitores. Naquela hora do dia, eu esperava ver o noticiário! A cidade de Rembrandt e Anne Frank era uma escolha óbvia para o Congresso Mundial de Sexologia. Amsterdam tem uma zona de prostituição famosa, um gigantesco festival anual do orgulho gay e o primeiro museu do sexo do mundo.

Embora a sexologia não seja a minha área, é impossível estudar bonobos e não investigar o assunto. Inversamente, os sexologistas precisam, com urgência, procurar saber sobre outros animais. Seu enfoque centra-se inteiramente nos humanos — como se a nossa espécie tivesse inventado o sexo. Parte do problema está na equivocada noção da sexologia de que só os humanos se entregam a atividades eróticas recreacionais e que, para os outros animais, o sexo é puramente procriativo. Eu estava na conferência para falar sobre os bonobos e dissipar essa ideia errada dos sexólogos. Em grande medida, o sexo praticado por bonobos não tem relação com a reprodução. Com frequência eles fazem sexo em combinações incapazes de levar à reprodução — por exemplo, entre indivíduos do mesmo sexo. Também fazem sexo quando ainda são jovens demais para se reproduzir ou quando uma das parceiras já está prenhe. Os bonobos têm razões sociais para fazer sexo. Eles buscam o prazer.

Mas basta de bonobos. Enquanto eu organizava os meus slides (do tipo vintage, 35 mm), um homem mais velho, de terno amarrotado, entrou a passos largos e apressados no saguão. Ele seria do tipo que passa despercebido não fosse por sua autoconfiança e pelo séquito. Como groupies em volta de um astro pop, uma dezena de moças e rapazes bajuladores não desgrudavam dele. Gritavam para falar com ele, carregar seu casaco ou buscar-lhe uma bebida. Logo fiquei sabendo quem era aquele homem, que não fazia o menor caso de seu fã-clube: John Money, um dos fundadores da sexologia. Naquele mesmo dia ele daria uma palestra intitulada "Antissexualidade epidêmica: Do onanismo ao satanismo".

Money, psicólogo neozelandês-americano, estava no auge da fama em 1991. Tinha setenta anos e dera ao mundo o vocabulário para se falar de modo mais inteligente e delicado sobre orientação sexual, sobre ser transgênero, sobre anatomia genital atípica, sobre identidade sexual e, de fato, até sobre gênero propriamente dito. Antes de Money, os que não se encaixavam nos escaninhos da sociedade costumavam ser menosprezados como depravados ou aberrações. Foi esse sexólogo que, em 1955, introduziu a designação *gênero*, até então usada apenas para classificação gramatical. Em algumas outras línguas, o gênero de substantivos reflete-se em artigos, como *le* e *la* em francês, *der* e *die* em alemão. Em inglês reconhecemos o gênero de palavras como *king* [rei] ou *queen* [rainha], ou *ram* [carneiro] ou *ewe* [ovelha]. Money pegou emprestada essa designação gramatical e disse que, para ele, gênero refere-se a "todas as coisas que uma pessoa diz ou faz para revelar-se como possuidor ou possuidora da condição de menino ou homem, menina ou mulher, respectivamente". Ele separou o gênero do sexo biológico, ciente da ocasional disparidade entre essas duas categorias. Também fundou a primeira clínica do mundo dedicada à identidade de gênero, a Gender Identity Clinic, na Universidade Johns Hopkins, em 1965. A terminologia inventada por Money conquistou uma popularidade colossal quando o feminismo declarou o gênero como um constructo social e quando pessoas transgênero ganharam o reconhecimento público.[1]

Não tornei a ver Money, mas anos depois sua entrada nas conferências só pode ter sido menos gloriosa. Apesar de todas as suas realizações e de seus livros com tantos leitores, ele perdeu a boa reputação. Caiu porque subestimou a biologia. Envolveu-se na redesignação sexual de um menino canadense que perdera a maior parte do pênis em uma circuncisão malfeita. Money persuadiu os pais do menino a remover os testículos do filho e criá-lo como menina. Seu nome de nascimento era Bruce, mas passou a ser Brenda. Não contaram a Brenda sobre seu sexo original.

O sexólogo fez visitas regulares para acompanhar a evolução de Brenda e declarou êxito absoluto. Proclamou triunfante que o gênero era obra puramente da criação. Até certa idade, era possível mudar um menino para menina e vice-

Gênero   63

-versa. Muita gente gostou dessa notícia, pois sugeria que temos controle sobre nosso destino. Money tornou-se um herói do movimento feminista. Em 1973 a revista *Time* louvou seu trabalho por trazer "grande apoio a uma reivindicação fundamental do movimento em defesa da liberação das mulheres: a viabilidade de se alterar os padrões convencionais de comportamento masculino e feminino".[2]

Tudo desmoronou de um modo tão medonho que Money tornou-se uma figura controversa. Anos depois de sua morte, ainda há quem o considere um charlatão e uma fraude. O menino que supunham ter virado menina resistiu ferozmente ao seu novo gênero. Brenda era vestida como menina e ganhava bonecas para brincar, mas andava e falava como menino, rasgava seus vestidos de babados e roubava os caminhõezinhos do irmão. Ele queria brincar com meninos, construir fortes e participar de guerras de bola de neve.[3]

Como não tinha pênis, foi ensinado a sentar-se no vaso sanitário. No entanto, sentia um impulso irreprimível de urinar em pé. Isso causava atrito com colegas de escola. As meninas o chamavam de "mulher das cavernas" e o expulsavam do banheiro feminino. Os meninos faziam a mesma coisa — pois ele se vestia como menina —, por isso, ele acabava fazendo xixi em um beco.

Só aos catorze anos Brenda finalmente soube a verdade. Foi um alívio, pois explicava muita coisa, inclusive por que se sentira tão infeliz durante tantos anos. Sob o novo nome de David, ele voltou à sua identidade de nascimento. Tragicamente, suicidou-se aos 38 anos.

Essa história dolorosa — conhecida como caso David Reimer — traz uma lição importante para aqueles que acreditam que a biologia pode ser desconsiderada. Em sua ânsia por apresentar um quadro otimista, Money minimizou os sinais de problemas. No fim, sua intervenção revelou-se exatamente o oposto daquilo que ele queria mostrar. Deixou claro que uma cirurgia seguida por anos de tratamento com estrogênio e socialização intensa ainda assim não é capaz de suplantar a identidade masculina de um menino. Desde então, adquirimos uma compreensão mais ampla sobre a interação entre natureza e criação, e sabemos que ela é mais complexa do que pensavam tanto Money como seus detratores. Porém, graças a Money, temos ao menos um vocabulário para discutir a questão.[4]

O termo "gênero" tornou-se uma parte indispensável do discurso, embora agora esteja sendo usado em excesso. Isso se deve ao emprego da palavra "sexo" em mais de uma acepção. Quando dizemos "fazer sexo" usamos a mesma palavra que empregamos em "ser de determinado sexo". Essa confusão não existe em todas as línguas, mas explica por que, por vezes, "gênero" começou a preencher a lacuna e suplantou "sexo" mesmo quando o segundo termo é o mais apropriado. No zoológico, por exemplo, as pessoas perguntam "Qual o gênero dessa girafa?". Em revistas científicas podemos ver títulos como "Diferenças sexuais como adaptação aos diferentes papéis de gênero em rãs". Um site sobre cães na internet explica: "Identificar o gênero do filhote é importante: você não vai querer ter um cachorro do sexo indesejado".[5]

Rigorosamente falando, esse uso é incorreto. Se o termo "gênero" se refere ao lado cultural do sexo de um indivíduo, seu emprego deveria ser limitado a indivíduos que são afetados por normas culturais. Apesar de evidências de que existe

Gênero

cultura animal, prefiro atribuir um *sexo*, e não um *gênero*, a girafas, rãs e cães. Os "chás de revelação" revelam o sexo do bebê, e não seu gênero, pois o nascituro, não tendo ainda sido exposto à cultura, não tem gênero, apenas sexo.

No entanto, é difícil resistir ao novo uso de "gênero". Você notará que eu mesmo incorro nessa conveniência às vezes. Ironicamente, um termo proposto como alternativa ao sexo biológico acabou por representar o termo que substituiu. Isso obviamente traz imprecisão ao exame de um tema delicado.

EM GRANDE MEDIDA, o termo "gênero" abrange papéis atribuídos culturalmente, como na seguinte definição da OMS, a Organização Mundial de Saúde: "As características de mulheres, homens, meninas e meninos que são socialmente construídas. Isso inclui normas, comportamentos e papéis associados a ser mulher, homem, menina ou menino, bem como as relações de uns com os outros".[6]

O gênero é como um casaco cultural com que os sexos se vestem. Relaciona-se às nossas expectativas quanto a mulheres e homens, as quais variam conforme as sociedades e mudam ao longo do tempo. Contudo, algumas definições são mais radicais, pois procuram desnaturalizar o gênero. Nessas definições, gênero é uma construção arbitrária totalmente separada do sexo biológico. O casaco anda sozinho, digamos assim, e seu estilo depende de nós.

A primeira versão do conceito de gênero é incontroversa. Em nosso cotidiano, podemos ver facilmente como a sociedade molda os papéis de gênero e pressiona todos para que aí se encaixem. Por outro lado, a noção mais radical de gênero conflita com o que se conhece sobre a biologia da nossa espécie. Embora seja verdade que o gênero vai além da biologia, ele não é criado a partir do nada. A razão de termos uma dualidade de gêneros é que, em sua maioria, podemos classificar as pessoas segundo dois sexos. Isso não significa que devemos aceitar tudo que é associado a gênero, por exemplo o desequilíbrio de poder entre homens e mulheres. Também não significa que precisamos nos limitar a dois gêneros. Mas há certos elementos fundamentais com os quais nascemos. Como Money descobriu, isso inclui a identidade de gênero.[7]

O gênero é uma das primeiras coisas que captamos assim que conhecemos uma pessoa. Ele é uma informação crucial sobre qualquer um com quem queiramos interagir. Em experimentos, indivíduos que veem o retrato de alguém de cabelo totalmente raspado só precisam de um segundo para adivinhar o gênero da pessoa com quase cem por cento de acerto.[8] Na vida real, a identificação do gênero costuma ser ajudada por camadas culturais, por exemplo o modo como nos vestimos, penteamos o cabelo, nos sentamos com as pernas cruzadas ou abertas ou levamos uma xícara de chá à boca. É assim que sinalizamos o gênero para o resto do mundo. A importância atribuída a esses sinais explica por que eles são observados com atenção. Mulheres que cospem no chão ou arrotam alto ouvem que isso não são modos femininos, enquanto os homens podem se comportar desse modo impunemente. A superestrutura dos costumes para cada gênero pode ser tão arbitrária que chega a ser trivial. Além disso, ela está longe de ser estável ao longo do tempo. Por exemplo, os nobres franceses do sexo masculino no século XVII andavam perfumados, de salto alto, roupas bordadas e longas perucas.

Gênero

Outras normas de gênero têm consequências mais importantes, por exemplo a educação e os empregos que favorecem homens ou mulheres. Na medida em que tais normas restringem a escolha, em especial para as mulheres, são criticadas com toda razão. As expressões de gênero mais significativas têm raízes profundas e incluem a combatividade física geralmente maior dos homens ou a maior dedicação de muitas mulheres aos filhos. Essas expressões são universais humanos que temos em comum com outros primatas. Fêmeas que cuidam da prole é uma característica dos mamíferos.

Toda tendência humana, independentemente de a considerarmos natural ou não, pode ser amplificada, enfraquecida ou modificada pela cultura. A agressividade masculina pode ser valorizada em determinado local e época, por exemplo, num país em guerra. Em outro lugar e outra época, porém, pode ser tolhida a ponto de o conflito aberto ser raro e quase nunca se ouvir falar em assassinato.[9] Mesmo assim, não devemos deixar que a influência da cultura nos leve a pensar que o instinto de agressão em humanos é um mito. O erro mais comum nos debates sobre natureza versus criação é usar a prova de uma influência como evidência contra a outra. Se os galões de tinta gastos para escrever sobre a base biológica de altruísmo, belicosidade, homossexualidade e inteligência nos ensinaram alguma coisa, é que toda característica humana reflete uma interação entre genes e ambiente.

Um bom exemplo é a linguagem. Nossa língua materna pode parecer puramente cultural. Um bebê nascido na China aprenderá o mandarim, enquanto outro que nascer na Espanha aprenderá o espanhol. Sabemos, com base em adoções internacionais, que isso não tem nenhuma relação com os genes. Se esses bebês forem permutados logo ao nascer, o primeiro aprenderá espanhol e o segundo, mandarim.

Contudo, se os bebês fossem de outra espécie primata, nunca profeririam uma palavra sequer. Não faltam na ciência tentativas de ensinar linguagem aos nossos companheiros grandes primatas, mas os resultados têm sido decepcionantes. A faculdade da linguagem humana é única e biológica. Até conhecemos alguns dos genes envolvidos. Nosso cérebro evoluiu de modo a sugar informações linguísticas nos primeiros anos de vida. Isso significa que devemos agradecer tanto à natureza quanto à criação pela língua que falamos.[10]

Essa combinação, que é típica de processos biológicos, é conhecida como *predisposição ao aprendizado*. Muitos organismos precisam aprender certas coisas em uma fase específica da vida e são programados para fazer isso. Do mesmo modo que estamos preparados para adquirir linguagem quando somos jovens, patinhos passam a considerar como sua mãe o primeiro objeto que encontram. Às vezes, como aconteceu com Konrad Lorenz, esse objeto pode ser um zoólogo barbudo de cachimbo na boca. As aves seguem essa "mãe" por onde quer que ela ande ou nade. Mas não é assim que deveria acontecer. Em condições naturais, patinhos andam e nadam enfileirados atrás de sua mãe verdadeira. Pelo resto da vida eles se identificarão com a espécie à qual ela pertence, que também é a espécie deles. Essa é a finalidade do processo de *imprinting*, ou gravação filial.

Os papéis de gênero humanos estão sujeitos a predisposições de aprendizado similares. Esses papéis, em si, não são necessariamente biológicos, sem dúvida não em todos os detalhes. Eles são adquiridos culturalmente, porém com uma

Gênero

velocidade, avidez e abrangência impressionantes. A facilidade com que as crianças os adotam sugere um processo de bases biológicas. A impressão do gênero ocorre na criança do mesmo modo que no patinho em sua espécie, por assim dizer. As crianças tipicamente gostam de imitar adultos do seu gênero, sejam eles reais ou ficcionais. Afetadas pela mídia, as meninas se fantasiam de princesa de contos de fadas e os meninos matam dragões com uma espada. As crianças amam essas encenações. Estudos de neuroimagem indicam que imitar pessoas de seu próprio gênero ativa centros de recompensa no cérebro, enquanto imitar pessoas do gênero oposto não tem esse efeito. Isso não significa necessariamente que o cérebro está no comando, pois ele também reage ao ambiente. Mas sugere que a evolução equipou nossos pequenos com um viés de bem-estar para que se amoldem ao seu gênero.[11]

Em um estudo inicial, crianças bem novas assistiram a um filme curto no qual um homem e uma mulher executavam atividades simples, como tocar um instrumento ou acender uma fogueira. Os atores faziam essas coisas ao mesmo tempo, mas cada um de um lado da tela. As crianças focalizaram seu olhar no ator de seu respectivo gênero: a mulher foi mais observada pelas meninas do que pelos meninos, e estes focalizaram mais o homem. Os pesquisadores deram a seguinte interpretação a essa preferência pelo mesmo gênero: "Torna-se cada vez mais importante para eles aprender e adotar as regras sociais relacionadas a comportamentos apropriados de machos e comportamentos apropriados de fêmeas".[12]

Tendemos a conceber a socialização como uma rua de mão única na qual os pais ensinam aos filhos como se comportar, mas a *autossocialização* é, no mínimo, igualmente importante.

As próprias crianças a procuram e a encenam. O fascínio por pessoas de seu próprio gênero as leva a prestar atenção nos comportamentos que desejam imitar. Eis como a antropóloga americana Carolyn Edwards, inspirada em suas observações de meninos e meninas em uma grande variedade de culturas, definiu a autossocialização: "O processo pelo qual as crianças influenciam a direção e os resultados de seu desenvolvimento por meio de atenção seletiva, imitação e participação em atividades específicas e modalidades de interação que funcionam como contextos fundamentais de socialização".[13]

A autossocialização aplica-se também a outros primatas. Na floresta pluvial africana, chimpanzés jovens aprendem com a mãe a extrair cupins introduzindo gravetos nos cupinzeiros. As filhas imitam fielmente a mãe nessa técnica específica de captura, mas os filhos, não. Embora ambos passem igual quantidade de tempo com a mãe, as filhas a observam com mais atenção durante a alimentação com cupins. Além disso, as mães compartilham suas ferramentas mais prontamente com as filhas. Desse modo, as fêmeas jovens aprendem com a mãe a aparência das ferramentas certas, enquanto os machos jovens aprendem por conta própria. Para os filhos machos, o exemplo materno pode ser menos importante, pois quando forem mais velhos obterão a maior parte de sua proteína animal caçando macacos e outras presas grandes.[14]

Um viés de aprendizado similar ocorre entre os orangotangos selvagens. Por volta dos oito anos, beirando a adolescência, as filhas comem os mesmos alimentos que a mãe, enquanto os filhos têm uma dieta mais diversificada. Como eles prestaram atenção em uma variedade maior de mode-

As filhas se autossocializam adotando sua mãe como modelo. Uma chimpanzé jovem (à dir.) observa atentamente a mãe apanhar cupins.

los, incluindo machos adultos, os machos jovens consomem inclusive alimentos em que a mãe nunca toca.[15]

Na Costa Rica, os macacos-prego jovens precisam aprender a abrir os frutos chamados *luehea*. São frutos ricos em sementes nutritivas que podem ser removidas com batidas fortes no fruto ou raspando-o grosseiramente em um galho de árvore. Cada fêmea adulta emprega apenas uma dessas duas técnicas, e suas filhas a copiam. Durante o resto da vida, as filhas irão apenas golpear ou apenas raspar, como sua mãe fazia. Em contraste, os filhos não são afetados pelo exemplo da mãe.[16]

Estudos sobre conformismo social em outros primatas nos ensinaram que indivíduos adquirem hábitos com aqueles de quem se sentem próximos. O aprendizado observacional é guiado pela vinculação e identificação.[17] As filhas não só copiam os hábitos alimentares de sua mãe, também aprendem com ela a criar a prole. Os modelos dos machos jovens são mais difíceis de especificar, pois eles não costumam ter uma figura paterna claramente definida. Seu pai é desconhecido, por isso eles seguem o exemplo dos machos adultos em geral. Por exemplo, as fêmeas de macaco-verde africano copiam preferencialmente modelos femininos independentemente de sua eficácia em abrir uma caixa com alimentos montada por cientistas. Já os machos copiam modelos de ambos os sexos, em especial de machos bem-sucedidos.[18]

Machos jovens gostam de estar em companhia de machos mais velhos e fazer catação social com eles. No Parque Nacional da Floresta de Kibale, em Uganda, chimpanzés machos adolescentes cultivam uma amizade especial com machos idosos. Os adolescentes de doze a dezesseis anos são independentes da mãe, mas ainda não estão prontos para lutar e abrir caminho na hierarquia dos machos adultos. Como adolescentes humanos, eles se encontram entre a infância e a vida adulta. Seus amigos favoritos, com exceção de seus pares, são machos por volta dos quarenta anos. Estes já passaram do auge da vida e a maioria se "aposentou" da política de poder. Jovens e velhos dão uma excelente combinação. Os machos aposentados são de fácil convivência e não representam perigo, o que faz deles modelos ideais. Uma análise de DNA mostra que frequentemente machos mais velhos são os pais biológicos dos adolescentes que procuram sua companhia.[19]

No entanto, o fascínio por modelos masculinos pode começar bem mais cedo. Chimpanzés jovens parecem observar com grande atenção as exibições de força de machos adultos. Cada macho tem um estilo distinto, que inclui dar saltos espe-

Gênero

taculares, bater palmas, jogar objetos longe, arrancar ramos de árvore etc. Conheci um macho alfa que tinha o hábito de bater durante vários minutos numa determinada porta de metal para turbinar suas exibições. O estrondo que ele fazia servia para anunciar seu vigor a toda a colônia. Enquanto ele batucava, as fêmeas mantinham por perto as suas crias mais novas, pois os machos nesse estado de agitação são imprevisíveis. Depois que o macho se acalmava, as mães liberavam os pequenos. Com frequência, um macho jovem — nunca uma fêmea — ia até a mesma porta de metal. Eriçava os pelos e chutava a porta exatamente como o alfa tinha feito. O som não era igual, mas ele tinha pegado o jeito.

Se a mentalidade de macaquear dos primatas incentiva a autossocialização pela imitação de modelos do mesmo sexo, o conceito de gênero também poderia aplicar-se a eles. Talvez diferenças comportamentais entre os sexos sejam parcialmente culturais. Precisamos de mais estudos além dos poucos mencionados aqui, mas está na hora de reconsiderar a máxima "Toda espécie tem sexo, só os humanos têm gênero".

A CIÊNCIA ANTES PENSAVA que os humanos eram infinitamente flexíveis. Essa ideia tinha grande aceitação sobretudo entre os antropólogos, que tradicionalmente enfatizam a cultura em detrimento da biologia. Nos anos 1970, Ashley Montagu afirmou que nossa espécie não possui nenhuma tendência inata. "O ser humano é completamente desprovido de instinto", ele declarou. Cabe notar que, uma década antes, o mesmo Montagu enaltecera as mulheres como intrinsecamente mais amorosas e humanitárias que os homens.[20] Vemos aqui uma contradição gritante. Não se pode considerar a mente humana uma tábula rasa na qual a cultura esculpe normas de gênero e ao mesmo tempo postular uma diferença natural entre os sexos. Isso talvez explique por que Melvin Konner, antropólogo que concorda com Montagu na questão da superioridade feminina, distanciou-se do mantra "cultura é tudo" apregoado por sua disciplina:

> Meninos e meninas realmente são diferentes, assim como os homens e mulheres que eles vêm a ser. Essa é uma noção biológica e filosófica profunda, e, embora de início eu não a aceitasse — fui um determinista cultural convicto na juventude —, agora eu a aceito e a defendo com satisfação.[21]

No entanto, não temos necessidade alguma de escolher entre cultura e biologia. A única posição plausível é ser *interacionista*. O interacionismo pressupõe uma ação recíproca e dinâmica entre genes e ambiente. Os genes, isoladamente, são como sementes jogadas na calçada: não podem produzir coisa alguma por conta própria. De forma análoga, o ambiente, sozinho, não é relevante, pois requer um organismo sobre o qual ele possa agir. A interação desses dois fatores é tão intricada que, na maior parte do tempo, somos incapazes de destrinçar suas contribuições.[22]

O primatólogo suíço Hans Kummer encontrou uma analogia útil para explicar por que isso acontece: perguntar se um comportamento observado resulta da natureza ou da criação é como perguntar se os sons de percussão que ouvimos à distância são produzidos pelo percussionista ou pelo tambor. É uma questão tola, pois nenhum dos dois emite

Gênero

75

ruídos sozinho. Só se ouvirmos sons distintos em ocasiões diferentes poderemos indagar legitimamente se a diferença decorre de uma mudança no percussionista ou no instrumento. Kummer concluiu: "Só uma diferença em características, e não uma característica em si, pode ser considerada inata ou adquirida".[23]

Essa percepção veio de alguém que por toda a vida indagou sobre a origem do comportamento observado. No entanto, o interacionismo não agrada muito, pois não fornece respostas simples. A mídia frequentemente busca respostas simplórias ("essa característica é 90% genética"), mas afirmações desse tipo são descabidas. Assim como não podemos especificar a influência relativa do percussionista e do tambor, não podemos especificar a contribuição de genes e ambiente para determinado comportamento. Se uma menina tem um sorriso idêntico ao de sua mãe ou um menino fala exatamente como o pai, talvez seja porque imitam com perfeição seus modelos. Mas ambas as crianças também herdaram a laringe e o timbre vocal dos pais. Sem um experimento controlado (e as questões éticas que ele suscitaria), não há esperança de desenredar os papéis dos genes e do ambiente.[24]

Problema similar surge quando se quer conhecer a origem dos papéis de gênero. Com exceção de adornos puramente culturais — por exemplo, rosa para meninas e azul para meninos —, esses papéis integram natureza e criação. Como resultado, são mais resistentes a mudanças do que se espera. Nesta nossa época, alguns pais optam por criar seus filhos de um modo neutro em tudo que possa se relacionar a gênero, para assim remover o que eles veem como os grilhões da sociedade. Eles se recusam a revelar a anatomia dos filhos, e às vezes não a informam nem aos avós da criança. Cortam o cabelo das meninas, deixam crescer o dos meninos e permitem que a criança se vista como bem entender, inclusive se o menino decidir ir à escola com um tutu de bailarina. Agem dessa maneira como uma reação à estereotipagem dos gêneros pela sociedade e à desigualdade associada a ela.

Contudo, repare que apenas uma das palavras na expressão *desigualdade de gênero* refere-se a um problema, e não é "gênero". Ninguém proporia combater o racismo exortando as pessoas de raças diferentes a tentarem se parecer mais fisicamente. Então, por que tentarmos nos livrar do gênero? Em última análise, esses esforços não conseguem resolver o problema mais profundo da desigualdade. A existência dos gêneros leva a culpa pelas falhas morais e políticas da sociedade.

Para muitos, ser homem ou mulher é uma fonte de orgulho e alegria. As pessoas não meramente adotam identidades de gênero — elas as aceitam positivamente, não importa se as consideramos ou não algo cultural. Também não devemos esquecer que, como diz a canção, "é o amor que faz o mundo girar". E, para a maioria de nós, o amor romântico e a atração sexual não são intensamente ligados ao gênero? Isso vale tanto para quem sente atração por pessoas do outro sexo como para quem se sente atraído pelas do seu próprio sexo. É por isso que não sei se criar os filhos sem gênero é fazer a eles algum favor. Como lidarão com o mundo e com seus próprios sentimentos pelos outros quando a puberdade chegar? Será que sua vida amorosa também será neutra no que diz respeito aos gêneros? Isso para mim é difícil de imaginar, mesmo percebendo que uma geração mais nova acredita ser possível.

Desde que Donna era muito pequena, ela e eu brincávamos juntos na Estação de Campo de Yerkes. A chimpanzé jovem vinha correndo sempre que me via passar. Virava-se, apoiava as costas na cerca e me olhava por cima do ombro. Eu cutucava seu pescoço e dorso, e ela caía na risada rouca dos chimpanzés. Sua mãe, Peony, sentada mais adiante e catando outra fêmea, mal erguia os olhos. Como era extremamente protetora, eu considerava essa atitude um elogio.

Donna continuou a me convidar desse modo mesmo depois de chegar a uma idade em que a maioria dos grandes primatas já não são coceguentos. Ela também brincava frequentemente com os machos grandes do seu grupo. O macho alfa a procurava para brincar de luta. Sempre delicado, ele tinha o hábito de se engalfinhar em lutas simuladas com machos jovens, mas não com fêmeas, exceto Donna. Brincava com ela às vezes por vários minutos, fazendo cócegas e rindo, como se ela fosse a melhor companheira de brincadeira de todos os tempos. Este foi o primeiro sinal de que ela era diferente das suas colegas.

Donna tornou-se uma fêmea robusta de atitudes mais masculinas do que as outras fêmeas. Tinha a cabeça grande, com os traços faciais brutos típicos dos machos e mãos e pés muito desenvolvidos. Sabia sentar-se aprumada como um macho. Quando eriçava os pelos, o que passou a fazer com mais frequência à medida que ficou mais velha, ela era bem intimidante, graças aos ombros largos. No entanto, sua genitália era de fêmea, embora nunca ficasse totalmente intumescida. As chimpanzés, no pico do ciclo menstrual de 35 dias, apresentam genitais inflados. Mas depois que Donna passou da puberdade, os dela nunca atingiram o tamanho máximo e a cor vívida que anunciam a fertilidade. Os machos não

78 *Diferentes*

demonstravam interesse e não copulavam com ela. Como Donna também nunca se masturbava, provavelmente não tinha um forte impulso sexual. Ela nunca foi mãe.[25]

O fluxo menstrual de Donna era mais intenso que o das outras fêmeas, com perda de sangue consideravelmente maior. Ela geralmente era alegre, amistosa e brincalhona, mas não durante a menstruação. Nas outras fêmeas, mal notávamos a menstruação e as alterações de humor. Donna, em contraste, parecia abatida e cansada. Talvez em razão de dor ou anemia. Notamos que sua boca e língua ficavam pálidas e passamos a dar-lhe suplementação de ferro.

Curiosamente, a maioria dos estudiosos do comportamento primata quase não fala sobre o tipo de diversidade de gênero ilustrado pelo caso de Donna. Sempre há alguns machos com menos virilidade que os outros, e sempre existem algumas fêmeas que têm comportamento mais masculinizado. Essas fêmeas gostam mais do que as outras de brincar de luta e iniciam mais brincadeiras audaciosas. Embora a "personalidade" animal seja um frequente tema de estudo, a ciência ainda não atenta para a variabilidade em relação a papéis dos sexos. Talvez seja como na nossa espécie, pois por muito tempo negligenciamos as exceções à regra binária. Aqui também a distinção entre sexo e gênero é útil. Gosto do modo como Robert Martin, biólogo e antropólogo britânico do Field Museum de Chicago, expõe o problema. A maioria das diferenças entre os sexos é bimodal, ele escreveu, enquanto as diferenças entre os gêneros variam ao longo de um espectro.[26]

Definido em grande medida pelos cromossomos e órgãos genitais, o sexo é binário para a imensa maioria dos humanos. Na linguagem eletrônica digital, a palavra "binário" refere-se

Gênero

ao sistema de dois números, um e zero (1/0). Aplicada ao sexo, binário significa que um indivíduo ou nasce macho ou nasce fêmea. No entanto, há exceções relacionadas aos cromossomos e aos órgãos genitais, portanto quando se trata de sexo o sistema binário é, na melhor das hipóteses, uma aproximação.[27]

É raro, porém, que diferenças entre os sexos sejam extremamente claras. Em vez disso, elas apresentam uma distribuição bimodal (as famosas curvas normais), ou seja, elas se referem a médias com áreas que se sobrepõem. Por exemplo, os homens são mais altos que as mulheres, mas apenas em um sentido estatístico. Todo mundo conhece mulheres que são mais altas do que o homem médio e homens que são mais baixos do que a mulher média. Essa mesma sobreposição vale para características comportamentais, por exemplo quando se diz que homens e mulheres diferem em assertividade ou delicadeza.

Com o gênero, a situação é bem outra. O gênero tem relação com papéis sexuais culturalmente incentivados na sociedade e com o grau em que cada indivíduo os expressa e se ajusta a eles. Quando falamos em gênero, os termos apropriados não são "fêmea" e "macho", e sim "feminino" e "masculino". Essas palavras referem-se a atitudes e tendências sociais que não são classificadas com facilidade. Elas frequentemente se misturam, de modo que aspectos de ambos se manifestam em uma única personalidade. Um homem pode ser másculo e ter um lado feminino, e uma mulher feminina pode, por vezes, expressar-se de um modo característico masculino. O gênero resiste à divisão em duas categorias nitidamente distintas, e o melhor é vê-lo ao longo de um espectro que vai suavemente do feminino ao masculino, com todos os tipos de misturas de permeio.

Nesse espectro dos gêneros, Donna estava muito mais para o lado masculino do que a maioria dos membros de seu sexo. Até seu corpo refletia isso. Como na nossa espécie, entre os chimpanzés os machos são o sexo mais peludo. Isso lhes permite aparentar um tamanho maior do que realmente têm quando eriçam os pelos (piloereção). Donna tinha pelos incomumente longos e era capaz de arrepiá-los no corpo inteiro, como um macho. Além disso, ela frequentemente agia como se fizesse parte do mundo masculino. Quando os machos começavam as exibições de força, intimidando o grupo com sua vocalização barulhenta, Donna se juntava ao coro e arremetia ao lado deles. Balançava o corpo ou se movia com a "arrogância bípede": de pé sobre os membros posteriores, os braços abaixados e semiarqueados e todos os pelos arrepiados, ela caminhava como um caubói prestes a sacar o revólver num duelo. Como na "dança da chuva" dos chimpanzés selvagens, quando caía uma chuvarada repentina ela se punha a andar dessa maneira. Quem a via, podia jurar que ali estava um macho.

As exibições dos machos raramente terminam em ataque. Mais comumente, suas gritarias intimidantes culminam em um clímax vocal, como um brado de guerra. Os gritos de Donna eram mais agudos que os dos machos, mas só o fato de ela os emitir já era atípico para uma fêmea. Agindo como camarada dos machos adultos, ela podia adquirir uma dominância temporária. Donna ocupava uma posição intermediária na hierarquia, mas até as fêmeas superiores saíam do caminho quando ela entrava nesse estado de agitação.

Os machos, por sua vez, deixavam que Donna se entregasse a esses comportamentos como se não notassem. Se ela fosse outro macho, talvez eles não deixassem barato — eles observam atentamente os seus rivais durante as exibições e

Gênero

os provocam ou reagem. Mas Donna não representava uma ameaça. Não competia com eles e não era agressiva. Simulações de agressividade e andar arrogante não contam como verdadeira agressão, contanto que não descambem para arremetidas ou ataques. Minha equipe, depois de coletar mais de 100 mil dados ao longo dos anos observando a colônia de cima de uma torre, constatou que Donna era o indivíduo menos agressivo do nosso estudo. Seus comportamentos de catação e brincadeiras eram comparáveis aos de outras fêmeas, mas ela nunca agredia nem era agredida em excesso. Conseguia manter-se totalmente livre de encrencas.

Por outro lado, Donna não era um alvo fracote. Tinha o benefício de uma mãe dominante sempre pronta a interferir, além disso também sabia se defender. Numa ocasião, uma das fêmeas não gostou da ululação e dos balanços de corpo de Donna, gritou e deu-lhe um tapa. Donna saiu correndo atrás dela e esmurrou suas costas. Essa fêmea, normalmente dominante, submeteu-se ao abuso. Mas Donna agira em defesa própria. Nunca fez nada parecido com isso sem motivo.

Antes de escrever sobre Donna, perguntei aos meus colegas de pesquisa o que achavam dela. Na minha equipe há alguns gays e lésbicas, e eles me disseram que viam essa fêmea por um prisma com as cores do arco-íris. Todos eram fascinados por seu comportamento atípico e se lembravam dela afetuosamente. Mas ninguém a considerava lésbica, pois ela não buscava o contato sexual com outras fêmeas. Todos achavam que era bem-aceita apesar de sua propensão a bancar a mandona. Isso era simplesmente parte do seu jeito de ser, e nem os observadores humanos nem os outros primatas pareciam se importar. Ela era descontraída e se dava bem com todo mundo.

Não tenho como dizer se poderíamos chamar Donna de "trans", pois para animais isso é impossível de saber. Os indivíduos que nascem com um sexo mas sentem que são do sexo oposto são conhecidos como *transgênero*.[28] Humanos transgênero até preferem inverter essa descrição e priorizar a identidade sentida. Eles nasceram com um sexo mas se sentem no corpo do outro. Não temos como aplicar isso a Donna, pois é impossível saber como ela percebia seu gênero. Em muitos aspectos — suas relações de catação social com os outros, sua ausência de agressividade — ela agia mais como fêmea do que como macho. O melhor modo de descrevê-la talvez seja como um indivíduo em grande medida assexual de gênero inconforme.

Nas minhas décadas de trabalho com grandes primatas, conheci vários deles cujo comportamento era difícil de classificar como feminino ou masculino. Embora minoritários, parecem estar presentes em quase todos os grupos. Por exemplo, sempre há machos que não entram na competição por status. Podem até ser gigantes musculosos, mas se abstêm de confrontos. Esses machos nunca chegam ao topo, mas também não descambam para as posições mais baixas na hierarquia, pois são perfeitamente capazes de se defender. Os outros machos não os levam em conta — desistem de recrutá-los como aliados para suas maquinações políticas. Um macho que não se dispõe a correr riscos não ajuda a desafiar os superiores. As fêmeas também têm menos interesse por esses machos, pois não é provável que eles as defendam se forem incomodadas por machos ou por outras fêmeas. Por essa razão, os machos sem impulso de dominância levam uma vida relativamente tranquila, porém isolada.

Gênero 83

Infelizmente não temos ideia do quanto são comuns indivíduos de gênero inconforme, pois os cientistas procuram comportamentos típicos. Gostamos de ter uma noção clara de como fêmeas e machos se comportam. Atentamos para os picos da distribuição bimodal e desconsideramos os vales. Os casos fora da regularidade permanecem subnotificados.

TABELA: Vocabulário comum em relação a sexo e gênero humanos

Terminologia	Definição
Sexo	O sexo biológico de uma pessoa, baseado na anatomia genital e nos cromossomos sexuais (xx para fêmea, xy para macho).*
Gênero	O papel e a posição culturalmente circunscritos de cada sexo na sociedade.**
Papel de gênero	Comportamento, atitudes e funções sociais típicos de cada sexo, resultantes da interação entre natureza e criação.
Identidade de gênero	A percepção pessoal sobre se sentir como sendo macho ou fêmea.
Transgênero	Pessoa cuja identidade de gênero não corresponde ao seu sexo biológico.***
Transexual	Pessoa que foi submetida a redesignação de gênero por terapia hormonal e/ou cirurgia; termo médico.
Intersexo	Pessoa cujo sexo é ambíguo ou intermediário porque sua anatomia, seus cromossomos e/ou perfil hormonal não correspondem à classificação binária macho/fêmea.

* Essa é a definição médica de sexo humano. Em biologia, o sexo é definido pelo tamanho dos gametas (por exemplo, espermatozoides e óvulos), e são as fêmeas que têm os gametas maiores.

** Nos Estados Unidos, o termo "gênero" vem sendo cada vez mais usado para designar sexo biológico, inclusive para animais, porém essa não é sua acepção original.

*** Quando a identidade de gênero corresponde ao sexo biológico, o indivíduo é classificado como *cisgênero*.

84   *Diferentes*

Quando vi Donna pela última vez, ela era uma jovem adulta. Eu disse olá, ela me fitou nos olhos, mas de repente desviou a vista para alguma coisa na grama do meu lado da cerca. Esse é o modo como os chimpanzés apontam para algo sem usar as mãos. Segui sua indicação e deparei com um graveto que ela avistara. Assim que o entreguei a ela, Donna correu para juntar-se a um círculo de "culinária" formado por seus amigos no recinto grande. Por algum tempo, os jovens se dedicaram a uma brincadeira na qual cavavam um buraco no chão e o enchiam de água. Sentavam-se em volta e remexiam a lama com gravetos. Chamávamos isso de "culinária" porque superficialmente parecia que estavam fazendo comida. Um jovem pegava um balde de plástico e ia até a torneira para enchê-lo. Ele ou ela (a brincadeira tinha participantes de ambos os sexos) voltava devagar por todo o longo caminho, com cuidado para não derramar a água. E então o conteúdo do balde era despejado no buraco para uma nova rodada de mexe-mexe.

Os chimpanzés jovens estão sempre inventando brincadeiras; dedicam-se a elas por algumas semanas, até que alguém crie outra. Donna parecia já não ter idade para isso, mas gostava do entretenimento em grupo. Uma fêmea troncuda sentada toda feliz no meio dos pequenos — é assim que me lembro dela.

A EXISTÊNCIA DE PESSOAS TRANSGÊNERO contradiz a noção de gênero como uma construção social arbitrária. Os papéis de gênero podem ser produtos culturais, mas a identidade de gênero propriamente dita parece surgir do íntimo.[29]

Gênero

Quando se pergunta às pessoas como elas se identificam, o número de transgêneros é relativamente alto. A estimativa mais recente é de que 0,6% dos adultos são transgênero, o que significa que existiriam entre 1 milhão e 2 milhões de pessoas transgênero só nos Estados Unidos. No entanto, quase certamente esse número é uma subestimativa.[30] Pessoas transgênero têm muitas razões para relutar em revelar sua condição. Você se lembra dos projetos de lei sobre os banheiros que tentaram apagá-las da esfera pública? Atualmente, esforços similares estão em curso na esfera dos esportes. Em vez de acolher as pessoas transgênero e reconhecer seus direitos, a sociedade americana parece decidida a demonizá-las e a dificultar sua vida. O grande erro, que já enfrentamos anteriormente com a homossexualidade, é apresentar a condição transgênero como um distúrbio que necessita ser sanado, ou uma escolha que precisa de correção — como se fosse uma mera preferência de estilo de vida.

No entanto, ser transgênero é intrínseco e constitutivo. "Constitutivo", aqui, significa o oposto de construído socialmente. É uma característica ligada à própria essência de quem somos. Não sabemos se ser transgênero é causado por genes, hormônios, experiência no útero e/ou experiência pós-natal inicial. O que sabemos é que tipicamente é algo que surge bem no começo da vida e não é reversível. Um dos exemplos mais conhecidos é o de Jan Morris, que começa seu livro *Enigma* dizendo: "Eu tinha três ou talvez quatro anos quando percebi que nascera no corpo errado e na verdade deveria ser menina. Lembro-me bem desse momento, e ele é a lembrança mais antiga da minha vida".[31]

A socialização segundo o gênero invariavelmente toma como ponto de partida a anatomia genital. Contudo, as crianças transgênero se ressentem das expectativas impostas a elas. Sua socialização, em vez de ser um processo cooperativo entre pais e filhos, muitas vezes se transforma em uma raivosa guerra de rebelião e coerção. Devon Price, declarada menina ao nascer, apresenta uma narrativa de saída do armário que ilustra a ausência de escolha e um forte desejo de imitar o gênero ao qual ele sentia pertencer:

> As pessoas empurravam normas femininas para cima de mim, e eu geralmente as rejeitava ou não conseguia cumpri-las. A partir de então recebi a socialização que costuma vir para uma criança que não se amolda às normas de gênero. Em certa medida eu era percebido e socializado como uma aberração de gênero, não como uma menina. Eu sempre soube, lá no fundo, que não era uma menina cis, e automaticamente descartava algumas normas do gênero feminino que me pareciam inadequadas ou injustas. Eu sempre fui extremamente avesso a expressar dor ou fraqueza emocional. Sempre imitei os homens no modo de falar ou de expressar ideias incisivamente. Durante toda a minha vida eu quis ser mais como os homens (estereotípicos) no que eles têm de assertivos e diretos.[32]

Ninguém estimula crianças transgênero a aceitarem quem elas são, pelo menos não inicialmente. Ao contrário, pais, irmãos, professores e colegas incomodam-se quando uma criança adota a aparência e os hábitos de um gênero diferente. Punem, zombam, repreendem e isolam a criança. Apesar dessa hostilidade intensa, as crianças trans obstinadamente

Gênero   87

se desenvolvem de acordo com sua identidade sentida, e isso mostra que não é o ambiente que constrói seu gênero. É a própria criança.

O maior estudo até o presente testou 317 meninos e meninas transgênero americanos com média de idade entre sete e sete anos e meio.[33] Eles foram comparados com irmãos e crianças cujo gênero condizia com o sexo a eles atribuído. Em outras palavras, meninos transgênero (meninos nascidos com anatomia feminina) foram comparados com meninos cisgênero (meninos nascidos com anatomia masculina), enquanto meninas transgênero foram comparadas com meninas cisgênero. Foram coligidas informações sobre preferências por brinquedos (bonecas versus carrinhos), estilo de vestuário (vestidos versus calças), companheiros de brincadeiras preferidos e expectativas sobre seu futuro como homens ou mulheres. Estas últimas informações foram impressionantes, pois as crianças transgênero mostraram-se tão convictas sobre seu gênero futuro quanto as crianças cisgênero.

As crianças transgênero e as cisgênero desenvolveram-se quase do mesmo modo. Uma criança nascida com genitália masculina e criada por dez anos como menino, mas que se considera menina, revela-se tão feminina em suas atitudes sociais, nos brinquedos preferidos, estilo de penteado e roupas desejadas quanto sua irmã que nasceu menina. O mesmo se aplica a uma criança nascida com genitália feminina mas que se considera menino; essa criança mostra-se tão masculina quanto o irmão. Os estudiosos concluíram que

nem a atribuição do sexo ao nascer nem a socialização e as expectativas específicas diretas e indiretas para o sexo (como recompensar as coisas masculinas e punir as femininas para os designados como do sexo masculino) [...] definem necessariamente como a criança se identifica ou como expressa seu gênero mais tarde.[34]

Uma área minúscula do cérebro conhecida pelo longo nome de *núcleo leito da estria terminal* parece influenciar a identidade de gênero. Essa é uma das poucas regiões cerebrais que difere entre os sexos: é duas vezes maior nos homens do que nas mulheres. O instituto de neurociência de Dick Swaab em Amsterdam fez as primeiras dissecações pós-morte de cérebros de pessoas transgênero para examinar essa área específica. Constatou-se que, em mulheres transgênero, a área se parece com a do sexo feminino, embora o sexo de nascimento dessas pessoas tenha sido o masculino. No cérebro de um homem transgênero, a área tinha a aparência associada à do sexo masculino, apesar de seu sexo de nascimento ter sido feminino. Parece, portanto, que o cérebro oferece uma indicação melhor do que a anatomia genital para o gênero que as pessoas reivindicam para si. Mas isso não significa que encontramos o santo graal da identidade de gênero. Como diz o mantra científico, correlação não é causa. É difícil saber se o tamanho dessa região cerebral é fonte ou produto da identidade de gênero.[35]

Uma suposição é que, em uma fração das gestações humanas, o corpo passa a seguir uma direção diferente da seguida pelo cérebro. Os órgãos genitais de um feto diferenciam-se nos machos e fêmeas durante os primeiros meses de gravidez, enquanto o cérebro diferencia-se conforme o gênero na segunda metade da gestação. Se esses processos se desconecta-

Gênero

rem, isso talvez faça o cérebro assumir um gênero enquanto o corpo assume outro.[36]

As identidades de gênero provavelmente são moldadas no útero por meio da exposição hormonal. Ao que parece, a experiência após o nascimento tem pouco impacto. Isso poderia explicar por que terapias de conversão, orações ou castigos não mudam a mente das pessoas transgênero. Terapias para "corrigir" ou "curar" indivíduos LGBTQIAP+ são amplamente reconhecidas como pseudociência. São tão equivocadas quanto as tentativas de corrigir a predominância do uso da mão esquerda nos canhotos. Nem todas as características humanas são maleáveis. Organizações de defesa da saúde mental alertam que essas terapias fazem mais mal do que bem e devem ser proibidas.

Não é diferente com as identidades de gênero que são congruentes com o corpo, como as da maioria das pessoas. Começamos a vida com uma identidade específica ou a desenvolvemos logo após o nascimento. Ela é uma parte essencial de nós, e a desenvolvemos através da autossocialização. Para a maioria das crianças, essa identidade condiz com o sexo genital, enquanto para as crianças trans ocorre o oposto. Todas sabem quem são e o que desejam ser no futuro, e buscam informações adequadas à sua identidade e ao seu temperamento. Joan Roughgarden, bióloga americana transgênero, imagina a identidade de gênero como uma lente cognitiva:

Quando um bebê abre os olhos ao nascer e mira em volta, quem ele ou ela irá imitar e quem apenas notará? Talvez o bebê do sexo masculino vá imitar o pai ou outros homens, talvez não, e o bebê do sexo feminino imitará a mãe ou outras mulheres, talvez não. Imagino que no cérebro existe uma lente que controla quem enfocamos como "tutor". Assim, a identidade transgênero é a aceitação de um tutor do sexo oposto.[37]

Aprendemos com John Money a distinguir entre papéis de gênero inspirados culturalmente e sexo biológico. Essa dicotomia é proeminente no atual debate sobre as mudanças de posição de mulheres e homens na sociedade. No entanto, ao mesmo tempo, Money nos ensinou que as duas coisas nunca são totalmente desvinculadas. Ele talvez não tivesse a intenção de defender essa ideia, mas esta é a lição derivada de sua pretensão de ter transformado um menino em uma menina. Ele não fez isso. Viu a criança como um receptáculo passivo das expectativas da sociedade, mas o verdadeiro centro de controle é a própria criança. A criança em questão nasceu com uma identidade de gênero que a impelia a se autossocializar como menino, a despeito de todos os vestidos e brinquedos de menina que lhe impingiam.

Em vez de escolher entre natureza e criação, a autossocialização combina as duas coisas. Ela vem de dentro, mas adota o mundo externo como guia. Permite que as crianças se tornem o que desejam ser.

3. Seis meninos

Como cresci sem irmãs na Holanda

A VINDA DE SEIS MENINOS sucessivamente foi muito decepcionante para meus pais. Depois dos três primeiros, eles estavam ansiosos por uma filha. Minha mãe guardara o nome da mãe dela — Francisca — para a feliz ocasião. Quando cheguei, o filho número quatro, ela perdeu a esperança e me deu o nome do mesmo santo. A escolha revelou-se perfeita, pois embora eu tenha perdido a fé já faz muito tempo, o único santo que acho fácil de admirar é são Francisco, o padroeiro dos animais, festejado em 4 de outubro, o Dia Mundial dos Animais.

Naquela época, o sexo da criança permanecia desconhecido até o nascimento. Meu pai calculara que a probabilidade de ter um quarto filho homem era menos de 10%. Acontece que a probabilidade de ter um menino continua a ser de 51% a cada concepção consecutiva. Meus pais devem ter ficado otimistas até o derradeiro minuto. Após meu nascimento, minha mãe entrou em depressão. Só se recuperou, como ela me disse muitas vezes, porque eu era uma criança muito alegre. Toda vez que me pegava no colo, eu melhorava seu humor. Ela via isso como um truque deliberado da minha parte, como se eu tivesse decidido que o único modo de sobreviver com uma mãe prostrada era sorrir e arrulhar o tempo todo. Minha teoria pessoal é que nasci sendo um otimista.

Como cresci em meio a tantos rapazes, me sinto à vontade entre os homens. Talvez até demais, pois não compartilho do estranho preconceito de que os homens são duros uns com os outros e têm de viver em estresse constante. Numa ocasião, quando alguns colegas homens e eu descansávamos depois de uma conferência, discutimos essa questão. Um deles lamentou que os homens testem uns aos outros o tempo todo, tentando se superar. Era tamanha sua ira com o modo como os homens se sabotam mutuamente que ele até engasgou! Fiquei estarrecido com todo aquele trauma, até que ele acrescentou que crescera como filho único. Esse contexto decerto o impediu de decifrar o paradoxo das relações masculinas. Na superfície, a dinâmica de poder é real, por isso nunca se deve insultar ou provocar um homem sem razão. Ao mesmo tempo, contudo, também é um jogo. Testes e insultos são apenas a salva de abertura. Logo em seguida, os homens passam às caçoadas e piadas, e, sem perceber, ficamos à vontade, até mesmo criamos um vínculo. É assim que os homens se relacionam uns com os outros e verificam quem é digno de sua atenção. Não sei se os homens sequer conseguem fazer amizade sem pelo menos um pouco de agressão verbal.

Veja o caso dos três tenores — Plácido Domingo, José Carreras e Luciano Pavarotti —, cujo sucesso lotava estádios. Seu ingrediente secreto era uma alegre combinação de concorrência e amizade. Suas vozes magníficas ajudavam, obviamente. Quando mais jovens, esses três homens haviam competido intensamente pelos grandes palcos mundiais da ópera, portanto teriam razões para se detestar. Ao começarem a cantar juntos, ainda se digladiavam no palco para ver

Seis meninos 93

quem era o rei do dó de peito, mas também gracejavam e davam tapinhas nas costas uns dos outros como verdadeiros amigos. Em uma entrevista, Carreras contou: "Havia competição toda vez que estávamos no palco. Isso é normal. Ao mesmo tempo, fomos muito bons amigos. Garanto para você que a gente se divertia à beça nos bastidores!".[1]

Essa mistura de competição e camaradagem foi tão presente durante meu crescimento que me parece inata. Mas as relações entre meus irmãos nunca foram tão brutas como as descritas pela escritora americana Tara Westover em sua família:

> Meus irmãos pareciam uma matilha de lobos. Testavam uns aos outros o tempo todo, e era briga toda vez que um filhote tinha um estirão de crescimento e sonhava em subir na hierarquia. Quando eu era pequena, essas pelejas costumavam terminar com minha mãe aos berros por causa de uma luminária ou vaso quebrado, mas conforme fui ficando mais velha as coisas quebradas foram rareando. Minha mãe disse que tínhamos tido uma TV, quando eu era bebê, mas Shawn enfiara a cabeça de Tyler nela.[2]

Como todos os meninos, éramos brutos e também tínhamos brigas verbais e lutas, embora eu não me lembre de nenhuma lesão potencialmente letal. Jogávamos futebol, fazíamos competições de pingue-pongue, patinávamos em canais congelados, andávamos de bicicleta por longas distâncias juntos etc. Como subir na hierarquia não era provável para mim, minha estratégia principal era quebrar o gelo. Evito confrontos e tento provocar o riso sempre que percebo uma tensão. Tornei-me um piadista na escola e em fases posteriores da vida. Talvez eu não pareça ser assim, pois possuo as feições sérias da minha geração de holandeses, que costumam se esquecer de sorrir nas fotos. Mas o meu forte sempre foi descobrir o que uma situação tem de cômica.

Esse impulso às vezes aparece em momentos impróprios, como na ocasião em que desatei a rir no meio de um seminário acadêmico sério. Fui unanimemente fulminado por olhares reprovadores. Eu estava reagindo à garantia dada por um eminente antropólogo de que nossos ancestrais nunca se acasalaram com neandertalenses. Sua convicção vinha do fato de que esses dois hominídeos obviamente não falavam a mesma língua, apesar de serem fisicamente parecidíssimos. Minha mente, no entanto, viajou até os casais internacionais que eu conhecia (incluindo minha esposa e eu) que em seu primeiro encontro tinham poucas palavras ao seu dispor e contavam apenas com mãos, lábios e algumas outras partes do corpo. Uma década mais tarde, a irrelevância da linguagem nos assuntos sexuais foi confirmada quando se detectou DNA de neandertalenses no genoma humano.[3]

Minha atração pelo lado cômico dos argumentos é uma das heranças de ser o quarto de seis. Outra influência está ligada à comida. Eu como mais depressa que a maioria das pessoas e não gosto de sobras. Isso porque, na nossa casa, nos sentávamos à mesa com uma panela no meio. Eu precisava engolir em ritmo vigoroso — senão a comida desaparecia antes que eu conseguisse a minha parte. Sobra era um conceito desconhecido. Uma comparação com lobos talvez caiba aqui, pois minha tia centenária me disse recentemente que, quando nos visitava, ficava horrorizada com nossos hábitos famélicos à mesa. Ela perdeu a conta dos pães, litros de leite

Seis meninos   95

e quilos de batatas que levávamos para a mesa da cozinha e desapareciam num átimo.

As necessidades especiais de energia dos meninos são um fato que merece ser mencionado, pois uma feminista francesa disse que a única razão de os meninos ficarem mais altos que as meninas é porque são favorecidos durante as refeições. Nora Bouazzouni publicou um livro com o espirituoso título de *Faiminisme* (algo como Fomenismo; trocadilho com a palavra francesa *faim*, que significa fome), no qual argumenta que os humanos são excepcionais entre os mamíferos porque os machos são maiores do que as fêmeas. Ela atribui essa diferença ao fato de os pais privarem as filhas de alimento para dar mais comida aos filhos. Essa é uma das fantasias sobre os gêneros na linha do "dane-se a biologia". Bouazzouni não só se enganou a respeito da biologia dos mamíferos (os machos são maiores em muitas espécies), mas também subestimou o apetite voraz dos meninos. Ela devia ter visitado minha família quando estávamos crescendo como pés de feijão.[4]

Na fase de pico de crescimento dos garotos, aos dezesseis anos (para as meninas é aos doze), eles ingerem uma vez e meia mais calorias que as meninas. Essas diferenças são impulsionadas por hormônios sexuais, como a testosterona e o estrogênio, que não podem ser controlados pelos pais. Enquanto nas crianças pré-púberes de ambos os sexos a razão entre gordura corporal e músculos é similar, isso muda drasticamente durante a adolescência. Os meninos ganham massa magra (ossos e músculos), e as meninas ganham gordura.[5] Em consequência, os meninos tornam-se mais altos do que as meninas. Naturalmente, padrões de crescimento diferentes requerem nutrição diferente. Tenho certeza de que meus pais adorariam se comêssemos menos, mas, lá no fundo, bem que minha mãe se orgulhava de estar cercada por filhos que, como seu marido, a olhavam lá do alto.

Não posso deixar de pensar nela quando dizem que somos uma espécie dominada pelos homens. Na sociedade como um todo isso pode até ser verdade, mas lá em casa quem mandava era minha mãe, apesar da estatura diminuta. Às vezes a chamávamos de "general", pois ela comandava todo um exército para cortar o pão, descascar as batatas, lavar a louça, ir à mercearia etc. Obedecíamos a uma escala rigorosa e intensamente negociada afixada na parede. Aos poucos, sua dominância passou de física a psicológica, e assim continuou pelo resto de sua longa vida. Para mim, a transição ocorreu por volta dos meus quinze anos. Não me lembro de alguma vez meu pai ter batido em nós, mas minha mãe ocasionalmente recorria ao puxão de orelha quando se zangava. Um dia, estávamos os dois sozinhos na cozinha quando ela tentou bater no meu rosto, que já estava acima dela. Segurei seu braço no alto. E nós dois caímos na gargalhada, pois era um impasse tão cômico que não deixava dúvida: o tempo em que ela podia bater em mim tinha passado.

Toda família tem sua composição de gênero, e para o autor de um livro sobre gênero provavelmente não há uma composição ideal; porém, como filho de uma família com razão de sexo de 7:1, estou especialmente em desvantagem. Tudo o que é feminino permaneceu misterioso para mim por um tempo mais longo. Eu ouvia falar em menstruação ou crescimento dos seios, e obviamente em relações sexuais, sempre muito indiretamente e sempre de um modo velado por eufemismos difíceis de decifrar. A única coisa que minha mãe sempre dizia quando falava sobre meninas ou mulheres é que os rapazes deviam respeitá-las. Ela também não tolerava generalizações negativas, viessem da boca do meu pai ou das nossas.

Não costumo entrar em detalhes acerca da minha vida pessoal, mas uma discussão sobre gênero requer pelo menos algum contexto. Estudei em uma escola elementar só para meninos, e mesmo no ensino médio as meninas eram poucas. Na minha turma de 25 alunos havia apenas duas. Só quando entrei na universidade comecei a encontrar um número maior de moças. Meu desenvolvimento sexual foi tardio, como para a maioria dos da minha geração. No começo, minhas relações com as moças limitavam-se a estudar juntos ou discutir questões existenciais ouvindo música pop

Minha mãe cercada por seus sete homens. Vir de uma família com uma razão de sexos tão pendente para o masculino provavelmente instigou minha curiosidade sobre questões de gênero.

em alto volume (péssima combinação, eu diria hoje), e de vez em quando havia uma festa onde dançávamos, nos apalpávamos e nos beijávamos. Na primeira vez em que uma amiga foi ao meu quarto para estudar, a senhoria subiu a escada três vezes, bateu à porta e perguntou se queríamos chá — algo que nunca fazia quando meus amigos homens vinham me ver. Eu tinha dezessete anos na época.

O que mais me impressionava nas garotas é que elas eram muito mais gentis e meigas do que os rapazes. Fisicamente, é claro, podiam ser mais suaves e delicadas de formas que me eram novas e encantadoras. Mas além disso elas me ofereciam compreensão de um modo que eu nunca havia encontrado entre os meus irmãos e meus amigos homens. Eu ganhara toneladas de amigos na universidade. Quando um colega se decepcionava (por bombar num exame, terminar um namoro ou ser expulso de seu quarto), tentávamos animá-lo, socávamos seu ombro, sugeríamos uma solução ou o distraíamos com piadas. Fazíamos um brinde com cerveja e lhe desejávamos boa sorte. Procurávamos dar apoio e ajuda se pudéssemos, mas não nos compadecíamos de suas dores. Não tínhamos o hábito de lhe oferecer um ombro para ele chorar.

Com as mulheres era diferente, pois, se eu sofresse algum revés, em vez de tentarem me ajudar a superá-lo ou esquecê-lo, ou de propor alguma solução, elas compartilhavam dos meus sentimentos. Ouviam, compreendiam, ofereciam um contato tranquilizador e demonstravam preocupação. Podiam até se zangar em meu nome, pôr a culpa das minhas falhas em um professor estúpido. Isso talvez pareça um estereótipo, mas foi o que mais me chamou a atenção quando passei a conhecer melhor as mulheres. Suas reações consoladoras contrastavam com aquelas a que eu estava acostumado a ver em meus amigos homens. Considerando meu interesse posterior pela empatia animal, em que podemos observar diferenças similares entre os sexos, essa minha primeira impressão perdurou.

A importância dos meus estudos foi aumentando com o passar do tempo na universidade. Depois de alguns anos, tive a oportunidade de trabalhar com chimpanzés no andar superior de um prédio alto onde dois machos eram mantidos numa sala separada em meio a salas de aula e de trabalho. Um alojamento nessas condições jamais seria permitido hoje. Além de um projeto de pesquisa sobre a memória, eu também fiz meu primeiro experimento sobre gênero, porém mais como uma brincadeira. Tive a ideia porque os dois primatas, na ausência de fêmeas de sua espécie por perto, tinham uma ereção bem visível toda vez que viam uma mulher passar, mas nunca ao verem um homem. Como será que detectavam o gênero nos humanos? Um colega e eu tentamos enganá-los e fomos à sala deles de saia e peruca. Entramos, conversamos em voz alta e apontamos para os chimpanzés como se fôssemos mulheres visitantes. Eles mal olharam para nós. Nada de pênis ereto, nada de confusão — mas eles levantaram as nossas saias, como quem diz *"Que é que há com você, cara?"*.

Como souberam? Não é provável que tenha sido pelo olfato, pois nos grandes primatas os sentidos são como os nossos: predomina a visão. No entanto, muitos animais distinguem os gêneros humanos com facilidade. Até mesmo espécies bem distantes da nossa, como gatos e papagaios. Conheço muitos papagaios que gostam só de mulheres ou só de homens e tentam bicar os do outro sexo. Não se sabe de onde vêm essas preferências, mas uma diferença geral aplica-se a todos: os movimentos dos machos tendem a ser bruscos e resolutos, e os das fêmeas têm mais balanço e flexibilidade. Essa diferença marca as mais variadas espécies, inclusive a nossa. Nem sequer precisamos ver um corpo para fazer essa distinção. Cientistas afixaram pequenas lâmpadas nos braços, pernas e pélvis de pessoas e as filmaram enquanto andavam. Constataram que só de ver alguns pontinhos brancos em movimento na frente de um fundo preto já sabemos qual gênero está passando. Essa informação parece ser suficiente. Aposto que os animais captam essa mesma diferença de movimentação.[6]

Depois do meu trabalho com os chimpanzés — ao qual voltei anos mais tarde —, passei a estudar minha ave favorita. A gralha comum é um corvídeo preto de pescoço cinza, um membro pequeno da família dos corvos. Abundantes em cidades europeias, essas aves fazem ninho em torres de igreja e chaminés. Amo seu grito metálico — *cau-cau* — quando elas passam voando aos pares. Romântico que sou, agrada-me o vínculo que os casais dessas aves criam por toda a vida, apesar de a ciência ter descoberto que o arranjo não é tão perfeito quanto parece. Nem sempre o pai dos filhotes é o macho do casal, embora ele cumpra seu dever de defender o ninho e os pequenos. Os biólogos contrastam a *monogamia social* com a *monogamia genética*. Como a vida das aves é tão rica em pulação de cerca, a monogamia genética é mais ou menos tão rara quanto na sociedade humana.[7]

Nos casais de gralha, os parceiros emitem chamados um para o outro quando voam, pousam ou estão prestes a alçar voo. O par sempre voa junto, exceto quando há ovos ou fi-

Seis meninos 101

lhotes no ninho. Os dois dão passinhos garbosos na grama balançando as cabeças cinzentas, e de vez em quando saltam para apanhar um inseto voador. Raramente se distanciam por mais de alguns metros. Estudamos toda uma colônia barulhenta dessas aves, instalada em ninhos, feitos de caixas, contíguos a um prédio da universidade. Os sexos têm uma clara divisão de tarefas na construção do ninho. Ambos os parceiros trazem o material: o macho carrega os ramos mais longos e a fêmea, a forração macia, como raminhos, penas e pelos roubados de cavalos e ovelhas das imediações. Às vezes a fêmea corrige os esforços do macho. Se ele se empolga e continua a adicionar ramos quando a caixa-ninho já está entulhada, a fêmea sai carregando um ramo grande e o joga longe do ninho.

QUANDO ERA ESTUDANTE UNIVERSITÁRIO, filiei-me a uma organização feminista, só que não usávamos essa denominação. Na época, a palavra-chave era "emancipação". A organização chamava-se Man Vrouw Maatschappij (MVM), que em holandês significa Sociedade Homem Mulher. Esse movimento nacional procurava melhorar a posição das mulheres e engajar os homens como aliados. Tentava concretizar seus objetivos através de canais políticos, e não por meio de manifestações e protestos como os que se tornaram mais comuns depois. Fui recrutado para a MVM pela esposa de um professor que eu conhecia.

De início concordei inteiramente com as propostas. A ideia era que mulheres e homens trabalhassem juntos para promover uma nova divisão de papéis na sociedade, que desse às mulheres maior liberdade e mais oportunidades. Os temas típicos eram direitos reprodutivos, carreira e emprego, desigualdade de renda e representação política. Esses temas continuam atuais. Ainda tenho a convicção de que o progresso requer a participação dos homens — não porque eles sejam tão brilhantes ou eficazes, mas porque a ordem estabelecida não irá mudar sem simpatizantes entre os que estão no poder. Isso valeu para o movimento pelos direitos civis e valerá para a emancipação das mulheres.

Deixei o MVM depois de um ano porque o movimento tornou-se cada vez mais hostil aos homens. Eles eram os vilões e a fonte de todos os problemas. Em nossos grupos de discussão, a minoria masculina ocasionalmente tentava contrabalançar a animosidade crescente argumentando que muitos homens são provedores que trabalham duro para sustentar a família, que toda criança precisa de um pai e que os homens gostam desse papel. Esses argumentos eram menosprezados como irrelevantes. Por acaso não sabíamos que homens estupram? Que espancam suas esposas? Fiquei decepcionado com as generalizações, especialmente depois de todos os alertas contra elas no que dizia respeito às mulheres. Eram ainda mais espantosas porque as mulheres da MVM, a maioria de classe média, nunca se queixavam de seus maridos. Esses homens, ao que parecia, eram aceitáveis. Elas só desancavam os demais.

Eu me recuso a me voltar contra o meu gênero. Alguns livros de antropólogos homens fazem isso, entre eles *A superioridade natural da mulher*, de Ashley Montagu, e *Women After All: Sex, Evolution, and the End of Male Supremacy* [Mulheres, afinal: Sexo, evolução e o fim da supremacia masculina], de

Melvin Konner. Este último trata a condição masculina como um defeito de nascença que chama de "déficit de cromossomo X". Eu, porém, não sou chegado à autoflagelação e não acho que precisamos rebaixar um gênero para elevar o outro. A maioria dos homens filiados à MVM sentia-se assim também, e fomos nos desligando em massa da organização até que não restou mais nenhum. Alguns anos mais tarde, não se permitiu mais que homens se tornassem associados. Foi quando as duas fundadoras do movimento também abandonaram o navio. Curiosamente, a organização manteve seu nome apesar de o primeiro M ter se tornado obsoleto.[8]

Depois do meu breve flerte com o ativismo, tive a boa sorte de conhecer uma jovem feminista da terra de Simone de Beauvoir. Entretanto, na época eu não estava interessado no lado ideológico do nosso encontro. Catherine tinha 21 anos e eu 22 quando nos apaixonamos. O fato de ainda estarmos juntos demonstra nossa enorme afinidade, apesar de sermos ambos voluntariosos e dominadores.

Talvez a nossa grande diferença seja cultural. Holandeses orgulham-se de sua sobriedade e praticidade, enquanto franceses são ardorosos e falam sem freios sobre amor, comida, política, família e quase tudo o mais. O contraste de temperamento nacional é mais ou menos como comparar um filme de Ingmar Bergman e um de Federico Fellini. Embora eu estivesse me acostumando com a espontaneidade calorosa e a intensidade de sentimentos de Catherine, alguns dos meus amigos holandeses intimidavam-se e receavam pelo meu bem-estar. Mas nunca me ocorreu atribuir nossas diferenças ao gênero, segundo a generalização comum de que as mulheres são mais emotivas que os homens. Uma vez que me considero movido por emoções e intuições, tenho dificuldade em ver isso como algo específico do gênero, e muito menos como um problema.

Temos emoções por boas razões evolutivas. Elas direcionam o comportamento de um organismo para a sobrevivência, por isso estão presentes em todos os animais. Todo animal precisa de medo, raiva, repulsa, atração e apego.[9] As emoções não são um luxo. Sua importância também não varia conforme o gênero. Elas são bem racionais, pois frequentemente sabem mais o que é bom para nós do que a nossa decantada capacidade de raciocínio.[10] No Ocidente, porém, celebramos esta e menosprezamos aquela. Vemos as emoções como muito próximas do corpo, que nos arrasta para baixo ("a carne é fraca"). A crença de que os homens são mais cerebrais e menos afetados pelas emoções permeia a cultura popular, os livros de autoajuda e as séries cômicas na TV. Em uma tentativa de amenizar o golpe, dizem que as mulheres têm mais "inteligência emocional". Mas isso parece um insulto disfarçado de elogio; insiste em uma diferença em relação aos homens, que não precisariam de tanto sentimento. Não por acaso, a palavra "histeria", que denota um nível de emoção doentio, deriva da palavra grega que designa o útero.

Entretanto, não há evidências científicas de que os gêneros diferem segundo o grau em que são movidos por emoções. Basta observar os homens durante uma partida crucial de seu time para reconhecer sua natureza fortemente emotiva. Até os estoicos holandeses desatinam assim que veem uma camisa laranja correndo pelo gramado verde! Em grande medida, as diferenças de gênero relacionam-se aos gatilhos e intensidades de emoções específicas e às *regras de exibição* culturais correspondentes, que nos dizem quando é apropriado rir, chorar, sorrir etc.[11]

Regras de exibição permitem que mulheres expressem sentimentos mais delicados, como tristeza e empatia, e que os homens demonstrem sentimentos mais propensos a intensificar a força, como a raiva. Quando um homem ergue a voz — como fez Brett Kavanaugh, indicado para a Suprema Corte americana, perante a Comissão Judiciária do Senado em 2018 —, seu acesso de raiva pode ser visto como indignação justificada. Em contraste, as mulheres costumam se conter porque sabem que sua raiva não será vista com bons olhos. Em um experimento sobre esse contraste, pediu-se que sujeitos participantes de um júri imaginário chegassem a um veredicto. As deliberações eram fornecidas por textos em uma sala de bate-papo, e houve momentos tensos. Quando uma linguagem colérica provinha de um participante com nome masculino, ela amplificava seu ponto de vista. Mas se as mesmas palavras viessem de uma mulher, minavam sua credibilidade.[12]

É curioso esse viés contra a emotividade, pois hoje já está comprovado que em grande medida o pensamento humano, inclusive nos homens, é intuitivo e subconsciente. Nem sequer podemos tomar decisões se não tivermos um interesse emocional nelas. Como disse o dramaturgo inglês George Bernard Shaw: "É o sentimento que leva o homem a pensar, e não o pensamento que o leva a sentir". No entanto, apesar de tudo começar com as emoções, o mito ocidental do homem racional persiste.[13]

DEPOIS DE CONHECER CATHERINE e sua família francesa e de nós dois emigrarmos casados para os Estados Unidos, eu tinha grande familiaridade com três culturas. Cada uma lidava com as questões de gênero a seu modo e avançava no seu próprio ritmo em relação a mercado de trabalho, moralidade sexual e educação. Cada cultura era uma cesta mista de progresso.

Consideremos os franceses. Em um dos tratados fundamentais do feminismo moderno, *O segundo sexo*, lançado em 1949, Simone de Beauvoir observou que "não se nasce mulher; torna-se mulher". Essa frase tão citada é interpretada como uma afirmação de que a condição de mulher transcende as necessidades e funções biológicas. Mas não nega nenhuma dessas necessidades e funções. No país natal dessa autora, elas foram levadas tão a sério a ponto de se oferecer às mulheres que trabalham assistência a preços acessíveis para os filhos e licenças-maternidade generosas. A França foi um dos primeiros países a subsidiar creches, programas de pré-escola e cuidados domiciliares para bebês e crianças pequenas. A própria Simone de Beauvoir preocupava-se com as necessidades específicas das mulheres o suficiente para participar da luta pelo controle da natalidade e direito ao aborto.[14]

A Holanda sempre foi célebre por costumes sexuais liberais, embora ainda existam minorias religiosas conservadoras. Foi o primeiro país a legalizar o casamento gay. E também tem as mais baixas taxas de gravidez e aborto na adolescência do mundo, graças à educação sexual, que lá tem início aos quatro anos de idade.[15] Em vez de atemorizar as crianças e incentivar a abstinência, a educação sexual na Ho-

Seis meninos

landa procura promover o respeito mútuo e ressaltar o lado prazeroso e afetuoso do sexo.[16]

No entanto, apesar do éthos igualitário, os holandeses não estão à frente em todos os aspectos. No que diz respeito à independência financeira das mulheres e seu acesso a empregos bem remunerados, a Holanda fica atrás. Por exemplo, sempre me espanto com o número reduzido de mulheres titulares de cátedras universitárias holandesas. Das mulheres que trabalham fora, duas em cada três trabalham apenas por meio período (a maior porcentagem no mundo industrializado); uma das razões é a pressão social para que cuidem da família. Impera uma sensação de culpa derivada da ideia de que não se pode ser boa mãe e trabalhar em tempo integral.[17]

Nos anos 1980, quando nos mudamos para os Estados Unidos, encontramos uma mistura singular de progresso e conservadorismo. A moralidade sexual do país parecia emperrada nos anos 1950, mas, em termos de educação e empregos, as mulheres tinham mais participação. Para entrar nos Estados Unidos precisei preencher um formulário declarando que não era comunista nem homossexual — requisito extinto em 1990. Isso indicou imediatamente a atmosfera conservadora em que estávamos entrando. Por exemplo, aprendemos sobre o costume do "pedir em casamento" que precede o matrimônio. As mulheres americanas esperam, às vezes durante anos, até que os homens se ajoelhem e lhe ofertem um anel caro. Depois disso, a felizarda exibe sua pedra resplandecente para as amigas extasiadas. Pedidos de casamento foram comuns na Europa na época dos meus avós, mas eram mais voltados para os pais da futura noiva do que para ela própria. Percebo que os americanos consideram seu ritual perfeitamente satisfatório, até mesmo alegre, mas a flagrante assimetria de gênero nos desconcertou.

Também nunca nos acostumamos com a pudicícia e a obsessão por mamilos do nosso país adotivo. A fobia dos mamilos originou a invenção exclusivamente americana da "sala de amamentação", onde as mulheres dão de mamar ou extraem leite materno a portas fechadas. Licenças-maternidade remuneradas tornariam essas salas obsoletas. E o mesmo efeito teria uma tolerância do público ao aleitamento, que é tratado quase como um ato sexual. Imagens de mamilos são censuradas, sutiãs são obrigatórios, e houve até um "mamilo-gate" que durou apenas meio segundo: a exposição de um seio de Janet Jackson, em 2004, após a qual os comentaristas lamentaram o declínio moral da nação. O vídeo de sua "falha de vestuário", como foi chamada para evitar a menção ao seu corpo, foi o mais visualizado de todos os tempos. Dizem que inspirou a criação do YouTube.[18]

Essa fixação nos surpreendeu, pois na Europa os seios não têm nada demais. São mostrados livremente no horário nobre da televisão, em revistas de grande circulação, em cartazes nos ônibus municipais e ao vivo na praia. O sutiã é usado principalmente para sustentar, e não para ocultar, e muitas mulheres o dispensam. Se um bebê sentir fome durante uma reunião na escola, numa festa ou no parque, um seio verá a luz do dia para cumprir a função a que se destina, ainda que as mães, quando não estão somente entre pessoas da família, costumem primeiro perguntar se alguém se incomoda com isso.

Na Paris dos anos 1990, a ausência do estigma dos mamilos causou um choque cultural quando a Disney chegou com um rigoroso código de vestuário para seus funcionários. Sua

Seis meninos 109

insistência em "roupas de baixo apropriadas" provocou manifestações nas ruas. Com o típico exagero francês, os jornais bradaram contra o "ataque à dignidade humana".[19]

Apesar de seu conservadorismo sexual, os Estados Unidos estão bem à frente de outros países ocidentais no que concerne à educação das mulheres, sua participação na força de trabalho e proteção contra assédio sexual. O ensino superior para as mulheres chegou mais cedo, e muitas seguiram a carreira acadêmica. Algumas disciplinas acadêmicas atingiram a paridade de gêneros no corpo docente, e isso significa que os recrutadores já não prestam muita atenção ao gênero dos candidatos. As regras sobre assédio também mudaram drasticamente. Não abrangem mais apenas as investidas sexuais, mas também os encontros mutuamente consentidos entre pessoas da mesma organização, em especial entre parceiros com diferencial de poder. As regras mudaram tão depressa que alguns políticos europeus proeminentes foram pegos de surpresa durante visitas aos Estados Unidos. Foram acusados de todo tipo de comportamento lascivo que provavelmente ficaria impune em seus países de origem. Com o movimento #MeToo, protestos contra sexo indesejado ganharam ainda mais ímpeto, e seu impacto também foi sentido na Europa.[20]

A moralidade sexual nos Estados Unidos está evoluindo de um modo que eu não teria ousado predizer algumas décadas atrás. A coabitação de parceiros não casados está em alta, o nascimento fora do matrimônio é mais comum e mais aceito e o casamento entre pessoas do mesmo sexo é legal no país todo. Também a tolerância à amamentação em público vem aumentando depressa. Se uma nutriz é expulsa de um restaurante, uma irada multidão de mães aparece no dia seguinte para um "mamaço". O ímpeto político em favor da licença-maternidade (e licença-paternidade) remunerada logo porá as salas de amamentação no mesmo caminho dos dinossauros.[21]

EM GRANDES PRIMATAS, as mamas de uma mãe nutriz podem ser moderadamente bojudas, mas desinflam no intervalo entre as crias. Os seios humanos são os únicos que se mantêm permanentemente intumescidos. Sexualizamos esses órgãos típicos dos mamíferos, mas essa tendência não é encontrada em todas as sociedades humanas e não tem equivalente em outros animais. Nenhum cão fica excitado ao ver as mamas de uma cadela, ainda que ela possua oito. Seios não viram a cabeça de grandes primatas não humanos como os traseiros das fêmeas viram.

As mamas das bonobos não servem como sinais sexuais. Elas inflam durante os períodos de amamentação e têm menos pelos do que o resto do corpo, e podem ser bem chamativas.

Seis meninos 111

Mamas são para nutrir, e é por isso que os bonobos e chimpanzés jovens apegam-se tanto a elas. Ao menor sinal de perturbação ou frustração (uma briga perdida, uma picada de abelha), eles correm para a mãe e sugam um mamilo até se acalmarem. Nos grandes primatas não humanos a amamentação tipicamente ocorre por quatro anos, às vezes cinco, mas as campeãs são as fêmeas de orangotango, que na natureza amamentam por sete a oito anos. Evidentemente não somos os únicos hominídeos que têm um desenvolvimento lento. Na natureza, os grandes primatas não humanos têm poucos recursos disponíveis para sua cria além dos frutos da floresta, que os pequenos começam a comer no fim do primeiro ano de vida. No entanto, o suprimento de frutas não é garantido, por isso é necessário um longo período de aleitamento.[22]

Quando as mamas não funcionam como deveriam, nós, humanos, temos soluções. Os primatas na natureza não contam com essas opções, mas em cativeiro podemos ensinar um grande primata a criar um bebê com mamadeira. Fiz isso certa vez, com uma chimpanzé chamada Kuif, a quem demos uma bebê chimpanzé adotiva no Zoológico Burgers. Kuif perdera alguns de seus bebês por lactação insuficiente. E em todas as vezes ela entrou em uma depressão marcada por retraimento, gritos de cortar o coração e perda de apetite. Separados por barras, treinei Kuif a manejar a mamadeira e alimentar uma bebê chimpanzé chamada Roosje, que eu mantinha do meu lado. A parte mais difícil não foi ensinar Kuif a manejar a mamadeira, o que, para uma grande primata usuária de ferramentas não é tão difícil, mas deixar claro que o leite não era para ela, e sim para Roosje. Kuif estava tão interessada na bebê que fez tudo o que eu queria, e aprendeu depressa. Depois da transferência, Roosje não desgrudou mais de Kuif, que a criou com êxito. Algumas vezes por dia, ela vinha lá da ilha ao ar livre com seu bebê para uma sessão de alimentação.

Kuif foi eternamente grata a mim. Toda vez que eu visitava o zoológico, e algumas dessas ocasiões ocorreram depois de vários anos, ela me recebia calorosamente como um membro sumido da família, fazia catação em mim e choramingava se eu desse mostras de que ia embora. Mais tarde, aquele treinamento também a ajudou a criar seus filhos biológicos.

Agora na colônia de Burgers há poucos chimpanzés originais sobreviventes para me saudar quando faço uma visita. Roosje ainda está lá e tem uma filha. Mas ela não sabe quem sou, pois era um bebê quando eu a segurava no colo, quarenta anos atrás. Uma fotografia onde estou fazendo isso sempre provoca uma gargalhada, não só porque eu era bem mais jovem, mas também porque tinha cabelo comprido. Minha geração protestava em massa contra a autoridade dos pais, das universidades e do governo, e nossos cabelos e roupas simbolizavam a revolta. À noite eu ouvia ideólogos de ar boêmio deblaterarem contra o mal das hierarquias, e durante o dia eu observava as manobras pelo poder na colônia de chimpanzés. Essa alternância causou um grave dilema em consequência das mensagens contraditórias.

Por fim, achei que o comportamento era tão mais convincente do que as palavras que acreditei nos chimpanzés. Fico feliz por podermos observá-los sem nos distrair com eles falando sobre si mesmos. Quando se trata de poder, o interesse deles é claro. Determinado macho pode ter sido alfa por anos, mas sua posição inevitavelmente será visada por machos mais

Seis meninos 113

jovens. Confrontos físicos de verdade são raros, e a maioria das lutas pelo poder é decidida por coalizões nas quais dois ou três machos se aliam. Um desafiante se apresenta com os pelos eriçados, atira objetos no macho alfa para ver como ele reage ou arremete muito perto para ver se ele se esquiva. Qualquer fraqueza ou hesitação será registrada. Um macho alfa precisa de nervos de aço para suportar essas provocações e formular estratégias de resistência, como fazer catação em amigos que o apoiem. Todas essas tensões perduram por meses e evidenciam que a enorme ambição de alcançar o topo está presente em quase todos os machos no apogeu da vida.

E não só nos machos. Mama, que por muito tempo foi a fêmea alfa da colônia, deixava bem clara sua posição em relação às outras fêmeas. Ela as mantinha na linha para apoiar seu competidor favorito pelo trono, atuando como uma líder de bancada. Se uma fêmea apoiasse o macho "errado" durante uma luta por status, mais tarde Mama aparecia com seu braço direito, Kuif, e as duas lhe davam uma boa surra. Mama não aceitava deslealdade.

Eu acompanhava esses dramas completamente fascinado, e comecei a ler obras alheias ao menu habitual dos biólogos, para entender o que se passava. Ganhei inspiração no livro *O príncipe*, de Nicolau Maquiavel, escrito há meio milênio. O filósofo florentino nos dá uma interpretação perspicaz e sem floreios da política dos Bórgia, dos Médici e dos papas de seu tempo. Com isso, também adquiri uma perspectiva diferente do comportamento humano à minha volta. Apesar de toda a conversa sobre igualdade, meus colegas revolucionários exibiam uma hierarquia distinta, com alguns jovens ardorosos no topo. Embora muitas mulheres participassem do movimento estudantil, raramente o gênero figurava nos clamores por uma nova ordem. Mulheres podiam usufruir do poder como namoradas eventuais de líderes do sexo masculino, mas quase nunca por elas mesmas. Essa contradição faz lembrar o velho debate sobre caçadores-coletores igualitários. Rotular essas sociedades como "igualitárias" requer desconsiderar a disseminada diferença de status entre homens e mulheres. Um crítico da literatura antropológica mencionou sarcasticamente "a tardia descoberta de que sociedades forrageadoras eram compostas de dois sexos".[23]

O verdadeiro igualitarismo é dificílimo de encontrar, e nosso movimento estudantil de protesto era um bom exemplo disso. O líder tinha o costume de chegar atrasado nas assembleias estudantis e adentrar o auditório a passos largos, seguido pelos seus acólitos. Era como se o rei tivesse chegado. O vozerio na sala cessava instantaneamente. Enquanto aguardávamos que ele subisse à tribuna para incendiar a massa, os integrantes de seu círculo íntimo incumbiam-se do aquecimento. Discutiam assuntos menos cruciais e questões práticas, por exemplo como usar o mimeógrafo. Presenciei várias ocasiões em que um jovem da plateia levantou-se para apontar incoerências em nossa posição ou criticar determinada decisão. Ficava claro, pelo modo como ridicularizavam seus comentários ou questionavam sua pureza ideológica, que o debate aberto era aceito, desde que não abalasse a ordem estabelecida.

Sofríamos coletivamente de *delírio igualitário*. Adotávamos uma retórica ferozmente democrática, mas nosso comportamento real contava uma história diferente.

Tive de voltar a pensar sobre essa ilusão quando entrei para o Departamento de Psicologia da Universidade Emory. Era minha terceira grande transição: a primeira fora de estudante para cientista, a segunda da Holanda para os Estados Unidos, e agora, de viver cercado por biólogos para habitar o mundo da psicologia. Acostumado a tomar como ponto de partida o comportamento observável, passei então a ter colegas que entregavam questionários a sujeitos humanos e confiavam em suas respostas. Eu acabava de ingressar num meio em que prevalecia a palavra falada.

Aprendi um colosso de coisas sobre o comportamento humano com meus colegas. A maioria deles eram cientistas excelentes, desconfiavam sempre da sabedoria popular, exigiam dados e questionavam ideias preconcebidas. No entanto, como os psicólogos têm a desvantagem de lidar com a espécie à qual pertencem, o distanciamento é difícil. Encontram-se justamente no meio daquilo que estudam, o que dificulta não julgar comportamentos por critérios culturais, morais ou políticos. Isso explica por que os compêndios de psicologia mais parecem tratados ideológicos. Nas entrelinhas deduzimos que o racismo é deplorável, o sexismo é errado, a agressão deve ser eliminada e as hierarquias são arcaicas. Isso foi um choque para mim, não porque necessariamente acredito no oposto, mas porque essas opiniões interferem na ciência. Posso querer saber como as raças percebem umas às outras ou como os sexos interagem, mas se seu comportamento é desejável ou não, esta é uma questão separada. A tarefa da ciência não é julgar o comportamento, e sim entendê-lo.

Toda vez que eu recebia um compêndio de psicologia de uma editora, fazia questão de procurar no índice remissivo entradas sobre poder e dominância. Na maioria das vezes esses termos nem sequer constavam do índice, como se não se aplicassem ao comportamento social do *Homo sapiens*. Quando eram incluídos como assuntos que os estudantes precisavam aprender, geralmente versavam sobre o abuso de poder ou os inconvenientes das estruturas hierárquicas. O poder era tratado como um palavrão que merecia desprezo, em vez de atenção. Esse viés também explica a má reputação de Maquiavel. A maioria dos estudiosos ostenta uma cara de nojo quando o menciona. Preferem matar o mensageiro a ouvi-lo.

O delírio igualitário das ciências sociais é ainda mais espantoso porque todos nós trabalhamos numa universidade, que é uma gigantesca estrutura de poder. Vai dos humildes alunos de graduação até os pós-graduandos, os pós-doutorandos, os professores e os titulares de vários escalões, até os sub-reitores, o reitor adjunto e o reitor. E, nessa estrutura, todos nós estamos empenhadíssimos em expandir nossa influência e limitar a dos demais. Essa atividade está longe de ser oculta, apesar de as motivações por trás dela geralmente serem disfarçadas de outra coisa, por exemplo, atender às necessidades dos alunos ou fazer o melhor pela universidade.

Aprendi muito observando as manobras pelo poder entre meus colegas: estratégias de dividir para governar, formação de panelinhas, assentimento silencioso quando um rival é criticado em uma reunião e até golpes flagrantes. Em uma reunião crucial, um professor do alto escalão, que agia como o figurão do nosso departamento, foi solapado por uma coalizão de docentes de graus inferiores que ele considerava seus protegidos. Eles com certeza tramaram o golpe, pois eclodiu

Seis meninos

sem aviso. Após a votação que marcou a derrota do professor, nunca mais ouvi sua voz retumbante. Ele vagava pelos corredores como um zumbi, murcho. Aposentou-se antes de um ano. Eu já vira isso, só que em outra espécie.

As similaridades são tão impressionantes que meu primeiro livro de divulgação científica, *Chimpanzee Politics* [Política entre os chimpanzés], de 1982, chamou a atenção do líder da Câmara dos Representantes dos Estados Unidos, Newt Gingrich. Depois que ele pôs o livro na lista de leitura para os membros do Congresso, a designação *macho alfa* começou a ganhar força em Washington D.C.[24] Infelizmente, com o tempo, o significado desse termo estreitou-se. Acabou por denotar homens em posição de liderança com uma personalidade detestável: alfas são tiranos que nunca cessam de fazer todo mundo sentir quem é que manda. Os títulos atuais nas prateleiras de livros de negócios são reveladores: *Become the Alpha Male: How to Be an Alpha Male, Dominate in Both the Boardroom and Bedroom, and Live the Life of a Complete Badass* [Torne-se o macho alfa: Como ser um macho alfa, dominar tanto na sala de reuniões quanto na cama e viver uma vida de fodão].[25] No entanto, a imagem popular do macho alfa não condiz com o modo como os primatólogos usam o termo. O macho alfa é meramente o macho que ocupa o topo da hierarquia, independentemente de quanto seu comportamento é simpático ou abominável. Do mesmo modo, cada grupo tem um macho alfa. Só pode haver um alfa de cada sexo. O mais das vezes, eles não são tiranos, e sim líderes que mantêm o grupo coeso.[26]

Essa posição ímpar revelou-se inesperadamente em um dos nossos experimentos comportamentais. Procurávamos descobrir se os chimpanzés se preocupavam com o bem-estar dos outros, e os testamos aos pares. Um indivíduo podia escolher comida para os dois ou somente para si. Não só a esmagadora maioria desses grandes primatas preferiu resultados que levavam ambos a comer, mas também os indivíduos mais generosos foram os de mais alta posição hierárquica em ambos os sexos. Experimentos com macacos produziram resultados similares. Por que os alfas são mais pró-sociais do que todos os outros? É um problema circular. Será que esses indivíduos chegam ao topo sendo úteis a terceiros, ou será que ter uma posição confortável torna-os mais dispostos a compartilhar? Seja qual for a razão, a constatação demonstra por que a dominância social não pode ser reduzida à tirania. Ela é muito mais complexa e inclui a generosidade.[27]

Desde a descoberta da ordem das bicadas em galináceos, um século atrás, sabemos que as escalas sociais são ubíquas no reino animal. Se você juntar uma dezena de filhotes de ganso, cão ou macaco, a batalha pela dominância estará garantida. O mesmo vale para humanos no primeiro dia do jardim de infância. É uma compulsão tão primordial que não podemos desejar que desapareça. Mas é o que fazemos. Discutimos o poder como algo que possivelmente atrai os outros, mas certamente não a nós. Três décadas como professor de psicologia ensinaram-me que até cientistas conscienciosos bloqueiam comportamentos que estão bem debaixo de seu nariz. O poder permanece um assunto tabu, e decerto não gostamos de ouvir sobre o quanto somos parecidos com outras espécies nesse aspecto.

Aplicamos essa mesma autoilusão às diferenças de gênero. Somos tão arrebatados pelas nossas esperanças para o mundo

Seis meninos

que esquecemos como são os nossos comportamentos reais. Alguns autores exageram a importância do gênero a ponto de supor que os homens são de Marte e as mulheres são de Vênus. Ou que as mulheres são emotivas e os homens são racionais. Mas também temos aqueles que, talvez como reação, minimizam as diferenças até elas evaporarem. As diferenças existentes são apresentadas como superficiais e fáceis de eliminar. O fato de nenhum desses extremos condizer com as evidências tornou-se difícil de ser aceito em meio a todo o barulho em torno da questão.[28]

Talvez o melhor seja o que costumo fazer durante debates políticos na televisão: desligo o som para poder me concentrar na linguagem corporal, na qual confio mais do que nas ondas sonoras que saem da boca dos candidatos. Do mesmo modo, deveríamos silenciar temporariamente aquelas vozes na nossa cabeça que nos dizem como gostaríamos de ver os gêneros se comportarem, e apenas observar o que eles realmente fazem.

4. A metáfora errada

O exagero do patriarcado primata

O QUE PODERIA DAR ERRADO?

O que poderia dar errado se você soltasse uma centena de macacos em um vasto recinto murado com pedras? Especialmente se eles pertencessem a uma espécie entusiasta dos haréns e se, em vez de libertar várias fêmeas por macho, você soltasse uma maioria esmagadora de machos e só um punhado de fêmeas?

Esse experimento foi feito cem anos atrás em Monkey Hill, a ala dos macacos do Zoológico de Regent's Park em Londres. Não correu nada bem. O tumulto e o banho de sangue resultantes tornaram-se a base de como o público leigo imagina as relações intersexuais dos primatas desde então. Foi duplamente lamentável. Não só a espécie de macaco em questão era bem distante de nós, mas também seu comportamento no zoológico era manifestamente patológico. O babuíno-sagrado — um macaco grande adorado no Egito Antigo, com feições que lembram as do cão — é uma espécie em que os machos alcançam até o dobro do tamanho das fêmeas e possuem caninos longos e afiados. Além disso, os machos têm uma pelagem espessa branco-prateada, enquanto as fêmeas são pardas no corpo todo — por isso, os machos sobressaem mais ainda.

A metáfora errada

Cada macho se empenha em formar uma pequena família polígina. Em Monkey Hill, eles lutaram ferozmente pelas poucas fêmeas, sem dar às potenciais parceiras tempo para descansar ou nem sequer para comer. Arrastaram seus troféus por toda parte, matando algumas delas no caminho, e copularam com seus cadáveres. O zoológico adicionou outras fêmeas, mas isso não pôs fim à carnificina. Cerca de dois terços dos babuínos morreram, deixando para trás uma comunidade masculina relativamente calma depois que as batalhas se abrandaram.[1]

Portanto, as comparações de gênero entre nós e outros primatas começaram com o pé errado. Também não ajudou o fato de esse pé pertencer a um arrogante lorde britânico que

A influência da primatologia nos debates sobre gênero começou com o pé errado, com extrapolações a partir de babuínos-sagrados. O macho possessivo, ao fundo, é cerca de duas vezes maior do que as fêmeas à sua volta. Um manto de pelos prateados destaca-o ainda mais.

gostava de se impor e criticar os outros. Solly Zuckerman, o anatomista do zoológico, "babuinizou" sozinho o debate sobre gênero. Afirmou que os machos são naturalmente superiores e violentos e as fêmeas praticamente não têm voz, existindo apenas para os machos. Em seu livro *The Social Life of Monkeys and Apes* [A vida social dos macacos e grandes primatas não humanos], de 1932, apresenta os acontecimentos em Monkey Hill como emblemáticos da sociedade símia e, por extensão, da nossa.

Aparentemente desconhecendo que o comportamento de arrebanhar e controlar as fêmeas é atípico entre os machos primatas, e desconsiderando o fato de que os babuínos-sagrados têm uma disparidade de tamanho excepcional entre os sexos, Zuckerman adotou livremente esses animais como avatares que retratavam a origem da civilização humana, incluindo nosso "compromisso" com a monogamia. Exagerando a importância das relações sexuais, ele escreveu: "O vínculo sexual é mais forte do que a relação social, e um macho adulto, em contraste com uma fêmea, não é propriedade de nenhum indivíduo específico".[2]

Poucos primatólogos concordaram, e na época em que iniciei meus estudos Zuckerman já quase caíra no esquecimento. No entanto, seu texto teve impacto duradouro sobre o público leigo. As afirmações desse homem belicoso, que anos mais tarde assessorou as Forças Armadas britânicas em bombardeios-surpresa, infiltraram-se indelevelmente na cultura popular. Sua interpretação era eloquente demais. Ou talvez se alinhasse demais com o que as pessoas *queriam* ver, ou estavam acostumadas a ver. Dizemos que a natureza atua como um espelho, mas raramente a usamos para ver qualquer coisa nova. Após os horrores da Segunda Guerra Mundial, as pessoas tor-

A metáfora errada 123

naram-se propensas a acreditar em sua própria perversidade. Monkey Hill reforçou sua lúgubre autoavaliação e se tornou matéria-prima para uma porção de autores que consideravam os humanos malignos "macacos assassinos", empenhados em uma luta hobbesiana de todos contra todos.

O etólogo austríaco Konrad Lorenz nos disse que não temos controle sobre nossos instintos agressivos. Não muito tempo depois, o biólogo britânico Richard Dawkins declarou que nosso principal propósito na Terra é obedecer aos nossos "genes egoístas". Até as nossas características positivas tiveram de ser descritas como se fossem suspeitas. Assim, se animais e humanos amavam suas famílias, os biólogos preferiam chamar isso de "nepotismo". O drama dos babuínos no zoológico foi comparado ao motim do *Bounty*, uma rebelião de marinheiros no século XVIII na qual trinta homens em uma ilha acabaram por matar uns aos outros. Ele encontrou eco no livro de William Golding *Senhor das Moscas*, de 1954, no qual meninos britânicos em idade de colégio descambam para uma orgia de violência quase canibalesca. Esses e outros livros apresentaram alegremente a nossa espécie como vil, cruel e moralmente falida. É assim que somos, afirmaram os autores, como quem diz "Fazer o quê?" — e quem tentasse oferecer um quadro mais otimista corria o risco de ser ridicularizado como romântico, ingênuo ou mal informado. Antropólogos que salientavam uma coexistência pacífica entre tribos, por exemplo, eram logo descartados como *"peaceniks"*, algo como pacifistas bocós, e "Polianas". Já que Monkey Hill revelara a besta dentro de nós, o melhor era aceitar as ideias que daí brotavam.

É impressionante o quanto as comparações com primatas podem ser poderosas. Não satisfeitos com análises do comportamento humano em si, gostamos de inseri-las em um contexto mais amplo que inclui os tipos de animais com os quais nossos ancestrais devem ter se parecido. Mas não paramos por aí: vamos além e nos deleitamos com alegorias que eliminam o papel da civilização e nos conectam com grandes primatas não humanos em um nível emocional e até erótico. Entre os exemplos temos *King Kong*, *Tarzan*, *Planeta dos macacos*, *A mulher e o macaco* (de Peter Høeg), e uma infinidade de outras fantasias. Somos incapazes de desviar os olhos dos paralelos. Foi por isso que Monkey Hill repercutiu tanto fora da primatologia, apesar da avaliação atual de que se tratou de um caso de péssima administração e de interpretação forçada.

O próprio Zuckerman nunca se esquivou das brigas acadêmicas. Desancava qualquer colega que ousasse argumentar que os primatas não têm o hábito de matar uns aos outros, ou que machos e fêmeas tipicamente se dão bem. Ele também criticava quem dizia que os primatas possuem inteligência e habilidades sociais notáveis. Considerava-se o único cientista de verdade, o único que não dourava a pílula quando o assunto era a natureza humana. Todos os demais eram "antropomórficos" — o palavrão preferido quando se trata de comportamento animal.

Apesar disso, Zuckerman não conseguiu impedir o advento de uma nova geração de primatólogos. Em 1962, na Sociedade Zoológica de Londres, uma inglesa de vinte e poucos anos ousou questionar *Man the Toolmaker* [Homem, o fabricante de ferramentas], o aclamado livro do antropólogo Kenneth Oakley que nos dera a suprema característica diferenciadora da espécie humana: não o uso de ferramentas, e sim nossa capacidade de fabricá-las.[3] Mas Jane Goodall era uma observadora perspicaz que vira chimpanzés selvagens removerem folhas e ramificações de galhos finos de árvore a fim de adequá-los à captura de cupins.

A metáfora errada 125

Sua palestra foi bem recebida, exceto por Zuckerman, o secretário da sociedade, que ficou roxo de indignação. Meu professor holandês, Jan van Hooff, estava presente e se lembra de que Zuckerman teve um faniquito e interpelou os organizadores: "Quem convidou essa *garota* desconhecida e ridícula para um encontro científico?".[4] Mais tarde, em um artigo presunçoso na *New York Review of Books*, sob o humilde nome de Lord Zuckerman, ele vituperou contra as "mocinhas atraentes" que estavam se apossando da área. Acusou-as de recorrer a relatos de casos individuais e a "palavras vazias" para descrever os tipos de sociedade primata bem-ordenada que o lorde em si nunca tinha visto.[5]

Ele não viveu para ver Jane Goodall receber da Coroa britânica o título de dama.

ESSA HISTÓRIA REVELA, em poucas palavras, várias tensões em nossa área: entre estudos em cativeiro e na natureza, entre o establishment masculino e as primeiras mulheres primatólogas, e entre visões pessimistas e visões otimistas da natureza humana. Antes de analisar as implicações para os gêneros, consideremos brevemente a mudança geral do humor na biologia e na sociedade ocidental nestas últimas décadas. Passamos do completo desalento a uma visão mais esperançosa acerca da natureza humana.

Meu maior problema durante o período pós-guerra foi o baixo-astral de seus pensadores mais célebres. Eu não compartilhava de sua negatividade quanto à condição humana. Estudara como os primatas resolvem conflitos, solidarizam-se entre si e buscam a cooperação. A violência não é sua condição habitual. Na maior parte do tempo, eles vivem em harmonia.

O mesmo se aplica à nossa espécie. Por isso, foi um choque para mim quando, em 1976, Richard Dawkins declarou em *O gene egoísta*: "Estejam avisados de que, se desejarem, assim como eu, construir uma sociedade na qual os indivíduos cooperem com generosidade e altruísmo para o bem comum, é melhor não contar com muita ajuda da natureza biológica".[6]

Eu diria bem o contrário! Sem a nossa longa evolução como seres intensamente sociais, é provável que não nos importássemos com os nossos semelhantes humanos. Fomos programados para prestar atenção uns nos outros e oferecer ajuda quando necessário. Do contrário, que sentido haveria em viver em grupos? Muitos animais fazem isso, e agem assim só porque a vida em grupo, que inclui dar e receber ajuda, traz vantagens imensas em comparação com uma vida solitária.

Certa vez, Dawkins e eu discordamos educadamente ao vivo. Numa manhã fria de novembro, eu o levei, com um cinegrafista, até uma torre na Estação de Campo de Yerkes. De lá avistávamos os chimpanzés que eu conhecia tão bem. Apontei para Peony, uma fêmea idosa. Sua artrite era muito aguda, e vimos fêmeas jovens levarem água para ela. Em vez de deixarem que Peony se arrastasse lentamente até a bica, elas corriam na frente, enchiam a boca de água, voltavam e despejavam a água na boca bem aberta de Peony. Às vezes também punham as mãos no largo traseiro de Peony e a ajudavam a subir no trepa-trepa a fim de que a idosa pudesse juntar-se ao seu grupo de amigos de catação. Peony recebia essa ajuda de indivíduos que não tinham parentesco com ela e sem dúvida não podiam esperar favores em troca, porque ela não tinha condição de prestá-los.

A metáfora errada 127

Como explicar um comportamento assim? E como explicar todos os atos de bondade que nós mesmos praticamos todos os dias, às vezes para estranhos? Dawkins tentou salvar sua teoria culpando os genes: disse que sem dúvida eles deviam estar "disparando errado". Mas os genes são pequenas fitas de DNA desprovidas de intenções. Fazem o que fazem sem nenhum objetivo em mente, e isso significa que não podem ser egoístas ou altruístas. Além disso, não podem errar acidentalmente nenhum alvo.

Durante os anos 1970 e 1980, o foco no lado escuro piorou tanto que eu comparava minha vida à de uma rã que vivia em um vaso sanitário:[7] eu vira uma das grandes na Austrália; ela vivia em uma privada e se agarrava lá com seus dedos de ventosa durante os tsunamis ocasionais produzidos por humanos. Essa rã parecia não se importar com os dejetos corporais que redemoinhavam no vaso, mas eu sim! Toda vez que era lançado um livro sobre a condição humana, escrito por algum biólogo, antropólogo ou jornalista de ciência, eu tinha que me agarrar desesperadamente. A maioria deles defendia uma visão depreciativa e totalmente oposta ao modo como eu via nossa espécie.

Meu consolo durante esses anos estava em ler Mary Midgley. Como David Hume antes dela, Midgley era inquestionavelmente amiga dos animais e sempre frisou que os humanos *são* animais. Somos animais ultrassociais com sólidos valores comunitários. Ela não levou a sério toda aquela conversa sobre a ausência de caridade e questionou Richard Dawkins diretamente.[8]

Comecei a perceber que a falta de confiança na natureza humana provinha quase exclusivamente de colegas do sexo masculino. Não era típica de nenhuma mulher pesquisadora que eu conhecesse. A literatura especializada que retratava os humanos como individualistas cobiçosos era escrita por homens para homens. Em última análise, sua inspiração provinha de religiões criadas pelo homem, segundo as quais chegamos a este mundo como pecadores com uma tremenda mancha sinistra na alma. Ser bom era um verniz tênue que cobria intenções totalmente egoístas. Batizei-a de Teoria do Verniz.[9]

Mais ou menos na virada do século, fiquei feliz em ver uma torrente de novos dados sepultar aquelas ideias. Antropólogos demonstraram haver um sentido de justiça em pessoas de várias partes do planeta. Economistas comportamentais descobriram que os humanos têm uma inclinação natural para confiar uns nos outros. Crianças e primatas demonstravam altruísmo espontâneo sem serem incitados a isso. E neurocientistas constataram que nosso cérebro é programado para sentir a dor dos outros. Depois do trabalho inicial sobre a empatia em primatas, passei a estudar cães, elefantes, aves e até roedores, por exemplo, em experimentos nos quais um rato podia libertar um companheiro de uma armadilha.[10] Agora sabemos que a preponderância da competição manifesta no mundo natural — a chamada luta pela vida — foi tremendamente exagerada.

Até histórias de ficção, como *Senhor das Moscas*, foram contestadas. Embora a violência entre náufragos em ilhas realmente ocorra, sobretudo quando combinada à fome extrema, essa não é a regra. Nossa espécie destaca-se na resolução de conflitos. Estudos de psicólogos indicam que as crianças, em vez de necessitarem de supervisão, não têm dificuldade para resolver suas disputas se os adultos saírem da sala.[11]

A metáfora errada 129

E fazem isso inclusive nas circunstâncias imaginadas por Golding. O historiador holandês Rutger Bregman encontrou um blog na internet que dizia "Seis meninos partiram de Tonga para pescar. Foram surpreendidos por uma tempestade fortíssima, o barco afundou e eles ficaram presos numa ilha deserta. O que fez essa pequena tribo? Eles fizeram um pacto de nunca brigar". Bregman, curioso sobre o incidente, viajou para Brisbane, na Austrália, a fim de conhecer os sobreviventes, agora sexagenários. Quando garotos de treze a dezesseis anos, eles haviam passado mais de um ano como náufragos numa pequena ilha rochosa. Conseguiam fazer fogueira e se alimentar com produtos de uma horta enquanto evitavam as brigas. Tratavam de esfriar a cabeça quando surgiam tensões. Sua história é um testemunho de confiança, lealdade e amizade que duraram pelo resto de suas vidas. A mensagem é oposta à que Golding tentou incutir em nós.[12]

Por que tanta gente ainda acredita na medonha história de Golding? Por que seu livro se tornou um clássico nas escolas de ensino médio, como se contivesse revelações significativas sobre a natureza humana? E por que o relato de Zuckerman sobre o massacre de Monkey Hill ainda paira sobre as interpretações populares da "ordem natural" apesar de ter sido totalmente desmentido? Talvez seja em razão do nosso fascínio por notícias ruins, ou seja como disse a escritora Toni Morrison: "O mal lota plateias. A bondade espreita nos bastidores. O mal tem fala vívida. A bondade morde a língua".[13]

Caímos na falsa narrativa de Zuckerman sobre os primatas serem desprezíveis, que dividiu os sexos entre dominadores e dominados, esquecendo que os dominadores acabaram de mãos vazias. Tudo isso serviu como uma metáfora da sociedade humana promovida por um homem exasperante que sabia como barrar o fluxo de novas informações. Cinquenta anos mais tarde, Goodall continuava traumatizada, como transpareceu durante uma entrevista por ocasião de seu octogésimo aniversário: "Quando Zuckerman é mencionado, as feições de Goodall se retesam ligeiramente, e o ritmo de sua fala se acelera. Ela descarta o trabalho dele sobre os macacos como 'porcaria'. É a única palavra má que ela tem a dizer sobre alguém".[14]

O CIENTISTA QUE ENTERROU de vez o enredo de Zuckerman foi o prestigioso Hans Kummer, que trabalhou a vida inteira com os mesmos macacos, os babuínos-sagrados. Atuou primeiro no Zoológico de Zurique e depois no hábitat nativo desses primatas, na Etiópia. Ele foi meu herói da juventude, pois era rigoroso, criativo e receptivo a novas interpretações. Li todos os artigos que ele escreveu e segui seu exemplo.

Eu o conheci pessoalmente quando eu era um calouro nos estudos do comportamento primata. Durante uma conferência em Cambridge, permitiram que eu me sentasse à mesa do jantar com alguns professores renomados. O jantar foi num dos vastos salões de refeição em estilo gótico da velha universidade. Enquanto nos apresentávamos, eu me congratulando em silêncio pela minha boa sorte, aconteceu uma coisa curiosa. Pelo alto-falante veio um chamado para que certas pessoas, mencionadas pelo nome, fossem para a "mesa alta". O conceito de uma mesa alta especial era estranho para nós, europeus do continente. Soava ofensivo, pois introduzia uma divisão de classes que ninguém havia pedido. Nos velhos tem-

A metáfora errada 131

pos, a mesa alta tinha cadeiras e todas as outras mesas tinham bancos, mas não me recordo se isso ainda ocorria. Kummer estava entre os convidados para essa mesa. Ele riu e recusou, dizendo que preferia nossa companhia. Tivemos uma noite e tanto. Seu gesto espontâneo cativou-me para sempre.

Kummer era metódico em sua coleta de dados, porém estava pronto para as surpresas. Contou que desconfiava de resultados que concordavam demais com as teorias dele. O que poderia haver de mais empolgante do que descobrir alguma coisa que nos faça mudar de ideia? Sua figura barbuda e patriarcal era bem apropriada à espécie que ele estudava. No início de seu livro *In Quest of the Sacred Baboon* [Em busca do babuíno-sagrado], deixou um alerta para que não se dê importância exagerada ao comportamento desse animal:

> Embora os egípcios antigos vissem o babuíno-sagrado como uma figura divina, ele não é um santo. Sua vida social não é o idílio que esperamos ternamente encontrar entre animais. Ele vive em uma comunidade patriarcal na qual o macho adquiriu, pela evolução, os dois aspectos fundamentais da luta: um canino afiado e uma rede de alianças [...]. Quando comecei minhas pesquisas, eu não estava à procura de uma sociedade patriarcal, nem sabia que aquela fosse uma sociedade patriarcal, e este livro não deve, de modo algum, ser interpretado como uma propaganda subliminar da superioridade masculina. O que os animais fazem não é argumento para o que os humanos devem fazer.[15]

Essa reflexão sobre a superioridade masculina revelou muito mais nuances do que o espalhafato de Zuckerman. Kummer sabia muito bem que seus babuínos eram um "pesadelo feminista", como ele os chamou em uma palestra. Sabiamente, ele substituiu a velha terminologia do "harém" por unidades com um só macho (OMUS, de *one-male units*). Seus estudos de campo mostraram como os machos tentam evitar a violência. Eles colecionam fêmeas e as defendem dos demais, porém têm uma série de sinais sutis para evitar conflitos. Mostram grande respeito pelas OMUS alheias. Assim que um macho e uma fêmea estabelecem um vínculo, raramente os outros machos o desrespeitam.

Além de fazer observações em campo, Kummer capturou babuínos selvagens para testá-los e depois os libertou. Desse modo ele descobriu, por exemplo, que se uma fêmea entrasse em uma jaula com dois machos, estes lutariam por ela. Mas quando a fêmea era posta com um só macho na gaiola enquanto o outro observava de uma jaula vizinha, o resultado era espantosamente diverso. A fêmea só precisava passar um breve período com um macho para que o outro respeitasse o vínculo dos dois ao ser introduzido na jaula deles. Até um macho grande e totalmente dominante era inibido e não lutava. Em vez disso, sentava-se distante do casal, remexendo em um pedregulho no chão. Ou vasculhava atentamente a paisagem fora do seu recinto e desviava a cabeça como se tivesse avistado algo interessantíssimo. Kummer, porém, nunca foi capaz de detectar o que esses machos teriam visto.

As armas desses babuínos são tão lesivas que eles relutam em usá-las. Kummer relatou que se alguém jogasse um amendoim na frente de um babuíno macho, ele invariavelmente o pegava e comia. Se atirassem o amendoim para dois machos que andavam lado a lado, eles pareciam não notá-lo. Ambos passavam direto por ele, como se não existisse. Um amen-

A metáfora errada 133

doim não valia uma luta. Kummer também observou que os machos nem mesmo tentavam impor sua dominância se suas respectivas famílias entrassem numa árvore frutífera pequena demais para todos. Ambos os machos saíam da árvore às pressas, seguidos pela família, e deixavam as frutas intactas. Essa intensa aversão ao conflito deixa claro o que deu errado em Monkey Hill. Quando amontoaram indivíduos de ambos os sexos sem vínculos preexistentes ou sem uma ordem estabelecida entre os machos, os mecanismos minuciosamente ajustados que em geral os impedem de lutar foram quebrados.

Kummer constatou que o comportamento dos machos não é o único fator que fundamenta as OMUS. É verdade que um macho punirá com uma mordida no pescoço uma fêmea que se afaste demais, e a partir de então ela permanecerá perto dele para evitar problemas. Mas as fêmeas não são meras propriedades. A equipe de Kummer descobriu isso incluindo preferências das fêmeas nos experimentos. Apresentaram a cada fêmea dois machos em jaulas separadas para ver de qual ela gostava mais. Mediram o tempo que passava perto de cada macho. E então formavam o par com ela e um dos machos. Quanto mais ela tivesse preferido esse macho específico durante os pré-testes, mais relutantes os outros machos se mostravam a desafiar o vínculo desse par. Só quando ela era posta com um macho que estava entre os últimos de sua escala de preferência os outros machos tentavam roubá-la dele. Kummer falou em "consideração dos machos" pelo que a fêmea quer, e viu isso como "um primeiro passo evolutivo no caminho para uma sociedade mais igualitária".[16]

Mas esse me parece um passo extremamente modesto. E continua incerto se os machos têm mesmo toda essa consiração. Talvez estejam simplesmente se assegurando de não lutar por um prêmio que não poderão manter. Os machos decerto captam a preferência das fêmeas: os primatas são excelentes em interpretar a linguagem corporal de sua própria espécie. Talvez calculem que, se a fêmea gosta mais de outro macho, com certeza vai fugir na primeira ocasião que se apresentar. Sabemos, por outros estudos, que os machos são incapazes de arrebanhar fêmeas que se recusam a ser arrebanhadas.

O problema mais profundo é que estamos procurando paralelos de gênero entre humanos e babuínos, mas babuínos são macacos, e nós, grandes primatas. Talvez você se considere alguma outra coisa, mas geneticamente estamos bem no meio da pequena família dos hominídeos. Nem sequer somos um ramo secundário. A família dos hominídeos é definida pela ausência de cauda (enquanto os macacos têm cauda), o peito achatado, braços longos, corpo grande e inteligência excepcional. Além dos humanos, essa família inclui chimpanzés, bonobos, gorilas e orangotangos. Ninguém jamais apresentou uma boa razão biológica para que os humanos não devam ser chamados de grandes primatas — ou grandes primatas bípedes, se preferir. Houve até quem sugerisse que nosso gênero deveria ser fundido com o dos nossos parentes mais próximos, os chimpanzés e os bonobos. Por razões históricas e em atenção ao nosso ego, porém, adoramos o nosso gênero separado, *Homo*. No entanto, considerando as similaridades de DNA com os outros grandes primatas, talvez fosse mais apropriado, nas palavras do geógrafo americano Jared Diamond, classificar a nossa espécie como "o terceiro chimpanzé".[17]

APESAR DA DISTÂNCIA ENTRE NÓS, estudos sobre babuínos revelaram o impacto das primatólogas mulheres (e feministas). Os babuínos estão entre os primatas mais fáceis de observar, e é por isso que foram os primeiros a atrair grande atenção na natureza. Assim, se tornaram sujeitos de centenas de relatórios de campo, servindo de base para investigar

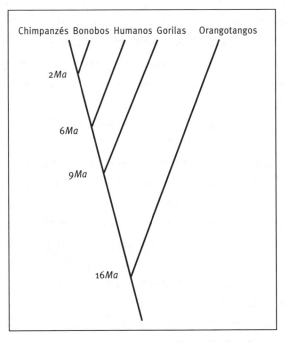

Baseada no DNA, a nossa árvore genealógica indica há quantos milhões de anos (*Ma*) os cinco hominídeos remanescentes (humanos e grandes primatas não humanos) divergiram.
Como os bonobos e chimpanzés separaram-se uns dos outros muito tempo depois de termos descendido de seu ancestral, eles são igualmente próximos de nós. O gorila é um pouco mais distante, e o orangotango ainda mais. Os hominídeos separaram-se dos macacos — primatas com cauda — por volta de 30 *Ma*.

de que modo o gênero do cientista influencia a escolha da abordagem de seu estudo.

Certa vez, no Quênia, segui um bando de babuínos a pé. Foi moleza em comparação a seguir primatas na floresta. Com primatas arborícolas precisamos olhar para cima o tempo todo, tentando vê-los através da folhagem densa. Avistamos apenas fragmentos de sua vida social, pois eles desaparecem assim que há um confronto ou uma situação perigosa. Só os cientistas que investem anos para habituar os primatas de floresta à sua presença conseguem ver mais. A habituação requer paciência, e nos primeiros tempos poucos pesquisadores de campo se dispunham a esperar tanto.

Os babuínos, por sua vez, deslocam-se na savana aberta, sempre alertas aos perigos que espreitam na relva alta. Não são particularmente ariscos na presença de humanos com binóculos e pranchetas. Continuam a fazer o que estavam fazendo, o que na maioria das vezes é procurar ervas, frutas, sementes, raízes e às vezes um filhote de antílope. Gostam de carne, porém comem mais plantas. Quase todos os membros do bando se mantêm à vista dos demais, mesmo durante uma comoção, por exemplo durante uma luta. Na savana é fácil observar esse tipo de evento, enquanto na floresta é dificílimo.

Além da facilidade e conveniência de observar os babuínos nas planícies, os primatólogos tinham uma segunda razão para escolher essa espécie para estudar. Nossos ancestrais deixaram a floresta para adentrar a savana, e os babuínos eram uma espécie-modelo ideal, pois seguiram a mesma trajetória. Adaptaram-se ao mesmo hábitat. Como os primatólogos repetiam vezes sem conta esse argumento ecológico, quase parecia que não tinha sentido estudar qualquer outro primata. Esse argumento foi aplicado não só para os babuínos-sagrados

A *metáfora errada* 137

de Kummer e Zuckerman, mas também para espécies de babuínos de parentesco próximo nas quais as fêmeas não são "propriedade" dos machos. Entre esses babuínos — divididos em babuínos-anúbis (*Papio anubis*), babuínos-do-cabo (*Papio ursinus*) e babuínos-amarelos (*Papio cynocephalus*) —, as fêmeas são autônomas. Formam uma sociedade coesa que se baseia no parentesco e opera independentemente dos machos. Suas crias do sexo masculino partem na puberdade para se juntar a outros bandos, e os machos adultos que vivem no bando vêm de fora.

Durante o apogeu masculino da primatologia, a ênfase foi toda nos machos belicosos. Eram descritos em termos quase militares e se supunha que tinham uma função militar. A hierarquia dos machos era a espinha dorsal da sociedade, que regulava todos os aspectos da vida social, inclusive o de garantir a segurança das mães e da prole.[18] As fêmeas da espécie deslocavam-se levando os filhos agarrados nas costas, com a cauda servindo-lhes de espaldar. Os cientistas descreviam o avanço de um bando de babuínos com uma configuração de batalha: um grande número de fêmeas e jovens amontoados temerosamente no meio, cercados por machos dotados de caninos formidáveis, prontos para repelir os perigos externos.

As primeiras primatólogas a chegar, no entanto, não viram as coisas desse modo. Para elas, as fêmeas eram o cerne da sociedade dos babuínos. As redes femininas de parentesco eram estáveis ao longo do tempo, fortalecidas por muita catação e grunhidos carinhosos para os bebês umas das outras.

Uma das primeiras especialistas em babuínos foi a iconoclasta Thelma Rowell. Eu me lembro vividamente dessa primatóloga britânica por seu brilho desafiador no olhar. Sua

presença numa conferência era quase garantia de pandemô-
nio, pois, enquanto os homens apregoavam o papel da disputa
e do status, Rowell declarava simplesmente que nunca vira
evidências disso. Ela agia como um desestabilizador intelectual. Questionando todo o conceito de dominância social,
ela instigou um debate vigoroso que perdurou por muitos
anos na literatura especializada. Será que suprir os primatas
com uma fonte de alimentos concentrada (técnica de campo
comum na época) não os forçava a adotar um padrão hierár-
quico?, indagava ela.

Rowell estudou babuínos na floresta em Uganda sem recorrer ao alimento para atraí-los. Seus macacos eram relativamente pacíficos, e os machos nunca repeliram perigos
externos:

> Os babuínos machos são frequentemente descritos como de-
> fensores do bando, mas nunca vi tal coisa, e acho isso difícil de
> imaginar, pois os babuínos de Ishasa sempre reagiam a qualquer
> possível perigo fugindo. [...] o bando inteiro foge de qualquer
> ameaça importante — os machos na frente, com suas pernas
> compridas, e as fêmeas carregando os filhotes mais pesados por
> último.[19]

São tão escassas as observações sobre como babuínos reagem a predadores que vem a dúvida: como os primatólogos
concluíram que os machos tinham papel defensivo? Produto
da imaginação humana, talvez? Apenas um estudo coligiu
um número razoável de episódios com predadores. O antropólogo americano Curt Busse passou 2 mil horas seguindo
babuínos-do-cabo em Botsuana, e à noite acampava nas

imediações de seus locais de dormir. Descobriu que os leopardos só atacam (e matam) babuínos no escuro. Durante o dia, nunca fazem isso. É improvável que os babuínos machos possam defender seu bando do ataque noturno de um caçador sorrateiro temível como esse, ainda que durante o dia eles acossem leopardos.[20]

Busse também observou muitos encontros com leões em dia claro ou ao anoitecer. Os leões são grandes demais para serem intimidados pelos babuínos. Todos os babuínos, grandes e pequenos, responderam à presença dos felinos subindo em árvores com gritos de alarme. Algumas vezes, depois de terminada uma emboscada de leões, os machos adultos chacoalharam galhos vigorosamente e gritaram para o inimigo, porém foi mais para constar. Essas observações, assim como as de Rowell, não corroboram o papel do protetor heroico, que mesmo assim e a esta altura ainda se consagrara nos compêndios de antropologia.

Thelma Rowell enfrentou seus desafios como mulher primatóloga. Em 1961, quando submeteu para publicação um artigo assinado como T. E. Rowell à revista da Sociedade Zoológica em Londres, a entidade convidou-a para fazer uma prestigiosa palestra aos seus integrantes. Dizem que os associados só descobriram o gênero de quem tinha escrito o artigo quando Rowell entrou na sala. Surgiu então um problema constrangedor. Eles haviam planejado um jantar depois do evento, mas acharam que não podiam partilhar a mesa com uma mulher. Inacreditavelmente, pediram a Rowell para comer atrás de uma cortina. Ela declinou do convite.[21]

Assim como Jane Goodall, Thelma Rowell fez parte da primeira onda de mulheres primatólogas, logo seguida por uma onda muito maior. Em 1985, duas décadas depois das controvérsias aqui mencionadas, a antropóloga americana Barbara Smuts escreveu o livro sobre babuínos que é o meu favorito, *Sex and Friendship in Baboons* [Sexo e amizade entre os babuínos].[22] Mas o termo "amizade" foi malvisto em consequência da perspectiva descrente da natureza humana que imperava na época. Ninguém jamais objetara quanto às alusões de que os animais tinham "inimigos" ou "rivais", mas seria realmente possível que tivessem amigos? Isso sugeriria que eles podiam gostar uns dos outros e ser leais — precisamente o que Smuts havia documentado em seus babuínos. Hoje sabemos que ter parentes e amigos não é um luxo. Reduz o risco de mortalidade para os animais sociais, assim como para nós.[23]

Em vez de os machos imporem sua vontade, como entre os babuínos-sagrados, as amizades intersexuais nos babuínos da savana são totalmente voluntárias e baseadas em atração mútua. As relações podem ser sexuais, porém o mais das vezes são platônicas. Babuínos começam "flertando" (lançando olhares discretos uns aos outros) por alguns dias. Depois um deles faz uma cara de "chega mais" erguendo as sobrancelhas e estalando os lábios, e os dois acabam passando muito tempo juntos. Deslocam-se lado a lado, procuram alimento juntos e à noite aconchegam-se um no outro para se manterem aquecidos. Não há coerção, apenas afeição e confiança. Cada fêmea do bando tem no mínimo um macho amigo, geralmente dois, e como há menos machos do que fêmeas, frequentemente os machos têm várias amigas. Os machos que integram o bando há bastante tempo podem ter cinco ou seis amigas. Para uma fêmea, que é muito menor do que um macho, a

A metáfora errada

grande vantagem é ter um guardião poderoso. Seus amigos machos defendem-na, e às suas crias, contra outras fêmeas e especialmente contra machos.

Vi isso pessoalmente no mesmo bando que Smuts estudara nos penhascos de Eburru, no Quênia. É sempre mais fácil enxergar um padrão depois que ele já foi descrito — estive lá uma década mais tarde. Um jovem macho adulto, que os cientistas haviam batizado de Wellington, imigrara de outro bando poucos dias antes. Ele deixava todos os outros babuínos extremamente nervosos com seu atrevimento e os caninos longos e afiados que se mostravam regularmente durante os bocejos e ameaças. Podiam persegui-lo até ele trepar numa árvore, mas Wellington sempre voltava para o chão. Machos mais velhos têm dentes desgastados ou quebrados, e por isso costumam unir-se para manter esse tipo de jovem emergente sob controle. Quando Wellington se aproximava ameaçadoramente de uma fêmea, ela gritava, fugia direto para perto de um macho residente e se agarrava nele com as duas mãos. Esse amigo encarava Wellington, que rodeava os dois de pernas espichadas, parecendo alto. Mas não ousava tocar na fêmea.

As fêmeas confiam em deixar seus amigos machos perto de suas crias. Uma mãe pode deixar seu bebê aos cuidados do amigo enquanto sai para procurar alimento a centenas de metros dali. Uma babá macho é proteção melhor do que uma irmã ou um irmão. Recentemente, estudos genéticos mostraram que quase metade dos amigos machos tiveram filhos com as fêmeas que se associavam a eles.[24]

Que impressão diferente dos babuínos estávamos tendo! As primatólogas nos ensinaram que as relações entre as fêmeas e as escolhas que elas fazem são um fator essencial, equiparável ao efeito da hierarquia dos machos. As fêmeas têm acentuada capacidade de decidir com quem se acasalam, e podem até determinar quais machos são bem-vindos no bando. Não que os primatólogos homens estivessem errados ao ressaltar a competição dos machos, que é flagrante nos babuínos, mas essa era apenas metade da história. A chegada de mulheres à primatologia, portanto, trouxe o equilíbrio dos gêneros não só à nossa comunidade, mas também às descrições de sociedades primatas.

Não nos deveria surpreender que os interesses dos cientistas estejam ligados ao gênero. Nosso enfoque é afetado pela nossa bagagem como um todo: educação, gênero, disciplina acadêmica, cultura. Além disso, é natural que o biólogo veja o comportamento animal de modo diferente do psicólogo ou do antropólogo. Quanto à cultura, meu fascínio pela resolução de conflitos sem dúvida tem relação com o fato de eu vir de um país pequeno e populoso. Na Holanda frequentemente o consenso e a tolerância são mais valorizados do que o sucesso individual. Todos nós trazemos uma perspectiva diferente para a mesa.

Mas daí a dizer que a verdade é impenetrável e a realidade é de quem a reivindicar é um total equívoco. Encontramos regularmente essa sugestão perigosa no desfile de livros que romantizam as mulheres primatólogas. Esse gênero "a bela e a fera" celebra mulheres ocidentais na selva como mais corajosas do que os homens, mais bondosas com os animais, comungando com a natureza em um nível que só em so-

A *metáfora errada*

nhos está ao alcance dos homens. Isso começou em 1989 com *Primate Visions* [Visões primatas], de Donna Haraway, uma análise pós-moderna da primatologia que continua a ser um clássico das humanidades. Não que haja algo de errado em honrar as mulheres, mas se a implicação é que não existe realidade objetiva, isso se torna questionável. O livro de Haraway dá a entender que a única realidade é a que estamos dispostos a ver, e que as mulheres enxergam uma realidade diferente (e melhor) do que a vista pelos homens.

Seu livro fez soar um alarme entre os primatólogos, principalmente para os homens, mas também para mulheres. Quem iria gostar de ser sexualizada na linha de "Mulheres brancas fazem a mediação entre 'homem' e 'animal' em campos históricos carregados de poder"? Ou "A mulher cientista da *National Geographic* é casada com o olho da câmera, ou é uma sábia virgem, casada apenas com a natureza ao toque de um macho grande primata não humano?".[25] Não sei nem mesmo como interpretar sentenças vagas desse tipo, carregadas de insinuações. Só sei que, se eu fosse uma primatóloga, detestaria ser retratada desejando machos grandes primatas de outra espécie. Em vez de enaltecer as mulheres, o que sem dúvida era a intenção de Haraway, ela solapou a autoridade dessas pesquisadoras porque enfatizou seu gênero em detrimento de sua ciência. Durante um dos muitos debates acalorados sobre o assunto, ouvi uma primatóloga bradar: "Não quero ser conhecida como mulher cientista! Quero ser conhecida como cientista, ponto".

Pelo menos o livro de Haraway ensejou um esculacho divertidíssimo quando o antropólogo americano Matt Cartmill o dissecou:

144   *Diferentes*

É um livro que se contradiz cem vezes; mas isso não é uma crítica, pois a autora pensa que contradições são um sinal de efervescência e vitalidade intelectual. É um livro que sistematicamente distorce e seleciona evidências históricas; mas isso não é uma crítica, pois a autora pensa que todas as interpretações são tendenciosas. É um livro repleto de prosa intelectual francesa, vaporosa; mas isso não é uma crítica, pois a autora gosta desse tipo de prosa e tomou aulas sobre como escrever assim. É um livro que faz estardalhaço a esmo dentro de um armário escuro de irrelevâncias ao longo de 450 páginas antes de topar acidentalmente com o índice remissivo e parar; mas isso também não é uma crítica, pois a autora acha gratificante e revigorante entrechocar fatos desconexos como reprimenda às mentes tacanhas.[26]

O problema na tese de Haraway é que os cientistas não estão em busca de uma "narrativa" agradável, tampouco desejam sentir-se em harmonia com a natureza. Se essa segunda eventualidade acontecer, terá sido um bônus. Nosso objetivo primordial é chegar ao conhecimento e às explicações que resistam a um exame minucioso. Estudiosos pós-modernos podem acreditar que cada um tem sua verdade pessoal, mas os cientistas acreditam em uma realidade conhecível e comprovável. Com exceção do gato de Schrödinger, só pode haver uma verdade. É nossa tarefa descobri-la, mesmo que ela não corresponda às nossas expectativas, e por isso o termo mais empolgante na ciência é *descoberta*.

Se o empreendimento científico fosse apenas questão de confirmarmos nossos vieses, com certeza não precisaríamos trabalhar tão arduamente. Bastaria observarmos nossos pri-

A metáfora errada

matas por algumas semanas e voltar com a história que desejássemos contar. Não teríamos necessidade de passar anos e anos suando em campo, vivendo em condições primitivas, correndo o risco de contrair malária, ser picado por cobras, atacado por grandes felinos etc. Também não precisaríamos voltar com sacolas cheias de amostras fecais fedorentas para serem analisadas por um laboratório na nossa cidade. Analogamente, cientistas experimentais não precisariam elaborar testes inteligentes e os controles certos a fim de provar um argumento específico sobre as capacidades mentais dos sujeitos de seus experimentos. Para que fazer experimentos se já sabemos a resposta?

Nestes últimos anos, os animais demonstraram feitos cognitivos espetaculares, poucos dos quais eram conhecidos ou supostos 25 anos atrás. Lembremos as palavras de Kummer: os resultados mais fascinantes são os que nos pegam de surpresa. Assim que descobrimos algo novo, entramos naquela zona delicada entre o que acreditamos que existe e o que podemos afirmar com confiança sobre nossa descoberta. Todos nós — homens e mulheres — estamos sujeitos às mesmas regras de evidência. A alusão de Haraway a primatólogos "fabricando" dados é estarrecedora. Sua escolha de palavras quase equivale a falsificação! Não é isso o que fazemos, de modo algum. Dados são coletados, não fabricados.

É revelador que o artigo mais citado na nossa área seja o da ecóloga e primatóloga americana Jeanne Altmann no qual ela apresenta métodos padronizados para a observação de comportamentos. Primeiro aprendemos a identificar e nomear cada indivíduo — para um bando de cem babuínos, essa tarefa pode levar alguns meses. Depois os seguimos dia após dia, para documentar seu comportamento em uma grande variedade de circunstâncias. Nos velhos tempos, fazíamos anotações com papel e lápis, mas hoje usamos dispositivos digitais. Tudo é codificado, contado, tabulado e representado em gráficos para que outros possam julgar por si mesmos se nossas conclusões são bem fundamentadas. O artigo típico de revista especializada é ilegível para quem não sabe matemática e estatística.[27]

A saudosa primatóloga americana Alison Jolly, estimada veterana e conciliadora da nossa comunidade, fez um grande esforço para ver se encontrava algum aspecto positivo na argumentação de Haraway. No fim, exasperou-se como todos os demais com a implicação de que os primatas na natureza são como uma tela em branco à espera de que projetemos ali as nossas ideias preconcebidas. Em seu livro *Lucy's Legacy* [O legado de Lucy], Jolly fala sobre um encontro no Brasil onde se tratou desse problema das mulheres primatólogas. Todas concordaram que a ciência avança encontrando evidências que ninguém previra — por exemplo, de que grandes primatas não humanos fazem ferramentas, de que babuínos machos e fêmeas podem ser amigos ou de que as bonobos fêmeas dominam os machos —, e seguem-se então as batalhas com os céticos, pois novas afirmações invariavelmente convidam à descrença:

> Todas as cientistas de campo afirmaram que nossas melhores descobertas foram impostas a nós pelos próprios macacos e grandes primatas. De fato, muitas de nós, de início, lutamos contra o que víamos, porque contradizia nossa predisposição mental. Obviamente alguma combinação de gênero, financia-

A metáfora errada 147

mento, família e contexto nacional nos levou para o campo e preparou nossas mentes para a mudança, mas ainda assim vimos algo novo. E, obviamente, quando vimos, foi isso que ganhou fama, pois surpreendeu os outros também.[28]

Algum dia alguém escreverá a história da nossa disciplina sem prestar atenção indevida ao gênero de quem faz as observações. Hoje a primatologia é uma das poucas áreas da ciência com verdadeira igualdade de oportunidade.[29] Acredito que o grande afluxo de mulheres expandiu os nossos horizontes, mas não alterou fundamentalmente o modo como fazemos ciência. Ainda seguimos as mesmas regras gerais para as evidências aceitáveis e fazemos questão de dados verificáveis e análises estatísticas.

A ordem dos primatas inclui mais de duzentas espécies, e foi uma falta de sorte que a atenção inicial tenha se concentrado tanto nos babuínos. Esses macacos não são os mais adequados para estudarmos paralelos de gênero com a nossa espécie. A veterana observadora de babuínos Shirley Strum reconhece as limitações. Embora seu primeiro livro de divulgação científica ainda fosse intitulado *Almost Human* [Quase humano], hoje Strum salienta os muitos modos como esses macacos diferem de nós.[30]

Embora os babuínos tenham inspirado os mitos de que o patriarcado seja algo natural e de que machos machistas formem o cerne da sociedade, hoje sabemos que isso não se aplica nem sequer aos babuínos, muito menos à maioria dos outros primatas, para os quais essa ideia foi generalizada. Felizmente a ciência deixou para trás essas noções distorcidas, juntamente com a disseminada opinião de que a natureza humana é inerentemente perversa, brutal e egoísta. No decorrer dos anos tivemos uma mudança radical no modo como enfocamos a evolução da sociabilidade. Agora enfatizamos a cooperação no mínimo no mesmo grau que a competição.

Uma das primeiras proponentes dessa mudança, Mary Midgley, estava à frente na curva, enquanto eu estava no meio. Quando a visitei recentemente em uma residência para idosos em Newcastle, no Reino Unido, Midgley e eu demos umas boas risadas sobre as muitas batalhas que deixamos para trás. Mesmo aos 99 anos, ela fez questão de me preparar um chá enquanto eu saudava seu trabalho de uma vida inteira.

Mary morreu um ano depois.

5. A irmandade das bonobos

Um reexame do grande primata esquecido

CAMINHAMOS POR UMA TRILHA arenosa ao redor do enorme santuário, acompanhados do outro lado da cerca por um macho bonobo. De pelos eriçados, ele puxa um galho atrás de si e passa correndo à nossa frente. Depois volta em disparada. E de novo. E de novo. Os bonobos exibem-se arrastando objetos pelo chão, o que acrescenta barulho às suas demonstrações. Esse macho age assim porque minha guia em Lola ya Bonobo ("Paraíso dos Bonobos", em lingala) é a fundadora do santuário: a conservacionista belga Claudine André.[1] Ela o conhece, ele a conhece. A maioria dos bonobos daqui foram pegos no colo por Claudine quando eram pequenos. A outra causa sou eu: um macho estranho, portanto um rival.

Quando nos aproximamos do recinto seguinte, um macho de um grupo diferente assume o arrastamento de galho. Como esses recintos ricos em vegetação luxuriante são muito vastos (o maior tem quase dezesseis hectares), nenhum bonobo tem qualquer razão para ficar perto de nós. Eles têm espaço de sobra. O fato de machos patrulharem a periferia indica sua territorialidade. Na natureza, quando grupos de bonobos se encontram, os machos perseguem machos vizinhos. Mas como esses encontros são tipicamente iniciados por fêmeas, ávidas por se misturar e se lançar na catação social com a vizinhança, a competição entre os machos nunca chega a escalar até o nível de violência visto nos chimpanzés. Estes matam seus inimigos, enquanto os bonobos machos mal causam um arranhão.[2]

A exibição do macho com os galhos cessa de pronto quando ele avista uma fêmea no recinto contíguo. Ela desfila com o proeminente intumescimento genital no traseiro típico de sua espécie. Em geral a fêmea nessa condição move-se displicentemente, como se não notasse todos os olhos dos machos grudados em seu *derrière*. Essa fêmea, porém, faz uma pausa, ainda do outro lado da cerca, sacode seu balão cor-de-rosa tremeliquento como pudim e fita o macho bem nos olhos, como quem diz: "E aí, que tal?".

Não admira que os bonobos em Lola tenham encontrado modos de enfrentar bravamente as cercas elétricas para entrar nos outros recintos. Um desses machos troca de grupo com tanta frequência que ninguém mais sabe a qual ele pertence.

Os BONOBOS FIGURAM cada vez mais no discurso feminista como a última esperança da humanidade. Sua existência é apontada como prova de que a dominância masculina não é inata em nós. Não me incomodo com essa conclusão se também levarmos em conta que temos um parente igualmente próximo, o chimpanzé, que é bem diferente. Cada um desses grandes primatas tem suas especializações únicas, e isso dificulta extrapolar deles para nós de um modo direto. O melhor é fazer uma comparação triangular entre nós e os nossos parentes mais próximos para ver o que temos em comum e onde cada um de nós diverge.

A irmandade das bonobos

O comportamento dos bonobos viola noções populares sobre a nossa hereditariedade. No mínimo, sugere uma flexibilidade maior do que muitos antes pressupunham. Infelizmente, poucas pessoas sabem o que os bonobos são, e na melhor das hipóteses referem-se a eles como "macacos bonobos". No entanto, eles não são macacos, e sim hominídeos sem cauda, como nós. Isso lhes dá um status especial em debates sobre a evolução humana. Minha visita recente a Lola ilustra o que aprendemos nestas últimas décadas sobre esse grande primata fascinante.

Claudine e eu andamos enquanto conversamos em francês sobre o desafio que é manter aquele enclave densamente arborizado nas proximidades da capital da República Democrática do Congo. É preciso vigilância constante contra pessoas que invadem as terras da reserva, e os sinais dessas invasões são fáceis de detectar. Kinshasa, megacidade com infraestrutura precária, cresceu para no mínimo 12 milhões de habitantes — o número exato ninguém sabe. Apesar do tamanho da cidade, seu barulho é difícil de ser ouvido em Lola. O enclave é um verdadeiro paraíso que contém cerca de 75 bonobos resgatados do comércio de carne de animais selvagens.

Em 1993 Claudine adotou alguns bonobos que passavam fome no zoológico da cidade e em um laboratório médico. Antes da fundação de Lola, essa bela área tinha um hotel com acesso ao rio Lukaya e cachoeiras nas proximidades. Mobutu Sese Seko, ex-presidente do país, costumava frequentar o local para descansar nos fins de semana. A piscina do hotel agora serve de reservatório de água para os bonobos.

Claudine fala com paixão sobre os bonobos. Sabe o nome e o doloroso passado de cada um deles. Em sua maioria, estavam agarrados à mãe quando esta foi baleada no alto de uma árvore. Como os bebês são magrinhos demais para serem vendidos como comida e são vistos como animaizinhos de estimação fofos, os caçadores ilegais levam-nos vivos para o mercado clandestino. Às vezes vão acorrentados ao lado da mãe, que a essa altura é só uma peça de carne. Quem os compra não tem noção de que eles raramente sobrevivem sem o amor materno e a nutrição adequada. Como é ilegal manter um bonobo em casa, frequentemente os órfãos são confiscados e levados para Lola. Alguns foram descobertos no setor de bagagens do aeroporto internacional, destinados à exportação ilegal. Chegam infestados de parasitas, com o ventre inchado por má nutrição ou cobertos de queimaduras de cigarro sofridas durante anos passados dentro de uma gaiola em um bar. Muitos têm a pele em carne viva nas pernas ou no pescoço, locais em que ficava a corda justa que os prendia. Em Lola eles recebem tratamento médico e vermífugo e são alimentados com mamadeira no berçário. Aqui se recuperam de seu drama e correm felizes na companhia de seus colegas órfãos.

Cada bebê bonobo é entregue ao chegar a uma mulher da região que se torna sua mãe adotiva, sua guardiã, ou *maman* em francês. Ela passa todo o seu tempo ocupada em carregar, alimentar, limpar e entreter esse órfão específico. Ela também ralha se ele ficar turbulento demais ou incomodar os outros. Os órfãos permanecem no berçário até por volta dos cinco anos, e então são transferidos para um dos grupos maiores. É fácil demonstrar o quanto eles se apegam. Claudine senta-se ao lado de uma *maman* com seu bebê bonobo e o convida a vir para seu colo. O pequeno faz todas as artes próprias de crian-

A irmandade das bonobos

cinhas: escala o corpo de Claudine, puxa os cabelos dela, tenta pegar seus óculos, espia sob suas roupas. A um sinal de mão de Claudine, a *maman* se levanta em silêncio e sai andando. O bonobo imediatamente perde o interesse nas brincadeiras, solta um grito agudo de aflição e corre atrás de sua *maman*, fazendo o beicinho típico de um bonobo frustrado, com pavor de ser deixado para trás.

Claudine tinha apenas três anos quando chegou à República Democrática do Congo, na época Congo Belga, para onde seu pai fora enviado como funcionário público. É carismática, bem relacionada e muito respeitada no país por sua determinação. Consegue realizar aqui coisas que nenhum forasteiro é capaz de fazer. Tenho uma admiração imensa pela escala de seu projeto, agora sob a direção de sua filha, Fanny Minesi, e do marido desta, o veterinário Raphaël Belais. É preciso trabalho profissional para angariar fundos, providenciar segurança, cultivar frutas e hortaliças e orientar o público. Claudine conhece pelo nome não só todos os bonobos, mas também todas as pessoas. O costume congolês manda que tratemos as pessoas acima de uma certa idade como *Papa* ou *Mama* seguido pelo prenome, por exemplo, Papa Didier, Mama Ivonne. Eu sou o Professeur Frans. Todos têm uma tarefa bem definida e se importam imensamente com o santuário e seus protegidos. Papa Stany, que trabalha aqui desde que o santuário foi aberto, fica de olhos marejados quando pergunto sobre Mimi, uma das primeiras bonobos acolhidas.

Essa fêmea esguia de face alongada e orelhas enormes era uma virgem de dezoito anos quando chegou aqui. Tivera uma vida mimada em um lar humano: via televisão, dava a descarga depois de usar o vaso sanitário, brincava com as crianças, folheava revistas, pegava comida na geladeira, lavava as mãos e dormia numa cama de verdade. Não admira que tentasse mandar em todo mundo quando veio para Lola. Mimi não gostava de comer com aqueles selvagens peludos (os outros bonobos) e preferia degustar sozinha suas frutas e hortaliças. Batia palmas quando queria comer. Tinha seu lugarzinho próprio em uma elevação de terreno, e lá aguardava enquanto todos os outros bonobos eram alimentados na ilha. Papa Stany jogava para ela uma gigantesca mamadeira com leite, e ai de quem ousasse tirá-la dela. Bonobo com criadagem como ela era, logo passou a ser chamada de "Princesa Mimi". Mas também ouvi comparações com rainha ou imperatriz.

Nos primeiros anos, Mimi tinha o hábito de tramar fugas. Numa ocasião ela apareceu à porta de Claudine com uma rede e um cobertor embaixo do braço, decidida a voltar para seus velhos tempos de vida luxuosa. Depois de uns dias sendo paparicada por Claudine, puseram-na de volta com os outros bonobos. No dia seguinte, Mimi adoeceu gravemente. Parecia à beira da morte, não reagia a palavras carinhosas ou afagos e mal conseguia erguer a cabeça. Quando o veterinário chegou para tratá-la, ele se esqueceu de fechar a porta atrás de si (compreensivelmente, dado o estado de sua paciente), e isso ensejou uma nova tentativa de fuga. A saúde e a energia de Mimi voltaram instantaneamente — e ela se mandou! Mesmo com a fama de mestres do fingimento dos grandes primatas não humanos, Mimi conseguira tapear todo mundo.[3]

Assisti a um filme sobre seu primeiro encontro com membros de sua própria espécie. A introdução correu tranquilamente, várias fêmeas tentaram beijá-la e lhe apresentaram

A *irmandade das bonobos*

seus genitais. Mas Mimi não estava acostumada a propostas sexuais e não tinha ideia de como reagir.[4] Os bonobos fazem sexo em todas as combinações possíveis de parceiros, e o sexo entre fêmeas tem significado especial. É a cola de sua irmandade. O padrão mais comum é o *"GG rubbing"* (fricção gênito-genital), também chamado de *hoka-hoka*. Uma fêmea passa braços e pernas em volta da outra e se agarra a ela. As duas então, frente a frente, unem vulvas e clitóris e os friccionam lateralmente em um ritmo rápido. O clitóris das bonobos é impressionantemente longo. As fêmeas abrem um grande sorriso e guincham alto durante a fricção gênito--genital, não deixando dúvidas quanto a se os bonobos têm ou não prazer sexual.

Mas Mimi não sabia o que as outras fêmeas queriam. Também não entendia qual era a dos machos que a seguiam por toda parte. As ereções deles eram inconfundíveis, pois as exibiam sofregamente — sentados diante dela com as pernas abertas. Seus pênis longos e rosados destacavam-se em meio à pelagem escura do ventre, em um sinal inequívoco. Quando machos a convidavam dessa maneira, Mimi só conseguia virar-se para seus tratadores humanos com um olhar questionador, como quem pergunta se por acaso sabiam o motivo daquela agitação.

Com o tempo ela aprendeu a desfrutar do sexo. Como primeira fêmea alfa em Lola, ela governava o grupo com mão de ferro, cercada por suas aliadas. Os machos que a ofendiam quando passavam correndo perto demais ou mostravam falta de respeito de algum outro modo podiam contar com uma boa sova. Eram "corrigidos" pelas fêmeas centrais, como Claudine gosta de chamá-las. Esse é o modo como as fêmeas bonobos agem em toda parte. Sua dominância é coletiva, não individual.

O reinado de Mimi terminou inesperadamente quando ela deu à luz sua primeira cria. Mimi morreu logo em seguida. Papa Stany, que fora seu principal tratador, ficou arrasado. Essa morte foi um choque para todo mundo. Já haviam decorrido dez anos do triste acontecimento quando estive em Lola, mas o amor imenso pela Princesa Mimi ainda era palpável.

A aversão inicial de Mimi ao sexo teve um paralelo masculino. Um bonobo chamado Max chegou a Lola já totalmente crescido, depois de ter passado muitos anos em meio a gorilas em um santuário em Brazzaville. Tornou-se conhecido como "o gorila" pelos grunhidos guturais que soltava quando comia. Gorilas emitem constantemente uma série de "grunhidos de comer" enquanto mastigam seus vegetais, também chamados de "cantar" ou "cantarolar".[5] Em contraste, os bonobos emitem uns pios agudos. Max, acostumado com os gorilas, cantava como eles. Também não conseguia ter apetite pela genitália abaloada, que não faz parte da anatomia dos gorilas. Apesar de sua popularidade entre as fêmeas bonobos, Max não ligava para a corte que elas lhe faziam. Mas Semendwa, que assumiu como alfa depois da morte de Mimi, não desistiu. Fitava o rosto de Max, depois seu pênis flácido, várias vezes, tentando entender o que havia de errado. Cutucava os testículos dele com os dedos para ver se resolvia o problema, e nada.

Max demorou muito tempo para transformar-se num verdadeiro bonobo.

A Princesa Mimi traz à minha lembrança o Príncipe Chim, outro grande primata lendário. Pensava-se que ele fosse um chimpanzé, mas Robert Yerkes, especialista americano em grandes primatas não humanos, achava que Chim era diferente de todos os outros grandes primatas que ele conhecia. Tinha uma personalidade admirável e demonstrava preocupação especial com sua companheira, que estava com uma doença terminal. Em 1925 Yerkes escreveu: "Nunca vi um animal que se igualasse ao Príncipe Chim no que tange à perfeição física, atenção, adaptabilidade e afabilidade".[6] Quando esse grande primata morreu, a autópsia revelou que era um bonobo.

Os bonobos foram reconhecidos relativamente tarde como espécie. Só em 1929 foram distinguidos dos chimpanzés, com base em sua anatomia. Seu nome original era *chimpanzé-pigmeu*, mas essa designação exagerava a disparidade de tamanho. Chimpanzés têm aparência de malhadores marombados: cabeça grande, pescoço grosso, ombros largos e musculosos. Em comparação, os bonobos lembram um intelectual rato de biblioteca. Têm a parte superior do corpo esguia, ombros estreitos, pescoço fino e mãos elegantes de pianista. Boa parte de seu peso está nas pernas, que são longas e delgadas. Quando um chimpanzé anda de quatro apoiado nos nós dos dedos, o dorso mostra uma inclinação descendente a partir dos ombros possantes. O bonobo, em contraste, tem o dorso perfeitamente horizontal graças aos quadris elevados. Quando ficam em pé nos membros posteriores, os bonobos aprumam as costas e os quadris melhor do que qualquer outro grande primata não humano e se parecem assombrosamente com os humanos. Eles andam eretos com uma facilidade notável enquanto carregam alimentos ou espiam por cima da grama alta. De todos os grandes primatas não humanos, a anatomia dos bonobos é a que mais se aproxima da de Lucy, nossa ancestral *Australopithecus*, assim chamada com base em um fóssil de fêmea jovem de pouco mais de um metro de altura e 4 milhões de anos.[7]

Às vezes dizem que os grandes primatas não humanos são quadrúpedes (de quatro pés), mas os bonobos são quadrúmanos (de quatro mãos). Têm mãos e pés totalmente intercambiáveis. Eles podem usar o pé para apanhar alguma coisa, segurar um objeto ou um bebê, chutar os outros, masturbar-se ou buscar contato.[8] O gesto universal de pedir dos hominídeos, com a palma aberta estendida, frequentemente fica a cargo de um pé quando o bonobo está com as mãos ocupadas. Os bonobos saltam, deslocam-se por braquiação e dão cambalhotas na copa das árvores com uma agilidade incrível. Muito acima do chão, eles andam em cima de cipós só com os membros posteriores, como destemidos equilibristas na corda bamba. Esses grandes primatas jamais foram forçados a sair da floresta, por isso nunca precisaram deixar de lado seus hábitos arborícolas.

Quando os bonobos encontram pessoas estranhas na floresta, fica bem claro que eles são mais arborícolas do que os chimpanzés. O primatólogo japonês Suehisha Kuroda estudou os bonobos, e eles costumavam escapar pela copa das árvores e só descer ao chão da floresta depois que os pesquisadores estivessem bem longe. Quando Kuroda foi estudar chimpanzés selvagens, teve de se acostumar a vê-los descer das árvores e fugir pelo chão, em forte contraste com os bonobos a que estava habituado. Kuroda espantava-se com os chimpanzés porque eles se espalhavam em todas as direções. Até mães com crias pequenas podiam seguir rotas diferentes. Bonobos jamais fariam uma coisa dessas. Eles se mantêm juntos.

Os bonobos ainda vivem na pantanosa floresta pluvial onde provavelmente evoluíram os grandes primatas não humanos. Por isso, é possível que eles sejam os mais parecidos com os grandes primatas originais dos quais descendem todos os hominídeos africanos, inclusive os humanos. Da mesma forma, esse ancestral talvez já apresentasse o desenvolvimento tardio que caracteriza tanto os bonobos como nós. A nossa espécie é *neotênica*, ou seja, mantemos características fetais ou juvenis até a idade adulta. Entre os exemplos de neotenia temos a pele glabra, o crânio abaulado, a face achatada e a vulva com orientação frontal. Além disso, conservamos a índole brincalhona e a curiosidade dos jovens. Brincamos, dançamos e cantamos até a morte, e exploramos sempre novos conhecimentos, lendo obras de não ficção e fazendo cursos para a terceira idade. Já se disse que a neotenia é a marca registrada da nossa espécie.[9]

Os bonobos beberam da mesma poção da juventude. Também se mantêm jovens para sempre.[10] Conservam por toda a vida o gracioso tufo branco no traseiro que os chimpanzés perdem por ocasião do desmame. Os bonobos adultos possuem crânio arredondado como o dos grandes primatas jovens e permanecem notavelmente brincalhões. Machos adultos são mais brincalhões do que as fêmeas adultas na maioria dos primatas, mas não nos bonobos. Não é raro ver fêmeas bonobos fazerem traquinagens, cócegas nos outros, brincar de pega-pega, tudo isso emitindo sons roucos e altos.

Essa espécie mostra outras características neotênicas, como a face mais aberta e a ausência de supercílio proeminente como o dos outros grandes primatas não humanos. Também tem em comum com nossa espécie a vulva frontal com clitóris proeminente, o que faz da cópula frontal e da fricção gênito--genital suas posições favoritas.[11]

Sua característica mais juvenil, contudo, é a voz aguda. O modo mais fácil de distinguir chimpanzés de bonobos é pela audição. O prolongado *uuu-uuu* da emissão vocal do chimpanzé está ausente no bonobo. Os bonobos adultos de ambos os sexos têm uma voz tão estridente que nossa primeira impressão é de estar ouvindo um macaco ou um grande primata bem jovem. Como os bonobos são apenas ligeiramente menores do que os chimpanzés, seu timbre agudo não resulta do tamanho do corpo. O que eles têm é uma laringe modificada. Talvez sua voz se pareça com a de um jovem porque na sociedade de bonobos eles têm menos necessidade de intimidação.[12]

Nos anos 1930, o Zoológico de Hellabrunn, em Munique, recebeu uma leva de bonobos da África. O diretor, que ainda não havia olhado sob a lona que cobria os engradados, quase os mandou de volta. Não conseguia acreditar que os sons que ele estava ouvindo provinham dos grandes primatas que encomendara. Os bonobos de Hellabrunn figuraram no primeiro estudo comportamental dessa espécie. Eduard Tratz e Heinz Heck publicaram seus resultados depois da guerra, em 1954. Apresentaram uma lista de diferenças entre bonobos e chimpanzés, incluindo o comportamento sexual e a natureza afável dos bonobos. Para descrever seus hábitos sexuais eles recorreram ao latim, dizendo que os chimpanzés *copula more canum*, enquanto os bonobos *copula more hominum* (chimpanzés copulam como os cães, e os bonobos, como os humanos). Ecoando a opinião de Yerkes, eles concluíram: "O bonobo é uma criatura extraordinariamente sensível e dócil, muito diferente da demoníaca *Urkraft* [força primitiva] do chimpanzé adulto".[13]

Infelizmente os bonobos de Hellabrunn morreram na noite de 1944 em que os Aliados bombardearam Munique durante a Segunda Guerra Mundial. Aterrorizados com o barulho, todos sucumbiram de insuficiência cardíaca. O fato de nenhum dos outros grandes primatas não humanos do zoológico ter tido o mesmo destino atesta a sensibilidade excepcional dos bonobos.

Vi bonobos pela primeira vez em um zoológico holandês que não existe mais, que abrigava um casal dos então chamados "chimpanzés-pigmeus". Só que eles pareciam diferentes demais no físico, nas atitudes e no comportamento para serem designados assim. Além disso, não eram tão pequenos: os bonobos têm o mesmo tamanho que a subespécie menor de chimpanzés. Como praticamente nada sabíamos sobre eles na época, decidi que isso tinha de mudar. Achei que um bom ponto de partida seria nos livrarmos da designação "pigmeu". Era enganosa e aviltante, como se eles fossem um chimpanzé miniatura, inferior. As pessoas perguntavam: "Por que estudar esses chimpanzés nanicos se vocês podem estudar os grandes de verdade?". Eu achava, como Tratz e Heck, que os bonobos mereciam ter seu próprio nome. Desconhecemos a origem do nome, mas uma suposição é que deriva de um erro de grafia em um engradado remetido de Bolobo, uma cidade da República Democrática do Congo. Fosse como fosse, sempre fiz questão de chamar esses grandes primatas de bonobos, apesar da resistência dos editores de revistas especializadas e da cara de incompreensão dos leigos. O novo nome vingou graças à sua sonoridade simpática, que condiz com a índole dessa espécie.

Naquela mesma visita ao zoológico holandês, presenciei um pequeno entrevero motivado por uma caixa de papelão. Um macho e uma fêmea saíram correndo aos sopapos, mas de repente a briga acabou. Agora eles estavam fazendo amor! Era uma guinada singular. Chimpanzés não passam tão depressa da raiva ao sexo. Achei que a mudança de humor tinha sido uma coincidência ou que eu deixara de perceber alguma coisa que talvez explicasse o acontecido. Porém, em retrospectiva, vejo que não havia nada de incomum naquela cena que testemunhei.

Hoje sabemos mais sobre a herança genética dos nossos dois parentes mais próximos. Segundo análises de DNA, não há razão para preferirmos um ou o outro nas comparações conosco. Temos alguns genes em comum com os bonobos mas não com os chimpanzés, porém também temos alguns genes em comum com os chimpanzés e não com os bonobos. No aspecto genético, esses dois grandes primatas são igualmente próximos de nós.[14] A separação entre eles e nós ocorreu entre 6 milhões e 8 milhões de anos atrás, mas há indícios de que foi um divórcio longo e confuso. Enquanto seguiam seu próprio caminho, nossos ancestrais voltaram várias vezes e tiveram encontros com os outros grandes primatas. O DNA dos humanos e dos outros grandes primatas contém sinais de uma fase de hibridação que durou 1 milhão de anos, não muito diferente do contínuo intercruzamento atual entre os ursos-cinzentos [*Ursus arctos*] e os ursos-polares, ou entre lobos e coiotes.[15]

O que aconteceu há 6 milhões de anos é importante para a história da evolução humana. Supomos tradicionalmente que nossos antepassados grandes primatas tinham a aparência dos chimpanzés atuais e agiam como eles. Contudo, isso não passa de especulação. A fossilização na floresta é tão ruim que nosso ancestral hominídeo continua a ser um mistério. Todos os três sobreviventes — bonobos, chimpanzés e humanos — evoluíram desde então. Nenhuma espécie se mantém parada no tempo. É mero acidente histórico que os exploradores pioneiros tenham encontrado os chimpanzés primeiro, e é por isso que a ciência ainda os enfoca quando discute a nossa linhagem. Se os exploradores tivessem encontrado bonobos primeiro, seriam eles o nosso modelo básico. Pense nas implicações fascinantes que isso poderia ter para as nossas ideias sobre gênero!

Considerando o quanto temos em comum com os bonobos, inclusive a nossa célebre neotenia, a ideia de que descendemos de um grande primata parecido com o bonobo não é absurda. Afinal de contas, Harold Coolidge, o anatomista americano que deu aos bonobos o status de espécie, concluiu com base em sua dissecação do corpo do Príncipe Chim que esse grande primata "talvez seja mais parecido com o ancestral comum dos chimpanzés e do homem do que qualquer chimpanzé vivo". Uma comparação anatômica recente levou à mesma conclusão.[16]

A estada em Lola foi para mim um curso de reciclagem sobre bonobos. Eu não trabalhava com eles diretamente desde os anos 1980. Na época, tínhamos os admiráveis estudos de

Dois bonobos machos friccionam os traseiros.
Esse tipo de contato é menos comum e menos intenso
do que a fricção gênito-genital entre as fêmeas.

campo do primatólogo japonês Takayoshi Kano, que em 1992 nos daria o primeiro esboço da sociedade desses grandes primatas em seu livro *The Last Ape* [O último grande primata]; estudos de linguagem com Kanzi, um bonobo genial que aprendeu o significado de numerosos lexigramas; e meu próprio trabalho sobre comunicação e comportamento sexual entre bonobos do Zoológico de San Diego. Mas isso era praticamente tudo o que havia em matéria de estudos sobre os bonobos naqueles primeiros tempos.[17]

Desde então aconteceu muita coisa. Por uma década, o tumulto político e uma guerra medonha na República Democrática do Congo interromperam o trabalho de campo

A irmandade das bonobos 165

nessa área, mas agora os estudos já voltaram com força total. Também decolaram as pesquisas com bonobos em cativeiro, que incluem experimentos sobre inteligência. E minha equipe investiga a empatia entre bonobos documentando suas reações tranquilizadoras em situações de estresse de outros bonobos. Esse trabalho em Lola é chefiado por Zanna Clay, minha colaboradora de longa data, professora da Universidade de Durham, no Reino Unido. Fui a Lola para ver Zanna e conversar sobre nosso projeto, além de renovar meu contato com bonobos.[18]

Sempre amei esses grandes primatas fascinantes e não me canso de contrastá-los com sua espécie irmã mais robusta, mas os primeiros tempos de descobertas foram árduos. O mundo da ciência estava constrangido com os bonobos e seu comportamento. Aceitá-los como parentes próximos solapava o modo como víamos a nós mesmos. Apenas um punhado de cientistas sabia em primeira mão o quanto os bonobos eram singulares, mas tivemos grande dificuldade para transmitir nossa mensagem. Os bonobos eram sensuais demais, pacíficos demais e dominados demais pelas fêmeas para agradar a todos. Deixavam algumas pessoas visivelmente incomodadas, como na ocasião em que fiz uma palestra para uma plateia alemã sobre o poder das fêmeas alfa bonobos. Quando terminei, um velho professor levantou-se e bradou em um tom quase acusador: "Qual é o problema desses machos?!".

Como os grandes primatas não humanos oferecem um espelho para nós mesmos, nos importamos com o que eles refletem. Talvez o maior problema dos bonobos fosse sua não violência. Não há relatos confirmados sobre nenhum bonobo que tenha matado outro, enquanto para os chimpanzés temos uma abundância desses casos. Você pode pensar que todo mundo ficaria feliz por darmos um tempo com a brutalidade dos chimpanzés e finalmente conhecermos um parente próximo chegado ao amor e não ao ódio. Mas nesse caso teria de deixar de lado a narrativa prevalente na antropologia: somos guerreiros natos que conquistaram o planeta eliminando cada tipo ancestral que estava em nosso caminho. Somos filhos de Caim, não de Abel.[19]

Essas ideias remontam à descoberta de um fóssil na África do Sul em 1924. Batizado de *Australopithecus africanus*, esse antepassado foi retratado como um carnívoro que engolia vivas as suas presas, arrancava-lhes os membros um a um e matava a sede com seu sangue quente. O paleoantropólogo Raymond Dart bolou essa descrição vívida, apesar de não ter para trabalhar senão um crânio de um exemplar jovem. A escassa evidência não impediu sua imaginação de alçar voo. Hoje percebemos que o *Australopithecus*, que se parecia bastante com o bonobo ereto, estava distante do topo da cadeia alimentar. Apesar disso, a macabra caracterização de Dart ficou viva para nós. Ela inspirou o mito do "primata assassino" segundo o qual descendemos de homicidas e estupradores desalmados que guerreavam quase que por diversão.[20] Quando a natureza violenta dos chimpanzés se tornou mais amplamente conhecida, isso corroborou a teoria. Diante de tendências similares atribuídas tanto aos nossos ancestrais quanto aos nossos parentes grandes primatas, quem poderia duvidar de que temos o gosto pelo sangue como herança?

Todo mundo estava satisfeito com essas ideias — até que o pacífico bonobo irrompeu em cena. Segundo Takayoshi Kano, grupos desses grandes primatas encontram-se na floresta sem que haja luta. Seus alunos falaram até em "mistura" e "fusões".[21] Hoje sabemos que os bonobos partilham alimento entre comunidades e ocasionalmente adotam jovens órfãos de seus vizinhos. Esses relatos de campo arruinaram o mito aceito da origem humana. Meus estudos, que esmiuçaram o lado erótico e hedônico da espécie, pioraram ainda mais as coisas. Os bonobos tornaram-se hippies adeptos do poliamor. Ter um membro tão meigo e sensual na família não condizia com o pressuposto de que a violência correu solta em toda a pré-história humana.

A hipótese dominante continua sendo a de que trazemos a marca de Caim. Por exemplo, em seu livro *Os anjos bons da nossa natureza*, lançado em 2011, o psicolinguista canadense--americano Steven Pinker argumentou que a humanidade precisa da civilização para manter sob controle os seus instintos destrutivos. Como sua teoria só funciona se nossos antepassados tiverem sido personagens hiperagressivos, Pinker escolheu o chimpanzé como um modelo de ancestral e despreocupadamente varreu os bonobos para debaixo do tapete, chamando-os de "primatas muito estranhos". Nessa mesma linha, o antropólogo britânico-americano Richard Wrangham conclui em seu livro *The Goodness Paradox* [O paradoxo da bondade], de 2019, que os humanos saem-se melhor do que se esperaria na tarefa de viver juntos; portanto, sem dúvida tivemos que nos autodomesticar. Esse autor também usa como ponto de partida o agressivo ancestral parecido com o chimpanzé, enquanto os bonobos seriam um ramo da árvore que "seguiu seu caminho separado".[22]

A inconveniência de ter os bonobos na nossa árvore genealógica é flagrante nesses livros. Não importa que os cenários da evolução nos livros de Pinker e Wrangham fossem desnecessários se a nossa espécie proviesse desse ramo menos beligerante. Se tivéssemos descendido de um ancestral similar a um bonobo, as coisas seriam muito mais simples. Seria possível dispensar uma explicação especial para os níveis moderados de violência na nossa espécie. Em vez de representarem um problema, os bonobos talvez fossem a solução.

Uma segunda questão sensível ligada aos bonobos era sua vida sexual. Ela representava um problema por causa das inibições de algumas culturas humanas. Documentários sobre a natureza em veículos de comunicação internacionais como a BBC e a japonesa NHK não queriam tocar no assunto sexo. Mostravam vídeos de bonobos catando-se e brincando, mas congelavam a imagem assim que os protagonistas adotavam posições indicadoras da iminência de algo sexual. O narrador distraía os espectadores com algum comentário vago — por exemplo, dizia que os bonobos se divertem juntos. Apelidei essa tática de tratamento do *coitus interruptus*.

Os cientistas também se incomodavam. Um deles escreveu que seria melhor deixar de lado esses grandes primatas "esquisitos" cuja vida sexual imprópria para o horário livre "parece extenuante". Outro tentou questionar a frequência elevada das relações sexuais dos bonobos. Mas seus cálculos limitaram-se a encontros entre adultos heterossexuais, portanto omitiram uma enorme parcela da atividade erótica desses grandes primatas. Alguns colegas recusavam-se até a reconhecer a natureza sexual das carícias e fricções genitais. "Isso é mesmo sexo?", perguntavam. Preferiam chamar de afeição extremada. Era quase cômico! Só me restava comen-

A irmandade das bonobos 169

tar que se eu demonstrasse esse tipo de "afeição" numa rua movimentada me veria algemado em minutos.[23]

Frans Lanting, famoso fotógrafo da vida selvagem, procurou-me para mostrar milhares de fotos de bonobos tiradas durante uma expedição da *National Geographic* à República Democrática do Congo. A maioria das imagens nunca vira a luz do dia, pois a revista as considerara explícitas demais. Quando vi esse tesouro de imagens incríveis, captadas nas mais penosas circunstâncias (não há nada pior para um fotógrafo do que objetos pretos numa floresta escura), percebi que ali estava uma oportunidade fenomenal. Sendo holandeses da mesma idade vivendo nos Estados Unidos, Frans e eu nos entendemos facilmente e decidimos trabalhar juntos para conscientizar o público. As imagens explícitas em nosso livro *The Forgotten Ape* [O grande primata esquecido], publicado em 1997, nunca incomodaram ninguém, pelo que eu saiba.[24]

A terceira e última questão contenciosa sobre os bonobos está na relação entre os sexos. Todos os cenários da evolução humana pressupunham e ainda pressupõem a superioridade masculina. A dominância feminina em um parente próximo solapa essa narrativa. Captei os primeiros indícios da ordem social não convencional dos bonobos quando os estudava no Zoológico de San Diego. De início, Vernon, um macho adulto, era alojado junto com Loretta, fêmea adulta que ele claramente dominava. Mas quando Louise, uma fêmea mais velha, foi adicionada ao grupo, as duas fêmeas começaram a mandar em Vernon. Ele precisava pedir a elas uma parte da comida. Estranhei isso, pois ele era um macho musculoso, maior do que as fêmeas e equipado com os caninos afiados do seu sexo. No entanto, conforme fui conhecendo mais sobre grupos de bonobos no zoológico, constatei que a dominância das fêmeas era a regra. De fato, não conheço nenhuma colônia de bonobos que seja liderada por um macho.

Pesquisadores de campo desconfiavam disso também, mas relutavam em fazer uma afirmação tão ousada. Em 1992, porém, num congresso da Sociedade Internacional de Primatologia, estudiosos de bonobos cativos e selvagens apresentaram dados que não deixavam dúvida. A antropóloga americana Amy Parish falou sobre competição por alimento em pequenos grupos de chimpanzés e bonobos em zoológico. Um chimpanzé macho dominante apoderava-se imediatamente de toda a comida e a consumia na maior calma enquanto as fêmeas aguardavam. Em contraste, entre os bonobos as fêmeas eram as primeiras a tocar na comida. Depois de uma breve sessão de fricção gênito-genital, elas comiam juntas, revezando-se. Os machos podiam fazer quantas ameaças de arremetida quisessem: as fêmeas nem ligavam para o estardalhaço.[25]

Nessa mesma conferência, pesquisadores de campo confirmaram a dominância das fêmeas. Por exemplo, quando se deixava cana-de-açúcar na floresta de Wamba, na República Democrática do Congo, os bonobos machos apareciam primeiro e tratavam de comer depressa, pois quando as fêmeas chegassem elas tomariam conta. Tudo o que os machos podiam fazer a essa altura era encher as mãos e os pés com caules de cana e sair da área. Alguns cientistas questionaram se isso podia ser considerado dominância e sugeriram que talvez os bonobos machos fossem "cavalheiros" na hora da refeição. Essa interpretação seria crível se os machos simplesmente cedessem seu lugar, porém não é isso que ocorre. As fêmeas os rechaçam e às vezes os atacam. O critério clássico, aplicado

A irmandade das bonobos 171

a todos os animais do planeta, é que, se o indivíduo A é capaz de afastar B do alimento, A só pode ser o dominante. Kano deu a seguinte resposta aos céticos: "A prioridade no acesso ao alimento é uma função importante da dominância. Como a maior parte das interações de dominância e praticamente todos os episódios agonísticos [de conflito] entre fêmeas e machos adultos ocorrem em contextos de alimentação, vejo muito menos sentido em dominância que ocorra no contexto de não alimentação. Para além disso, não há diferença".[26]

Takeshi Furuichi, um dos alunos de Kano, relata que às vezes, em Wamba, fêmeas sozinhas evitam o macho que faz uma exibição de agressividade arrastando um galho. Nessas circunstâncias, o macho agitado é temporariamente dominante. Mas isso não significa que ele pode atacar a fêmea ou tirar a comida dela. Quando as fêmeas estão juntas, o que quase sempre ocorre, elas se mantêm confiantemente no comando.[27]

A dominância das fêmeas em Wamba poderia ter resultado do alimento extra que os pesquisadores forneciam? Afinal, essa situação artificial incita à competição. O problema dessa explicação é que a competição raramente altera a hierarquia — apenas a torna mais visível. Podemos ver isso em chimpanzés selvagens: entre esses primatas, as fêmeas nunca dominam os locais de alimentação providenciados pelos pesquisadores. Portanto, o fato de as fêmeas bonobos fazerem isso nos diz algo acerca de sua sociedade.

Em outro local de estudo de campo, a floresta LuiKotale, no Parque Nacional de Salonga, na República Democrática do Congo, cientistas seguiram bonobos selvagens por vinte anos sem lhes fornecer alimento algum. Recentemente, elaboraram uma hierarquia entre esses grandes primatas com base em confrontos e atos de submissão registrados na floresta. Os seis postos mais altos nessa hierarquia estavam firmemente em mãos de fêmeas.[28]

EM LOLA o alimento dos bonobos é trazido num barco pilotado por Papa Stany, também conhecido como *le Capitaine*. Venho sentado ao lado dele para fotografar a cena, e enquanto isso os bonobos se aproximam vadeando a água que lhes chega à cintura, para pegar os mamões, laranjas e batatas-doces que não alcançaram a terra firme. Como não sabem nadar, isso é difícil para eles. Vários indivíduos, antes de entrar no lago andando só com as duas pernas, pegam ramos de árvore compridos para avaliar a profundidade da água. Vão sondando à medida que avançam. Ambos os sexos agem assim, mas eu me pergunto se, no caso deles, aplica-se a mesma regra que vale para os chimpanzés, entre os quais geralmente as fêmeas são as mais hábeis no uso de ferramentas.

É intrigante o fato de que na natureza os bonobos não usam ferramentas, enquanto os chimpanzés fazem isso o tempo todo. Poderia ser alguma diferença na capacidade mental, como alguns supõem? Uma vez que os bonobos de Lola demonstram possuir essa habilidade, é mais provável que seus congêneres selvagens simplesmente não precisem de ferramentas para obter alimento.[29]

Ótimo exemplo foi um incidente que Zanna Clay filmou enquanto seguia Lisala. Esta pegou uma pedra enorme de sete quilos e a pôs nas costas. Era uma ação surpreendente, mas Zanna sabia que Lisala usaria aquela pedra. Quando vemos um homem passar na rua carregando uma escada, sabemos que ele não andaria com uma carga dessas sem alguma razão. Lisala andou por quinze minutos com a pedra nos ombros e seu bebê agarrado na garupa. Pelo caminho, pegou um punhado de sementes de palmeira. Quando chegou a uma superfície rochosa de bom tamanho (a única no recinto), pôs no chão a pedra, o bebê e as sementes. Começou então a quebrar aquelas sementes duríssimas em cima da rocha com sua pedra. É difícil imaginar que Lisala se daria a todo esse trabalho sem ter um plano. Ao pegar sua ferramenta muito antes de lhe dar um uso e antes mesmo de ter sementes nas mãos, ela demonstrou o tipo de capacidade de pensar adiante que hoje está confirmado por experimentos com grandes primatas não humanos.[30]

A bonobo Lisala carrega uma pedra pesada (e seu bebê) a caminho de um lugar onde ela prevê encontrar sementes. Assim que coletá-las, ela usará a pedra como martelo para quebrá-las. Pegar uma ferramenta com tanta antecedência indica planejamento, uma capacidade bem estabelecida nos grandes primatas não humanos.

Enquanto alimentamos os bonobos, a coesão da comunidade de fêmeas se evidencia. Elas se catam, fazem sexo umas com as outras e, depois que lhes mostramos que os baldes estão vazios, partem juntas para a floresta. Chamo esse tipo de associação de *irmandade secundária*, porque sua solidariedade não se baseia em parentesco. Na natureza, os machos permanecem em sua comunidade natal durante toda a vida, enquanto as fêmeas emigram assim que chegam à puberdade. Isso significa que as fêmeas ingressam em comunidades vizinhas nas quais têm poucos parentes ou nenhum. Elas criam vínculos com fêmeas residentes mais velhas que até então desconheciam. O mesmo ocorre em Lola, onde as fêmeas órfãs que chegam de várias partes do país se unem apesar da ausência de laços de parentesco.

As alianças entre as fêmeas bonobos são tão fortes que até os homens notam. Conheço vários cientistas homens que tentaram trabalhar com bonobos em cativeiro e tiveram problemas porque as fêmeas não cooperavam. As bonobos trabalham melhor com mulheres experimentadoras ou observadoras. Quando Amy Parish estudou os bonobos do Zoológico de San Diego, as fêmeas acolheram-na como uma delas, algo que nunca fizeram comigo. É verdade que Loretta frequentemente se oferecia para mim do outro lado do fosso (mostrava-me seus genitais enquanto olhava entre as pernas e acenava para mim), mas isso era puramente sexual. Ela sempre flertou comigo, e ainda faz isso toda vez que me vê no zoológico. Mas, por ser do sexo masculino, eu nunca fiz parte da ginecocracia de uma sociedade bonobo. Em contraste, Amy até já ganhou comida, jogada para ela do outro lado do fosso. As bonobos devem ter pensado que ela estava com fome.

A *irmandade das bonobos* 175

Em todos os primatas observamos a formação de vínculos entre fêmeas no interesse da prole. Em parte isso ocorre por motivos práticos, pois os jovens precisam de companheiros de brincadeiras. É comum as mães procurarem outras que tenham filhos de idades similares. Enquanto elas se catam entre si, os filhos correm e brincam de lutar sob o olhar das mães. Quando Amy visitou suas velhas amigas bonobos, que tinham sido transferidas para outro zoológico, quis que elas conhecessem seu filho recém-nascido. As bonobos reconheceram Amy imediatamente. A fêmea mais velha deu uma rápida olhada no bebê de Amy do outro lado do fosso e correu para dentro do recinto. Logo veio de lá com seu próprio recém-nascido e o segurou de modo que os dois bebês se olhassem nos olhos.

A forte aliança entre as fêmeas centrais em um grupo de bonobos, como o que girava em torno da Princesa Mimi, não é necessariamente cordial. Existe a pressuposição generalizada de que a dominância das fêmeas tem de ser menos severa que a dos machos. Quando a jornalista Natalie Angier resumiu a sociedade bonobo para o *New York Times*, suavizou o status das fêmeas: "A dominância é tão branda e desprovida de hostilidade que alguns pesquisadores supõem que a sociedade bonobo é regida por uma 'codominância' ou igualdade entre os sexos".[31] Talvez fosse isso que pensávamos em 1997, mas acontece que hierarquias sempre implicam coerção. Isso vale tanto para os machos quanto para as fêmeas.

As fêmeas alfa costumam alcançar sua posição graças à idade e à personalidade. Como essas características são inalteráveis, raramente ocorrem desafios. É por isso que as hierarquias das fêmeas costumam ser mais estáveis que a dos machos. No entanto, às vezes as fêmeas também precisam lembrar aos demais quem é que manda. Em Lola, vi Semendwa agarrar e morder até sangrar o pé de uma fêmea de status inferior. Essa fêmea cometera a gafe de se aproximar de um mamão papaia no qual Semendwa estava de olho. A vítima teve sorte, pois bonobos raramente infligem lesões preocupantes. Foi só um pequeno talho. Ainda assim, aos berros, ela recebera um doloroso alerta para não contrariar a fêmea alfa.

Fêmeas dominantes agem com mais dureza contra machos que não respeitam sua prioridade para se alimentar ou que as provocam fazendo exibições de força muito perto delas. Por serem mais velozes e ágeis, eles frequentemente escapam impunes, mas se forem pegos a situação pode ficar feia. Em Lola isso acontecia às vezes no alojamento noturno. O grupo todo é posto em um recinto fechado para o descanso da noite. Se um macho for encurralado ali, as fêmeas podem arrancar um dedo ou até os testículos dele. Os machos aprendem a ser cautelosos. A maioria entra no recinto por último, e eles são os primeiros a serem soltos pela manhã. Exceções são os machos que têm fortes vínculos com as fêmeas.

Nos zoológicos, invariavelmente ouço relatos de problemas no manejo dos bonobos machos. A agressão das fêmeas dificulta integrá-los. Por isso, os zoológicos mantêm os machos separados das fêmeas durante a maior parte do tempo. A boa notícia é que, com melhores informações sobre o comportamento natural dessa espécie, hoje sabemos como evitar esses problemas. Os bonobos machos são filhinhos de mamãe: dependem da proteção materna. Na natureza, um filho não tira os olhos de sua mãe.[32] A presença dela dissuade as outras de se voltarem contra ele. Às vezes, combinações mãe-filho atuam como duplas poderosas com benefícios mútuos, em especial se o filho for atraente para outras fêmeas. Para os zoológicos, isso significa que os filhos sempre devem ser mantidos com suas mães, e não serem transferidos independentemente. Agora que essa regra é seguida, a situação melhorou bastante.

No hábitat natural as tensões sociais são incomuns, mas não estão ausentes. Por exemplo, na floresta de Lomako, na República Democrática do Congo, um bonobo adulto macho fez um movimento ameaçador contra uma fêmea de status inferior que estava com um recém-nascido. Depois de quase perder o equilíbrio na árvore, ela o perseguiu com gritos estridentes. Quinze ou mais bonobos se uniram em um ataque feroz a esse macho. A eclosão da violência sugere que a sociedade bonobo tem uma camada mais profunda, geralmente oculta por sua fachada paz & amor. Outros estudos de campo confirmam protestos coordenados de fêmeas contra abusos dos machos. Graças ao seu companheirismo, as fêmeas mantêm os machos violentos sob controle. Sua solidariedade chega a transpor as fronteiras do grupo. Na floresta, quando grupos se misturam, fêmeas de grupos diferentes podem se unir contra machos agressivos.[33]

Às vezes pergunto a colegas cientistas se eles acham que os bonobos machos têm uma vida boa. A pergunta parece causar confusão, pois não é uma questão científica típica. Não temos teorias sobre quais organismos têm vidas boas ou ruins. No entanto, costumo conversar com diretores e diretoras de zoológicos, e eles se preocupam com seus bonobos machos. E para alguns homens, como o professor alemão que encontrei, ser dominado por mulheres está entre as piores coisas imagináveis. É por isso que quero ouvir a avaliação dos meus colegas sobre a qualidade de vida dos bonobos machos.

Os cientistas me dizem que, em cativeiro, a qualidade de vida dos bonobos varia conforme o tamanho da colônia e o espaço disponível. Em colônias com pouco espaço surgem atritos graves, e os machos desafortunados são os mais prejudicados. Bonobos em zoológicos com vastos recintos arborizados ao ar livre encontram condições muito melhores, como em Apenheul, na Holanda, e em La Valée des Singes, na França. Nessas colônias, a situação dos machos é muito boa.

Mas e os bonobos em seu hábitat natural? Afinal de contas, é onde a sociedade bonobo evoluiu. Meus colegas explicam que, na natureza, os machos têm poucas preocupações. Mantêm-se longe de encrencas regulando sua distância em relação ao núcleo do grupo. Ficam junto com as fêmeas quando tudo vai bem, mas quando a situação esquenta, é fácil para eles escapar. Simplesmente desaparecem por algum tempo. A maioria deles é benquista e desfruta bastante de sexo e catação com as fêmeas. Fazem parte da comunidade.

Os bonobos machos geralmente são longevos. Têm menor risco de lesões e morte do que os chimpanzés machos. Estes últimos matam os de outros grupos e às vezes até membros de seu próprio grupo. Suas lutas por status podem alcançar um grau de tensão incrível. Quando lutam, os danos são muito mais graves que entre os bonobos. Ataques de chimpanzés machos às fêmeas raramente ameaçam a vida, porém são rudes e violentos. Assim, ambos os sexos vivem com um elevado grau de estresse. Depois de trabalharem a vida inteira estudando em campo essas duas espécies de grandes primatas, Furuichi e sua esposa tentaram imaginar como seria ser

A irmandade das bonobos

como eles: "É por isso que eu digo: 'Não quero ser um chimpanzé macho'; e minha esposa, Chie Hashimoto, replica: 'E eu não quero ser uma chimpanzé fêmea'".[34]

LOLA É MAIS DO QUE um santuário de grandes primatas resgatados. Recebe muitos visitantes e turmas de estudantes da cidade, que vêm aprender sobre os bonobos e a necessidade de protegê-los. Incutir a mensagem conservacionista é crucial em um país de flora e fauna tão ricas. A República Democrática do Congo tem uma área quatro vezes maior que a da França e vastos trechos de floresta pluvial para preservar. Claudine já fez palestras para milhares de pessoas e aparece com frequência na televisão nacional. Se os bonobos são bem conhecidos pelo povo congolês, é graças a ela.

Lola trabalha ativamente pela conservação. É um dos poucos santuários que teve êxito em reintroduzir primatas na natureza. Não é uma tarefa fácil, e as razões do fracasso podem ser numerosas. Animais libertados de santuários têm menos resistência a doenças. Não conseguem competir com os residentes selvagens de sua espécie. Falta-lhes conhecimento sobre os alimentos e perigos encontrados na natureza. E não sabem se cuidar sozinhos.[35]

Mas os bonobos de Lola têm uma floresta tropical natural para treinar. Eles aprendem sobre possíveis riscos, como cobras venenosas. Aprendem quais plantas e frutas são boas para comer e quais causam doença. Além disso, quando são soltos em uma floresta selvagem, os bonobos correm menos riscos de ataques por residentes hostis de sua espécie, pois essa é uma espécie menos xenofóbica que a maioria dos primatas.

180   *Diferentes*

Já por duas vezes Lola devolveu um grupo de bonobos a um hábitat natural. Foram enviados de barco e avião para 1600 quilômetros ao norte e soltos em Ekolo ya Bonobo ("Terra dos bonobos", em lingala), uma área protegida que hoje contém 48 562 hectares de floresta primária. Esses bonobos sortudos saíram do viveiro de Lola para a sobrevivência na natureza! Monitorados atentamente por observadores, os bonobos libertados estão se virando sozinhos. Alimentam-se sem ajuda de humanos e já produziram cinco bebês desde a libertação. As reintroduções foram um grande sucesso.

É uma verdadeira façanha de Claudine e sua filha. Claudine, que está quase se aposentando, descreveu-me sua visão para Lola e seu programa de libertação. Salientou o papel da população humana local. A conservação não visa apenas aos animais, ela explicou; visa ainda mais às pessoas. Quando o povo está do lado dos conservacionistas, tudo é possível, e por isso foram implementados projetos para a comunidade no entorno de Ekolo. Agora, toda vez que Claudine chega de barco (os rios são as estradas da República Democrática do Congo), os moradores vestem-se com capricho e vão recebê-la cantando e dançando na beira do rio.

Também falamos sobre o papel relevante das mulheres no movimento dos santuários.[36] Lola é o único santuário do mundo exclusivamente para bonobos, mas na África há muitos santuários e centros de reabilitação para chimpanzés, gorilas, elefantes, rinocerontes e outros animais selvagens. Praticamente todos foram fundados e são dirigidos por mulheres. Aliás, isso também se aplica a santuários para primatas que já foram usados como cobaias de laboratório ou animais de estimação no Ocidente. Até o conhecido Centro de Conserva-

A irmandade das bonobos

ção da Vida Selvagem David Sheldrick, apesar de seu nome, foi fundado por uma mulher: Daphne Sheldrick batizou o santuário com o nome de seu falecido marido. Enquanto ele estabelecia um grande parque nacional no Quênia e combatia caçadores de marfim, ela adotou e alimentou com mamadeira centenas de filhotes de elefante órfãos. A participação extraordinariamente majoritária de mulheres no trabalho dos santuários reflete um papel protetor que também reconhecemos na pioneira americana do engajamento ecológico, Rachel Carson, e em paladinas ambientais da atualidade como Jane Goodall e Greta Thunberg.

Alguns conservacionistas menosprezam o movimento dos santuários. Preferem empenhar-se em questões mais abrangentes como lutar contra madeireiras e preservar ecossistemas inteiros. Isso é crucial, mas não podemos simplesmente virar as costas para bonobos jovens que foram arrancados dos braços da mãe e gritam desesperados. Sou imensamente grato a pessoas como Claudine, que têm compaixão para cuidar deles. Precisamos proteger os indivíduos vulneráveis tanto quanto a saúde do planeta.

Nada nos impede de fazer as duas coisas.

6. Sinais sexuais

Genitália, face, beleza

A FACE DE CORES CHAMATIVAS do mandril macho reflete seu traseiro. Uma linha vermelha desce pelo meio da face, ladeada por cristas paranasais, replicando seu pênis, de um vermelho vistoso, contra as nádegas azuis. Até sua barbicha alaranjada copia os tufos de pelos dessa mesma cor abaixo do escroto.

Analogamente, as fêmeas do gelada (*Theropithecus gelada*) repetem no peito o padrão do quadril: os dois mamilos muito vermelhos são tão próximos que parecem grandes lábios. A pele nua ao redor dessa área lembra a do traseiro. Ficamos intrigados com a função desses sinais vistosos e achamos graça de seu curioso mimetismo corporal.

Mas será que isso se aplica a nós? Desmond Morris sugeriu em *O macaco nu*, de 1967, que em nossa linhagem também ocorreu migração de sinais da parte traseira do corpo para a frontal. Nossos lábios vermelhos imitam uma vulva. As mamas das mulheres têm a forma arredondada das nádegas. O nariz bulboso de um homem lembra um pênis flácido. Nem todo mundo achou graça: críticos desancaram o livro como "conjecturas lascivas". Não sou contra chamar as teorias de Morris de mirabolantes ou infundadas, mas será que ainda precisamos ter um faniquito vitoriano quando o assunto é a

Sinais sexuais 183

genitália? Não é como se essas partes do corpo nos deixassem indiferentes. Nós as achamos irresistíveis! Olhe para estátuas de bronze como o anatomicamente correto Touro de Wall Street em Nova York. Ou para a estátua de Victor Noir em Paris, famosa pela protuberância na calça. As partes polidas dessas estátuas traem o toque de áreas genitais por milhares de ávidas mãos humanas. O *Davi* de Michelangelo tem sorte por estar no alto, fora do alcance da multidão.

Considerando a dificuldade que temos para concordar a respeito de comportamentos e mais ainda para explicá-los, a anatomia é uma plataforma de lançamento perfeita para uma discussão sobre biologia humana. As especulações de Morris podem escandalizar, mas as questões não desaparecem. Por que somos o único primata com lábios evertidos (virados do avesso), que contrastam com a pele ao redor? Lábios não servem como sinais sexuais em outros primatas; então por que as fêmeas da nossa espécie gostam de realçá-los com batom e os entreabrem ou lambem sugestivamente? Por que somos o único primata com mamas permanentemente protuberantes, com frequência sustentadas no alto com ajuda de sutiãs ou injetadas com silicone? As mamas não requerem esse formato para uma amamentação eficaz. Por que temos nariz pontudo e saliente enquanto outros primatas não têm dificuldades olfativas mesmo desprovidos desse negócio esquisito no meio da cara? Para o biólogo evolutivo essas são questões válidas.

O estilo irreverente de Morris aplacou suscetibilidades em um assunto imensamente sensível numa época em que até a palavra "nu" era considerada maliciosa. No entanto, seu livro continha implicações sérias; por exemplo, foi o primeiro a

184 *Diferentes*

criticar explicitamente a ideia da tábula rasa, segundo a qual chegamos a este planeta como uma página em branco em que o ambiente escreve o que bem entender. Morris rejeitou com veemência essa noção pré-darwiniana e, com isso, abriu caminho para autores de obras de divulgação científica sobre evolução, como Edward O. Wilson, Stephen Jay Gould, Richard Dawkins e outros. Mas a principal razão do tremendo sucesso de seu livro — ainda é a única obra de biologia classificada entre os cem livros mais lidos do mundo — é que ele ridiculariza a nossa espécie e abala seu pedestal. O livro apresenta aos leitores uma combinação de observações surpreendentes e boas risadas.

Ao discorrer sobre o *Homo sapiens*, Morris nos dá esta preciosidade:

> Essa espécie incomum e extraordinariamente bem-sucedida passa um bom tempo examinando seus motivos mais elevados e uma parte de tempo equivalente desconsiderando seus motivos fundamentais. Ela se orgulha de possuir o maior cérebro de todos os primatas, mas tenta esconder o fato de que também tem o maior pênis.[1]

MORRIS ESCREVEU ESSAS PALAVRAS muito antes de sabermos grande coisa sobre os bonobos. O pênis longo desse grande primata faz a maioria dos homens parecer infradotado, principalmente levando em conta que o corpo dos bonobos é menor que o dos humanos. No entanto, seu pênis rosado é mais fino que o dos humanos e totalmente retrátil. Sua cor torna as ereções muito chamativas, especialmente se o macho

Sinais sexuais

balançar o pênis para cima e para baixo. Ainda mais notável do que essa capacidade de "acenar" com o pênis é o fato de que os testículos dos bonobos são várias vezes maiores que os dos humanos. Isso tem relação com a quantidade de esperma necessária quando as fêmeas se acasalam com vários parceiros. Para ter alguma chance de fertilização em meio ao farto material dos outros, um macho precisa enviar um fluxo enorme de nadadores unicelulares na direção do óvulo.

Toda vez que ouço falar em *manspreading** — termo que só foi incluído no *Oxford English Dictionary* em 2015 — penso nos machos primatas exibindo seus genitais. As mulheres reclamam do espaço de que os homens se apropriam quando eles se sentam de pernas abertas no transporte público. Muitos atribuem essa postura inconsciente à socialização e às prerrogativas masculinas, mas ela é universal nos primatas. Por exemplo, se você andar atrás de um macaco-verde africano, não deixará de notar os testículos azuis vistosos, mas eles também se destacam frontalmente quando esse macaco senta-se de pernas abertas. É comum os primatas machos sentarem-se dessa maneira, como se todo mundo precisasse saber exatamente de que sexo eles são. Também adotam essa postura quando propõem sexo a uma fêmea. Com sua exibição do pênis ereto, sinalizam ardor e capacidade para cumprir sua função.

Posturas de pernas abertas transmitem dominância e também servem como ameaça. Entre os macacos-de-cheiro, um

---

*O termo *"manspreading"* ainda não tem tradução em português; refere-se ao ato masculino de sentar-se de pernas abertas no transporte, ocupando mais de um lugar; um equivalente literal seria "esparramo masculino". (N. T.)

macho pode dar uma estocada com o pênis ereto na face de um subordinado acuado, que sairá do caminho cabisbaixo. Só machos de status elevado ousam exibir seus genitais. Se você encontrar um bando de macacos com um macho sentado de pernas abertas na frente de todos, pode ter certeza de que ele está no topo da hierarquia social. Dada a vulnerabilidade dessas partes do corpo, é preciso autoconfiança para ostentá-las. Os machos subordinados têm cuidado com suas costas e suas nádegas. Tentam não chamar a atenção e envolvem em segredo os seus interesses sexuais.[2]

Os egípcios antigos conheciam bem a relação entre dominância e exibições penianas, e retratavam seus babuínos sagrados como machos sentados de pernas abertas, mãos nos joelhos e pênis visível. Essa mesma relação vigora nos gigantescos símbolos fálicos de poder e vitória em nossas sociedades, como o Monumento a Washington e a Torre Eiffel. Até nossos insultos lembram sinais penianos, como o dedo médio em riste ou o gesto de "dar uma banana" com o punho fechado, o antebraço batendo contra o outro braço. O gesto do dedo médio já era conhecido no tempo dos gregos e romanos antigos, que o chamavam de *digitus impudicus* (dedo indecente) em latim.[3]

Obviamente, nada do que foi dito é desculpa para que os homens ocupem mais espaço do que o necessário no metrô. Embora uma mulher que procura um assento possa abominar o *manspreading*, pesquisadores fizeram um estudo para avaliar a possibilidade de elas acharem essa postura atrativa em outras circunstâncias. Usando um aplicativo de relacionamento, a psicóloga americana Tanya Vacharkulksemsuk constatou que a "expansão postural" funciona para os

Sinais sexuais 187

Os egípcios antigos veneravam os babuínos.
Esses primatas são conhecidos como agressivos e
viris, e suas estátuas destacam a genitália masculina.

homens. Imagens de homens em pose de poder com os membros esparramados e o tronco ereto foram contrastadas com imagens de homens em posturas compactas. As poses que ocupam espaço transmitem franqueza e dominância, o que ajuda os homens a obter uma ligação romântica. No estudo, poucos dos homens satisfizeram os requisitos para as mulheres, mas quase todos os que conseguiram adotaram uma pose expansiva.[4]

A atenção na genitália masculina reflete um enfoque geral na sexualidade dos machos em detrimento das fêmeas, a quem se atribui um papel passivo. Muitos consideram as fêmeas como as que recebem sexo, não as que o buscam. Mas as atitudes estão mudando, inclusive em biologia. Eu poderia mencionar vários exemplos de animais, porém fiquemos com nossos parentes mais próximos. As fêmeas de grandes primatas não humanos são participantes ativas que frequentemente procuram ter relações sexuais com uma grande variedade de machos. Por que fazem isso se um único macho bastaria para engravidá-las? Por que não escolher o melhor macho disponível e pronto? E por que tantas mulheres fazem a mesma coisa? Morris não respondeu a essa pergunta quando argumentou que a evolução humana gravitava ao redor de homens caçadores, enquanto as mulheres eram relegadas ao papel de reprodutoras.[5]

Persiste o mito de que a evolução acontece principalmente através da linhagem masculina. Abra qualquer livro sobre a pré-história humana e você verá imagens de homens guerreando, fazendo fogueira, caçando animais grandes, construindo cabanas e defendendo mulheres e crianças encolhidas e apavoradas com ameaças externas. É possível que cenas assim tenham ocorrido, mas por que os homens sempre são os heróis da história? Será que mulheres não contribuíram para o êxito da nossa espécie? A mais revoltante afirmação sobre esse assunto é do cirurgião americano Edgar Berman, que em *The Compleat Chauvinist* [O chauvinista consumado]

Sinais sexuais

se gabou: "Há 3 bilhões de anos nós, machos, nascemos como os mais aptos".[6]

Creio que essa declaração fez Berman parecer um idiota consumado. O conceito de aptidão evolutiva não deve ser confundido com o uso comum do termo, que denota a aptidão física individual, a "boa forma" de alguém. Não se trata de quem consegue saltar mais alto ou correr mais rápido. Aptidão, em biologia, é definida como o êxito em sobreviver e se reproduzir. Ela pode decorrer de um sistema imune superior, visão mais apurada, melhor camuflagem, pulmões maiores ou qualquer outra característica benéfica. Como a aptidão é medida pela contribuição genética de um indivíduo à geração seguinte, é logicamente impossível que os membros de um sexo como um todo sejam mais aptos que os do outro sexo como um todo. A aptidão é indivisível. Em organismos que se reproduzem sexualmente, mães e pais têm distribuições iguais no genoma. Se os machos de uma espécie forem malsucedidos, as fêmeas afundarão com eles. Inversamente, se as fêmeas forem malsucedidas, os machos podem esquecer seu legado genético. Um sexo ser mais apto do que o outro seria como uma galé que pusesse todos os seus remadores fortes em um lado da embarcação e todos os fracos no outro. Ela se moveria em círculos.

A APTIDÃO FEMININA tem requisitos distintos. É verdade que ambos os sexos precisam se alimentar e se manter longe das garras dos predadores, mas cada qual contribui a seu modo para a geração seguinte. É de esperar que as fêmeas se empenhem por seus interesses em vez de se resignarem à sua sorte. A empreendedora sexualidade feminina, conhecida como escolha das fêmeas, tornou-se um dos temas mais debatidos em biologia. Também é chamada de promiscuidade feminina, mas essa expressão tem uma conotação demasiadamente moral, e ainda por cima negativa. Prefiro chamar de aventurismo ou proatividade sexual feminina. O fenômeno já foi um imenso tabu, como se as fêmeas só pudessem ser fiéis, recatadas e seletivas. As evidências crescentes do aventurismo sexual feminino transferiram o enfoque do pênis para o clitóris, e do impulso sexual masculino para o orgasmo feminino. O empoderamento feminino chegou à biologia evolutiva.

Houve um tempo em que até a presença de um clitóris em nossos parentes primatas era posta em dúvida. Quando se encontrava um, era confundido com um pênis. Um relatório do século XIX fala de um "orangotango hermafrodita", mas mostra a ilustração da fêmea de um gibão, primata conhecido pelo clitóris parecido com um pênis. Um famoso macaco do século XVIII, que está no Museu Real de Física e História Natural de Florença, na Itália, foi considerado hermafrodita. Especialistas debateram a condição dessa "monstruosidade" que supostamente fazia corar os visitantes do museu. Tudo isso porque algumas primatas têm um clitóris tão grande que uma fêmea pode ser confundida com um macho.[7] Isso vale especialmente para primatas neotropicais. Em nossa colônia de macacos-prego, por exemplo, celebramos o nascimento de um jovem macho com órgãos genitais proeminentes e lhe demos o nome de Lance. Anos depois, o comportamento de Lance tornou-se cada vez mais insólito. Nossas suspeitas foram confirmadas quando um teste cromossômico revelou que "ele" era ela.

Sinais sexuais

Outro primata neotropical conhecido por seu longo clitóris é o macaco-aranha. De binóculo, eu e o italiano Filippo Aureli, meu colaborador de longa data, observamos esses macacos nas árvores em uma floresta de Yucatán, no México. Os sujeitos do estudo de Filippo ficavam em galhos muito altos, o que dificultava para nós distinguir sua genitália. Como machos e fêmeas são mais ou menos do mesmo tamanho, perguntei a Filippo como ele os distinguia por sexo. Sua resposta foi o contrário da que você esperaria. Um macaco que tem "um penduricalho genital" só pode ser uma fêmea, ele disse, mesmo se for jovem. O pênis e os testículos dos machos são pequenos e ficam bem escondidos sob o pelo. Desconhecemos a razão dessa inversão anatômica. Às vezes, as fêmeas tocam em seu clitóris balouçante, ou no de outra fêmea, mas não sabemos se o tamanho desse órgão dá a elas algum prazer adicional.

Quando estudava macacos-aranha no Zoológico de Chester, no Reino Unido, Filippo costumava ver humanos explicando aos filhos que os pais macacos cuidam muito bem de seus bebês. Apontavam para um macaco com um apêndice genital carregando um filho nas costas e inventavam uma história sobre a cena, como costumamos fazer para as crianças. Isso durava até que eles liam a placa do zoológico informando sobre o clitóris grande da espécie. Aí eles precisavam dar um jeito de incluir essa nova informação, quando não escolhiam ignorá-la.

Chimpanzés e bonobos são facilmente distinguíveis por sexo, ainda mais se a fêmea estiver no cio. Ela carrega um sinal rosado do tamanho de uma bola de futebol atrás de si, anunciando a todos os machos dos arredores que está pronta para a ação. O tecido perineal e os lábios intumescidos escondem o clitóris, que é maior nos bonobos do que em humanos e chimpanzés. As fêmeas bonobos preferem a cópula face a face e costumam convidar os machos deitando-se de costas com as pernas abertas, posição que garante a estimulação da vulva frontal. Mas a evolução dos machos bonobos deve estar defasada. Eles preferem a posição clássica de quatro. Isso pode levar a uma confusão cômica. Se um macho começa por trás, no meio do processo a fêmea se vira depressa para a posição papai e mamãe, sua favorita. Não admira que as cópulas de bonobos sejam precedidas por muitos gestos e vocalizações para negociar as posições. Esses primatas Kama Sutra acasalam-se em todas as posições concebíveis, inclusive algumas que para nós são impossíveis, como de ponta-cabeça pendurados pelos pés.

Estou tão acostumado com genitais de primatas que não me parecem esquisitos nem feios, embora sem dúvida eu os ache desajeitados. Fêmeas primatas com a genitália inflada não conseguem sentar-se normalmente; ficam mudando o peso do corpo de um quadril para o outro para não se sentarem em cima da região intumescida, cujo tecido é frágil, sangra com facilidade, mas também cicatriza com uma rapidez notável. Devemos ser gratos por termos sido poupados desses ornamentos. Se os possuíssemos, sem dúvida os assentos seriam projetados com um bom buraco no meio.

O clitóris das bonobos merece atenção pela intensa especulação sobre seu equivalente humano. De início, nossas ideias foram desviadas pelo austríaco Sigmund Freud, o pai da psicanálise, que sozinho propôs uma mítica fonte de prazer conhecida como orgasmo vaginal. Sim, esse fenômeno

Sinais sexuais 193

foi inventado por alguém com conhecimentos limitados de anatomia e desprovido de vagina. Freud considerava o orgasmo vaginal superior e menosprezava o prazer clitoridiano como coisa de criança. As mulheres que sentiam prazer no clitóris sem precisar de penetração estavam lamentavelmente presas em um estágio infantil e precisavam de tratamento psiquiátrico. Graças à imensa influência de Freud, o clitóris foi descartado como irrelevante. Livros didáticos de medicina retratavam-no menor do que é ou o omitiam de todo.

Mas Freud estava errado. A vagina, que liga o útero à vulva, não é particularmente sensível. Ela serve como canal de parto e tem uma parede muscular que contém poucas terminações nervosas. Não pode ser uma fonte importante de prazer. Todos já ouvimos falar no ponto G, mas até hoje nenhum anatomista conseguiu descobrir sua localização. Já o clitóris é fácil de encontrar. É uma parte erétil da vulva, dotada de células especiais adaptadas para a estimulação sensorial. Como os nervos do clitóris chegam à parede vaginal — os anatomistas falam em um complexo clitouretrovaginal —, é difícil saber exatamente onde surge a sensação de prazer. Em contraste com o orgasmo masculino, que é acentuadamente localizado, o feminino é difuso. A penetração pode ser uma fonte adicional de prazer, porém principalmente graças à fricção do clitóris, que é a joia no centro do orgasmo feminino.[8]

O desdém de Freud pelo clitóris talvez reflita uma preocupação cultural com a possibilidade de as mulheres assumirem o controle de sua sexualidade. E se elas começassem a dizer aos homens o que fazer ou os tornassem obsoletos para seu prazer? A ênfase na penetração seria um modo de manter as mulheres sob controle. Como observou o historiador americano Thomas Laqueur:

> A narrativa do clitóris é uma parábola da cultura, de como o corpo é forjado de uma forma valiosa para a civilização apesar de ser o que é, e não por ser o que é. A linguagem da biologia confere a essa narrativa sua autoridade retórica, porém não descreve uma realidade mais profunda de nervos e carne.[9]

Para muitas feministas, o clitóris dá poder. Natalie Angier, jornalista americana que escreve sobre ciência, comparou-o a um cravo bem temperado tocando um Bach divino para qualquer mulher disposta a ouvir.[10] No entanto, não é fácil definir sua função. Como o orgasmo feminino não é essencial para a concepção, o que o clitóris faz? Alguns supõem que ele é inútil como os mamilos no homem e que as mulheres não precisam dele, contanto que aceitem fazer sexo quando a ocasião se apresentar. Atingir o orgasmo seria um afortunado subproduto da evolução. A filósofa americana Elisabeth Lloyd nos dá a seguinte interpretação:

> Macho e fêmea têm a mesma estrutura anatômica por dois meses no estágio embrionário do crescimento, antes de a diferenciação ter início. A fêmea ganha o orgasmo porque o macho precisará dele mais tarde, e o macho ganha os mamilos porque a fêmea mais tarde precisará deles.[11]

O biólogo Stephen Jay Gould concordava com a ideia de Lloyd de que o clitóris pegou carona na evolução do pênis. Ele chamou o orgasmo feminino de "um acidente glorioso".[12]

Sinais sexuais

Gould também fez uma comparação com os mamilos masculinos, que evoluíram como subproduto da capacidade de amamentar das fêmeas. Todos os primatas machos, inclusive o poderoso gorila, são dotados de mamilos desnecessários que eles nunca usarão. Mas a maioria dos biólogos, embora reconheçam a existência de características vestigiais, é cética quando uma característica natural é menosprezada como não adaptativa. Nosso primeiro impulso é supor que as características devem existir por alguma razão. Também sinto isso com respeito a partes do corpo humano que são rotineiramente removidas em hospitais, como o prepúcio e o apêndice. Se essas partes realmente não tivessem propósito, como acredita a corrente dominante da medicina, a evolução não as teria removido há muito tempo?

As ideias mudaram em relação ao apêndice. Essa extensão específica do ceco evoluiu mais de trinta vezes em famílias animais distintas, portanto não pode ser inútil. Supõe-se que preserve a flora intestinal, que ajuda a restaurar o funcionamento do trato digestivo após uma disenteria grave. Hoje o apêndice é considerado uma parte funcional do corpo.

Eu diria o mesmo sobre o clitóris. Em primeiro lugar, ele existe em todos os mamíferos. O camundongo tem clitóris, o elefante também. Em segundo, ele é um órgão "caro". É infinitamente mais participante e sensível que os mamilos masculinos. É um prodígio de engenharia evolutiva. Lloyd e Gould não sabiam disso quando defenderam suas hipóteses, mas o clitóris equivale ao pênis no que diz respeito aos milhares de terminações nervosas que captam seus sinais. Ele é alimentado por nervos notavelmente grossos, indicando sua importância para o corpo e para a mente. Como possui uma densidade ainda maior de células sensoriais que o pênis, não parece de modo algum acidental.[13]

Provavelmente o clitóris evoluiu de modo a tornar o sexo uma atividade agradável e viciante. Aqui se pressupõe uma sexualidade feminina empreendedora, que procura até que encontre aquilo de que gosta. Isso explicaria por que os maiores clitóris são encontrados em espécies que se distinguem pelo erotismo polivalente. Além de nós, isso se aplica a golfinhos e bonobos, que frequentemente se dedicam a estimulação genital, troca de carícias sexuais ou cópula com o objetivo de criar vínculos e coexistir pacificamente. A meu ver, não é por acaso que o clitóris nos golfinhos é o maior que conhecemos na natureza.[14] Também não penso que seja coincidência as bonobos terem um clitóris tão proeminente, que nas fêmeas jovens se projeta frontalmente como um dedo mindinho. Quando mais velhas, ele se embute no tecido intumescido circundante e é mais difícil de ser visto, mas ainda dobra de tamanho em momentos de excitação sexual. De flácido e macio ele passa a rijo e inflexível. Como sua glande e seu corpo enrijecem, o clitóris das bonobos responde à estimulação como uma ereção peniana. Durante a cópula com um macho, é comum uma fêmea bonobo estimular com a mão os testículos do parceiro ou se autoestimular.

Experimentos com macacos em laboratório mostram que não somos a única espécie na qual o coração da fêmea acelera quando a relação sexual chega ao clímax. Macacos também têm contrações uterinas nesse momento, atendendo, assim, ao critério de Master e Johnson para o orgasmo. Ninguém tentou fazer o mesmo experimento com bonobos ou golfinhos, mas sem dúvida eles também passariam no teste.[15]

Sinais sexuais

Quem vir duas fêmeas bonobos em meio a uma intensa fricção gênito-genital concordará que isso parece extremamente prazeroso. As fêmeas abrem um sorrisão de dentes à mostra e emitem gritinhos estridentes enquanto friccionam freneticamente seus clitóris e se fitam na face. Análises minuciosas de vídeo feitas por Sue Savage-Rumbaugh no Centro Yerkes de Primatas mostraram quão vitais são essas relações. Os contatos sexuais são mutuamente iniciados e colaborativos. Quando um macho e uma fêmea bonobos copulam, a velocidade dos movimentos pélvicos do macho aumenta ou diminui em resposta às expressões faciais e vocalizações da fêmea. Ele pode cessar os movimentos totalmente se ela evitar o contato visual ou der sinais de tédio, bocejando ou se catando. Em contraste, nos chimpanzés o macho determina a posição, e o contato visual só ocorre quando a fêmea olha para trás por cima do ombro.[16]

A melhor indicação que se tem do prazer é que a masturbação é comum entre as fêmeas bonobos. Elas se deitam de costas e movem ritmadamente um dedo da mão ou do pé pela vulva enquanto olham ao longe. É uma atividade sem pressa, que dura mais tempo do que a cópula normal, e não faria sentido se ela não estivesse tirando algum proveito.

EM DIAS ENSOLARADOS, meus chimpanzés adoram me ver. Ou melhor, ver os meus óculos escuros. Vêm correndo fazer caretas enquanto olham para seus reflexos. Com gestos, me pedem que tire do rosto aqueles espelhinhos e os segure mais perto deles. Os grandes primatas estão entre as poucas espécies que se reconhecem no espelho. Eles abrem a boca para olhar lá dentro, cutucam os dentes com um dedo. As fêmeas viram-se para ver seus traseiros, principalmente quando estão intumescidos. Essa é uma parte importantíssima de sua anatomia que elas normalmente não veem. Os machos nunca se viram de costas. Não se interessam pelo próprio traseiro.

Uma fêmea bonobo ou chimpanzé no cio dá a impressão de saber exatamente que bandeira ela carrega. Anda triunfante de costas arqueadas para exibir seus genitais no alto. Curva-se com uma frequência meio exagerada para pegar coisas do chão. É isso que vemos entre animais que têm consciência de si mesmos: eles sabem como são vistos pelos outros. Inversamente, uma fêmea tenta esconder suas vantagens na presença de machos que ela não quer seduzir. Por exemplo, chimpanzés fêmeas na natureza evitam acasalar-se com machos idosos quando cresceram junto deles. Elas se afastam aos gritos desses pais em potencial, mas aceitam sem problemas a corte de machos mais jovens.[17]

Em nossa colônia de chimpanzés, a jovem Missy adquiriu aversão a Socko. Toda vez que seus genitais ficam intumescidos, ela faz a sua "dança do caranguejo": anda curvada, às vezes de lado, fazendo o inchaço genital quase desaparecer entre as pernas, algo difícil de conseguir. De início, pensamos que ela devia estar doente ou talvez tivesse fraturado uma perna. Mas logo descobrimos que ela só andava desse jeito esquisito na presença de duas condições: quando estava com inchaço genital e quando Socko estava por perto. Socko era o macho alfa do grupo e tinha idade para ser pai dela. Aventamos que Missy queria evitar as atenções de Socko, de quem ela se afastava frequentemente. Se essa tática falhasse, a mãe dela, May, vinha em socorro. Quando a cópula estava

Sinais sexuais

prestes a acontecer, May chegava correndo com gritos aflitos e separava os dois com as mãos. May não se importava de copular com Socko, mas ele com a filha era outra história. May apoiava a repulsa de Missy.

Cada fêmea tem inchaço genital com forma, cor e tamanho distintos. Aprendemos a importância disso quando estávamos estudando o reconhecimento de indivíduos. Em vez de nos concentrarmos em rostos, como haviam feito tantos estudiosos anteriores, decidimos incluir traseiros. Primeiro treinamos chimpanzés para escolherem imagens correspondentes de flores, aves etc. em uma tela sensível ao toque. Assim que eles adquiriram habilidade nessa tarefa, mostramos a eles uma imagem de ancas de chimpanzé seguida por dois retratos. Um dos retratos era do indivíduo correspondente às ancas da primeira imagem. Queríamos ver se eles eram capazes de fazer a correspondência também naquelas fotos.

Os chimpanzés não tiveram dificuldade para acertar a correspondência entre face e traseiro. É revelador o fato de que eles só conseguiam isso com chimpanzés que conheciam pessoalmente. Não acertaram quando as fotos eram de estranhos, e isso mostra que sua escolha não se baseava em alguma qualidade da própria imagem, como cor, tamanho ou cenário. A escolha refletia um conhecimento íntimo de seus companheiros primatas. Concluímos que grandes primatas não humanos têm uma imagem de corpo inteiro de indivíduos com quem têm familiaridade. Eles os conhecem tão bem que são capazes de associar, umas às outras, quaisquer partes do corpo do outro indivíduo. Nós também temos essa capacidade; por exemplo, podemos localizar amigos numa multidão mesmo quando os vemos virados de costas.[18]

Quando publicamos nossas conclusões com o título "Faces e traseiros", todos acharam graça ao saber que os grandes primatas não humanos eram capazes desse reconhecimento. Ganhamos um prêmio Ig Nobel — paródia do Nobel que homenageia estudos que "fazem as pessoas primeiro rir, depois pensar". Um estudo complementar da primatóloga holandesa Mariska Kret levou-nos de volta às afirmações de Morris sobre a face humana erotizada. Kret usou telas sensíveis ao toque para comparar o reconhecimento de faces e traseiros em humanos e chimpanzés. Estes últimos saíram-se melhor em reconhecer traseiros de indivíduos de sua espécie do que os humanos em reconhecer os da sua própria. Kret supõe que isso ocorra porque, no decorrer da evolução, nossos ancestrais foram atribuindo cada vez menos importância aos traseiros e transferiram o enfoque para a face.[19]

Os chamativos genitais dos grandes primatas não humanos são produto da seleção sexual. Esse tipo de seleção difere da seleção natural. Nesta última são favorecidas características que contribuem para a sobrevivência, como cores que camuflam e táticas de fuga, e não sinais berrantes que podem ser vistos a um quilômetro de distância. Se a sobrevivência fosse o objetivo, os desajeitados inchaços nas chimpanzés e fêmeas bonobos nunca teriam surgido. Eles dificultam as tarefas de escalar e se sentar. Só servem para chamar a atenção. Mas isso não deixa de ser importante quando a questão é encontrar parceiros para o acasalamento. É por isso que Charles Darwin supôs um segundo mecanismo de seleção.

A seleção sexual favorece características que em nada ajudam a sobrevivência, mas atraem possíveis parceiros. Bons exemplos são ornamentos e comportamentos extravagantes

Sinais sexuais 201

em machos, por exemplo a cauda do pavão, os ninhos decorados do pássaro-caramancheiro e a elaborada galhada do veado. Essas características estorvam seus possuidores e os tornam mais visíveis. A única razão de permanecerem no reservatório gênico é serem apreciadas pelas fêmeas. Mais do que isso, as fêmeas *fazem questão* delas. Um macho cuja cauda colorida não agrade ou que não consiga executar a canção ou a dança certa pode desistir de ganhar as atenções da fêmea. Entre os pássaros-caramancheiros, as fêmeas são como consumidoras que vão de loja em loja fazendo comparações; elas inspecionam muitos ninhos em sua área antes de escolher um macho com quem valha a pena se acasalar. Na natureza, a maior parte da beleza existe graças ao gosto das fêmeas.[20]

Enquanto na maioria dos animais o macho é esplêndido e a fêmea é pardacenta e camuflada, nosso pequeno trio de hominídeos — humanos, chimpanzés e bonobos — parece ter invertido as coisas. Transferimos o embelezamento do macho para a fêmea. É ela quem é ornamentada e avaliada por isso. Obviamente, a seleção sexual pode ocorrer para os dois sexos, mas para que seja invertida é preciso que os machos tenham preferências manifestas. De fato, os grandes primatas não humanos machos são obcecados por traseiros de fêmeas. Não é raro ver cinco ou mais deles seguirem de perto uma fêmea com inchaço genital. Este é um ímã poderosíssimo. Assim, não admira que, nos experimentos com telas sensíveis ao toque descritos acima, os maiores peritos em traseiros tenham sido os machos, não as fêmeas.

Os homens também são obcecados pela forma do corpo, nádegas, seios e rosto do sexo oposto. Essas características têm o poder de tirar o fôlego deles. É por isso que há muito mais estabelecimentos que oferecem aos homens a oportunidade de olhar para corpos femininos despidos do que o contrário. Inversamente, as mulheres são cônscias de seu corpo e comparam sua aparência com as de outras mulheres muito mais do que os homens entre si.[21] Na sociedade moderna, as mulheres gastam tanto tempo e dinheiro para se embelezar que existe toda uma indústria multibilionária de moda, cosméticos e cirurgia plástica para suprir suas necessidades — ou, como diriam alguns, para explorar suas inseguranças.

Embora as mulheres se distingam dos grandes primatas não humanos no aspecto de não exibirem sinais corporais de fertilidade, elas compensam isso com as roupas que usam. Universitárias americanas foram fotografadas em diferentes fases de seu ciclo menstrual, determinadas com base em informações dadas por elas próprias e em exames de urina. Em seguida, pediu-se a juízes de ambos os gêneros que escolhessem as fotos nas quais essas jovens pareciam "tentar ser mais atraentes". Constatou-se que os esforços para aumentar a atratividade mudavam de acordo com o ciclo. Mais ou menos na época do pico da ovulação, as mulheres fotografadas usaram roupas mais elegantes, na moda, e mostraram mais áreas de pele. Um estudo austríaco encontrou tendência similar. Os pesquisadores concluíram que a fertilidade impele a mulher a realçar inconscientemente sua aparência e ornamentação.[22]

Isso traz uma questão: será que as fêmeas dos grandes primatas não humanos também se embelezam? Não sei de nenhum estudo sistemático, mas até uma olhada superficial na bibliografia especializada revela que o autoembelezamento é bastante comum. Eu mesmo já vi chimpanzés pegarem objetos não habituais, como penas coloridas e até um camun-

Sinais sexuais 203

dongo morto, colocá-los na cabeça e desfilarem assim decorados pelo resto do dia. Eles também costumam enrolar cipós e ramos no corpo ou levá-los nas costas. A maioria desses chimpanzés são fêmeas. O psicólogo alemão Wolfgang Köhler, pioneiro da cognição animal, relatou que seus chimpanzés assumiam um "ar travesso de presunção ou audácia" depois de se vestirem com ramos, cordas ou correntes.[23] Robert Yerkes também contou que chimpanzés fêmeas adolescentes esmagavam frutas coloridas, como laranja ou manga, e se adornavam colocando-as nos ombros. Este era um sinal não apenas visual, mas também odorífico.[24]

Em um santuário de chimpanzés em Zâmbia, esse tipo de comportamento ensejou o surgimento de uma moda para todo o grupo. Uma fêmea ajeitou uma folha seca de relva na orelha para que pendesse como uma joia, e assim enfeitada foi desfilar e fazer catação nos outros. Com o tempo, outros chimpanzés a imitaram, adotando o mesmo "look" da folha na orelha. Das centenas de casos registrados, 90% eram de fêmeas.[25]

É impressionante o nível de autopercepção nas atividades de paramentação. Em um laboratório com chimpanzés treinados em linguagem de sinais, duas fêmeas jovens puseram óculos e passaram batom enquanto se olhavam no espelho, sem dúvida inspiradas em humanos.[26] Os cientistas alemães Jürgen Lethmate e Gerti Dücker descreveram a reação de Suma, uma fêmea de orangotango do Zoológico de Osnabrück, ao ver um espelho posto em sua jaula:

Ela pegou folhas de alface e couve, sacudiu cada folha e as empilhou. Por fim, pôs uma folha na cabeça e andou direto até o espelho. Sentou-se diante dele, contemplou seu arranjo de cabeça na imagem refletida, ajeitou-o com a mão, esmagou-o com o punho fechado e então pôs a folha na testa e começou a balançar-se para cima e para baixo. Mais tarde, Suma chegou perto das barras com uma folha de alface na mão, para colocá-la na cabeça assim que pudesse olhar no espelho.[27]

Grandes primatas não humanos criados em famílias humanas (prática que felizmente deixou de existir) carregam cobertores, mesmo em dias muito quentes, e se enfeitam com chapéus, caçarolas, sacos de papel e outros utensílios de cozinha.[28] Percebo que os exemplos citados talvez reflitam influência humana, mas também temos algumas observações de campo. Às vezes os ornamentos não são nada bonitos: uma cobra morta, o intestino de um antílope selvagem recém-abatido. Este último foi visto enfeitando como colar o pescoço de uma fêmea bonobo selvagem. Nessa mesma linha, uma jovem chimpanzé nas montanhas Mahale, na Tanzânia, deu um nó em uma tira de pele de macaco, enrolou-a no pescoço e saiu andando com ela.[29]

Os machos, por sua vez, também não deixam de realçar sua presença, porém fazem isso por uma razão diferente. Em um local de estudo de campo, por exemplo, um chimpanzé macho roubou latas de querosene vazias do acampamento e saiu batendo uma na outra para fazer um barulhão. Com isso, apavorou todo mundo e conseguiu elevar seu status. Grandes primatas não humanos, na natureza, podem empunhar um pedaço de pau ou um grande galho durante simulações de agressividade. Nos zoológicos, é comum baterem em baldes vazios ou chutá-los. Sua seleção de acessórios tem como objetivo não a atratividade sexual, e sim o status e a intimidação.

Sinais sexuais 205

A consciência da própria aparência e o interesse por embelezar-se parecem ser uma característica mais acentuadamente ligada às fêmeas.

CHIMPANZÉS FÊMEAS JOVENS passeiam com os bebês das outras e brincam com colegas da mesma idade, mas a maioria dos adultos não presta muita atenção nelas. Tudo isso muda aos nove ou dez anos de idade, assim que aparece o primeiro inchaço genital, ainda pequeno. Os olhos dos machos começam a segui-las. O balão rosado em seu traseiro aumenta de tamanho a cada ciclo consecutivo. Ao mesmo tempo, elas se tornam sexualmente ativas. De início encontram dificuldade para seduzir machos adultos e só têm êxito com os adolescentes. Sua curiosidade sexual insaciável exaure qualquer jovem macho que demonstre interesse. Não é raro ver uma fêmea jovem bolinar o pênis de um macho assim que ele começa a amolecer depois de um dia de demandas incansáveis.

Quanto mais aumenta o inchaço de uma fêmea jovem, mais ela começa a fascinar os machos crescidos. Ela aprende logo que isso lhe traz vantagens no mundo. Nos anos 1930, Yerkes fez experimentos sobre o que ele chamou de relações "conjugais" em chimpanzés (um termo impróprio, pois essa espécie não apresenta vínculos estáveis entre os sexos). Depois de pôr um amendoim entre um macho e uma fêmea, Yerkes notou que fêmeas com inchaço desfrutaram de privilégios que outras desprovidas desse instrumento de troca não tiveram. Uma chimpanzé com inchaço genital não teve dificuldade para ficar com o prêmio. Porém, quando ela não estava na fase de inchaço, o macho controlou o fornecimento de amendoim. Yerkes concluiu que sinais de fertilidade permitem às fêmeas anular a dominância dos machos.[30]

A publicação desse estudo ensejou um contraponto divertido, escrito pela poeta americana Ruth Herschberger. Ela fez uma entrevista imaginária com Josie, a principal chimpanzé estudada nas pesquisas de Yerkes. Josie discordou de que o colossal macho que fora escolhido como seu par no estudo era "naturalmente dominante". No decorrer de muitos testes, ela havia ficado com tantos amendoins quanto ele. Josie supôs que seu sucesso não se deveu a manobras femininas, resultando simplesmente do fato de ela ser mais corajosa e mais assertiva quando estava mais fértil. Ofendeu-se particularmente com o termo "prostituição", que Yerkes usou em uma de suas descrições: "É esse ângulo da prostituição que mais me enfurece!".[31]

Mas o resultado do experimento de Yerkes não foi nenhuma aberração. Mudanças de status associadas ao ciclo feminino também ocorrem na natureza. Goodall, referindo-se a chimpanzés selvagens, observou que "o estado de inchaço sem dúvida alguma está associado a uma variedade de privilégios para a fêmea em questão". Ela mencionou vários exemplos, como o da idosa Flo, que normalmente não competia pelas bananas fornecidas no acampamento, mas quando estava com inchaço genital abria caminho em meio aos machos grandalhões para pegar sua parte.[32]

Sempre que chimpanzés capturam uma presa, os machos caçadores dividem a carne preferencialmente com fêmeas que estejam com inchaço. Quando há fêmeas nessas condições por perto, os machos se empenham mais na caçada, tendo em vista as oportunidades sexuais. Um macho de status inferior que captura um macaco torna-se um ímã para o sexo oposto,

Sinais sexuais 207

e isso dá a ele a chance de acasalar-se em troca de carne, até que seja descoberto por alguém de status superior ao seu. Em Bossou, na Guiné, machos têm poucas oportunidades de caçar, mas fazem incursões nas plantações de papaia das imediações. Essas aventuras perigosas permitem que eles compartilhem frutas deliciosas com fêmeas férteis.[33] Trocas similares ocorrem entre bonobos, porém principalmente com fêmeas imaturas. Numa ocasião, fotografei uma fêmea adolescente sorrindo com gritinhos esganiçados durante uma cópula frontal enquanto seu parceiro segurava uma laranja em cada mão. A fêmea se apresentara a ele logo que vira as laranjas. Partiu levando uma das frutas. A autoconfiança de uma fêmea bonobo jovem varia conforme o tamanho de seu inchaço genital porque ela ainda não domina nenhum macho adulto. Isso pode ser vestígio de um passado no qual as fêmeas bonobos ainda usavam o sexo em troca de favores, como fazem as fêmeas chimpanzés. Depois de subverterem o domínio dos machos, essa tática deve ter perdido a eficácia. A maioria das fêmeas bonobos adultas não pede favores aos machos — elas simplesmente pegam o que querem.

A atratividade sexual crescente nas fêmeas jovens de grandes primatas não humanos tem um paralelo em nossa espécie quando os seios de uma adolescente começam a despontar. Ela também se torna um ímã para a atenção dos machos e aprende o poder do decote. Passa por comoções e inseguranças emocionais similares às de uma grande primata não humana adolescente. Seu corpo em mudança gera uma complexa interação de poder, sexo e rivalidade. Por um lado, a aparência pode lhe dar o tipo de influência junto aos machos que até então ela nunca tivera. Por outro, atrai atenção indesejada e riscos. Como a chimpanzé Missy, ela pode querer ocultar seu corpo dos olhares lascivos de certos machos. Uma complicação adicional é a crescente inveja de outras meninas e mulheres. Tudo isso decorre do desabrochar de sinais inconfundíveis no corpo feminino. A principal diferença entre humanos e grandes primatas não humanos nesse contexto é que, em nós, a maioria dos sinais permanece oculta, pois não exibimos publicamente nossos genitais.

Isso não é inteiramente verdade. O *manspreading* pode ser uma exibição genital inconsciente sem mostrar de fato a mercadoria, mas também há casos de verdadeira exposição de genitais masculinos. Aprendemos com o movimento #MeToo que, sem que tenham sido solicitados a isso, os homens frequentemente enviam fotos de seu membro ou o expõem na presença de mulheres desavisadas. Como em outros primatas, esse tipo de exibicionismo é ao mesmo tempo uma proposta e uma forma de coação e intimidação. Mulheres também às vezes mostram seios ou genitais em público, ou pelo menos os insinuam. Porém, na maioria dos casos, a nossa principal área de sinalização passou a ser o rosto.

A face humana contém abundantes sinais de gênero, e é por isso que somos capazes de classificar um rosto segundo o gênero com tanta rapidez e precisão. Reconhecemos os homens pelos maxilares mais robustos, que produzem um formato de rosto quadrado em comparação com a face mais ovalada das mulheres. Além disso, os olhos das mulheres são relativamente maiores e têm pupilas também mais graúdas. Cílios longos acentuam ainda mais os olhos femininos. Os traços faciais femininos (olhos, lábios) contrastam mais com a pele circundante, que é mais fina e macia que a dos homens.[34]

O rosto humano é uma placa sinalizadora do gênero. Mesmo depois de removidos marcadores culturais como o penteado e a maquiagem, reconhecemos instantaneamente o gênero facial. Ele se expressa na forma geral do rosto (quadrado versus oval) e no tamanho relativo de olhos e lábios.

Como se as diferenças naturais não bastassem, nós as acentuamos de maneiras que transformam nossos rostos em eloquentes sinalizadores. Homens deixam crescer a barba ou raspam todo o cabelo, ou às vezes as duas coisas. Alguns adotam o look da barba por fazer, visto como viril e rústico. Em contraste, mulheres usam cabelo comprido e removem meticulosamente os pelos faciais. Muitas dessas tendências são ditames culturais, e minha descrição baseia-se no Ocidente, onde até a mais tênue penugem acima do lábio da mulher precisa desaparecer. Mulheres também depilam e moldam as sobrancelhas para diferenciá-las do sobrecenho hirsuto dos homens. Os olhos podem ser realçados com cílios postiços e rímel, imitando os olhinhos de corça dos bebês. O hábito feminino de colorir os lábios de vermelho para fazê-los parecer mais carnudos é milenar. Provavelmente remonta aos antigos egípcios, que usavam ocra vermelha, carmim, cera ou gordura. Durante a Segunda Guerra Mundial, quando o batom encareceu demais, as mulheres passaram a pintar os lábios com suco de beterraba.

Graças a todas essas modificações culturais na aparência facial, o gênero de um indivíduo normalmente se anuncia de longe. Tudo isso é parte de uma história evolutiva na qual uma postura ereta demandou que os sinais sexuais fossem realocados no corpo. Eles se transferiram da parte traseira para a frontal, e da inferior para a superior, onde podiam receber a atenção merecida.

7. O jogo do acasalamento

O mito da fêmea recatada

TODA VEZ QUE ouço falar em autoestima, logo me vem à cabeça a imagem do velho Mr. Spickles, o autoconfiante líder de uma numerosa colônia de resos. Trabalhei por uma década com primatas do gênero *Macaca* no Zoológico Henry Vilas, em Madison, Wisconsin. Spickles era o tipo do sujeito realizado, e seu nome aludia às sardas vermelhas que cobriam sua face. Ele andava pelo recinto rochoso a céu aberto com uma postura altiva, rodeado por fêmeas ávidas por catá-lo. Reclinado com as pernas bem abertas, Spickles exibia seu escroto escarlate e fechava os olhos enquanto elas diligentemente removiam os piolhos de sua pelagem. Parecia ter o dobro do tamanho de qualquer fêmea, porém a maior parte de seu volume era pelo. Sempre andava com a cauda orgulhosamente ereta, algo que nenhum outro macho se atrevia a fazer, pelo menos não na presença dele. Mas às fêmeas essa posição bem que agradava. Orange, a fêmea alfa do bando, apoiava-o ferozmente. Uma sociedade de primatas *Macaca* é essencialmente uma rede familiar feminina liderada pela linhagem matrilinear dominante.

A razão de eu falar em "realizado" é que, cerca de um século atrás, nesse mesmo pequeno zoológico, esses macacos foram estudados por Abraham Maslow, o psicólogo que nos legou a descrição da hierarquia das necessidades. Só quando um indivíduo tem todas as necessidades básicas atendidas (segurança, entrosamento, prestígio) ele é capaz de realizar plenamente seu potencial, Maslow afirmou. Poucos sabem que esse tema onipresente em seminários de negócios inspirou-se nas observações de Maslow sobre o ar atrevido e autoconfiante do macaco no topo da hierarquia e a "covardia furtiva", nas palavras dele, de indivíduos próximos à base da escala social. Voltando sua atenção para nós, Maslow traduziu a autoconfiança dos macacos em autoestima humana. Essa fusão de autoavaliação com egocentrismo encontrou na cultura americana uma receptividade que perdura até hoje.[1]

O paradoxo de que um indivíduo possa ser dominante mas dependente de outros provavelmente nunca passou pela cabeça de Maslow. Como a maioria dos psicólogos, ele raciocinava com base em características individuais e tipos de personalidade. Acontece que a dominância é um fenômeno *social*: reside nas relações, não no indivíduo. Não é possível liderar quem se recusa a seguir. Portanto, em vez de achar que Spikles impunha sua dominância aos demais, é melhor pensar nele como o dominante aceito. Ele ganhou o respeito e o apoio de todos, inclusive de Orange. E o fascinante é que, mesmo enquanto Orange o mantinha no topo, os interesses sexuais dela estavam em outra parte. Durante a temporada de acasalamento, ela era atraída por machos mais jovens.

Os resos, nativos de regiões temperadas do Sudeste Asiático, acasalam-se no outono, e as crias nascem na primavera. Quando as fêmeas entram na fase fértil, a vida do bando muda drasticamente. Elas procuram machos para se acasalar, e a competição entre os machos se intensifica. Frequente-

O jogo do acasalamento

mente machos interrompem a cópula de indivíduos inferiores a eles na hierarquia. Durante toda a temporada de acasalamento, um certo triângulo fascinava-me: Spickles, Orange e Dandy. Os dois primeiros eram personagens bem estabelecidos. Orange, assim chamada pelo vivo tom alaranjado de seu pelo, era o indivíduo mais observado do bando. Sempre que ela se aproximava, as outras fêmeas reagiam afastando os dentes dos lábios e abrindo um sorriso de orelha a orelha. Nos *Macaca*, esse sorriso largo e forçado serve para aplacar indivíduos de status superior. Os sorrisos transmitem uma mensagem inequívoca de submissão, eliminando para a primata dominante a necessidade de impor sua posição. Orange recebia muito mais sorrisos do que Spickles, mas como ocasionalmente ela sorria para ele (e ele nunca sorria para ela), Spickles era formalmente classificado como superior a ela.[2]

Dandy era um macho bonito e vigoroso com menos da metade da idade de Spickles. Podia correr pelo vasto recinto a céu aberto e escalar de cabeça para baixo o teto de tela de arame a uma velocidade que ninguém conseguia acompanhar. Muito menos o macho alfa Spickles, já enrijecido, vagaroso e com pouco fôlego. Spickles tinha dificuldade de lidar com Dandy, e este às vezes o provocava saltando bem diante dele, sem recuar quando Spickles o ameaçava. Toda vez que ocorria uma cena dessas, Orange andava calmamente até eles e se postava ao lado de Spickles. Ela não precisava fazer mais do que isso, pois Dandy sabia que jamais seria capaz de vencer esse confronto. Todas as fêmeas apoiariam Orange. Contrariar a fêmea alfa não é uma opção na rigorosa hierarquia dos resos.

Entretanto, na temporada de acasalamento, Orange procurava Dandy especificamente para copular. Spickles tentava impedir, perseguia o macho mais jovem (sem jamais alcançá-lo), mas Orange simplesmente voltava a procurar Dandy. Os dois se aconchegavam durante dias, e às vezes Orange estimulava Dandy para ativá-lo. Apresentava-lhe o traseiro para que ele a montasse. Quanto mais tempo durava essa parceria, mais Spickles se resignava. Às vezes ele saía de cena voluntariamente e ia para o recinto fechado por algum tempo, deixando os dois namorados copularem em paz. Meus diários desse período mostram que, como jovem cientista, eu estava perplexo. Por que Spickles se retirava? Minhas especulações variavam desde uma tentativa de "manter as aparências" até a incapacidade de suportar a visão do acasalamento dos dois. Talvez ele tentasse administrar o estresse. No fim da temporada, Spickles tinha perdido 20% do peso corporal.

Costumamos imaginar que a vida social dos macacos é simples em comparação com a dos grandes primatas não humanos, mas aprendi a nunca subestimar o refinamento dos macacos. Nesse triângulo amoroso específico, Orange equilibrava cuidadosamente duas preferências: uma ligada à liderança política, a outra ao desejo sexual. Jamais as confundia. Por duas vezes vi Dandy aproveitar-se da proximidade com Orange para desafiar Spickles. Nas duas ocasiões, Orange corrigiu imediatamente seu jovem amante. De quebra, atacou também a mãe de Dandy, como se quisesse deixar claro que toda a família dele devia se pôr no devido lugar.

EMBORA MINHA EQUIPE visse Spickles copular com frequência muito maior do que qualquer outro macho, sua prole não foi numerosa. Sabemos disso porque, por oito anos, esse bando fez

O *jogo do acasalamento*

parte de um dos primeiros estudos sobre paternidade em primatologia. Tradicionalmente, os primatólogos supunham que os machos alfas eram os mais bem-sucedidos em propagar seus genes. Contudo, para defender essa hipótese, tomávamos por base apenas a atividade sexual observada. Quanto mais víamos um macho copular, mais filhos ele tinha, pensávamos. Essa pressuposição revelou-se equivocada. Enquanto os machos alfa não se constrangiam em montar as fêmeas à vista de todos, outros machos frequentemente agiam longe de olhares e à noite.

Na época ainda não dispúnhamos da tecnologia do DNA, mas cientistas do nosso centro de primatas compararam os grupos sanguíneos de recém-nascidos com os de pais em potencial. Encontramos uma correlação aproximada entre a posição do macho na hierarquia e o número de filhos que ele teve. Os machos alfa saíram-se melhor do que a média, porém não foram nem de longe tão bem-sucedidos quanto prevíramos. Machos emergentes — como Dandy — às vezes tiveram mais descendentes.[3]

A posição hierárquica dos machos é apenas um dos fatores no jogo do acasalamento. O outro é a preferência das fêmeas. Por muito tempo esse fator foi desconsiderado, em parte porque a escolha das fêmeas é mais difícil de observar do que a sanha dos machos. Poucas fêmeas podem agir com a mesma impunidade desfrutada por Orange, pois correm o risco de suas preferências sexuais não corresponderem à hierarquia masculina. Encontros amorosos com machos inferiores exigem táticas evasivas. "Cópulas furtivas", como são conhecidas, ocorrem atrás de arbustos ou enquanto o chefe dorme. Grupos primatas fervilham de atividade sexual ilícita. Observei esse cenário muitas vezes em chimpanzés.

A poucos metros de um macho, uma fêmea deita-se despreocupadamente na grama, com seu inchaço genital apontado para ele. Como quem não quer nada, ela olha por cima do ombro enquanto ele verifica, nervoso, se há machos dominantes por perto. Estar próximo de uma fêmea nesse estado já é um risco. O macho escolhido levanta-se lentamente e se afasta sem pressa numa direção específica, faz algumas paradas para olhar furtivamente em volta. Alguns minutos depois, a fêmea sai andando em outra direção. Ela sabe muito bem aonde o macho foi; faz um desvio e vai ao encontro dele. Os dois copulam depressa em um lugar escondido, depois cada um segue seu caminho. Com exceção de alguns jovens curiosos de sua espécie e do observador humano, ninguém fica sabendo. O logro é todo cooperativo, inclusive com supressão de sons. Normalmente as fêmeas chimpanzés emitem uma vocalização típica no clímax da relação sexual, porém nunca durante um encontro secreto.[4]

A segunda razão de termos subestimado o papel da escolha das fêmeas é cultural. Tanto na ciência biológica quanto na sociedade como um todo, o sexo feminino, fosse em animais ou em humanos, era descrito como passivo e recatado por natureza. Mais do que isso: *esperava-se* que as fêmeas fossem passivas e recatadas. As exceções eram minimizadas ou desconsideradas. Quem conseguia e quem não conseguia se acasalar dependia, pensava-se, da decisão de um macho. As fêmeas podiam se fazer de difíceis, o que lhes permitiria selecionar o melhor macho dentre vários pretendentes, mas a iniciativa sexual feminina não fazia parte das teorias biológicas na época.

O jogo do acasalamento 217

É lamentável termos pensado desse modo por tanto tempo, pois Darwin já havia proposto uma concepção mais abrangente. Ela foi desconsiderada e suprimida por mais de um século. Darwin podia compartilhar das toscas opiniões de sua época e lugar, sobretudo no que diz respeito às capacidades intelectuais femininas, mas esteve muito à frente quando a questão era valorizar o papel da evolução. Ele foi o primeiro biólogo a enfatizar a iniciativa feminina. Enquanto todos os demais viam as fêmeas como meros recipientes da reprodução masculina, Darwin desenvolveu a teoria da seleção sexual, segundo a qual devemos as cores vistosas e os cantos melodiosos da natureza às preferências das fêmeas quanto ao comportamento, ornamentação e armas dos machos. Ao se acasalarem com os machos mais bem-dotados, as fêmeas direcionam a evolução. Os contemporâneos de Darwin ridicularizaram essa ideia, que atribuía às fêmeas um papel crucial. O botânico inglês St. George Mivart asseverou que "é tamanha a instabilidade de um perverso capricho feminino que nenhuma constância de coloração poderia ser produzida por sua ação seletiva". Considerando que naquele tempo *perverso* tinha a conotação de depravado, Mivart essencialmente acusou Darwin de apresentar uma ideia imoral.[5]

Além de sua falta de confiança nas fêmeas, os críticos achavam que os "brutos" (animais) não tinham liberdade de escolha. Era claramente absurdo pensar que fêmeas de aves ou de qualquer outra espécie animal podiam decidir alguma coisa. Essa ideia vinha amplificada pela opinião negativa vigente no século anterior sobre a inteligência animal em geral. Os animais eram descritos como máquinas movidas pelo instinto e pelo aprendizado simples. Laboratórios povoados por ratos acionadores de alavancas e pombos que bicavam quando estimulados provavam o quanto eles eram estúpidos. Era ridículo supor que fizessem escolhas refinadas sobre qualquer outra coisa, salvo, talvez, sobre o que comer.

Os antropólogos também não ajudavam. Para eles, as mulheres eram meros peões em jogos de homens. A teoria dominante determinava que as filhas e irmãs eram propriedade dos homens. Elas eram trocadas como "presentes supremos" para forjar alianças entre grupos patriarcais. Ainda vivemos com um resíduo simbólico dessa atitude durante as cerimônias de casamento em que a noiva é "entregue" pelo pai ao futuro marido.[6]

A ideia de que o jogo do acasalamento é jogado entre machos e de que as fêmeas são objetos passivos permanece imensamente popular apesar da ausência de evidências. As primeiras brechas científicas nessa suposição foram abertas por trabalhos com os mesmos animais que inspiraram Darwin: aves. Nos anos 1970, cientistas queriam controlar uma população de tordos-sargento. Vasectomizaram alguns dos machos e predisseram que encontrariam grupos de ovos estéreis. Porém, quando incubaram ovos dos ninhos desses machos, descobriram, espantados, que muitos deles continham embriões.[7] Quem poderia ter fecundado aqueles ovos? Machos não vasectomizados teriam coagido as pobres fêmeas?

A crença na passividade feminina era tão arraigada na época que os pesquisadores supunham que o sexo com indivíduos não integrantes do par só poderia ser involuntário. No entanto, cientistas ornitólogos foram descobrindo ao longo de seus estudos ninhadas que tinham mais de um macho como pai. Além disso, a ideia de que as fêmeas eram vitimizadas por

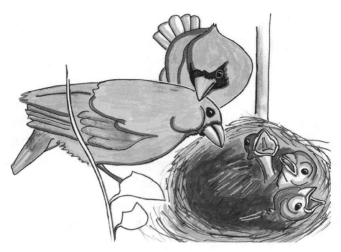

Aves canoras como esses cardeais costumam ser mencionadas como modelos de monogamia. Mas testes de DNA revelaram que muitas ninhadas têm mais de um pai. As fêmeas são tão propensas a aventuras sexuais quanto os machos.

invasores caiu por terra. Um rastreamento por rádio das aves revelou a verdade. A ornitóloga canadense Bridget Stutchbury, trabalhando com as mariquitas-de-capuz (*Setophaga citrina*), viu fêmeas assediarem forasteiros com grande empenho. Elas se afastavam do ninho cantando alto, como se dissessem a parceiros em potencial: *"Ei, estou aqui!"*.[8]

O impacto dessas observações foi ainda maior porque tradicionalmente a monogamia das aves era vista como uma inspiração para a humanidade. Um século atrás, um reverendo inglês citou o vínculo de casal em ferreirinhas-comuns (*Prunella modularis*) como o exemplo perfeito. Seria muito bom que todos nós agíssemos mais como essas queridas avezinhas, disse ele ao seu rebanho. No entanto, apesar de ser um naturalista amador, o reverendo não tinha uma noção realista. Desconhecia o que viríamos a aprender depois com o grande perito mundial nessa espécie, Nick Davies, da Universidade de Cambridge. Ele documentou numerosos ménages à trois e puladas de cerca dessas aves e deixou claro que os machos não eram os únicos protagonistas. As fêmeas têm uma participação ativa na picante vida sexual de sua espécie. Davies conjecturou que, se as pessoas seguissem o conselho do reverendo inglês, "seria o caos na paróquia".[9]

A libido das fêmeas de aves é tão subestimada que seu reconhecimento pode render muito dinheiro. Na corrida de pombos, esporte muito apreciado na Europa e na China, a competição se faz por longas distâncias, por exemplo de Barcelona a Londres ou de Shanghai a Beijing. O primeiro pombo a chegar ao destino recebe um prêmio polpudo. O assunto do desejo sexual das fêmeas veio à tona em uma entrevista com o belga proprietário de New Kim, pombo campeão por quem um bilionário chinês pagou quase 2 milhões de dólares. Todo orgulhoso, esse aficcionado explicou que os treinadores costumam aplicar a técnica da "viuvez" aos machos dessas aves. Alguns dias antes de uma corrida, eles separam o macho da companheira para intensificar sua vontade de voltar para casa. New Kim era fêmea, mas seu dono descobriu que a técnica também funcionava com ela. Por vários dias, ele a impedia de se acasalar com o parceiro, mas permitia que o visse. Esse era o único modo de fazê-la voar mais depressa que os demais, contou. Ela ficava ansiosa para voltar para casa e "festejar" com seu companheiro.[10]

O reconhecimento da existência do desejo sexual em fêmeas de aves preparou o terreno para o *feminismo darwinista*,

O jogo do acasalamento

termo cunhado pela bióloga americana Patricia Gowaty em 1997. Esse rótulo pode parecer um oximoro, pois muitas feministas consideram os humanos muito distantes desses fatos da vida. Para elas, a ciência da evolução e sua ênfase na genética não ajudam muito a sua causa. Já para os cientistas biólogos, incluindo as feministas entre nós, o feminismo não pode escapar de uma ligação com a biologia. Afinal, não haveria necessidade do feminismo se não tivéssemos dois sexos. E por que temos dois sexos? Porque a reprodução sexuada funciona melhor do que sua alternativa, a clonagem. Se fôssemos uma espécie que se reproduz por clonagem, todos teríamos a mesma aparência e nos reproduziríamos do mesmo modo, mas pagaríamos um preço enorme.

Por boas razões, a reprodução sexuada evoluiu há mais de 1 bilhão de anos tanto em plantas como em animais. Ela é tão generalizada que a maior parte do que sabemos sobre o tema não se relaciona à nossa espécie. As leis da hereditariedade, por exemplo, foram descobertas por um monge silesiano enquanto cultivava ervilhas. Ter dois genitores contribuindo para a reprodução embaralha as cartas gênicas a cada nova geração, o que permite aos descendentes portar novas combinações genéticas e estar prontos para enfrentar mudanças no ambiente e novas doenças. Isso nos torna geneticamente flexíveis.

Sem a reprodução sexuada seríamos iguais, mas improlíficos.

O FEMINISMO DARWINISTA BUSCA uma interpretação mais inclusiva para o modo como a interação entre os sexos impulsiona a evolução. Mas nem sempre se compreende por que o tema merece atenção. Nos anos 1990, Gowaty participou de um seminário para um programa de estudos sobre as mulheres em Kentucky, onde ela comparou as contribuições de machos e fêmeas para a reprodução. No fim da palestra, enfrentou um crítico feroz que insistia que os argumentos evolutivos não tinham cabimento, e que tudo o que Gowaty dissera podia ser explicado pelo medo que os homens têm da sexualidade feminina. Não era uma interpretação terrivelmente exagerada, considerando o desdém de Freud pelo clitóris, a demora em se reconhecer a sexualidade das fêmeas de aves e os esforços para apagar as "extenuantes" bonobos da história da evolução humana. A sociedade não vê com bons olhos a sexualidade feminina, e homens cientistas procuraram sistematicamente trancar a libido feminina num cofre e jogar fora a chave.[11]

No entanto, talvez tanto Gowaty como seu crítico tivessem razão. A maioria das pessoas pensa da perspectiva da psicologia tradicional, que difere da abordagem evolutiva. Para compreendermos a evolução, precisamos desconsiderar o que impele o comportamento aqui e agora. Em vez de levar em conta as motivações, ideologia, criação, experiência, cultura, hormônios, sentimentos etc. que influenciam nossa tomada de decisão, os biólogos evolutivos têm uma perspectiva de milhões de anos. Eles pensam no longo prazo e tentam espiar por trás do *véu da evolução* para analisar o contexto genético do comportamento. Como ele promove a sobrevivência e a reprodução? Aqui não são levadas em consideração as motivações dos agentes ou se eles conhecem ou não esses benefícios de longo prazo.[12]

O jogo do acasalamento

Um exemplo pertinente é o sexo. Fazemos sexo por duas razões, e só uma delas nos impele no momento. A primeira é a atração e o desejo sexual. O contato físico intenso nos intumesce e lubrifica, em preparação para as acrobacias que chamamos de relação sexual. Nosso objetivo é satisfazer nossos impulsos, sentir prazer, resolver tensões sexuais, expressar sentimentos amorosos etc. Esses são os motivos lascivos que todos conhecemos e entendemos.

A nossa segunda razão para fazer sexo está atrás do véu. Ela é a razão de o sexo existir e de termos em comum com tantas outras espécies a curiosa mecânica de penetração e vaivém pélvico. A relação sexual é o modo como arranjamos o encontro de espermatozoide com óvulo para produzir um zigoto. Esse encontro não faz parte da nossa motivação. Com exceção daqueles momentos em que tentamos deliberadamente conceber, a reprodução pode estar totalmente ausente do nosso pensamento durante uma relação sexual. Foi por isso que alguém precisou inventar a pílula do dia seguinte.

Para os animais, o véu da evolução é mais do que denso — ele é opaco. Não temos evidências de que alguma espécie além da nossa saiba que a relação sexual leva à prole. Embora não seja possível excluir de todo a possibilidade, o intervalo entre as duas coisas provavelmente é longo demais para que outra espécie as associe. Isso significa que não é a reprodução que leva ao sexo. Embora chamemos a atividade sexual dos animais de "reprodução", esta é apenas a maneira como *nós a vemos*, não é a perspectiva dos próprios animais. Para eles, sexo é apenas sexo. As mães obviamente conhecem sua prole, pois dão à luz e amamentam suas crias, mas isso não se baseia em nenhum conhecimento sobre fecundação. Os pais sabem menos ainda.

Considerando essa compreensão limitada, documentários sobre a natureza não deveriam dar a entender que os animais sabem. Mostra-se um vídeo de duas zebras machos agredindo-se com coices e mordidas enquanto o narrador entoa com autoridade: "Esses machos entraram em combate para determinar quem fecundará as fêmeas". Acontece que zebras machos não sabem nada sobre espermatozoides, óvulos, genes ou como uma gravidez acontece. Eles lutam para decidir quem cobrirá uma fêmea. E só. A questão de quem será o pai da prole não lhes interessa. Só nós, biólogos, olhamos através do véu e pensamos com base em qual macho transmitirá seus genes.

Em algum ponto desconhecido do tempo, provavelmente há milhares de anos, nossos ancestrais começaram a perceber que a gravidez requer sexo. Mas o modo exato como se dá a ligação entre essas duas coisas permaneceu obscuro durante a maior parte da nossa história e pré-história.

Depois de muita hesitação e com grande sentimento de culpa, o cientista holandês Antonie van Leeuwenhoek examinou seu próprio sêmen ao microscópio. Descobriu milhares de "animálculos" contorcendo-se na lâmina. Isso foi em 1677, e mostra o quanto é recente o conhecimento que temos hoje. Darwin não sabia sobre os genes nem sobre como os genes dos dois genitores interagem. Ele supunha que óvulos e espermatozoides recebiam informações do corpo todo, e que estas eram então mescladas e passadas para a geração seguinte. A genética moderna só substituiu a pangênese e outras teorias desse tipo após o trabalho de Gregor Mendel, o monge da plantação de ervilhas, em 1900.[13]

Nossos parentes primatas, por sua vez, não são completamente ignorantes sobre todos os aspectos da reprodução.

O jogo do acasalamento

Duas zebras machos lutam ferozmente enquanto as fêmeas continuam a pastar. Esses combates visam ao acasalamento, e só indiretamente à reprodução. Zebras desconhecem a ligação entre sexo e reprodução.

Têm experiência em primeira mão com gravidez, parto e amamentação. Fêmeas mais velhas, em especial, provavelmente conhecem todas as fases pelas quais as fêmeas grávidas passam. Mas até indivíduos sem experiência direta talvez saibam mais do que pensamos. O primeiro indício que presenciei dessa possibilidade foi ao ver Vincent, um jovem macaco-prego macho, aproximar-se de sua melhor amiga, Bias, e deliberadamente encostar uma orelha no ventre dela. Ali ficou por uns dez segundos. Nos dias seguintes eu o vi fazer isso em várias ocasiões. Eu não sabia na época que Bias estava grávida (algo difícil de detectar nessa espécie de macaco), mas algumas semanas mais tarde lá estava ela com um minúsculo recém-nascido nos ombros. Não é provável que Vincent tenha reconhecido a gravidez pelo olfato (como nós, os macacos usam mais acentuadamente a visão), mas ele talvez tenha sentido o feto mover-se quando estava abraçado com a amiga. Acho que ele queria ouvir o coração do feto bater.

Notei um interesse similar em fêmeas grávidas de grandes primatas não humanos. Como ajudar no parto é uma prática entre esses grandes primatas, parece que eles têm uma noção do que está para acontecer quando uma delas engravida. Mas isso ainda não significa que entendem como a reprodução funciona. Quando falamos em explicações evolutivas para o comportamento primata, sempre é fundamental distinguir entre o que *eles* sabem e o que *nós* sabemos. E mesmo para a nossa espécie, que tem a noção de que as relações sexuais produzem bebês, a maioria das nossas origens comportamentais continua envolta no véu evolutivo.

Dizem que são Simão, o Estilita, um asceta do século V, viveu por 37 anos no alto de um pilar nas imediações de Aleppo, na Síria. Segundo seu biógrafo, um cético que duvidava dele quis pôr à prova sua castidade contratando uma prostituta. Durante uma noite inteira, Simão lutou contra a tentação. Toda vez que a mulher se aproximava, ele punha um dedo na chama de uma vela e o mantinha ali. A dor intensa o impedia de ceder ao desejo. Ele conseguiu resistir, mas na manhã seguinte não tinha mais dedos.[14]

Essa história apócrifa tem por fim elucidar o desejo sexual. O desejo sexual masculino costuma ser apresentado

O jogo do acasalamento

como um impulso tão poderoso que é quase incontrolável e facilmente desencadeado por imagens visuais diretas. Já o desejo feminino é considerado variável, contextual e cíclico.[15] Graças à libido infatigável, alguns homens geram um número enorme de filhos. Exemplos famosos de humanos com uma infinidade de descendentes vão desde o conquistador mongol Gengis Khan até o Mulei Ismail, "o Sanguinário", sultão do Marrocos. Existe até um livro de autoajuda intitulado *Genghis Khan Method for Male Potency* [Método Genghis Khan para potência masculina].

Talvez com outros animais também seja assim. Diego, uma tartaruga-gigante, salvou sozinho a sua espécie da extinção. Sendo um dos últimos representantes sobreviventes da sua espécie, ele foi transferido de um zoológico americano para um programa de reprodução nas ilhas Galápagos, no Equador. Os incansáveis esforços de Diego para se acasalar ajudaram a elevar de apenas quinze para 2 mil o número dessas tartarugas. Hoje centenário, Diego continua na ativa.

No Zoológico Burgers, antes de soltar os chimpanzés ao amanhecer eu costumava visitar seu alojamento noturno. Quando uma das fêmeas da colônia estava com inchaço genital, eu podia perceber isso nos olhos dos machos. Eles ficavam separados das fêmeas durante a noite, mas tinham plena noção das empolgantes perspectivas das próximas horas e se impacientavam para sair e acompanhá-la o dia todo. Não prestavam muita atenção ao que se passava à sua volta. Eu podia pôr uma banana diante deles e praticamente nem reparavam. Os chimpanzés machos podem passar dias sem comer quando estão nesse estado de obsessão por sexo. Para eles, o sexo tem prioridade sobre a alimentação. Já a fêmea, durante a cópula, pode até continuar a dar umas mordidinhas em seja lá o que for que estava comendo.

A energia sexual dos primatas machos é impressionante. O campeão mundial deve ser um macho da espécie *Macaca arctoides*, que completou 59 cópulas em seis horas, cada uma com uma ejaculação. Embora não com essa radicalidade, os chimpanzés machos também atingem pontuações elevadas. A primatóloga britânica Caroline Tutin observou mais de mil cópulas na natureza, na Tanzânia. Alguns machos ejacularam em média uma vez por hora, os mais jovens com frequência maior que os mais velhos. Em muitas espécies de primata, os machos masturbam-se mais do que as fêmeas e parecem prontos para uma relação sexual a qualquer momento.[16]

Costuma-se dizer, sobre a nossa espécie, que os homens pensam em sexo aproximadamente a cada sete segundos. É verdade que, especialmente quando jovens, os homens têm sexo em mente boa parte do tempo, mas esse número parece ridículo. Significaria pensar nisso 8 mil vezes por dia! A fonte provavelmente é um antigo estudo do Instituto Kinsey segundo o qual a maioria dos homens pensa em sexo todos os dias, mas a maioria das mulheres, não.

No entanto, nem todos estão convencidos de que homens e mulheres diferem tanto assim. Como estudos recentes indicam que o impulso sexual em mulheres talvez seja comparável ao dos homens, que evidências realmente temos de uma diferença?[17] Em 2001 três psicólogos americanos publicaram uma abrangente revisão acadêmica sobre esse assunto. O autor principal, Roy Baumeister, conta que, antes de reunir as evidências, ele e seus coautores discordavam. Kathleen Catanese aderia à "linha do partido" feminista, nas palavras de

O jogo do acasalamento 229

Baumeister, porque predizia que não havia diferença. Kathleen Vohs estava indecisa, e Baumeister desconfiava de que o impulso sexual dos machos era mais intenso. Os três vasculharam então centenas de relatórios acadêmicos em busca de dados sobre pensamentos e comportamentos sexuais de homens e mulheres. Seu pressuposto era de que um impulso mais intenso devia expressar-se em mais fantasias eróticas, mais aceitação de riscos em troca de sexo, maior busca de parceiros, maior sofrimento por ausência de sexo e maior frequência de masturbação. Muitos sexólogos consideram este último elemento a mais pura medida da libido, pois independe da disponibilidade de parceiro e do medo de gravidez ou doença.[18]

Em quase uma dúzia de parâmetros, sem exceção, a libido masculina revelou-se mais forte. Embora a desaprovação cultural à masturbação seja direcionada especialmente aos meninos e homens (ameaçando-os com nada menos do que cegueira e loucura!), homens masturbam-se mais do que mulheres. Além disso, os homens relatam que têm mais dificuldade para passar longos períodos sem fazer sexo. Isso se aplica até àqueles que — como são Simão — fizeram um voto sagrado de castidade. Padres católicos violam o celibato com maior frequência do que freiras. Como Baumeister resumiu alegremente em seu blog, "É oficial: homens têm mais tesão do que mulheres".[19]

Ainda assim, talvez seja preciso rever boa parte do que se diz sobre o desejo sexual feminino. A sociedade impõe padrões morais tão diferentes para os dois gêneros que os estudos humanos, inclusive aqueles analisados por Baumeister, não podem ser aceitos de olhos fechados. Nosso duplo padrão aplica rótulos negativos a mulheres que praticam sexo descompromissado — *cadela, vadia, puta, biscate*. São rótulos que expressam intensa desaprovação. Em comparação, para homens que fazem sexo com muitas mulheres, os rótulos — *mulherengo, garanhão* — costumam vir acompanhados de uma piscadela.

Para os pesquisadores que procuram contornar os preconceitos da sociedade, o maior obstáculo é o fato de as ciências sociais se apoiarem em questionários como base de estudo. Especialmente quando se trata de um tema sensível como o sexo, dados informados pelo próprio sujeito pesquisado dificilmente podem ser levados a sério. Como ninguém quer parecer pervertido ou idiota, certos tipos de comportamento são automaticamente omitidos nas respostas dos questionários. Outros tipos são informados em excesso. Às vezes os dados são claramente implausíveis. Consequentemente, é bem sabido que os homens têm mais parceiros sexuais do que as mulheres. Não uns poucos a mais, e sim muitos, uma grande margem a mais. Um estudo americano, por exemplo, informa 12,3 como o número médio de parceiros ao longo da vida para homens e 3,3 para mulheres. Outros países informam números similares. Como isso é possível? Em uma população fechada com razão de sexo 1:1, não é. Onde os homens encontram todas essas parceiras? Muitos cientistas quebram a cabeça tentando resolver o enigma, porém a abordagem mais inovadora confrontou a fonte provável do problema: a falta de sinceridade.[20]

Em uma universidade do Meio-Oeste americano, Michele Alexander e Terri Fisher ligaram estudantes aos fios de um falso detector de mentiras e lhes fizeram perguntas a respeito

O *jogo do acasalamento* 231

de sua vida sexual. Sob a ilusão de que a verdade viria à tona, os estudantes deram respostas bem diferentes daquelas que haviam dado antes. De repente, as mulheres se lembraram de mais masturbações e parceiros sexuais. Na primeira mensuração, elas ainda tinham uma pontuação inferior à dos homens, mas na segunda, não. Agora compreendemos por que o número de parceiros sexuais informado difere entre os sexos. Homens não se incomodam de falar sobre isso, mas mulheres guardam para si a informação.[21]

UM DEBATE PARALELO ACONTECE na área de pesquisas sobre animais, influenciada por vieses similares — embora felizmente não porque nos baseemos em questionários. Ele remonta à mais fundamental das diferenças sexuais, aquela que os biólogos usam para *definir* os sexos. Nosso critério não é a aparência física de um organismo nem a forma de seus genitais, e sim o tamanho de suas células reprodutivas, conhecidas como gametas. Existem duas variedades de gametas. Os grandes são conhecidos como óvulos, e os indivíduos que os produzem são chamados de fêmeas. Os gametas pequenos e frequentemente dotados de mobilidade são chamados de espermatozoides, e os indivíduos que os produzem são conhecidos como machos. Em humanos, os óvulos são 100 mil vezes maiores do que os espermatozoides, e é por isso que os cientistas dizem que os espermatozoides são baratos, e os óvulos, caros.

Acima de tudo, as fêmeas de mamíferos têm período de gestação longo e amamentam as crias, enquanto os machos contribuem menos e às vezes não contribuem. Como resultado dessa diferença de investimento parental, as regras para a maximização da prole diferem entre os sexos. Para a fêmea, o número máximo é limitado pelo que seu corpo pode realizar. Para o macho, em contraste, o corpo só precisa produzir sêmen. O fator limitador do macho é quantas fêmeas ele consegue fecundar. Portanto, machos são imensamente mais prolíficos do que fêmeas. No caso dos humanos, um homem que tiver relações sexuais com cem mulheres poderá, a princípio, ter cem filhos. A mulher que tiver relações sexuais com cem homens só terá um bebê por vez, raramente mais. Ao longo de toda a sua vida, ela terá um número limitado de filhos.

A evolução é movida pelo número de descendentes: quanto mais, melhor. Tendo isso em mente, a ciência decidiu que a diferença sexual acima deveria conduzir a machos promíscuos e fêmeas discriminadoras. Machos seriam ávidos e dissolutos, sempre em busca de fecundar o maior número de parceiras possível. Fêmeas seriam seletivas e reticentes, para assegurar que concebam com os machos de mais alta qualidade. Esse mandamento evolutivo é conhecido como princípio de Bateman. Ele foi formulado em 1948 pelo geneticista e botânico inglês Angus Bateman, que o fundamentou com experimentos com moscas-das-frutas. As fêmeas dessa espécie produziram o mesmo número de crias independentemente do número de machos que encontraram, enquanto os machos aumentaram o número de filhos quando encontraram mais fêmeas. O princípio de Bateman ainda é o evangelho das diferenças de comportamento entre os sexos na natureza, ensinado como inquestionável a milhões de estudantes de biologia e psicologia evolutiva.[22]

O jogo do acasalamento

Essas ideias são tão arraigadas e axiomáticas que as encontramos por toda parte na bibliografia sobre evolução do comportamento humano. Ei-las nas palavras do ilustre sociobiólogo americano Edward O. Wilson: "Para o macho compensa ser agressivo, apressado, volúvel e não discriminador. Em teoria, para a fêmea é mais proveitoso ser recatada, conter-se até que possa identificar os machos com os melhores genes [...]. Os seres humanos obedecem fielmente a esse princípio biológico".[23]

Mas essa distinção entre os modos como os sexos fazem o jogo do acasalamento perdeu crédito, especialmente no que diz respeito às fêmeas. O lado masculino do princípio de Bateman não está em xeque. Há boas evidências de que a combatividade, como no caso das zebras machos, ajuda os machos a ganhar fêmeas. Eles tentam intimidar uns aos outros, competem por status, expulsam rivais, marcam território. Às vezes matam contendores, mas na maior parte das vezes é apenas questão de ganhar ou perder. Obviamente há ressalvas: nem todo indivíduo macho é assim, e alguns machos adotam estratégias alternativas; porém, de um modo geral, é desse modo que machos propagam seus genes. A mentalidade sequiosa é herdada por seus filhos machos, que disseminam o mesmo comportamento. Os homens não estão isentos desse padrão, que vem se repetindo a cada geração desde que a reprodução sexuada passou a existir.

Por sua vez, o pilar feminino do princípio de Bateman começou a balançar e está prestes a ruir. Toda a ideia de que as fêmeas são seletivas, castas, fiéis e recatadas encaixa-se quase bem demais nos nossos preconceitos culturais, por exemplo a ideia generalizada de que as mulheres são mais adequadas à monogamia do que os homens. Esse lugar-comum parecia tão óbvio para tanta gente que não se sentia necessidade de um exame crítico. Em consequência, estamos longe de ter tantas informações sobre ele quanto temos para o padrão masculino.

A situação mudou quando ornitólogos, em vez de contarem quantos ovos suas aves punham, começaram a determinar quem os fecundava. Descobriram que as aves fêmeas são grandes empreendedoras sexuais e concluíram que, em grande medida, a monogamia é uma realidade superficial. Entrou em voga uma distinção entre monogamia genética e social — apenas esta última vigoraria entre as aves. Se o estudo das aves fez um rombo no princípio de Bateman, também não ajudou o fato de Gowaty não conseguir replicar o experimento com as moscas-das-frutas. Usando métodos aperfeiçoados, ela não conseguiu chegar ao mesmo resultado e afirmou que o trabalho de Bateman tinha falhas graves. Como resultado, o célebre princípio de Bateman já não parece tão convincente.[24]

É aqui que entram os primatas. Porque também no caso deles as fêmeas se recusam a se encaixar no padrão.

IMAGINE QUE ESTOU SENTADO quieto num canto, lendo meus e-mails. De repente, uma mulher vem correndo até onde estou. Depois de flertar um pouco por meio de contato visual e alçar de sobrancelhas, ela me dá um soco no peito ou uma bofetada. Não é delicada nem sutil. Ganhando assim a minha atenção, ela se afasta correndo. Percorre uma curta distância e olha para trás de olhos arregalados para ver se estou indo atrás dela.

É assim que uma fêmea de macaco-prego solicita sexo do macho alfa. Trabalhei por décadas com uma colônia de aproximadamente trinta desses pequenos primatas. Sempre nos encantávamos com seu modo de fazer a corte. É como uma dança lúdica na qual os papéis típicos são invertidos. Eles se dedicam o dia todo a essas encenações de esmurra-e-corre até que o macho cai morto, ou quase. Durante cada cópula, ambos os sexos assobiam, trinam e guincham excitadamente. Mas os machos às vezes se mostram relutantes a ponto de parecerem indiferentes. Ou talvez seja melhor ver pelo outro lado e dizer que as fêmeas são mais fogosas que os machos e que estes têm dificuldade para acompanhá-las.[25]

Enquanto para os chimpanzés machos o sexo tem precedência sobre o alimento, para os macacos-prego a ordem é inversa. Assisti a cenas similares em visitas de campo no Brasil e na Costa Rica. A primatóloga americana Susan Perry assim descreveu uma resoluta fêmea selvagem:

> Os macacos-prego machos parecem mais interessados em comida do que em sexo em muitos casos, e vimos machos alfas esbofetearem fêmeas que os importunavam querendo sexo. Uma frustrada fêmea adolescente, desesperada pela atenção do macho alfa, mordeu a cauda dele e o empurrou da árvore onde ele persistia em comer em vez de responder positivamente às investidas dela.[26]

Embora as fêmeas dessa espécie não tenham nada de recatadas ou castas, elas parecem seletivas. Sua corte é voltada principalmente para o macho alfa estabelecido, talvez porque ele seja o melhor macho presente. As fêmeas demonstram forte preferência por um macho bom para liderar seu grupo. Apoiam os machos alfas que as protegem e mantêm a ordem sem serem demasiado agressivos. Mesmo que haja machos mais jovens no grupo, na natureza os alfas desfrutam de uma posição incrivelmente estável, às vezes por até dezessete anos. Em nossa colônia, vi incidentes que ilustram o papel das fêmeas. Um dia, nosso macho alfa de longa data perdeu sua posição para um arrivista mais jovem. Não presenciamos a luta, mas o jovem macho deve ter atacado o alfa ou se defendido com muita violência. O alfa tinha cortes profundos (indicadores de dentes caninos de macho) e parecia submisso. Por três dias as fêmeas o cataram e lamberam suas feridas. No quarto dia ele reagiu e contou com a grande ajuda delas para reaver seu lugar. O desafiante não teve chance.

Enquanto os macacos-prego parecem se encaixar na hipótese do "melhor macho" para se acasalar, outros primatas encaixam-se na hipótese dos "machos numerosos". Essa ideia vem de outra renomada feminista darwinista, a antropóloga americana Sarah Blaffer Hrdy, que arquitetou uma visão alternativa da procura das fêmeas por parceiro inspirada em seu trabalho de campo com langures-cinzentos-das-planícies-do-norte (*Semnopithecus entellus*). Esses macacos elegantes, em inglês comumente chamados de *hanuman langurs*, em alusão ao deus macaco Hanuman dos hindus, são encontrados em toda a Índia. Alguns são treinados como policiais primatas contra a invasão urbana de resos. Com suas caras pretas e dentes ameaçadores, os machos dessa espécie são intimidantes. Têm o dobro do tamanho dos símios do gênero *Macaca*, e seus esquadrões afastam eficazmente os macacos

O jogo do acasalamento

indesejáveis de prédios comerciais, jardins e dos salões sagrados do Parlamento.

Os langures vivem em bandos numerosos liderados por um macho adulto. As fêmeas acasalam-se com esse macho, mas também, em segredo, dedicam-se ao que Hrdy designa como "solicitações adúlteras". Fazem convites sexuais a machos na periferia do território apresentando-lhes as ancas enquanto tremem freneticamente a cabeça. É um sinal inequívoco de convite à cópula. Mas esses contatos não são isentos de risco. Quando o macho residente surpreende uma fêmea em um ato desses, ele a persegue e a leva aos bofetões de volta para o bando. Para as fêmeas jovens, esses encontros clandestinos podem ser um modo de evitar acasalar-se com um macho alfa que talvez seja o pai delas. Mas não é só isso, pois nem todos os casos podem ser explicados desse modo.[27]

Como Hrdy conta em *The Langurs of Abu* [Os langures de Abu], ela começou a pensar em outra direção. Para as fêmeas o acasalamento pode ter por fim mais do que engravidar. Talvez vise também à segurança das crias. Nesse aspecto, os machos podem ser tanto úteis como danosos. Obviamente, seria de esperar que eles fossem bons para suas próprias crias. Mas lembremos que os primatas machos não têm a noção da paternidade. Em vez disso, talvez a natureza tenha implantado em sua cabeça uma simples regra prática que tenha o mesmo efeito. A regra poderia ser assim: "Tolere e apoie as crias de fêmeas com quem você fez sexo no passado recente". Uma regra como essa não requer muita capacidade cerebral nem consciência da reprodução. Necessita apenas de boa memória. Os machos que a seguirem acabam automaticamente por favorecer filhos e filhas em potencial.

Como nos langures o cuidado com os filhos é uma tarefa quase exclusiva das fêmeas, o apoio dos machos vem principalmente na forma de proteção. Por exemplo, durante a temporada de campo de Hrdy, um filhote langur foi morto por um choque elétrico no bazar de uma cidade próxima. Sua mãe não viu o incidente. Durante mais de meia hora, o macho alfa ficou de guarda ao lado do corpo, sem deixar ninguém se aproximar, até que a mãe chegou para pegar o filho morto. Dias depois, quando a mãe se afastou temporariamente do corpo, Hrdy tentou examiná-lo, mas o macho alfa a atacou. Ela teve que atirar seu caderno e sua caneta nele e sair correndo. Os langures têm muitos predadores (leopardos, falcões, cães e até tigres), e os machos grandes são mais eficazes que as fêmeas para afastá-los.

No entanto, ainda mais importante é a parte da regra prática que manda "tolerar". Machos langures às vezes machucam os pequenos, e não é só um pouquinho. Viram assassinos quando assumem o controle de um bando. Qualquer macho intruso que derrube o líder residente é uma grave ameaça para os jovens. Esse fenômeno, conhecido como infanticídio, é bem estudado. Eu estava presente no Congresso da International Primatological Society realizado em 1979 em Bangalore, na Índia, onde um dos primeiros observadores do infanticídio expôs o que descobrira em anos anteriores. O pioneiro primatólogo japonês Yukimara Sugiyama relatou que viu um langur macho selvagem arrancar bebês que estavam agarrados à barriga da mãe e empalá-los com os dentes caninos.[28]

A palestra de Sugiyama foi a única a que assisti que não ganhou nem um aplauso. Foi recebida com um silêncio ensurde-

O jogo do acasalamento 239

cedor. O presidente da sessão, em tom condescendente, disse que acabáramos de ouvir um fascinante caso de "patologia comportamental". Sugiyama indagara: "Por que o novo macho líder morde todos os bebês?", mas sua plateia não estava pronta para essa questão. O infanticídio é tão medonho que as pessoas não querem ouvir falar dele. Ninguém acreditou que as observações de Sugiyama pudessem ser mais do que um acaso. Ainda me sinto constrangido com a reação a essa descoberta monumental, especialmente tendo em vista o que sabemos hoje.

Hrdy relatou incidentes similares e disse que os langures machos perseguem uma fêmea e seu filho apenas por lazer. Andam em volta dela durante horas, como um tubarão, emitindo uma vocalização entrecortada característica antes de atacar. Parece um processo totalmente deliberado. Apesar dessas observações, durante décadas os relatos sobre infanticídio entre os langures causaram polêmicas e discussões acaloradas em conferências. Cabe lembrar que isso foi muito antes de sabermos sobre todos os outros exemplos no reino animal, como o conhecido caso dos leões. Os langures foram a primeira espécie para a qual houve descrições de infanticídio. Esse comportamento não fazia sentido para a maioria dos cientistas, portanto não podia ser verdade. Gradualmente, porém, os relatos tornaram-se numerosos demais para serem desconsiderados. Começaram a incluir outras espécies, como ursos, cães-de-pradaria, golfinhos e corujas. Hoje o infanticídio praticado por machos é amplamente reconhecido.

A explicação evolutiva para esse comportamento chocante é que um novo macho pode favorecer sua própria reprodução eliminando as crias de seu predecessor. Assim que os recém-nascidos ou lactentes estão fora do caminho, as fêmeas logo se tornam férteis novamente. Como resultado, o macho recém-chegado à liderança pode começar a gerar filhos mais cedo do que seria possível sem esse processo, e isso lhe dá uma vantagem sobre os machos que não apresentam o mesmo tipo de comportamento. Sugiyama deu uma vaga ideia dessa explicação, e Hrdy a desenvolveu, sem contudo esquecer as estratégias compensatórias das fêmeas. Independente de qual macho vença, o infanticídio é invariavelmente devastador e danoso para as mães. Seria de esperar que elas procurassem impedi-lo — mas como?

A resposta pode estar na regra prática que já mencionamos para os machos: "Tolere e apoie as crias de fêmeas com quem você fez sexo no passado recente". Se essa regra impede que machos façam mal a bebês que podem ser seus próprios filhos, ela também representa uma boa oportunidade para as novas mães. Tudo o que elas precisam fazer é acasalar-se com muitos machos. Se isso levar os machos a serem bons para as crias dela por pensarem que são os pais, ela se garante contra agressões. As langures fêmeas, por exemplo, poderiam fazer isso por meio de contatos com machos que podem vir a ser um risco, por exemplo aqueles que rondam na periferia do bando, à espera de um momento para tomar o poder. Em outras espécies, as fêmeas podem obter o mesmo resultado acasalando-se com vários machos. Esse é o cerne da hipótese dos "machos numerosos" de Hrdy.

Nos chimpanzés, as fêmeas parecem seguir a estratégia dos machos numerosos. Quando uma fêmea aparece na floresta com um inchaço genital, atrai muitos seguidores. Vários machos adultos vão atrás dela e copulam um a um durante o

O jogo do acasalamento

dia todo. Em chimpanzés selvagens esses encontros podem ser enormes quando há várias fêmeas com inchaço genital ao mesmo tempo. Esses animadíssimos "festivais de sexo", como já foram chamados, acontecem sem muita competição. No Zoológico Burgers eu usava a expressão "barganhas sexuais", pois o clima era de intensas negociações. Os machos se agrupavam nas proximidades de uma fêmea, catando uns aos outros. Permitiam que um deles copulasse sem ser perturbado em troca de uma demorada sessão de catação, especialmente com o macho alfa. Cada cópula tinha seu preço.[29]

Quando chimpanzés fêmeas entram na fase final do inchaço genital, a competição entre os machos aumenta, pois esse é o período mais fértil. Um macho de posição elevada na hierarquia tentará atraí-la ou forçá-la para longe da cena, a fim de tê-la só para si. No entanto, o mais importante é que as fêmeas copulam com muito mais frequência e com mais machos do que seria de esperar caso a concepção fosse o único objetivo. Segundo estimativas, na natureza uma fêmea chimpanzé participará, ao longo da vida, de 6 mil cópulas com mais de uma dúzia de machos. No entanto, ela terá no total apenas cinco ou seis crias sobreviventes. Parece sexo demais, pelo menos da perspectiva da fecundação. Mas não é demais se supusermos que as fêmeas estão em busca de uma proximidade sexual com muitos machos para que eles a deixem em paz quando o bebê chegar, dali a oito meses.[30]

Os chimpanzés machos são infanticidas. Pela contagem atual, foram observados mais de trinta incidentes em quatro populações selvagens, inclusive alguns com canibalismo dos bebês mortos.[31] Os humanos, naturalmente, sentem repulsa por isso. Uma pesquisadora de campo japonesa não conseguiu deixar de interferir:

> Mariko Hiraiwa-Hasegawa observou vários machos rodearem uma fêmea que rastejava e escondia seu filho enquanto emitia a característica vocalização de sujeição. Mesmo assim, os brutos a atacaram, um a um, e se apoderaram do filhote. Quando viu isso, Hasegawa esqueceu-se momentaneamente de sua posição de pesquisadora e, armada com um pedaço de pau, interveio e confrontou os machos para salvar mãe e filho.[32]

Nesse aspecto, as fêmeas bonobos têm uma vantagem. Elas fazem sexo em profusão, o suficiente para incluir todos os machos da vizinhança e dos territórios adjacentes. As bonobos buscam o sexo com tanto empenho e ardor que quase se tornam coercivas. De todos os primatas que conheço, elas são as sexualmente mais afoitas. Até hoje não foi observado nessa espécie qualquer caso de infanticídio por machos. A meu ver, a sociedade bonobo, com suas práticas sexuais generalizadas e solidariedade entre as fêmeas, tem no mundo primata a estratégia mais eficaz das fêmeas contra o infanticídio praticado por machos.[33]

PARADOXALMENTE, com frequência o que mais admiramos na natureza está atrelado ao sofrimento. Ficamos maravilhados com a visão de predadores poderosos e nos esquecemos de como eles ganham a vida. Ouvimos o lindo canto do cuco ao entardecer, cegos para seu cruel parasitismo de ninhadas alheias. O lado oculto mais sinistro da natureza se mantém fora da

O jogo do acasalamento 243

vista na maior parte do tempo. Que exemplo melhor do que a vibrante sexualidade das fêmeas, que talvez tenha evoluído como um escudo contra a brutalidade dos machos? Não como uma tática consciente, claro, mas como a razão de as fêmeas se empenharem em fazer sexo com mais de um macho. Seus motivos imediatos são atração, excitação, aventura e prazer. Mas por trás do véu da evolução encontramos a melhoria, a longo prazo, da sobrevivência da prole.

Nossa espécie não é muito diferente. As mulheres também fazem sexo com frequência muito maior e com mais parceiros do que seria estritamente necessário para engravidarem. Suas motivações imediatas podem ser mais ricas e mais variadas que as dos outros primatas, mas isso ainda não explica por que agem assim. A evolução poderia ter moldado as mulheres para serem sexualmente reservadas, indiferentes e distantes, mas claramente não fez isso. Mulheres costumam violar o princípio de Bateman junto com seus votos matrimoniais.

Hrdy aplica a mesma lógica evolutiva ao comportamento humano. O elemento adicional, em nosso caso, é que temos uma estrutura familiar nuclear. Os homens se envolvem mais com os jovens e provêm o sustento deles mais do que fazem os machos dos grandes primatas não humanos. Aumentamos a dependência mútua dos sexos. Se uma mulher de uma sociedade de caçadores-coletores perder o marido, estará em sérios apuros. Seus filhos poderão ficar subalimentados. Por isso, criar vínculos com homens por meio de sexo é não só um modo de evitar danos, mas também uma tática de sobrevivência associada a assegurar abrigo e alimento.

Da perspectiva do perigo, é bom perceber que não estamos livres do infanticídio — longe disso. A Bíblia menciona ordens do faraó para matar os recém-nascidos, sem falar no célebre comando do rei Herodes para "matar, em Belém e em todo seu território, todos os meninos de dois anos para baixo" (Mateus 2,16). O registro antropológico mostra que, após ataques e guerras, as crianças de mulheres capturadas costumam ser mortas. Hrdy documentou muitos exemplos desse comportamento, com detalhes medonhos que não repetirei aqui. No mínimo, temos toda razão para incluir nossa espécie na análise do infanticídio praticado por machos.

Nem mesmo na sociedade moderna estamos livres. Já está comprovado, por exemplo, que as crianças correm muito mais risco de abuso e homicídio por padrastos do que por pais biológicos. Isso sugere que os homens também levam em conta sua história sexual com a mãe. Além disso, os homens conhecem a ligação com a paternidade.[34]

Da perspectiva dos cuidados, temos o exemplo de sociedades humanas em que as crianças têm vários pais. Por exemplo, as crianças do povo Barí, na bacia de Maracaibo, na América do Sul, costumam ter um pai principal e vários pais secundários. Supõe-se que o sêmen de todos os homens com os quais a mãe fez sexo contribui para o crescimento do feto, fenômeno conhecido como "paternidade divisível". A mulher grávida costuma ter relações sexuais com um ou mais amantes. No dia do parto, ela profere os nomes de todos esses homens. A parteira corre até a casa comunitária e cumprimenta cada um deles, dizendo: "Você tem um filho". Os pais secundários têm a obrigação de ajudar a mãe e seu bebê. A sobrevivência até a vida adulta é maior entre as crianças que têm pais adicionais do que entre as que não têm.[35]

O jogo do acasalamento

Contudo, na maioria das culturas as mulheres não se beneficiam desse modo com a promiscuidade. Na sociedade moderna, fazemos de tudo para esclarecer a paternidade e impedir possíveis confusões. Mas nossa história evolutiva talvez não tenha sido sempre patriarcal. Embora hoje sociedades matrilineares e poliândricas sejam raras, podem ter sido mais prevalentes no passado. A propensão das mulheres da nossa espécie a aventuras sexuais, ainda que se mantenha oculta por grande parte do tempo, pode ter evoluído pelas mesmas razões que as dos nossos parentes grandes primatas. Talvez seja uma estratégia inconsciente de autoproteção: recrutar machos para ajudar e prevenir a hostilidade.

As preferências sexuais das fêmeas frequentemente se desviam do modo como os machos organizam o sistema de acasalamento. Na questão de quem se acasala com quem, existe um conflito inequívoco entre os sexos.[36]

De um modo geral, é hora de abandonar o mito de que os machos têm desejo sexual mais intenso e são mais promíscuos que as fêmeas. Deixamos que esse mito se introduzisse na biologia na era vitoriana, quando ele foi adotado com entusiasmo como normal e natural. Deturpamos a realidade para atender aos nossos padrões morais. Esse mito ainda é comumente encontrado em nossos livros didáticos de biologia, mas as comprovações nunca foram contundentes. Acumularam-se evidências contraditórias da sexualidade feminina, tanto para nossa espécie como para outras. A sexualidade feminina parece ser proativa e empreendedora como a dos machos, ainda que por diferentes razões evolutivas.

A QUESTÃO DA SEXUALIDADE DAS FÊMEAS veio à baila novamente no caso de Diego, a tartaruga-macho de libido lendária. Não fosse por ele sua espécie estaria extinta, fomos informados. No entanto, soubemos depois que Diego gerou apenas 40% das crias no programa de reprodução. Um segundo macho, conhecido pelo insípido nome de E5, parece ter feito o trabalho pesado. Segundo o biólogo americano James Gibbs, que fez os testes de paternidade, Diego ganhou toda a atenção porque tem "uma personalidade forte — muito agressivo, ativo e ruidoso em seus hábitos de acasalamento". Gibbs observou que E5 era mais quieto, porém mais bem-sucedido, e acrescentou: "Talvez ele prefira acasalar-se durante a noite".

Meu palpite é que as tartarugas fêmeas também tiveram algo a ver com isso.[37]

8. Violência

Estupro, assassinato e os cães da guerra

DEPOIS DO ATAQUE ao chimpanzé Luit, com o qual abri este livro, o veterinário do zoológico sedou-o e o levou para a sala de cirurgia. Deu centenas de pontos enquanto eu lhe passava os instrumentos. Mas não estávamos preparados para a pavorosa descoberta que fizemos durante essa operação desesperadora.

Os testículos de Luit tinham sumido! Desapareceram do saco escrotal, embora os orifícios na pele parecessem pequenos. Mais tarde, tratadores os localizaram na palha, no chão da jaula onde acontecera a luta.

"Foram espremidos até sair", concluiu impassível o veterinário.

Luit tinha perdido tanto sangue que não voltou da anestesia. Pagara caro por enfrentar dois machos, por frustrá-los com sua ascensão rápida na hierarquia. Os outros vinham tramando contra ele, catando-se todos os dias. Retomaram o poder que haviam perdido. O modo chocante como fizeram isso abriu meus olhos para o quanto os chimpanzés levam a sua política mortalmente a sério.

Se existe um aspecto com viés de gênero na vida social, este é a violência física. A fonte, por maioria esmagadora, são os machos. Isso se aplica universalmente aos humanos (veja as estatísticas de homicídios de cada país) e também à maioria dos outros primatas. Não que as fêmeas primatas nunca sejam violentas, mas com maior frequência elas são as vítimas. Machos também são vítimas, porém quase sempre nas mãos de outros de seu próprio sexo. A brutalidade masculina está relacionada a dominância ou territorialidade quando voltada para outros machos, ou a relações sexuais, quando as agressões são contra fêmeas.

Do ponto de vista evolutivo, a competição por status e recursos é a razão original da agressividade dos machos. Dados humanos refletem esse fato. Um levantamento abrangente do Departamento de Justiça dos Estados Unidos estimou que, anualmente, 3,2 milhões de homens e 1,9 milhão de mulheres sofrem agressão física.[1] Nem é preciso dizer que a maioria dessas agressões provém de homens. Assim, começarei meu exame da violência com uma consideração sobre os combates letais entre chimpanzés e os horrores da guerra humana, ambos predominantemente de machos contra machos.

No entanto, como demonstram os números acima, a agressividade dos machos não se limita a adversários machos. Muitos homens se aproveitam de sua vantagem em tamanho e força para brutalizar mulheres. Vem crescendo em nossas sociedades a conscientização sobre feminicídio e abuso marital. A maior parte da violência contra mulheres vem de parceiros íntimos. Segundo o levantamento do Departamento de Justiça, 22,1% das mulheres, em comparação com 7,4% dos homens, são vítimas de violência ao longo da vida.

Esses números sem dúvida subestimam a violência doméstica, que também inclui o estupro. Cerca de um sexto das mulheres americanas já foi vítima de estupro ou tentativa

Violência 249

de estupro. Quando analisamos o que sabemos a respeito da violência entre os sexos, como farei adiante, a espécie humana destaca-se. A incidência desse tipo de violência é maior entre nós do que na maioria dos outros primatas. Uma causa possível é que os casais humanos tendem a viver juntos em relativo isolamento. Nossas organizações familiares facilitam o controle e o abuso pelos machos, contrastando notavelmente com o estilo de vida dos outros primatas, que têm maior liberdade de movimentação.

A COMPETIÇÃO ENTRE MACHOS de um mesmo grupo, como no episódio com Luit, é bem documentada em chimpanzés. Conhecemos casos similares de assassinatos entre chimpanzés observados em campo. O mais das vezes eles incluem emascular arrancando o escroto do rival. As lesões de Luit não eram tão atípicas quanto nos pareceram de início. Muitos machos atacantes recorrem ao supremo golpe no potencial reprodutivo de outro macho.[2]

Numa ocasião passei uma temporada nas montanhas Mahale, na margem do lago Tanganica, na Tanzânia, onde meu saudoso colega e amigo Toshisada Nishida observava chimpanzés desde os anos 1960. Nishida começou suas investigações numa época em que a ciência não tinha a menor ideia sobre a natureza violenta dos chimpanzés. Nossos parentes próximos ainda eram considerados frugívoros pacíficos, mais ou menos como os nobres selvagens de Rousseau. Como era comum encontrar chimpanzés na floresta sozinhos ou em pequenos grupos sempre mutáveis, conhecidos como "bandos" [*parties*], pensava-se que levavam uma vida autossuficiente, livre de vínculos sociais. Mas Nishida constatou que eles formam comunidades distintas. Não foi uma descoberta fácil. Reconhecer que todos eles pertencem à mesma comunidade requer conhecer cada indivíduo e fazer o registro de seus deslocamentos.

Essa descoberta revolucionária de Nishida abalou não só todas as noções ocidentais, mas também as expectativas de seus professores japoneses. Eles tinham a convicção de que, como nós, os grandes primatas não humanos formavam famílias nucleares. Quando seu orientador chegou para uma visita, Nishida não esperou que ele desembarcasse e já foi gritando que não havia nenhum indício de famílias nucleares entre nossos parentes mais próximos.

Nishida fora um grande admirador do legendário chimpanzé Ntologi, um macho alfa que ele chamava de "líder incomparável". Ntologi conseguiu manter-se no poder por extraordinários quinze anos. Era mestre em dividir para governar e em subornar, o que fazia compartilhando livremente carne de macaco com machos que eram leais a ele e não compartilhando com seus rivais. Porém, apesar de sua argúcia política, esse macho lendário acabou derrubado e expulso. Foi forçado a passar um tempo sozinho na periferia do território de sua comunidade, lambendo suas feridas, quase incapaz de subir nas árvores.

Ntologi só deu as caras de novo quando conseguiu andar razoavelmente bem. Aparecia no meio de uma reunião social e fazia uma exibição espetacular de força e vigor. Era quase como nos velhos tempos, quando ele ainda estava no comando. Mas voltava à sua vida de andar capenga e de lamber as feridas assim que se punha fora da vista dos outros.

Violência

Era como se ele usasse breves interlúdios de estoicismo para dissipar quaisquer ideias que seus rivais pudessem ter acerca de sua condição — mais ou menos como, na União Soviética, o Kremlin exibia seus líderes moribundos na televisão. Depois de tentar por várias vezes dar a volta por cima, um dia Ntologi retornou como um macho derrotado. Foi forçado a aceitar a posição mais baixa de todas na hierarquia. Dois meses mais tarde, uma gangue de machos atacou-o. Os cientistas o encontraram em coma, com inúmeras lesões graves. Nishida e sua esposa tentaram ressuscitá-lo durante a noite, no acampamento, mas em vão. Ntologi morreu ao amanhecer.[3]

Ainda mais comum do que essas batalhas dentro do grupo é a inimaginável brutalidade dos chimpanzés contra forasteiros. Eles formam comunidades terrivelmente hostis entre si. Chimpanzés machos patrulham regularmente as fronteiras de seu território. Transpõem a fronteira e pegam suas vítimas de tocaia, aproximando-se em silêncio total quando elas estão numa árvore frutífera. Vários machos (às vezes até uma dúzia) dominam um macho solitário em um ataque altamente coordenado. Mordem e espancam o inimigo até que ele vire uma polpa de carne, torcem seus membros para incapacitá-lo e o deixam moribundo ou morto. Às vezes voltam a esse mesmo local na floresta vários dias depois à procura do corpo, como se quisessem se assegurar de que o mataram.

O primeiro relato minucioso sobre esse tipo de "guerra" foi apresentado por Jane Goodall em 1979. Ela descreveu a aniquilação sistemática de uma comunidade inteira de chimpanzés por outra. O drama aconteceu no Parque Nacional de Gombe, próximo a Mahale, e enterrou permanentemente a imagem pacífica da espécie. Foi uma daquelas descobertas que ninguém jamais previra e desmentiu a insultante afirmação de Donna Haraway de que os primatólogos só vão a campo para confirmar suas ideias preconcebidas. Se isso fosse verdade, ainda veríamos os grandes primatas não humanos como nobres selvagens. Nem a própria Goodall estava preparada para o que descobriu. Ela declarou: "Foi um período tenebroso para mim. Eu pensava que eles eram como nós, só que mais gentis".[4]

Demorou mais de três décadas para que dados numéricos estivessem à nossa disposição. Um levantamento na revista *Nature*, em 2014, arrolou 152 ataques letais observados ou inferidos em dezoito comunidades de chimpanzés de várias partes da África. Quase todos os atacantes eram machos (92%), e a maioria das vítimas também (73%), e a maior parte dos incidentes foi territorial (66%). No entanto, devo acrescentar que um número relativamente pequeno de comunidades foi responsável pela maioria dos casos. Nem toda população de chimpanzés tem tamanha incidência de atos violentos.[5]

Luit foi morto um ano depois do relato de Goodall. Ficamos chocados porque, na época, pensávamos que só estranhos feriam uns aos outros desse modo. Hoje sabemos que não. O incidente afetou-me profundamente, e afetou também minha carreira. Decidi naquele momento dedicar meu trabalho a descobrir o que permite que os primatas vivam juntos. Foi o modo como lidei emocionalmente com um incidente que me levou a ter pesadelos. Especializei-me em investigar a maneira como os primatas fazem as pazes depois das lutas, como cooperam, demonstram empatia e até um senso de justiça. Em vez de me desesperar diante dos níveis de agressão de que os grandes pri-

Violência 253

matas não humanos são capazes, meu principal interesse passou a ser as formas pelas quais superam essas inclinações. Na maior parte do tempo, os primatas, inclusive os chimpanzés, convivem bem. Embora eu nunca feche os olhos para a violência e perceba o quanto ela é comum em certas circunstâncias, ela não me atrai de maneira alguma. Fico perplexo quando a vejo enaltecida em filmes e video games que mostram derramamento de sangue gratuito.

Também entre os humanos a maior parte da violência é praticada por apenas um dos gêneros. Os números são espantosamente similares para humanos e chimpanzés. Dos quase meio milhão de homicídios cometidos no mundo em 2012, os homens foram vítimas em 79% dos casos. Foram também a maioria dos perpetradores, com uma taxa de homicídios quase quatro vezes maior que a das mulheres.[6] E esses números nem sequer incluem as guerras, que acrescentam outro viés enorme para o lado masculino. Nasci na Europa logo após a Segunda Guerra Mundial, sou familiarizado com sua destruição e sempre vi a guerra como o grande neutralizador do privilégio masculino. Não me entendam mal — não sou um daqueles homens preocupados com o rebaixamento do nosso status na sociedade. Considero-me duplamente privilegiado, pela formação e pelo gênero. Mas tive sorte. Vim ao mundo em um tempo de paz, que milagrosamente se manteve assim. Não cem por cento, claro, mas o número de mortes em batalha no mundo declinou constantemente conforme os conflitos armados passaram da arena internacional para conflitos dentro de Estados.

O privilégio masculino sempre foi mais pronunciado nas classes mais elevadas da sociedade. Nas camadas mais baixas, homens e mulheres são igualmente explorados, maltratados e pobres. Se eu tivesse nascido cinquenta anos antes e em uma família operária, minha história teria sido diferente. A perspectiva para os meninos pobres era sombria. Nascer do sexo masculino significava alta probabilidade de ser recrutado pelo Exército e acabar crivado de balas em algum campo de batalha enlameado. Na Idade Média, a morte vinha por flecha, espada ou lança. Ao longo de toda a história, o destino de milhões de homens jovens foi um fim de vida prematuro e deplorável.

Os meninos eram preparados para esse destino. É por isso, hoje percebo, que tenho sentimentos ambíguos sobre meus tempos de escoteiro. Tudo parecia bem inocente, mas o fato é que havia muito de bater continência, exercícios em fila, marchas e conquista de insígnias. O éthos militar era considerado bom para o caráter dos meninos, mas ao mesmo tempo o lema dos escoteiros, "Sempre alerta!", tinha muito a ver com a guerra. Ao promover a disciplina, o trabalho em equipe e a obediência, os grupos de escoteiros essencialmente moldavam os meninos para virar bucha de canhão. Os cães da guerra de Shakespeare estavam sempre pedindo comida. Como diz a canção do Pink Floyd, os cães não negociam, não capitulam, pois "eles vão tomar e você vai dar, e você tem de morrer para que eles possam viver" ["*They will take and you will give, and you must die so that they may live*"].[7]

Hoje essa história triste e angustiante da condição masculina anda bem esquecida. Todo rapaz podia ser convocado para fazer o supremo sacrifício. Objetar não era apenas "falta de virilidade" — era crime. E o poder estava sempre nas mãos de homens mais velhos. O presidente americano Franklin

Violência

Roosevelt resumiu: "Guerra é homens jovens morrendo e homens velhos falando". Nenhum país jamais enviaria uma ou duas centenas de milhares de mulheres para um provável massacre pelo inimigo. Mas os rapazes eram considerados de pouco valor. Cemitérios com intermináveis fileiras de cruzes brancas atestam a carnificina. Da cínica (e darwiniana) perspectiva de homens mais velhos, mulheres são bens que devem ser mantidos próximo e em segurança, enquanto homens jovens podem ser mandados para morrer em terras distantes por causas questionáveis. Eles são dispensáveis.

Sendo a guerra um assunto predominantemente masculino, seus alvos com frequência também são homens. Durante o genocídio ruandês em 1994, soldados inimigos empenhavam-se tanto em atacar homens e meninos que as mulheres tentavam ocultar homens tutsis emprestando-lhes suas roupas. Uma mulher tutsi assim descreveu aquelas batidas letais: "Eles levavam todos os homens e meninos, tudo o que era masculino a partir dos dois anos de idade. Qualquer menino capaz de andar era levado". O massacre de Srebrenica em 1995 também visou especificamente aos meninos adolescentes bósnios. Quase 8 mil deles foram mortos em execuções sumárias. De modo geral, as guerras custam muito mais vidas masculinas do que femininas.[8]

Aceitamos muito menos facilmente a execução de mulheres que de homens. Em um experimento, sujeitos americanos e britânicos preferiram sacrificar ou punir um homem a uma mulher. Quando lhes perguntaram quem, hipoteticamente, eles poriam na frente de um trem para salvar a vida de outras pessoas, nove entre dez participantes, de ambos os gêneros, preferiram jogar nos trilhos um homem e não uma mulher.

Apresentaram razões como "Mulheres são frágeis e seria moralmente errado" e "Dou mais valor às mulheres e crianças do que aos homens".[9]

Em certas circunstâncias e em um grau limitado, esse viés permite que mulheres se posicionem como escudos para proteger os outros. Por exemplo, no verão de 2020 centenas de mães formaram uma barricada humana em Portland, no Oregon. Mobilizaram-se para defender manifestantes de policiais federais que tinham vindo reprimir os protestos na cidade. O Muro de Mães — a maioria brancas, vestidas de blusa amarela — postou-se de braços dados na frente dos manifestantes, gritando *Feds stay clear! Moms are here!* [Fora, polícia, as mães estão aqui!].

Um exemplo real da relutância em atacar mulheres vem da Segunda Guerra Mundial. Soldados nazistas, que não tinham mostrado nenhum escrúpulo em executar meninos e homens, começaram a se revoltar quando receberam ordens de fazer o mesmo com numerosas mulheres e crianças judias. Nem mesmo Adolf Eichmann conseguiu conceber tamanho horror e predisse que isso enlouqueceria os homens. Foi preciso procurar uma solução — repare que a preocupação era com a saúde mental dos soldados, e não com o destino das vítimas. As câmaras de gás foram consideradas a opção ideal, pois desse modo os perpetradores não precisavam ver suas vítimas morrerem. O método ajudou a remover uma grande barreira psicológica. Muitos historiadores acham provável que, sem essa inovação monstruosa, o Holocausto não poderia ter sido estendido a mulheres, crianças e velhos. Nunca teria atingido a escala que atingiu.[10]

A mortalidade seletiva em termos de sexo durante a guerra tem implicações de longo prazo para as relações de gênero.

Os primatas dedicam muito tempo e atenção à catação, comportamento aglutinador de sua sociedade. Aqui um macho bonobo adolescente cata uma fêmea adulta.

Uma jovem bonobo enfeita-se com folhas de bananeira nos ombros. Grandes primatas fêmeas costumam se embelezar.

À esq.: Beijo de língua de dois bonobos jovens em um divertido encontro erótico. *À dir.*: Fêmea bonobo anuncia sua fertilidade ostentando um enorme inchaço genital no traseiro, formado por um edema de água na genitália externa. O vistoso sinal cor-de-rosa atrai os machos.

Macho adulto (*à esq.*) estimula manualmente um macho bonobo mais jovem que tem o pênis ereto.

Grande concentração de fêmeas selvagens (e suas crias) de três comunidades bonobos. A mistura pacífica de grupos é comum na estação de campo de Wamba, na República Democrática do Congo.
(Foto: Cortesia de Takumasa Yokoyama e Takeshi Furuichi.)

Claudine André com Princesa Mimi, a fêmea alfa reinante do primeiro grupo de bonobos em Lola ya Bonobo, próximo a Kinshasa. Claudine, fundadora do único santuário de bonobos do mundo, conseguiu resgatar muitos órfãos e reintegrá-los à natureza depois de crescidos. (Foto: Cortesia de Christine d'Hauthuille/ Comité OKA-ABE.)

Como o acasalamento dos bonobos costuma ser frontal, a comunicação facial assume entre eles papel mais importante do que em outras espécies. Aqui vemos um macho adulto por cima da fêmea, mas o inverso também ocorre.

As mães bonobos amamentam seus bebês durante quatro a cinco anos.

Na natureza, fêmeas de babuíno costumam ter amigos machos que as protegem. A fêmea à direita evita um jovem macho adulto agressivo escondendo-se atrás de seu amigo, que encara o assediador.

Primatas fêmeas são fascinadas por recém-nascidos. Aqui, mãe da espécie *Macaca arctoides* (a fêmea no centro, de mamilos proeminentes) é rodeada por outras fêmeas, jovens e velhas, que grunhem em coro toda vez que o bebê faz algo surpreendente (enfiar o pé na boca, por exemplo), como se comentassem o prodígio da nova vida.

As amizades entre chimpanzés fêmeas, que podem durar a vida toda, são fortalecidas por longas sessões de catação. A fêmea à direita é Kuif, melhor amiga de Mama e mãe adotiva de Roosje.

À esq.: A bebê chimpanzé Roosje no meu colo antes de ser adotada por Kuif no Zoológico Burgers. (Foto de 1979, cortesia de Desmond Morris.)
À dir.: Kuif adquiriu tanta prática dando mamadeira a Roosje que depois alimentou suas próprias crias da mesma maneira.

Luit foi um dos mais belos machos alfas que conheci. Seu fim trágico ilustra a feroz competição por status entre os chimpanzés machos.

Mesmo em uma sociedade dominada por machos, a fêmea alfa pode ser uma líder com poder. Com sua personalidade imperiosa, Mama exercia enorme autoridade sobre a comunidade de chimpanzés.

Dimorfismo sexual é a diferença entre os sexos em tamanho e aparência. Aqui vemos um chimpanzé macho adulto (*à esq.*) ao lado de uma fêmea adulta. Embora os machos sejam mais peludos e corpulentos que as fêmeas, em média o dimorfismo de tamanhos nos chimpanzés é apenas um pouco maior do que nos humanos.

No alto da árvore, uma oferta de paz entre dois chimpanzés machos adultos que haviam brigado. Um deles estende a mão aberta para o rival. Imediatamente depois eles se beijam e se abraçam, e então descem juntos para completar a reconciliação com uma sessão de catação no solo.

Mãe chimpanzé segura a filha para uma catação minuciosa em sua cabeça.

Mãe chimpanzé e seu filho de quatro anos firmam um acordo de desmame. Após repetidos conflitos em torno do aleitamento, ela permite que o filho sugue alguma parte de seu corpo, exceto o mamilo. Essa fase dura apenas algumas semanas, até que o filho perca o interesse.

Mamãe está sempre pronta para ajudar. Uma fêmea estende a mão para amparar o filho com dificuldade para descer da árvore.

Donna é uma chimpanzé do sexo feminino de gênero inconforme, com corpo e hábitos masculinos. Costuma fazer exibições ao lado de machos adultos, com todos os pelos eriçados. Mas não é agressiva e é socialmente bem-integrada. (Foto: Cortesia de Victoria Horner.)

Chimpanzés machos não toleram as travessuras sexuais dos machos jovens. Na foto, um macho adulto pune um jovem que se aproximou demais de uma fêmea com inchaço genital: ele morde o pé do transgressor enquanto gira seu corpo.

Grandes primatas não humanos indicam boas intenções rindo enquanto brincam. Sua expressão facial e os sons que emitem lembram a risada humana.

No Parque Nacional da Floresta de Kibale, em Uganda, quando chimpanzés jovens perderam suas mães, mortas por uma doença respiratória, alguns foram adotados por irmãos mais velhos. Holland (*à dir.*), um macho pré-púbere de sete anos, foi cuidado e protegido por Buckner, de dezessete anos (*à esq.*). (Foto: Cortesia de Kevin Lee e John Mitani.)

Nos grandes primatas não humanos, as fêmeas adolescentes praticam as habilidades maternas com as crias de outras. Amber (*no meio*) carrega a filha de Mama, enquanto sua melhor amiga (*à esq.*) cuida de um macho jovem (*à dir.*). As duas babás ainda são jovens demais para ter seus próprios bebês.

Violência

Por exemplo, a União Soviética sofreu perdas avassaladoras durante a Segunda Guerra Mundial. A morte de aproximadamente 26 milhões de pessoas, a maioria homens jovens, desestabilizou totalmente o mercado de casamentos. Resultou em um excedente de 10 milhões de mulheres em relação aos homens casadouros. Com isso, os homens ganharam o controle do jogo do acasalamento no pós-guerra e se entregaram à libertinagem. Um grande número de crianças nasceu fora do casamento. Além disso, o país eximiu os pais de obrigações legais. Mães solteiras nem sequer tinham permissão para mencionar o nome do pai na certidão de nascimento.[11]

Agora que as guerras mundiais estão distantes no passado, a razão entre homens e mulheres tornou a atingir o equilíbrio na maioria dos países ocidentais. A suspensão do recrutamento militar é um alívio imenso, porém teve consequências não premeditadas. O privilégio masculino tornou-se mais flagrante. Não é mais compensado pela pavorosa espada de Dâmocles pendente sobre a cabeça de todo homem jovem. Capazes de viver livres de preocupação com uma possível guerra iminente, começamos a ver com mais clareza a posição confortável em que alguns homens se encontram. A pílula anticoncepcional trouxe ainda uma redução no tamanho da família, e essas mudanças puseram novo poder de barganha nas mãos das mulheres. Hoje um renovado debate sobre gênero decorre dessas mudanças demográficas na sociedade.

QUANDO ESTUDAVA CHIMPANZÉS no Parque Nacional de Gombe, a primatóloga Barbara Smuts bateu em um macho chamado Goblin. Ele tentava aterrorizá-la e roubar sua capa

258   *Diferentes*

de chuva. Goblin vinha atormentando Smuts havia vários dias, e por fim ela decidiu dar um basta naquilo. Na briga pela capa, ela instintivamente deu um soco furioso no nariz dele:

> Depois de levar o soco, Goblin desmontou: virou uma criança choraminguenta e foi buscar consolo com o macho alfa, Figan. Sem erguer o olhar, Figan estendeu a mão e deu uns tapinhas carinhosos na cabeça de Goblin. Mais tarde percebi que Goblin vinha me tratando exatamente como tratava algumas das fêmeas chimpanzés adultas.[12]

Goblin era adolescente e estava numa idade em que os machos se empenham em intimidar fêmeas de sua comunidade para afirmar seu status. Fazia o mesmo com Smuts. Ela tentara desconsiderar as provocações, mas depois aprendeu, observando chimpanzés fêmeas, que, "ignorando Goblin, eu deixava de enviar um sinal claro". A melhor resposta era revidar. Depois daquele bom soco, ele não a incomodou mais.

Os chimpanzés machos importunam também de outra forma, mais relacionada a sexo. Podem ser brutais essas atitudes, principalmente com fêmeas férteis. No Parque Nacional da Floresta de Kibale, em Uganda, eles até acrescentaram armas. Machos batem em fêmeas com grandes pedaços de pau. A primeira observação foi um ataque a uma fêmea chamada Outamba quando ela estava com inchaço genital. Pesquisadores de campo viram Imoso, um macho de posição elevada na hierarquia, segurar uma clava com a mão direita e dar umas cinco pancadas fortes em Outamba. A ação deixou o macho exausto. Ele fez uma pausa por um minuto e recomeçou a pancadaria. Agora Imoso empunhava dois paus, um em cada

Violência

mão, e em dado momento ele se pendurou num galho acima de sua vítima e a chutou com os dois pés. Por fim, a filha pequena de Outamba veio em socorro da mãe e esmurrou as costas de Imoso até ele parar.

A técnica de Imoso inspirou imitadores. Outros começaram a agir do mesmo modo. Sempre escolhem armas de madeira, o que, para os investigadores, é sinal de comedimento. Os machos também poderiam usar pedras, mas isso machucaria muito ou mataria suas parceiras.[13]

Comportamentos desse tipo ajudam na reprodução de um macho? Essa é uma pergunta que os biólogos evolutivos fazem para todo comportamento típico. De fato, há evidências de que chimpanzés machos que atormentam fêmeas têm mais filhos, contudo ainda é um mistério o modo como essa ligação ocorre. Como raramente uma cópula segue-se a um tratamento brutal de uma fêmea por um macho, a ligação tem de ser indireta. Talvez esses machos agressivos incutam medo e com isso as fêmeas aquiesçam no momento crítico, ou talvez esses machos produzam mais espermatozoides viáveis. Não sabemos.[14]

Uma forma de coerção muito mais direta seria o estupro, que chamamos de *cópula forçada* quando falamos sobre animais, para evitar as conotações humanas do primeiro dos termos. Por anos, o FBI definiu *estupro* como "relação carnal com pessoa do sexo feminino à força e contra a vontade dela". Mas essa definição deficiente dá a entender que só mulheres podem ser estupradas. Desde 2013, a definição de estupro pelo FBI especifica a penetração da vagina ou do ânus sem consentimento.[15] Se a aplicarmos a outros primatas, o comportamento esperado seria um macho agarrar fisicamente uma fêmea e penetrá-la enquanto ela luta para se libertar. No entanto, por essa definição quase nunca foi observada uma cópula forçada. Ela já foi verificada umas poucas vezes entre chimpanzés quando filhos ou irmãos tentaram acasalar-se com uma fêmea — algo a que todas as fêmeas se recusam veementemente. Uma chimpanzé selvagem recusou as investidas sexuais de seu filho, mas acabou por se submeter, de tanto que ele a atormentou. Ela fez isso gritando seu protesto e pulou fora antes de ele ejacular.[16] Salvo esse contexto intrafamiliar, a cópula forçada é raríssima entre chimpanzés. Eu já observei provavelmente mais de mil acasalamentos em chimpanzés cativos, mas nunca vi fazerem sexo contra a vontade da fêmea.

Observações de campo feitas por Nishida ao longo de toda uma vida deixam claro que as chimpanzés fêmeas sabem como desconsiderar o assédio dos machos ou resistir a eles:

Quando as fêmeas mostram relutância em atender às solicitações dos machos, alguns machos adultos fazem demonstrações que simulam agressão, batem nelas ou as chutam. Apesar disso, as fêmeas no cio resistem teimosamente a esse tipo de violência e intervenção e quase nunca cedem. De doze casos nos quais os dois machos mais velhos recorreram à violência em resposta à recusa das fêmeas, nenhum resultou em cópula.[17]

Isso nos dá uma imagem inquestionavelmente violenta e abusiva da situação das fêmeas na sociedade dos chimpanzés, em especial quando estão férteis, porém traz questões sobre a coerção sexual. Quando uma fêmea passa a apresentar um inchaço genital, geralmente se acasala sem problemas com vários machos. Só quando seu ciclo está no auge, durante a

Violência 261

ovulação, machos de posição elevada na hierarquia impõem restrições. Dão um basta ao amor livre e procuram convencê--la a ir com eles em um "safári". Para isso, podem ameaçá-la ou puni-la. Quando estive em Mahale, o macho alfa Fanana desapareceu por dois meses inteiros com uma fêmea no cio. Monopolizou essa parceira, mantendo-a longe dos outros machos. Análises de paternidade indicam que muitas dessas relações consorciadas resultam em concepção.[18]

Os chimpanzés de Mahale vivem dispersos na floresta. Deslocam-se sozinhos ou em grupos pequenos, e na maior parte do tempo não conseguem ver uns aos outros em meio à vegetação cerrada. No entanto, prestam grande atenção aos sons que chegam de todas as partes e parecem saber exatamente onde está cada um dos outros chimpanzés, com base nas vocalizações altas e frequentes pelas quais a espécie é conhecida. Os chimpanzés reconhecem as vozes uns dos outros. Com frequência interrompem seus deslocamentos, inclinam a cabeça e captam sons que podem vir de mais de um quilômetro e meio de distância.[19]

Mas, durante esse safári, nunca ouvimos Fanana. Ele e sua parceira devem ter se deslocado e procurado alimento em silêncio total, pois do contrário teriam rapidamente chamado a atenção. Como ele poderia manter por meses aquela fêmea por perto contra a vontade dela em uma floresta densa? Às vezes as fêmeas protestam contra um safári com gritos estridentes, portanto o fato de ela ter ficado em silêncio por tanto tempo sugere consentimento. Ou talvez ela tenha suprimido as vocalizações para não atrair perigo. Pares consorciados costumam se deslocar nas imediações da fronteira territorial com vizinhos hostis.

Fanana voltou de seu demorado safári vocalizando alto e fazendo uma impressionante exibição de ataque. Não deixou dúvida de que estava em plena forma, pronto para retomar o topo. No período intermediário, o macho beta assumira a posição de alfa, mas não ficara à vontade. Ele se mostrou incrivelmente nervoso com o retorno de Fanana, a ponto de termos dificuldade para acompanhá-lo nas correrias morro acima e morro abaixo. O tumulto desse dia me deixou exausto.

TODAS AS OBSERVAÇÕES ACIMA provêm do Leste da África. No Oeste do continente, o tratamento dispensado às fêmeas chimpanzés não é nem de longe tão rude. Esta parece ser uma diferença cultural.

A maioria dos relatos que ouvimos sobre chimpanzés trata da subespécie e do hábitat da parte oriental do continente africano, onde os estudos de campo sobre eles começaram nos anos 1960. Ali esses grandes primatas vivem dispersos pela floresta, a violência territorial é comum e intensa e as fêmeas têm pouco poder. Essa ênfase é lamentável, pois chimpanzés nem sempre se comportam assim — sei disso muito bem graças a meus estudos dessa espécie em cativeiro. Os chimpanzés têm um grande potencial para formar sociedades mais coesas e cooperativas. Estudos de campo na África Ocidental confirmam isso. Embora existam conflitos entre comunidades, eles são menos frequentes e menos brutais. Os chimpanzés ocidentais não corroboram a imagem de assassinos que paira sobre a sua espécie. Em cada comunidade encontramos maior proximidade social e menor diferencial de poder entre os sexos.

Violência

Esse contraste com os chimpanzés orientais foi feito pelo primatólogo suíço Christophe Boesch. Ele trabalhou por décadas com os chimpanzés da floresta de Taï, na Costa do Marfim, África Ocidental. Boesch deu a um livro sobre seus estudos o provocativo título *The Real Chimpanzee* [O verdadeiro chimpanzé], o que irritou profundamente os especialistas em chimpanzés que trabalhavam em outras partes da África. Equivalia mais ou menos a um antropólogo declarar-se o único a estudar "humanos de verdade". Porém, mesmo que não aceitemos que os chimpanzés variem em autenticidade, devemos ter cautela com generalizações sobre seu comportamento.[20]

O maior nível de cooperação entre os chimpanzés ocidentais talvez decorra do grande número de leopardos na floresta, algo que requer uma defesa coletiva. A proximidade entre os chimpanzés tem o efeito colateral de alterar a balança do poder sexual nas comunidades. Quando fêmeas passam muito tempo em companhia umas das outras, formam um bloco de interesses comuns. Isso tolhe as táticas brutais dos machos. Segundo Boesch, as fêmeas têm mais influência em assuntos da comunidade e não são forçadas a relações sexuais exclusivas com determinados machos nem à cópula sob coerção. Além disso, quando uma fêmea copula com um macho menos desejável, ela costuma afastar-se dele prematuramente, impedindo assim a fecundação. As fêmeas de Taï têm mais controle sobre sua sexualidade e, por extensão, sobre sua reprodução.[21]

Em cativeiro os chimpanzés machos têm ainda menos êxito em pressionar as fêmeas. Seria de imaginar que a ausência de oportunidades de escapar tornaria mais fácil para eles intimidar fêmeas, mas é o contrário. O poder coletivo das fêmeas excede o que se vê na natureza, pois em colônias cativas elas estão sempre próximas umas das outras. A vida social é regulada com rigor bem maior, e os machos com comportamentos desagradáveis não ficam impunes. Já vi machos fazerem exibições de agressividade com todos os pelos eriçados para fêmeas relutantes em se acasalar, mas sempre chega um momento em que outras fêmeas intervêm para salvar a companheira que grita. Elas perseguem o macho insistente e o ensinam a se comportar direito.

O mesmo padrão caracteriza os bonobos, que transformaram em arte a solidariedade entre as fêmeas. Elas refreiam a violência dos machos tanto em cativeiro como na natureza, onde suas comunidades são notavelmente coesas. As fêmeas bonobos deslocam-se juntas durante a maior parte do tempo, e ao anoitecer chamam umas às outras antes de fazer seus ninhos no alto de um arvoredo. Dormem ao alcance das vozes das colegas. Os bonobos convivem em maior proximidade que os chimpanzés, e isso resulta em uma transferência de poder ainda maior para as fêmeas. A coerção sexual por machos está fora de questão.

O que essas observações significam para o ancestral distante que temos em comum com os grandes primatas não humanos, o ancestral que viveu entre 6 milhões e 8 milhões de anos atrás? Se você me perguntar se ele era um estuprador, responderei que não. Não temos razão para pensar que tenha sido, considerando o quanto a cópula forçada é extremamente rara em nossos parentes mais próximos. Será que esse ancestral ao menos conhecia a coerção sexual sob a forma de assédio e intimidação? Depende do quanto suas sociedades

Violência 265

eram coesas. Temos evidências desse tipo de comportamento em chimpanzés que vivem dispersos pela floresta, porém ele é excepcional em sociedades mais coesas dessa espécie e totalmente ausente nos bonobos. A maior parte da atividade sexual ocorre em um contexto relativamente tranquilo. O único tipo de comportamento que esperaríamos nesse ancestral é o espancamento ocasional de fêmeas por machos, pelo menos sob o pressuposto da dominância deles. Como não sabemos o grau em que o último ancestral em comum foi parecido com chimpanzés — ou bonobos —, a questão permanece sem resposta.

Infelizmente, nada do que foi dito acima ajuda a explicar o comportamento da nossa espécie, na qual o estupro é mais comum do que a maioria de nós ousa admitir. É muito mais prevalente entre nós do que entre nossos parentes primatas. Segundo o já mencionado levantamento abrangente feito nos Estados Unidos, 17,6% das mulheres são estupradas em algum momento da vida.[22] Essa porcentagem elevada talvez se deva, em parte, à tendência dos casais humanos de passarem tempo juntos em habitações separadas do resto do mundo.

Em nossos parentes grandes primatas, machos e fêmeas não se associam de modo permanente e se encontram apenas de vez em quando. Durante a maior parte do tempo, as fêmeas deslocam-se sozinhas sem restrições enquanto procuram alimento para si e para suas crias. À noite, fazem ninhos em árvores. Os machos não se interessam pelo modo como as fêmeas cuidam da vida. Fora dos períodos férteis das fêmeas, os sexos não têm razão para o contato frequente, muito menos para um controle abusivo e ciúme por parte dos machos. Como não há estrutura familiar, ocorre muito menos monitoração das atividades de um sexo pelo outro. Além disso, seus encontros acontecem em lugares abertos, onde terceiros podem interferir.

Nossa espécie desenvolveu famílias caracterizadas pelo engajamento do macho. As vantagens dessa disposição no que diz respeito a provisão de alimentos, proteção e cuidado com a prole são parte da história de sucesso dos humanos. Contudo, essas vantagens têm um preço enorme para as mulheres: as tentativas masculinas de dominação e controle, incluindo o estupro. A coabitação traz uma situação que potencialmente põe em risco as mulheres. Vimos uma amplificação desse efeito em 2020, quando a pandemia de covid-19 resultou na ordem de ficar em casa. Com famílias enjauladas ainda mais do que o habitual, a violência doméstica triplicou na província chinesa de Hubei e em outras partes. Informes preliminares sugerem um aumento mundial de maus-tratos domésticos.[23]

NESSE ARGUMENTO SOBRE a infrequência de coerção sexual entre outros primatas há uma gigantesca exceção: o orangotango. O grande primata ruivo do Sudeste Asiático é geneticamente muito menos próximo de nós, portanto menos relevante para nossa linhagem do que os chimpanzés e bonobos, mas todos que conhecem orangotangos já testemunharam o comportamento em questão. O macho agarra uma fêmea e não a solta. Na prática ele possui quatro mãos e uma força incrível. Impõe a penetração e executa seus movimentos pélvicos enquanto ela luta para se livrar. No meio do processo, a fêmea desiste e espera até tudo acabar.

Violência

O fato de os orangotangos machos serem bem maiores do que as fêmeas contribui para esse comportamento. Outro fator é o estilo de vida solitário dessa espécie. Em vez de se congregarem em grupos, esses primatas deslocam-se sozinhos pela copa das árvores, muito acima do chão. A fêmea normalmente está sozinha ou acompanhada apenas pela cria dependente dela. A ausência de uma rede de apoio dá toda a vantagem ao macho.

A tendência dos orangotangos a copular à força é tão intensa que sabemos que humanas podem ser seus alvos. Isso aconteceu com a cozinheira de Biruté Galdikas, a primatóloga canadense que estudou essa espécie por anos em Bornéu. Um dia, um orangotango que Galdikas criara desde bebê — ele chegou a dormir durante algum tempo na mesma cama que ela e o marido — agarrou a cozinheira, Dayak. Arrancou-lhe a saia e foi para cima dela à força enquanto a moça "gritava histericamente". Galdikas tentou intervir, em vão, pois um orangotango macho é muitas vezes mais forte que qualquer humano. No fim ele soltou a mulher sem causar nenhuma lesão.[24]

Mas nem todo orangotango macho age desse modo, e nem sempre as fêmeas resistem ao sexo. Tudo depende do status e do tamanho do macho. Cópulas forçadas são típicas de machos menores, desprovidos de características sexuais secundárias como as grandes bochechas carnudas (flanges). Muitos desses indivíduos vivem no território de um macho completamente desenvolvido e se acasalam com fêmeas mesmo quando elas não os querem. As fêmeas preferem os machos maiores, que em geral têm o dobro do tamanho delas, são dotados de flanges e frequentemente emitem altas vocalizações na copa das árvores. Seus chamados graves e longos podem ser ouvidos a grande distância. Já estive no chão abaixo deles na floresta, e a força com que anunciam sua presença me deu calafrios. As fêmeas são ávidas por fazer sexo com esses machos magníficos. Procuram por eles com grande empenho e até provocam oralmente uma ereção ou usam os dedos para ajudar na penetração pelo pênis. Carel van Schaik, especialista holandês em orangotangos, descreve o processo:

> Se uma fêmea jovem [...] quiser se acasalar com o macho dominante flangeado e irresistivelmente atraente, vai ter de convencê-lo. Aliás, vai ter de trabalhar: aproximar-se do macho de ar entediado e montá-lo enquanto ele se reclina para trás, conseguir a penetração e fazer movimentos pélvicos vigorosos para que ele ejacule.[25]

Desconhecemos a razão dessa inversão de comportamentos no acasalamento. Pesquisadores de campo aventam que as fêmeas resistem a alguns machos e não a outros conforme a segurança que ele pode proporcionar assim que nasce a cria. Os machos maiores, que dominam um vasto trecho de floresta, sem dúvida são os melhores protetores.[26]

No entanto, sabemos que raramente ou nunca as cópulas forçadas causam lesões. Apesar de sua enorme vantagem de tamanho, os orangotangos machos adotam esse comportamento sem causar ferimentos visíveis. Suas mordidas devem ser meras ameaças. Em geral, a agressão por primatas machos é contida quando as vítimas são fêmeas. Isso se evidencia em sua escolha de armas (madeira em vez de pedra) e no fato de chimpanzés machos raramente matarem fêmeas. Mesmo

Violência

Orangotangos com frequência usam da força durante relações sexuais. Esse comportamento é visto sobretudo em machos ainda não totalmente crescidos. As fêmeas preferem fazer sexo com os machos maiores, que têm o dobro do tamanho delas.

quando machos encontram fêmeas desconhecidas na floresta, costumam deixá-las em paz. Sua territorialidade é voltada para outros machos.

Com os gorilas a situação é parecida. O macho dessa espécie é a mais formidável máquina de lutar no mundo dos primatas, fisicamente capaz de conter ou matar várias fêmeas, que são muito menores. No entanto, ele é psicologicamente incapaz de explorar por completo essa vantagem. Em confrontos com fêmeas, o que ele faz com mais frequência é simular agressividade e bater no peito. É espetacular ver uma aliança de fêmeas aos gritos perseguir — e até espancar — um macho colossal, cujas mãos parecem estar atadas nas costas pelos neurônios em seu cérebro.

Essas inibições são compreensíveis. Se a reprodução é o objetivo principal da agressividade dos machos, nada seria mais improdutivo do que a agressão letal contra as fêmeas.

O ESTUPRO É USADO como arma para humilhar e aterrorizar milhões de mulheres. Entre os exemplos temos o do Exército japonês durante o Estupro, ou Massacre, de Nanjing, em 1937; o do Exército Vermelho soviético na Alemanha, no final da Segunda Guerra Mundial; e os hutus durante o genocídio em Ruanda de 1994. Estupros tornam-se genocídios quando são acompanhados por tortura e assassinato, o que acontece com frequência, ou quando levam a abortos malfeitos ou a doenças potencialmente letais como a aids. Dizem que, em tempos passados, soldados estupravam e saqueavam para punir cidades que resistissem a se render. O líder mongol Gengis Khan, por exemplo, dava um ultimato às cidades cercadas: "Quem se render será poupado, mas quem resistir será destruído junto com suas mulheres, filhos e dependentes". [27]

Atualmente, porém, a fonte mais significativa de violência contra as mulheres está no lar: seus parceiros íntimos e parentes, como namorados, maridos e irmãos. Estima-se que, globalmente, 13,5% do total de homicídios são *feminicídios*, definidos como crimes de ódio por motivos sexuais.[28] O estupro é parte desse padrão mundial, mas embora a confiabilidade dos

Violência

números disponíveis seja muito debatida, a única medida que nunca vemos é quantos perpetradores existem. Seria um em cada cinco homens? Registros criminais sugerem que estupradores cometem crimes em série, portanto também poderia ser um em cada dez. Ou talvez em cada vinte. Essa é uma questão crucial para determinarmos quais fatores promovem o estupro. O estupro é típico da nossa espécie ou é um padrão excepcional que caracteriza uma minoria de homens?[29]

Há quem considere o estupro uma síntese das relações de gênero na nossa espécie. Em seu livro *Against Our Will* [Contra a nossa vontade], de 1975, Susan Brownmiller escreveu estas frases memoráveis:

> A descoberta pelo homem de que seus genitais podem servir como armas para gerar medo deve estar entre as mais importantes dos tempos pré-históricos, junto com o uso do fogo e o primeiro machado de pedra bruta. Acredito que, da pré-história até o presente, o estupro tem uma função crucial. É nada mais nada menos do que um processo consciente de intimidação pelo qual todos os homens mantêm todas as mulheres em estado de medo.[30]

Quando fala em *todos* os homens e mulheres, Brownmiller faz uma generalização completa, que não deixa margem ao papel da cultura e da educação. Ela também não distingue entre homens que estupram e que não estupram. Sua ideia principal é que não importa quantos homens apresentam esse comportamento, porque *todas* as mulheres vivem constantemente com medo deles e são forçadas a adotar medidas de autoproteção.

Saber quantos homens estupram é importante para quem gostaria de acabar com esse comportamento. Outros, porém, pensam que isso é impossível. Consideram o estupro algo natural em nossa espécie. Ele não é um ato de violência nem uma inovação cultural, afirmam, e sim uma estratégia adaptativa. Em *A Natural History of Rape* [Uma história natural do estupro], de 2002, os cientistas americanos Randy Thornhill e Craig Palmer apresentam o estupro como parte integrante da nossa psicologia evolutiva. Para eles, trata-se de uma solução pré-programada para os homens lidarem com mulheres que lhes recusam sexo. "Adaptativa", neste caso, quer dizer que o estupro ajuda os homens a conseguir fecundações que eles não obteriam de outro modo.[31]

Compreendo perfeitamente Brownmiller, que, enfurecida com a prevalência do estupro e de seu impacto traumático, dispôs-se a culpar todo um gênero. Tenho mais dificuldade para aceitar a interpretação biológica do estupro por Thornhill e Palmer, em parte pelo que sabemos sobre nossos parentes primatas e em parte porque carecemos de evidências sobre nossa própria espécie. Além disso, chamar o estupro de "natural" dá a impressão de que temos de conviver com ele e ponto-final. As garantias dos autores de que não é isso que eles querem dizer nunca soaram convincentes.

A ideia de que o estupro é uma adaptação nasceu — acredite se quiser — de estudos sobre a mosca-escorpião. Algumas espécies dessa mosca têm uma característica física — uma espécie de gancho — que ajuda os machos a obrigar as fêmeas a copular. Embora extrapolar de moscas para humanos seja forçar a barra, os autores se esmeram. Os homens obviamente carecem de uma ferramenta anatômica para es-

Violência 273

tuprar, mas os autores especulam que talvez sua constituição psicológica facilite o estupro. O problema é que a psicologia humana não é nem de longe tão fácil de desmembrar quanto a anatomia de um inseto. A programação da espécie humana é vaga demais para que um comportamento muito específico como o estupro seja hereditário.

Os proponentes da ideia do estupro como adaptação apregoam o punhado de animais, como os patos e os orangotangos, entre os quais ocorre a cópula forçada. No entanto, com base na lógica evolutiva, temos de indagar por que, então, esses animais são os únicos. Se o estupro é uma técnica tão boa para engravidar fêmeas, por que é tão raro? O contato sexual forçado deveria ser corriqueiro na natureza, mas não é.

Para que a seleção natural favoreça o estupro, duas condições teriam de ser atendidas. Primeira, os homens que adotam esse comportamento devem ter uma constituição genética especial que os transforme em predadores sexuais. Segundo, os estupradores precisam propagar seus genes. Não temos evidências para nenhuma dessas condições. Além disso, se a reprodução fosse o objetivo, os homens não deveriam estuprar meninas ou mulheres fora da faixa etária reprodutiva. Tampouco deveriam estuprar namoradas ou esposas, com quem também fazem sexo consensual, muito menos meninos e homens. Mas estupram. Segundo levantamento do Departamento de Justiça dos Estados Unidos, por exemplo, um em cada 33 homens é estuprado pelo menos uma vez na vida.[32]

A perspectiva de que essa biologia desqualificada viesse a alcançar um público mais amplo me horrorizou, mas foi o que aconteceu. *A Natural History of Rape* tornou-se uma pedra no sapato da incipiente disciplina da psicologia evolucionista, até então conhecida principalmente por especulações inócuas sobre a atratividade de quadris, cintura e simetria facial. A controvérsia culminou em um livro no qual 28 estudiosos rejeitaram a tese de Thornhill e Palmer. Joan Roughgarden chamou a tese de "a mais nova desculpa na linha 'A evolução me obrigou'" para justificar um comportamento depravado.[33]

Na minha resenha do livro para o *New York Times*, sugeri uma questão diferente: o que uma comunidade tribal faria com um estuprador em seu meio? Eu tinha em mente nossa longa pré-história vivida em grupos pequenos.[34] Encabeçados por Kim Hill, antropólogos americanos exploraram essa questão baseados no que sabiam sobre os indígenas do grupo Aché, do Paraguai. Não havia notícia de nenhum estupro entre esses caçadores-coletores, mas os autores construíram um modelo matemático baseado em como previam que esse povo reagiria se um de seus homens estuprasse uma mulher. A coisa pareceu feia. O estuprador poderia perder todos os seus amigos ou acabar morto por parentes da vítima, e qualquer filho que resultasse do estupro talvez fosse abandonado. Um gene do estupro — se existisse — provavelmente iria se extinguir bem depressa.[35]

EM NOSSOS PARENTES mais próximos não há sinais de uma adaptação para o estupro, e, nas condições em que nossos ancestrais evoluíram, o estupro não teria sido uma atitude sábia. Nas sociedades gigantescas do presente, o anonimato remove parte dos riscos para os perpetradores, mas o fato de o estupro acontecer não o torna natural.

Violência

Smuts foi quem primeiro procurou estudar como a sociedade humana molda a violência e a coerção sexual masculina e como isso pode ser combatido. Para essa investigação, a autora inspirou-se em suas observações de primatas. Como vimos, quanto mais forte a rede feminina, mais o assédio sexual masculino é refreado. As fêmeas primatas tendem a defender umas às outras contra machos, mas, para que isso seja viável, elas precisam viver e deslocar-se juntas. A fêmea orangotango, que não conta com apoio nenhum, está em situação perigosa comparada à fêmea bonobo, que tem uma rede de apoio de primeira classe.

Para impedir abusos por parte dos homens, as mulheres têm três opções, segundo Smuts. A primeira é resistir; mas isso é difícil e perigoso demais, pois em média os homens são mais fortes. A segunda é encontrar proteção masculina adequada. Essa escolha também é possível para diversos primatas. Pense nas amizades entre machos e fêmeas nos babuínos e em como as orangotangos fêmeas são atraídas pelo macho mais forte da floresta. No entanto, essa tática tem desvantagens. Se uma mulher escolher um parceiro com base no vigor e dominância, corre o risco de que ele use essas mesmas qualidades contra ela. Um protetor forte também é, em potencial, um opressor perigoso.

Da perspectiva da mulher, o homem perfeito é forte o bastante para impor respeito a outros homens mas delicado o suficiente para nunca explorar sua vantagem física contra ela. O fato de que mulheres heterossexuais são atraídas por essas qualidades evidencia-se na preferência acentuada que elas demonstram por homens altos. Mulheres favorecem homens que sejam mais altos do que ela, tanto assim que homens de baixa estatura queixam-se de não ter muitas chances em sites de namoro. A atração feminina por homens mais altos supera o desejo masculino por mulheres mais baixas do que eles. Em questões sobre preferências de parceiros, as mulheres atentam mais do que os homens para as diferenças de altura.[36]

A robustez é um fator adicional. Mulheres são chegadas em um abdome definido. Quando Brad Pitt, em pé num telhado ao sol, tira a camisa no filme *Era uma vez... em Hollywood*, consta que se ouvia um suspiro coletivo nos cinemas. Avaliamos rapidamente as capacidades de um homem olhando seu torso e seus braços. Quando vemos imagens de corpos masculinos sem camisa e sem rosto, não temos dificuldade para classificá-los segundo a força da parte superior do corpo. As mulheres preferem torsos de aparência musculosa, segundo testes feitos com essas imagens. Uma amostra de 160 mulheres americanas não teve nenhuma exceção à regra. Outros estudos indicaram que mulheres não gostam de musculatura em excesso, mas foram pesquisas baseadas em desenhos caricaturescos. Dentro de uma faixa normal, a maioria esmagadora das mulheres busca saúde e força em possíveis parceiros.[37]

Sempre que homens abomináveis ameaçam mulheres, a ajuda mais eficaz vem de outros homens melhores. Achamos essa solução tão satisfatória que o herói que salva a donzela em apuros continua a ser um dos nossos mais populares clichês da ficção. Mas é preciso que o herói tenha potência muscular. Homens delicados são seguros para se ter em casa, porém as mulheres que não vivem só no lar preferem a companhia de homens capazes de se garantir. Sabendo que são julgados por essa qualidade, os homens a alardeiam. Talvez

Violência

por isso se vejam atraídos por esportes competitivos. No mundo todo, a porcentagem de homens que assistem a esportes e praticam esportes é maior que a de mulheres. E elas prestam atenção, como ficou demonstrado quando avaliaram imagens de homens com uma legenda sobre o esporte que eles praticavam. As mulheres preferiram o homem que dizia praticar um esporte agressivo, como o rúgbi, a esse mesmo homem na mesma foto quando era dito que ele praticava um esporte mais delicado como o badminton.[38]

O terceiro modo para as mulheres reduzirem o risco da opressão sexual masculina é o apoio mútuo. Sua rede pode se basear em parentesco, mas também pode ser composta de mulheres não aparentadas, como na irmandade das fêmeas bonobos. O movimento #MeToo é um exemplo. Outro é o movimento Green Sari: em um vilarejo no Norte da Índia, muitas mulheres sofriam privadamente com violência doméstica por parte de maridos bêbados; um dia elas se uniram e começaram a percorrer as ruas do vilarejo. Faziam isso todas as noites, vestidas com sáris verdes. Logo se tornaram uma força respeitável, que quebrava garrafas de bebidas ilegais e confrontava homens que atormentavam as esposas.[39]

Smuts elaborou um conjunto de previsões sobre situações que protegeriam mulheres, como estarem próximas de parentes, dependerem menos de homens e darem menor ênfase a vínculos com homens na sociedade. Homens que passam muito tempo em clubes ou irmandades masculinos desviam suas prioridades das mulheres e se tornam relutantes em defender suas parentes de outros homens. Até agora essas predições não foram testadas com dados reais de culturas humanas. Ainda assim, oferecem ótimo esboço de uma abordagem cultural para o problema do assédio e da coerção sexual.[40]

Esse arcabouço me parece muito superior ao pressuposto de que o estupro está em nossos genes e que os homens recorrerão a ele sempre que surgir uma oportunidade. Esta segunda posição é deprimentemente fatalista, pois nega que os homens possam ser melhores que isso. Por essa razão, quero acrescentar uma quarta opção para combater o assédio e o estupro pelos homens: criar uma cultura na qual meninos e homens não sejam atraídos por esse comportamento e não o tolerem em seus amigos. Em vez de nos concentrarmos no que as mulheres podem fazer para prevenir, também precisamos levar em consideração o que ensinamos aos meninos e que tipos de modelos oferecemos a eles.

A pergunta que prefiro fazer é: por que a maioria dos homens *não* estupra? Enfoquemos o positivo e vejamos como essa maioria pode ser ampliada. A educação será crucial, sobretudo aquela que reconhece as diferenças entre os sexos. A recomendação da feminista americana Gloria Steinem de que criemos os filhos mais como filhas deve ser vista com cautela.[41] Não podemos agir como se a biologia fosse irrelevante. Filhos não são filhas.

Se as citadas descrições do comportamento de primatas humanos e não humanos mencionadas acima nos ensinam alguma coisa, é que os filhos crescerão mais propensos à violência. Eles também adquirirão força física consideravelmente maior que a das filhas. Toda sociedade precisa lidar com esse duplo potencial para problemas e encontrar modos de civilizar seus homens jovens. Como hoje é raro rapazes se tornarem guerreiros, a sociedade tem ainda mais necessidade

Violência

de encontrar escapes construtivos para o impulso agressivo masculino. Esse impulso pode levar tanto a realizações grandiosas quanto a mau comportamento. Para assegurar que eles se tornem fontes de força e não de abuso, é preciso que os meninos adquiram habilidades emocionais e atitudes voltadas especificamente para seu gênero. Eles precisam aprender que com a força vem a responsabilidade. Queremos que adquiram autodisciplina, senso de honra e respeito pelas mulheres.

Não como uma questão secundária, mas como o cerne de sua masculinidade.

9. Machos e fêmeas alfa
Diferença entre dominância e poder

MAMA ERA O CENTRO e o alicerce da grande colônia de chimpanzés do Zoológico Burgers. Ela agia como a mãe do grupo, daí seu nome. Reinou como fêmea alfa por mais de quatro décadas e lidou com vários machos alfas que chegaram e partiram. De todas as chimpanzés do topo da escala que conheci, Mama foi a mais bem-dotada de habilidades de liderança. Ela se preocupava não só com sua posição privilegiada na hierarquia, mas também com o grupo como um todo.

Mama inspirava tanto respeito que me senti pequeno na primeira vez em que olhei em seus olhos, cada um de nós de um lado do fosso. Era seu costume balançar levemente a cabeça para comunicar que tinha visto alguém. Nunca senti tanta sabedoria e dignidade em uma espécie que não era a minha.

Anos mais tarde, depois que deixei o país, Mama me saudava com entusiasmo toda vez que identificava meu rosto numa multidão de visitantes. Minhas visitas foram sempre inesperadas, e algumas aconteceram depois de anos. Ela pulava e corria ao longo do fosso cheio de água, vocalizava e estendia a mão para mim lá de longe. As fêmeas costumam usar esse gesto de "Venha cá" quando estão prestes a se deslocar e querem que sua cria pule em suas costas. Eu lhe respondia com o mesmo gesto amistoso e posteriormente ia ajudar o tratador a alimentar os chimpanzés jogando frutas na ilha. Nos assegurávamos de que Mama, que andava devagar e não era tão rápida quanto os outros para apanhar laranjas no ar, recebesse o suficiente.

Também havia cenas de ciúme, pois Moniek, filha adulta de Mama, tinha o hábito de escapar sorrateiramente da minha vista para jogar pedras de longe. Os lançamentos parabólicos de Moniek poderiam me atingir na cabeça se eu não tivesse aprendido a ficar alerta para esse tipo de comportamento. Peguei muitas pedras no ar! Moniek nascera quando eu ainda trabalhava no zoológico, mas não se lembrava de mim e detestava a atenção que sua mãe dava àquele estranho, saudando-o como a um velho amigo. O melhor era jogar umas pedras nele! Como atirar objetos em um alvo era considerado exclusividade de humanos, convidei proponentes dessa teoria a descobrir do que os chimpanzés são capazes. Moniek tinha pontaria perfeita a uma distância de doze metros. Não consegui nenhum voluntário para testar sua dileta teoria.

No grupo, Mama agia como a voz da opinião coletiva. Um bom exemplo foi o caso de Nikkie, macho-alfa recém-chegado ao poder. Embora ele tivesse conquistado o topo da hierarquia na colônia, outros resistiam a seu comportamento brutal. Ser o macho alfa não significa poder fazer o que bem entender, ainda mais para alguém tão novo no posto como Nikkie. Numa ocasião, todos os primatas insatisfeitos o perseguiram com gritos e apupos. O jovem macho, agora não tão imponente, foi sentar-se sozinho no alto de uma árvore, gritando em pânico. Suas rotas de fuga estavam barradas. Toda vez que ele tentava descer, os outros o enxotavam lá para cima.

Passados uns quinze minutos, Mama subiu lentamente na árvore. Tocou em Nikkie e o beijou. Depois desceu, e ele a seguiu de perto. Como Mama trazia Nikkie, ninguém mais resistiu. Nikkie, obviamente ainda nervoso, fez as pazes com seus adversários. Nenhum outro chimpanzé do grupo, macho ou fêmea, poderia ter produzido um desfecho tão pacífico.

Em muitas ocasiões Mama conciliou oponentes ou estes a procuraram. Vi machos adultos, incapazes de resolver suas brigas, correrem até Mama e se sentarem, um em cada um de seus braços compridos, gritando como numa briga de crianças. Mama os impedia de recomeçar a disputa. Outras vezes ela incentivou machos a procurarem seus adversários e fazerem as pazes. O comportamento de Mama refletia uma avaliação perspicaz da dinâmica social à sua volta. Suas mediações refletiam *preocupação com a comunidade*: iam além do autointeresse e promoviam paz e harmonia no grupo.

Como Mama sempre se dispunha a fazer sua parte, os outros contavam com ela. Fêmeas que não conseguiam controlar uma comoção entre os jovens acordavam Mama cutucando de leve seu flanco. Brigas de jovens trazem o risco de insuflar conflitos entre as mães, que automaticamente tomam o partido dos filhos, o que só piora a situação. A solução era mobilizar uma entidade neutra de autoridade indisputada. Mama só precisava dar uns grunhidos zangados lá de longe, e os jovens chimpanzés paravam com as estripulias.

O TERMO "MACHO ALFA" remonta à pesquisa sobre lobos feita nos anos 1940 pelo etólogo suíço Rudolf Schenkel.[1] Logo depois de ele cunhar o termo, estudiosos do comportamento

Machos e fêmeas alfa 283

animal começaram a empregá-lo para designar o macho no topo da hierarquia. A fêmea no topo tornou-se a fêmea alfa. Tanto machos como fêmeas têm seu alfa, e nunca há mais de um em um grupo. Mama não dominava nenhum macho adulto — raramente as chimpanzés fêmeas o fazem. Essa verdade simples sobre a hierarquia primata é espinhosa para algumas pessoas. O que a primatologia é capaz de ensinar, indagam certas feministas, se tudo o que ela pode oferecer é uma deprimente mensagem sobre o lugar das mulheres na sociedade? Por sua vez, conservadores celebram essa mesma informação como uma justificativa para atitudes de donos do pedaço adotadas pelos homens.

Em 2013 o comentarista americano Erick Erickson declarou no canal de televisão Fox Business: "Analisando da perspectiva da biologia os papéis do macho e da fêmea na sociedade e em outros animais, o macho tipicamente é o dominante". Ele via isso como prova científica de que as mulheres trabalharem fora para sustentar a família é um crime contra a natureza. O único resultado possível de sua ascensão, concordaram todos os membros masculinos do encontro, era o colapso da sociedade.[2]

O apoio primatológico para a mensagem de que as mulheres precisam conhecer seu lugar remonta ao mal concebido experimento de Solly Zuckerman com babuínos no Zoológico de Londres, nos anos 1920. Suas ideias ajudaram a justificar, e até a glorificar, a brutalidade masculina. Nos anos 1960 o influente livro *African Genesis* [Gênese africana], do jornalista Robert Ardrey, amplificou a mensagem incluindo a seguinte declaração hostil (e fóbica) sobre a mudança de papéis de gênero: "A mulher emancipada, de qualquer nacionalidade, é produto de 70 milhões de anos de evolução na cadeia dos primatas. [...] Ela é a mais infeliz das primatas que o mundo já viu, e lá no íntimo o seu objetivo mais caro é a castração psicológica do marido e dos filhos homens".[3]

A preocupação de Ardrey com a felicidade da mulher era hipócrita. Baseava-se no pressuposto de que as lideranças masculina e feminina são mutuamente excludentes e que a primeira é mais natural que a segunda. Mas e se as duas coexistirem?

A razão de raramente termos notícia sobre o poder feminino entre outros primatas é que não somos capazes de enxergar para além da liderança dos machos. Eles são chamativos e sugam toda a atenção com seu atrevimento, exibições e lutas ruidosas. Também são menos tímidos, e com isso os pesquisadores de campo vêm a conhecê-los primeiro. Primatólogas ilustres não escaparam à sedução deles e desenvolveram uma afinidade especial com grandes primatas não humanos machos — exemplos são Jane Goodall com David Greybeard (um chimpanzé), Dian Fossey com Digit (um gorila) e Biruté Galdikas com Sugito (um orangotango). Esses machos foram descritos com grande amor e admiração, enquanto primatas fêmeas receberam atenção menor, pelo menos inicialmente. Por seu comportamento discreto, elas levaram décadas para entrar na bibliografia científica.

Em segundo lugar, a dominância masculina é associada à violência, e a violência nos atrai. Fica difícil olhar para qualquer outra coisa. Esse viés muito conhecido no modo como assistimos ao noticiário aplica-se igualmente ao comportamento animal. Nos programas que mostram a natureza na te-

Machos e fêmeas alfa 285

levisão figuram muito mais tubarões do que cabras-selvagens. Toda vez que pergunto a produtores de séries sobre o mundo natural por que temos um zilhão de documentários a respeito de chimpanzés e tão poucos sobre bonobos, a resposta é sempre que estes últimos não oferecem ação o suficiente. Quando filmam chimpanzés, os cinegrafistas têm a garantia de captar lutas espetaculares. Sangue e confronto vendem bem. O programa pode mostrar um chimpanzé ensanguentado que sai mancando da cena enquanto o narrador nos lembra em tom funesto sobre "a lei da selva". As emissoras do mundo natural amam nos deixar com essa mensagem tenebrosa.

Mas eles ficam limitados quando excluem narrativas mais intrigantes. Os bonobos mostram muita ação, sim, só que principalmente em linhas eróticas. As emissoras têm dificuldade para lidar com isso. Além do mais, apresentar os bonobos poderia arruinar a ideia de que a dominância masculina é inevitável, e isso traz outro problema. Como a lei da selva poderia pôr as fêmeas no comando? É difícil demais de explicar, dizem os produtores.

Vieses similares tolhem a literatura científica. Em geral, cenários evolutivos da nossa espécie nos apresentam como guerreiros que atacam, saqueiam e matam desde tempos imemoriais. A ideia é que essa pré-história horripilante explica nossas características mais diletas. Como resumiu o cientista político americano Quincy Wright: "Dos povos belicosos emergiu a civilização, enquanto os pacíficos coletores e caçadores foram expulsos para os confins da Terra".[4]

Dado que a guerra requer alto grau de cooperação e ajuda mútua, até o altruísmo humano parece ser efeito do militarismo. Civilização e obediência à autoridade, supõe-se, evoluíram para que pudéssemos confrontar nossos inimigos de maneira mais eficaz. A anatomia humana é vista dessa mesma perspectiva. Você pode pensar que a mão evoluiu para agarrar galhos e apanhar frutos, mas como ela também pode ser fechada para dar socos a proposição mais recente é de que as mãos humanas evoluíram para ser armas.[5]

Essas noções refletem-se nos rótulos aplicados aos machos da nossa espécie e seus parentes por antropólogos como Napoleon Chagnon e Richard Wrangham, que os descrevem como "pessoas ferozes" e "machos demoníacos", respectivamente.[6] A ciência ainda vê a violência e a guerra como indissociáveis da herança da nossa espécie, apesar da escassez de evidências desse tipo de comportamento durante nossa pré-história. O registro arqueológico, por exemplo, não contém evidência alguma de matança em grande escala antes da revolução agrícola de 12 mil anos atrás. Isso torna altamente especulativos os cenários que pressupõem que a guerra está no nosso DNA.[7]

A terceira razão de termos poucos relatos sobre fêmeas líderes em outros primatas talvez seja a mais significativa. Costumamos reduzir a dominância social em outras espécies à dominância física. Como poderia ser de outro modo? Ou o indivíduo domina ou não domina. Se Mama não é capaz de vencer fisicamente qualquer macho adulto, por que chamá-la de fêmea alfa? É surpreendente que apliquemos essa lógica simplista aos animais, uma vez que nunca fazemos isso em nossa sociedade. Ninguém entra numa empresa e vai até o homem mais fortão no recinto convencido de que o chefe só pode ser ele.

O mesmo vale para outros primatas. O macho maior e mais forte não está necessariamente no topo, já que a rede de

Machos e fêmeas alfa 287

associados, a personalidade, a idade, as habilidades estratégicas e os laços de parentesco ajudam os indivíduos a ascender na escala social. Aplicado aos gêneros, isso significa que uma fêmea bonobo pode estar acima de todos os demais em sua comunidade apesar da presença de machos fisicamente muito mais fortes do que ela. Em chimpanzés, até o macho menor pode se tornar o alfa. Para isso, ele precisa do apoio de outros. Isso introduz complexidades: ele deve manter seus aliados satisfeitos, assegurar-se de que eles não conspirem com os rivais e conquistar as fêmeas mediante proteção e partilha de alimentos. Estudos de campo mostram que quanto menor é um chimpanzé macho alfa, mais tempo ele se dedica à catação em outros.[8]

Até a rigorosa hierarquia dos macacos é menos direta do que se poderia pensar. Lembremos o caso de Mr. Spickles, o idoso chefe de um bando de resos, que contava com o apoio da fêmea alfa, Orange.[9] Isso nos faz pensar: qual dos dois é o mais poderoso? Já nos primórdios da nossa disciplina o pai da primatologia no Japão, Kinji Imanishi, observou que, "embora possa parecer que a sociedade de macacos está sob a ditadura de um macho poderoso, as fêmeas têm grande influência nela".[10]

Analisemos a dominância social, então. Ela tem três componentes: habilidade de lutar, posição formal na hierarquia e poder. Como os primatas jovens brincam de lutar o tempo todo, logo aprendem quem é mais forte ou mais fraco. Sentem isso quando tentam conter alguém ou escapar ao serem agarrados. Como nós, eles se tornam exímios conhecedores da força física simplesmente olhando para a constituição e o modo de andar de alguém. Uma fêmea bonobo sabe muito bem que precisa de uma aliança de fêmeas para dominar machos. E os machos também sabem onde se classificam fisicamente, mas como em geral contam com alianças a massa corporal não permite fazer um bom prognóstico de sua posição hierárquica.

A competição física por status é coisa rara em fêmeas dos grandes primatas não humanos. Em cativeiro, ocasionalmente juntamos fêmeas de várias procedências. É impressionante a rapidez com que estabelecem as posições hierárquicas. Uma delas vai andando em direção à outra, que se submete curvando-se, arfando-grunhindo ou saindo do caminho. E pronto. A partir de então, a primeira fêmea domina a segunda.

O contraste com os machos é gritante. As muitas introduções de chimpanzés machos a que assisti foram invariavelmente tensas. Um dos machos pode tentar intimidar o outro, o que talvez provoque uma luta, ou os dois postergam o confronto por alguns dias, às vezes por semanas. Mas sempre haverá um teste de força em algum momento. É por isso que os machos mais vigorosos, por volta dos vinte anos, inicialmente assumem os lugares mais elevados. Assim que eles passam a conhecer uns aos outros, porém, começam a formar alianças políticas que reorganizam a hierarquia. É aí que machos menores e machos mais velhos entram em ação e elevam seu status.

Já no sistema baseado em idade que observamos entre as fêmeas, ser mais velha é bom. A competição pela posição hierárquica é rara porque o status elevado não ajuda muito as fêmeas na floresta, onde elas frequentemente se deslocam e procuram alimento sozinhas. Para elas não compensa uma

Machos e fêmeas alfa

trabalheira como a que se impõe aos machos. Geralmente uma das fêmeas mais velhas é a alfa, apesar da presença de fêmeas no apogeu do vigor, que não teriam dificuldade para vencer uma luta física.

Sabemos sobre a força física das fêmeas graças a testes de preensão manual que fizemos com nossos chimpanzés. Em contraste com as mulheres humanas, cuja força de preensão manual começa a diminuir apenas depois dos sessenta anos, nas chimpanzés essa força cai substancialmente já por volta dos 35 anos.[11] A partir dessa idade, as fêmeas tornam-se cada vez mais frágeis, mas ainda assim não têm dificuldade para manter seu lugar na hierarquia social. Ao contrário, é comum ascenderem. Mama, por exemplo, permaneceu como alfa até morrer, aos 59 anos. Quase cega, cambaleante, ela ainda assim era muito respeitada. Se fosse macho, teria perdido sua posição anos antes. Também na natureza as fêmeas chimpanzés alcançam status elevado com a idade. Aguardam sua vez por esse lugar ao sol, num processo que foi chamado de *queuing*, "esperar na fila".[12]

UMA VEZ FORMADA a hierarquia, ela deve ser comunicada. Cada mamífero social tem seus rituais de submissão — o cão fica de costas no chão com o rabo entre as pernas, o macaco do gênero *Macaca* mostra os dentes em um sorriso largo. Chimpanzés e bonobos emitem grunhidos repetitivos característicos enquanto se curvam para o indivíduo dominante. Um chimpanzé macho alfa só precisa andar com os pelos eriçados para que todos logo venham se arrastar na poeira emitindo grunhidos de submissão. Os alfas ressaltam sua posição passando um braço acima de outros indivíduos, pulando por cima deles ou desconsiderando suas saudações como se não se importassem. Mama recebia muito menos gestos submissos do que os machos, mas como cada fêmea da colônia mostrava submissão a ela com gestos e ela nunca mostrava submissão a nenhuma outra, era considerada a fêmea de status mais elevado. Esses sinais exteriores de status expressam a hierarquia *formal* do mesmo modo que as insígnias das fardas militares nos dizem quem é oficialmente superior a quem.[13]

Já o poder é coisa muito diferente. É a influência que um indivíduo exerce sobre processos do grupo. Como uma segunda camada, o poder esconde-se atrás da ordem formal. Os resultados sociais em um grupo de chimpanzés muitas vezes dependem de quem é mais central na rede de laços sociais e alianças. Quando Mama decidiu que as hostilidades da colô-

Um chimpanzé macho subordinado (*à esq.*) curva-se, balança o corpo para cima e para baixo e emite ruídos de submissão para o dominante. O contraste de tamanho criado por esse ritual de status é artificial. Na verdade, os dois machos têm o mesmo porte.

Machos e fêmeas alfa 291

nia contra o jovem macho alfa Nikkie tinham de cessar, ela se mostrou mais poderosa do que ele.

No entanto, Nikkie era o líder formal, tinha a submissão de todos os outros membros da comunidade. Alguns meses antes do incidente, ele derrotara o macho alfa anterior com a ajuda de seu amigo mais velho, Yeroen. Vocalizando ameaças junto com Nikkie e apoiando-o em sua campanha, Yeroen criara uma situação que funcionara muito bem para ele próprio. Como chefe, Nikkie era forçado a tratar Yeroen com luvas de pelica e deixar que ele copulasse com as fêmeas. O velho macho não tinha força e energia para ser alfa, mas reconquistou o poder e o respeito trabalhando para a tomada do poder por outro.

Essas configurações também são vistas em ambientes naturais. Fiquei muito satisfeito por encontrar Kalunde nas montanhas Mahale, na Tanzânia, depois de ter ouvido Nishida falar tanto sobre ele. Na vida real, Kalunde era menor do que eu esperava. "Encolhera" com a idade, Nishida explicou. Kalunde manobrara até assumir uma posição crucial na comunidade dos chimpanzés jogando machos jovens uns contra os outros. Aqueles machos ambiciosos haviam buscado seu apoio, e ele os apoiara a esmo, tornando-se indispensável para todos eles. Kalunde havia sido macho alfa e, de certa forma, voltara ao topo, mas, como Yeroen, não reivindicava o posto. Preferia agir como eminência parda. Nishida e eu comparamos anotações à noite no acampamento e nos impressionamos com a assombrosa similaridade das táticas de Yeroen e Kalunde. Ambos já eram velhuscos, como estadistas idosos em nossas capitais. Mas, como eles, ainda mexiam os pauzinhos na política.[14]

O que vemos, portanto, são hierarquias sociais nas quais a força física é uma grande vantagem para machos, mas não tanto para fêmeas; estas são mais beneficiadas pela idade e pela personalidade. E, embora a posição hierárquica seja comunicada por sinais formais, ela não é o melhor indicador de poder político. A colônia do Zoológico Burgers, por exemplo, era essencialmente liderada por Yeroen e Mama, o macho e a fêmea mais velhos, apesar de nenhum dos dois ocupar a posição superior. Acontece que Yeroen detinha as rédeas do jovem macho alfa e Mama tinha a capacidade de mobilizar todas as fêmeas, por isso ninguém conseguia escapar da autoridade dos dois.

Mama, em seu apogeu, influenciava fortemente as lutas de poder dos machos. Arregimentava o apoio das fêmeas para um macho ou outro, e aquele que conseguisse chegar ao topo passava a ter uma dívida com ela. A carreira desse macho podia chegar ao fim se algum dia Mama se voltasse contra ele. Ela atuava como uma líder de bancada em favor de seu macho favorito, punindo as fêmeas que ousassem tomar partido dos rivais. Tinha excelente memória para infrações. Numa ocasião, como vimos, ela esperou até que todos os chimpanzés entrassem no recinto noturno, e então encurralou e deu uma sova numa fêmea que apoiara o macho "errado" horas antes.

Portanto, quando dizemos que os chimpanzés são dominados por machos e os bonobos por fêmeas, precisamos acrescentar que o sexo menos dominante nunca é impotente. E além dos três principais marcadores de status — habilidade de lutar, posição hierárquica e poder — existe um quarto: *prestígio*. O prestígio é vital em espécies que, como a nossa, dependem da transmissão de conhecimento. Como seres culturais, nossa atenção volta-se automaticamente para os mais

Machos e fêmeas alfa 293

experientes e habilidosos. Admiramos nossos heróis e os imitamos. Adolescentes tentam dançar como Beyoncé, homens querem um relógio igual ao de Roger Federer. O prestígio é uma forma de poder que advém da admiração.[15]

Como os grandes primatas não humanos também aprendem muito uns com os outros, podemos esperar a mesma tendência. Em um estudo, deixamos que chimpanzés observassem dois membros do grupo demonstrarem um comportamento que lhes tínhamos ensinado. As modelos eram duas fêmeas, uma de status elevado, outra de status inferior. Na presença de toda a colônia, essas fêmeas eram recompensadas toda vez que punham uma ficha de plástico numa caixa. Cada fêmea tinha sua própria caixa, com marcas diferentes. Embora as duas modelos fossem igualmente visíveis e bem-sucedidas, foi como se os chimpanzés só tivessem observado uma delas. Todos emularam a fêmea de status superior e começaram em massa a pôr fichas na caixa dela, sem ligar para a caixa da outra.[16]

O prestígio não é imposto de cima para baixo, é conferido por quem está abaixo, e isso faz desse marcador de status algo mais refinado do que a coerção física que todos supõem existir em uma sociedade primata. O mesmo vale para a estrutura de poder, que só corresponde vagamente às habilidades de lutar. Assim, sempre que alguém afirma saber qual gênero é naturalmente dominante, devemos perguntar o que quer dizer com isso.

Amos, o macho alfa na Estação de Campo de Yerkes, era um chimpanzé muito bonito e benquisto por seu grupo. A primeira observação reflete o julgamento humano, que pode não ser igual ao dos chimpanzés. A segunda, porém, recebeu uma prova irrefutável quando Amos estava moribundo.

A autópsia mostrou que, além do fígado imensamente aumentado, Amos tinha vários tumores malignos. Embora a doença sem dúvida tivesse se agravado ao longo de vários anos, ele agira normalmente até seu corpo não suportar mais. Qualquer indício de vulnerabilidade teria significado a perda de status, e é por isso que os machos tendem a esconder suas fraquezas e se mostram estoicos na presença de rivais. Amos foi encontrado em sua jaula noturna ofegante, com sessenta respirações por minuto, suor escorrendo pela face, enquanto seus companheiros primatas sentavam-se ao sol lá fora. Amos não quis sair, por isso o mantivemos isolado. Os outros chimpanzés voltavam frequentemente para ver como ele estava, então resolvemos abrir a porta da jaula para permitir o contato.

Amos posicionou-se bem ao lado da entrada. Uma fêmea amiga, Daisy, pegou sua cabeça e delicadamente começou a catar no lugar macio atrás das orelhas. Depois trouxe bastante serragem e empurrou tudo pela abertura da jaula — chimpanzés gostam de construir ninhos com esse material. Amos, apoiado numa parede, não fez muita coisa com a serragem. Daisy por várias vezes ajeitou-a atrás das costas dele para isolá-lo da parede. Lembrava exatamente o modo como ajeitamos travesseiros atrás de um paciente no hospital. Outros chimpanzés também trouxeram serragem.

No dia seguinte, recorremos à eutanásia. Não havia esperança de sobrevivência para Amos, apenas a certeza de mais dor. Alguns de nós choraram sua morte, e seus companheiros primatas mergulharam em um silêncio perturbador por vá-

Machos e fêmeas alfa

rios dias. O apetite deles despencou. Amos foi um dos machos alfas mais queridos que eu já conheci.

A posição de Amos refuta a série de livros de negócios da nossa época escritos para instruir os homens a se tornarem machos alfa, por exemplo *The Alpha Male Bible* [A bíblia do macho alfa]. Esses livros ensinam truques de linguagem corporal e estimulam os homens a pensar como vencedores com o objetivo de conquistar a sala da chefia e seduzir as mulheres. Esquecem de mencionar as habilidades que destacam o macho alfa, como generosidade e imparcialidade. São livros que nos entregam uma versão oca do conceito do alfa, o que para mim é ainda mais exasperante considerando o quanto meu livro *Chimpanzee Politics* contribuiu para sua popularidade.[17]

Reconheço dois tipos principais de macho alfa. O primeiro reflete aquele alardeado nesses livros de negócios. É o valentão opressor que segue o credo de Maquiavel: "É melhor ser temido do que amado, se não for possível ser as duas coisas". Esses machos aterrorizam todo mundo e são obcecados por incutir lealdade e obediência. Conhecemos muito bem esse tipo de macho em nossa espécie, e também entre os chimpanzés. Observá-los é perturbador. No Parque Nacional de Gombe, por exemplo, Goblin era um desses machos alfas excepcionais que desde muito jovem agia como um cretino. Chutava outros chimpanzés para fora do ninho ao amanhecer sem motivo algum. Era conhecido por puxar brigas e nunca ceder, mesmo contra seu antigo protetor e mentor, o macho alfa reinante. Acabou por derrubar esse macho do trono. Em vez de fazer amigos, sua tática favorita era a intimidação física.

Um dia Goblin teve a retribuição, depois de perder inesperadamente para um desafiante mais novo. Uma massa de primatas irados partiu para cima dele, como se estivessem à espera dessa oportunidade. Goblin emergiu gritando daquela pancadaria colossal no mato. Fugiu correndo com ferimentos nos punhos, pés, mãos e escroto. Muito provavelmente teria morrido de infecção se um veterinário não o alvejasse com um dardo contendo antibióticos.[18]

O outro tipo de alfa é um verdadeiro líder. Embora seja dominante e defenda sua posição dos rivais, não maltrata e não é excessivamente agressivo. Protege quem está abaixo dele, mantém a paz na comunidade e procura tranquilizar os que sentem dor ou aflição. Analisamos todos os casos em que um indivíduo abraçou outro que perdeu uma briga e constatamos que fêmeas oferecem consolo com mais frequência que machos. A única exceção notável é o macho alfa. Ele age como o curador-mor, e mais do que todos procura confortar os que sofrem. Assim que eclode uma briga, todos olham para ele, procurando ver como agirá. Ele é árbitro supremo nas disputas.[19]

Por exemplo, uma briga entre duas fêmeas sai do controle e elas partem para as vias de fato. Numerosos primatas acorrem e entram no banzé. Rolam pelo chão embolados, aos gritos e golpes, até que o macho alfa entra no meio e separa todo mundo a pancadas. Ele não toma partido, ao contrário de todos os demais. Se alguém continuar a brigar, apanha dele. Ou então ele entra resoluto no meio de dois grupos que estão aos berros e fica ali com os pelos eriçados, imponente, deixando claro que terão de tirá-lo do caminho para prosseguir. Às vezes um macho alfa ergue os braços como se implorasse aos disputantes que parem com o tumulto.

Machos e fêmeas alfa

Essa atitude construtiva, conhecida como *papel de controle*, não é vista em todos os primatas. Em babuínos, por exemplo, está ausente. No Parque Nacional do Serengeti, no Quênia, o neurocientista e primatólogo americano Robert Sapolsky estudou a ansiedade nos babuínos medindo hormônios do estresse no sangue. Machos mais velhos tornam-se mais tranquilos, porém os adultos jovens vivem em uma guerra de nervos incessante. Enlouquecem todo mundo com seus caninos longos e afiados. Sapolsky não deixou dúvida de que a hierarquia dos machos é marcada por perversidade, medo e violência aleatória. Nem o macho alfa escapa do estresse, pois precisa estar alerta o tempo todo contra os outros que anseiam por roubar sua posição. Não há sinais de que ele defenda os oprimidos ou promova a harmonia social.[20]

Mas manter a ordem e apartar brigas é típico de primatas dominados por um único macho grande, como nos gorilas e babuínos-sagrados. Esse macho frequentemente interfere para restaurar a paz entre as fêmeas.[21] Os chimpanzés machos vão além disso e controlam uma variedade muito maior de disputas internas. De início, esse comportamento era mais bem documentado em zoológicos. Até que o antropólogo americano Christopher Boehm, depois de estudar sociedades humanas, foi passar dois anos no Parque Nacional de Gombe. Ele descobriu que os chimpanzés selvagens também intervêm em brigas de terceiros. Como seus agrupamentos são flexíveis, nem sempre o macho alfa está por perto, por isso a tarefa cabe ao macho de posição hierárquica mais alta presente na cena. No exemplo a seguir, Satan, macho beta de Gombe, interrompeu um confronto entre dois machos adolescentes:

Ele arremeteu na direção dos protagonistas, mas estes estavam tão absortos em seu conflito, agarrando, tentando morder, que essa medida não surtiu efeito. Satan, um macho incomumente grande, primeiro empurrou o jovem Frodo para o lado porque ele estava por perto e poderia entrar no conflito. Depois colocou seus braços enormes entre os corpos dos dois combatentes e literalmente os arrancou um do outro, precisando para isso de meros quatro segundos.[22]

Primatas costumam favorecer parentes, amigos e aliados em tudo o que fazem, mas o papel de controle é diferente. Policiar os machos situa-os *acima* das brigas. Suas intercessões equânimes visam a restaurar a paz e não a ajudar amigos e parentes. E, caso favoreçam uma das partes, sua escolha não necessariamente reflete preferências sociais. Eles protegem os fracos dos fortes, por exemplo uma fêmea de um macho ou um jovem de um adulto. O macho que assume esse papel é o único membro imparcial da sociedade.[23]

Uma comunidade não aceita automaticamente a autoridade de aspirantes a árbitro. Quando Nikkie e Yeroen dominavam em dupla a colônia de Burgers, Nikkie tentava intervir nas brigas. O mais das vezes, porém, ele se dava mal. As fêmeas mais velhas não aceitavam que aquele arrivista presunçoso, que elas tinham conhecido bebê, viesse bater na cabeça delas. Além disso, Nikkie não era nada imparcial: tomava partido de seus amigos independentemente de quem tivesse começado a briga. Em contraste, as tentativas de pacificação feitas por Yeroen sempre eram aceitas. Ele agia com imparcialidade e aplicava o mínimo de força necessário. No devido tempo, o velho macho assumiu o papel de seu parceiro júnior. Nikkie

Machos e fêmeas alfa 299

nem se dava ao trabalho de se levantar quando eclodia uma briga — deixava para o parceiro sênior resolver.

O que se disse mostra que o segundo em comando pode desempenhar o papel de controle e que o grupo também determina quem será o controlador. Todos se empenham em favor do árbitro mais eficaz. Isso dá a ele ou ela ampla autoridade para manter a lei e a ordem e para defender os fracos dos fortes. Acrescentei *ela* porque, quando fêmeas brigavam, Mama não hesitava em desempenhar esse papel. Era tão respeitada que isso nunca foi um problema.

Mama e outras fêmeas às vezes também "confiscavam" as armas de machos. Se dois rivais estivessem prestes a combater — vocalizando ameaças, balançando o corpo e pegando pedras pesadas —, uma fêmea podia aproximar-se de um deles e desarmá-lo. O macho não oferecia resistência quando ela tirava a pedra de sua mão. Mas, se o confronto começasse de fato, a situação tornava-se arriscada demais para as fêmeas se envolverem. Elas só intervinham em massa nas raras ocasiões em que a situação descambava para um derramamento de sangue.

Um experimento com macacos da espécie *Macaca nemestrina* mostrou o quanto um grupo se beneficia da mediação e da arbitragem. Também nesses primatas, machos de status elevado policiam as lutas entre os outros. Minha aluna Jessica Flack e eu estudamos um bando de mais de oitenta macacos em um grande recinto a céu aberto na Estação de Campo de Yerkes. Apenas um dia por vez, mantínhamos três machos do alto escalão fora do grupo. Nos dias em que eles estavam ausentes, a sociedade parecia se esfacelar. Os macacos brincavam menos e brigavam mais. As lutas duravam mais que o habitual e se tornavam violentas com maior frequência. Raramente ocorria uma reconciliação depois dessas escaramuças. Em consequência, as tensões no grupo atingiam um nível preocupante. O único modo de restaurar a estabilidade era devolver aqueles machos ao bando.[24]

O experimento demonstrou o grau em que indivíduos dominantes contribuem para a harmonia social. Eles são essenciais para a coesão do grupo.

CAÇADORES EM BUSCA DE TROFÉUS, ao eliminarem os indivíduos mais magníficos de uma espécie, promovem uma seleção inversa — o oposto da seleção natural. Eles removem do reservatório gênico os machos mais sadios e mais aptos quando caçam os ursos maiores, os leões de juba mais escura etc. Combinada com a extração ilegal de marfim, essa seleção inversa tem consequências desastrosas para os elefantes. Em muitas populações, os machos com presas grandes foram praticamente extintos. Um dos efeitos colaterais devastadores é que os machos jovens se tornaram insubmissos e perigosos.

No Parque Nacional de Pilanesberg, na África do Sul, bandos desgarrados de elefantes machos jovens, ensandecidos, começaram a perseguir rinocerontes-brancos como se disputassem um esporte sangrento, pisoteando suas vítimas e perfurando-as com as presas. Também molestavam outros animais. O parque resolveu o problema criando um programa "Irmão Mais Velho": trouxeram de avião seis elefantes machos totalmente adultos do Parque Nacional Kruger. Os elefantes machos crescem durante toda a vida, e os mais velhos frequentemente andam seguidos por machos mais no-

Machos e fêmeas alfa 301

vos. Estes, como guerreiros em treinamento, acompanham e observam seus mentores. O estado hiperagressivo do *musth* — quando os níveis de testosterona aumentam cinquenta vezes — é refreado quando machos jovens são expostos a machos dominantes. Um macho jovem pode perder os sinais físicos do *musth* poucos minutos depois de ter sido posto em seu lugar por um macho mais velho. Em Pilanesberg, a supressão hormonal e a diminuição da disposição para correr riscos na presença de adultos intimidantes fizeram toda a diferença. Os sinais de violência aleatória desapareceram depois da implantação do programa. Em anos anteriores, os elefantes tinham matado mais de quarenta rinocerontes-brancos ameaçados de extinção; a influência civilizadora dos machos mais velhos interrompeu a matança.[25]

Também na sociedade dos chimpanzés os machos adultos têm uma função socializante. Os zoológicos aprenderam que, para ser um bom alfa, é preciso que um macho tenha certa idade e formação. Os machos mal saídos da puberdade ou que cresceram na ausência de machos mais velhos frequentemente não conseguem promover a paz e a harmonia. São tão voláteis que estressam todo mundo. A disciplina e a mentoria proporcionadas por machos adultos modelos são essenciais para que os machos jovens amadureçam e se tornem indivíduos emocionalmente estáveis.

O disciplinamento por machos adultos é especialmente notável porque os chimpanzés jovens nunca são punidos nos primeiros quatro anos de vida. Nada do que fazem é errado — por exemplo usar as costas de um macho dominante como trampolim, arrancar comida das mãos de adultos, bater com toda a força em outros jovens. Cada conflito é rapidamente aplacado, e quando os jovens estão prestes a cometer algum deslize, os mais velhos os distraem. Dá para imaginar o choque e o pânico quando, após anos desfrutando dessa condescendência, eles são castigados pela primeira vez.

Os machos adultos aplicam as reprimendas mais severas a machos jovens que não demonstram a submissão apropriada, que incomodam fêmeas ou suas crias ou que experimentam suas inexistentes habilidades sexuais com fêmeas férteis. Mais comumente, o macho adulto apenas persegue o jovem ou bate nele, mas às vezes inflige lesões. Um macho jovem precisa de apenas uma ou duas lições rigorosas para entender o recado. Dali por diante, todo macho adulto pode fazê-lo pular para longe de uma fêmea só com um olhar ou um passo à frente. Tudo isso faz parte de uma prolongada educação em controle de impulsos. Os machos jovens aprendem a perceber fronteiras, a se tornar circunspectos antes de agir e a ter cautela com machos dominantes. Eles também seguem os mais velhos e imitam seu comportamento. Por exemplo, se o macho alfa de uma colônia combinar suas simulações de agressividade com saltos espetaculares, podemos ter certeza de que logo os machos jovens imitarão os saltos. No hábitat natural, os chimpanzés machos jovens também tomam machos mais velhos como modelos.[26]

Quando essa história dos elefantes chegou aos meios de comunicação, os comentaristas fizeram a inevitável analogia com as famílias humanas. Cerca de um quarto das crianças nos Estados Unidos cresce sem a presença do pai no lar. As crianças dessas famílias apresentam mais problemas de comportamento, como uso de drogas, insucesso nos estudos e suicídio. De acordo com a ideia de que os meninos

Machos e fêmeas alfa 303

externalizam e as meninas internalizam os problemas, muitos meninos criados apenas pela mãe voltam sua raiva para fora e se tornam violentos ou delinquentes. Em contraste, as filhas sofrem de baixa autoestima e depressão, e correm maior risco de engravidar na adolescência. Em estudos da sociedade humana é reconhecidamente difícil apontar causa e efeito com precisão, mas os dados sugerem que a presença de um pai e uma mãe em uma família tem efeitos estabilizadores.[27] Como as crianças precisam de modelos do mesmo gênero, a presença de uma figura paterna é benéfica, ainda que não absolutamente crucial. Lésbicas com filhos, por exemplo, muitas vezes trazem figuras masculinas para a vida de suas crianças. Convidam homens que possam fazer as vezes de pai para frequentar suas casas ou incentivam as crianças a interagir com tios, professores ou treinadores do sexo masculino.[28]

Durante muito tempo prevaleceu a ideia de que a ausência do pai afeta principalmente a renda familiar e, por extensão, os níveis de estresse na família; no entanto, não podemos excluir um impacto hormonal. Como no caso dos elefantes machos mais velhos que inibem o *musth* dos mais jovens, a supressão hormonal também é conhecida em primatas. Por exemplo, orangotangos machos jovens não adquirem características sexuais secundárias (como as bochechas avantajadas, ou flanges) enquanto houver um macho grande por perto. O crescimento é tolhido até o dia em que o macho mais velho morre ou é expulso. Em uma floresta de Sumatra, a queda de um macho residente levou de imediato a um estirão de crescimento em dois machos adolescentes. Esse mesmo efeito é conhecido em zoológicos, e às vezes pode ser atribuído até a machos humanos. Há a história de um orangotango macho que se recusava a crescer e por anos permaneceu magricela e imaturo. O veterinário do zoológico não conseguia encontrar nele nenhum problema de saúde. Um dia, o homem que por muitos anos fora o tratador dos primatas aposentou-se. Dali a poucos meses, o jovem orangotango adquiriu flanges plenamente desenvolvidas e um exuberante manto de pelos alaranjados. Ao que parece, a mera aura daquele homem inibira o crescimento do primata.[29]

Também na nossa espécie ter um homem na família pode afetar os níveis hormonais das crianças. A ausência do pai parece acelerar a puberdade. Um estudo perguntou a mais de 3 mil mulheres e homens americanos a idade em que tiveram os primeiros sinais da menarca (mulheres) ou mudança de voz (homens). Para ambos os gêneros, constatou-se que crescer sem a presença do pai significou o início da puberdade mais cedo. A ausência da mãe não teve o mesmo efeito. Após separação ou divórcio, muitas coisas podem mudar em uma família, por exemplo a diminuição da renda ou a mudança para outra região, e isso dificulta identificar o que exatamente causa essa diferença. No entanto, possivelmente a presença diária de um pai desacelera o desenvolvimento hormonal de uma criança.[30]

Isso tudo deixa claro que o papel de primatas machos dominantes não deve ser menosprezado ou encarado de forma negativa, como se todos eles fossem tiranos. É verdade que existem machos que aterrorizam todo mundo, mas eles não são a regra. Entre nossos parentes mais próximos, a maioria dos machos alfas que conheci não perseguia nem maltratava os membros de sua sociedade. Eles garantiam a paz e a harmonia mantendo a ordem e refreando o comportamento de machos jovens ambiciosos. A segurança que um macho alfa imparcial proporciona, especialmente aos mais vulneráveis, pode torná-lo imensamente benquisto. Ele conta com o apoio em massa sempre que surge um desafiante. E quando perde sua posição, o que inevitavelmente acontece um dia, simplesmente desce alguns degraus na escala social e vive em paz até o fim.

Como Amos, ele pode desfrutar de amor e afeição em seus derradeiros dias.

Todo grupo primata tem um macho alfa e uma fêmea alfa, e não um indivíduo alfa (de qualquer um dos sexos) seguido por um indivíduo beta (de qualquer um dos sexos), depois um gama, um delta e assim por diante. A razão é simples. Em grande medida, as hierarquias são segregadas de acordo com o sexo. Assim como primatas jovens e crianças preferem brincar com membros de seu próprio sexo, as hierarquias sociais envolvem principalmente um sexo ou o outro.

As fêmeas preocupam-se com sua posição hierárquica em relação às outras fêmeas, e os machos em relação aos outros machos. A competição ocorre principalmente no âmbito de cada sexo, e as hierarquias ajudam a regular e a conter o processo. Machos competem entre si por status e para decidir quem irá se acasalar com as fêmeas. Em contraste, para as fêmeas, sexo é menos importante que alimento. Da perspectiva evolutiva, a chave para o êxito de uma fêmea é a nutrição. Ela precisa ter acesso a bons locais para encontrar alimento a fim de nutrir um feto, um recém-nascido e suas crias. Como os filhos de uma grande primata não humana permanecem com a mãe por no mínimo dez anos, a demanda dela por alimentos é muito maior que a de um macho.

Não há razão para que exista muita competição entre os sexos. Tanto um chimpanzé macho (que na hierarquia tem posição superior às fêmeas) quanto um bonobo macho (que é inferior a elas) atentam sobretudo para os outros machos e investem energia agressiva em ascender na escala social. Também para uma fêmea o objetivo é manter sua posição em relação às demais fêmeas. Ela não se preocupa tanto se sua posição é superior ou inferior à dos machos, pois na maior parte do tempo ela se desloca, procura alimento e socializa com membros do seu próprio sexo. Machos e fêmeas habitam mundos diferentes, cada qual com seu conjunto de problemas.

Como tradicionalmente a ciência enfoca mais o mundo dos machos que o das fêmeas, sabemos notavelmente pouco sobre os estilos de liderança das fêmeas alfa. Já discorri sobre a astúcia política e o controle firme de Mama, no Zoológico Burgers, e da Princesa Mimi, em Lola ya Bonobo. Mama tinha uma aliada fiel, Kuif, sempre a seu lado nos bons e maus momentos. E Mimi, como toda fêmea alfa bonobo, contava com um poderoso círculo de fêmeas influentes. O ponto forte de Mama era consertar a situação após confrontos na colônia. Os machos de posição superior na hierarquia controlam brigas interferindo enquanto elas acontecem, mas Mama entrava em ação depois, promovendo a reconciliação e a reunião.

Por exemplo, quando dois machos não conseguiam fazer as pazes, em geral ficavam andando nas proximidades um do outro. Nesse impasse, tomavam o cuidado de não fazer contato visual, como dois homens zangados num bar. Mama se aproximava de um deles e começava a catá-lo. Depois de

Machos e fêmeas alfa

vários minutos, saía andando lentamente na direção do outro macho, em geral seguida por seu parceiro de catação. Se este não viesse com ela, Mama se virava e o puxava pelo braço para obrigá-lo a aquiescer. E então, depois que os três estavam juntos por algum tempo, com Mama no meio, ela se levantava e aguardava ali perto enquanto os dois machos passavam a catar um ao outro.

Já vi outras fêmeas chimpanzés — sempre mais velhas e com grande autoridade — cumprirem missões similares. Por exemplo, Ericka, a fêmea alfa do grupo de Amos, era conhecida entre nós como "a máquina de catação". Sempre ocupada com essa tarefa, ela era tão popular que havia fila para receber suas atenções. Ela promovia rodadas de catação especialmente após as brigas. Como em geral os primatas sincronizam suas atividades, a catação de Ericka era "contagiosa", e outros a imitavam. Criando grandes agrupamentos de primatas ocupados na catação social, ela conseguia acalmar o grupo inteiro.

Na natureza, nem sempre as fêmeas alfa têm uma posição assim central. Nas comunidades mais bem estudadas, situadas principalmente no Leste da África, os chimpanzés vivem dispersos pela floresta. Lá as fêmeas tendem a ficar longe das brigas. Não contam com a proximidade de outras fêmeas que as protejam se os machos se tornarem turbulentos. As fêmeas costumam carregar suas crias na barriga ou nas costas, o que as deixa vulneráveis. Elas evitam correr riscos desnecessários. Já na África Ocidental, as chimpanzés costumam viajar juntas. Sua vida social intensa é mais parecida com a que vemos nas colônias cativas. As fêmeas demonstram solidariedade e têm amizades vitalícias, apoiando umas às outras em todas as ocasiões. As fêmeas de posição superior na hierarquia têm mais influência nessas comunidades e não relutam em se envolver na política de poder.

Na floresta de Taï, na Costa do Marfim, Christophe Boesch relatou que algumas fêmeas abriam caminho a empurrões e forçavam entrada para conseguir lugares tão bons quanto os dos machos ao redor de uma refeição de carne. Essas fêmeas asseguravam o acesso do macho alfa à carne. Se eclodisse uma briga pela posse da comida, elas apoiavam esse macho para que ele pudesse pegar um pedaço. Ele então partilhava generosamente com elas, portanto era uma ideia boa para ambas as partes. As amizades entre fêmeas em Taï duravam anos, talvez a vida toda. Quando a melhor amiga de uma fêmea desaparecia, esta a procurava, gemendo de aflição. A lealdade mútua estendia-se à prole. Assim como Mama adotou a filha mais nova de sua melhor amiga, Kuif, após a morte desta, as fêmeas de Taï, segundo relato, cuidavam do filho ou filha dependente de uma amiga morta.[31]

As fêmeas dos grandes primatas não humanos zelam para que suas crias sejam protegidas e bem alimentadas, mas como só têm uma por vez, há limites para o número de filhos que elas conseguem criar. Outro modo de aumentar sua dinastia é por meio de seus filhos machos. As filhas deixam a comunidade na puberdade, mas os filhos permanecem. As mães chimpanzés às vezes ajudam seus filhos machos a subir na hierarquia, mas as campeãs nessa tarefa são as bonobos. Nessa espécie, as amizades e a solidariedade entre as fêmeas são ainda mais confiáveis, e as mães tornam-se aliadas incríveis. As piores lutas em uma comunidade bonobo ocorrem quando fêmeas se envolvem em lutas de machos por status. Kame, a fêmea alfa na floresta de Wamba, na República Democrática do Congo, tinha nada menos do que três filhos machos crescidos, e o mais velho deles era o macho alfa. Quando Kame envelheceu e ficou fraca, começou a hesitar em defender seus filhos. Percebendo isso, o filho de uma fêmea beta passou a desafiar os filhos de Kame. A mãe dele o apoiou e, como é característico dos bonobos, não teve medo de atacar o macho alfa. Os atritos recrudesceram a ponto de as duas mães rolarem no chão engalfinhadas. Kame foi contida. Nunca se recuperou dessa humilhação. Seus filhos despencaram na hierarquia e, após a morte de Kame, perderam toda a influência no grupo.[32]

Dados de paternidade mostram que os bonobos machos filhos de mães vivas e em boas condições físicas têm probabilidade três vezes maior de ser pais do que aqueles cujas mães morrem antes de eles chegarem à fase adulta. As mães interferem intensamente nos assuntos sexuais, protegendo a corte e ajudando os filhos a rechaçar rivais. O primatólogo suíço Martin Surbeck descreveu um incidente desse tipo na floresta LuiKotale, na República Democrática do Congo:

> Dois deles — a fêmea Uma e o macho Apollo, jovem e inferior na hierarquia — estavam tentando ter relações sexuais. Camillo, o macho de posição mais elevada no grupo, percebeu o clima entre os dois e tentou intervir. Mas Hanna, mãe de Apollo, chegou correndo e furiosamente pôs Camillo para correr, permitindo que seu filho e a parceira copulassem em paz. [33]

O paralelo mais próximo em humanos nesse comportamento de mães empenhadas em promover a reprodução dos filhos é a competição feroz e as intrigas entre as concubinas escravas do harém imperial otomano. Algumas dessas mulheres alcançavam um status igual ao das esposas do sultão. Se uma delas tivesse um filho homem, era mandada embora e não tinha mais filhos. Cada mãe fazia de tudo para que seu filho se tornasse o próximo sultão. E o filho vencedor, quando ascendia ao trono, mandava matar todos os seus meios-irmãos. O fratricídio garantia que só ele teria descendentes.[34]

Nós, humanos, fazemos as coisas mais rigorosamente do que os bonobos.

A LIGAÇÃO ENTRE STATUS SOCIAL e reprodução perdeu-se na sociedade moderna graças à nossa prosperidade e ao acesso a métodos eficazes de controle da natalidade. Mas a psicologia humana não consegue se livrar dos efeitos dessa conexão imemorial. Como nossas tendências inatas derivam de ancestrais que propagaram seus genes, seus meios de alcançar o êxito social estão gravados na nossa psicologia. Machos e fêmeas primatas, assim como homens e mulheres, anseiam por ascender na escala social. Esse sempre foi o bilhete premiado.

Nossa herança primata ainda é visível no modo como avaliamos líderes masculinos e femininos. Atentamos para o tamanho dos homens, por exemplo, mas não o das mulheres. Seria de imaginar que prestamos no mínimo a mesma atenção ao intelecto, experiência e conhecimentos especializados do homem, mas o fato é que continuamos teimosamente sensíveis à estatura. Nossos vieses refletem uma época em que a força física era mais importante.

Machos e fêmeas alfa 311

A estatura é associada positivamente ao salário e influencia até em debates políticos. Nas 43 eleições presidenciais realizadas nos Estados Unidos entre 1824 e 1992, o candidato mais alto teve duas vezes mais probabilidade de ser eleito. Essa vantagem explica por que políticos verticalmente prejudicados, como o primeiro-ministro italiano Silvio Berlusconi e o presidente francês Nicolas Sarkozy, costumavam se servir de uma caixa na qual subiam e posavam ao ser fotografados. Sarkozy calçava sapatos com salto quando estava acompanhado por sua esposa, uma modelo alta.

Um estudo do psicólogo Mark van Vugt, da Universidade de Amsterdam, mostrou aos participantes fotografias de homens e mulheres em traje social. Em algumas fotos os candidatos pareciam mais altos, e em outras, mais baixos, graças à manipulação do fundo de cena. Os participantes preferiram homens altos como líderes ("Essa pessoa parece um líder"), baseados em sua percepção de dominância e inteligência. Por sua vez, para as mulheres a altura teve efeito mínimo.[35]

Se ser alto melhora as perspectivas de status para os homens, a idade faz o mesmo para as mulheres? Isso seria condizente com o que sabemos sobre nossos parentes primatas. O mundo já viu muitas mulheres na pós-menopausa como chefes de Estado, entre elas Golda Meir, Indira Gandhi, Margaret Thatcher e a chanceler alemã Angela Merkel, a mulher mais poderosa da nossa era. Contudo, mais recentemente mulheres jovens também despontaram como líderes. Algumas delas altamente competentes, como Jacinda Ardern, a primeira-ministra da Nova Zelândia, estão em idade fértil.

Dizem que mulheres líderes saíram-se particularmente bem durante a pandemia de covid-19. Mas os dados ainda não são definitivos, e é difícil comparar países na presença de variáveis geradoras de confusão como tamanho da população, sistema de saúde e PIB. No entanto, podemos dizer, no mínimo, que alguns líderes proeminentes do sexo masculino fracassaram miseravelmente. Como disse Nicholas Kristof no *New York Times*: "Não é que todos os líderes que melhor gerenciaram o problema do vírus foram mulheres. É que os incompetentes na resposta foram *todos* homens, e a maioria de um tipo específico: autoritários, pretensiosos e arrogantes".[36] Uma teoria aventa que as mulheres líderes sentem-se menos pressionadas a parecer fortes e resolutas. Têm humildade suficiente para consultar especialistas e seguir seus conselhos. Além disso, parecem mais solidárias com as pessoas afetadas e apelam ao público para conter a ameaça. Em contraste, alguns homens líderes tratam o vírus quase como uma afronta pessoal e tentam dominá-lo por meio de retórica política, e não com medidas de combate comprovadas pela medicina.

Talvez as lideranças masculina e a feminina tenham cada qual seus pontos fortes e fracos. Com base em nossa bagagem primata, poderíamos supor que os líderes masculinos seriam bons em arbitragem imparcial. Há duas razões pelas quais os primatas machos intervêm mais frequentemente para pôr fim a uma altercação. Primeiro, sua presença física mais intimidante chama a atenção imediata e envia um sinal de alerta para quem quer que deseje continuar a briga. Segundo, é mais fácil ser imparcial quando não é preciso levar os parentes em consideração. Os machos podem ter filhos no grupo, mas seu conhecimento da paternidade é vago ou ausente. Já as fêmeas têm filhos e netos, às vezes dezenas deles, e conhecem todos individualmente. Considerando a ferocidade com que as fêmeas

Machos e fêmeas alfa

defendem seus parentes, é quase impossível para elas manter a neutralidade durante confrontos com o grupo.

Isso não significa que as fêmeas sejam incapazes de desempenhar o papel de controle. Constatei isso um dia no Centro de Primatas de Wisconsin, em Madison, quando meu colega Viktor Reinhardt chamou minha atenção para um bando de resos dominado por uma fêmea mais velha chamada Margo. O que nos impressionou não foi tanto a posição hierárquica de Margo ou sua capacidade de manter a paz. Ela era grande, mas não excepcionalmente. Eu estava acostumado com a fêmea alfa Orange, a matriarca de uma linhagem matrilinear tão numerosa que era compreensível ela deixar o policiamento a cargo de Mr. Spikles. Ele fazia um trabalho de primeira mantendo a ordem enquanto Orange conservava suas filhas e netas nos altos escalões da hierarquia das fêmeas, como faz qualquer matriarca do gênero *Macaca*. Mas Margo era diferente. Ocupava uma posição superior a todos os demais em seu bando, porém não tinha filhos.

Viktor estudou esse bando e concluiu que, embora todos os outros macacos interferissem nas brigas para ajudar amigos e parentes, Margo não mostrava essa parcialidade. Era tão boa quanto Spickles no papel de controle e, como não tinha parentes com quem se preocupar, podia ser tão justa quanto ele. Ela defendia sistematicamente os oprimidos. Desdobrava-se e às vezes desferia ataques ferozes para proteger indivíduos inferiores independentemente de sexo e idade. Eles se agachavam na frente dela com medo dos agressores, e Margo punha a mão neles para não deixar dúvidas sobre o lado que adotara. Assim como os machos no papel de controle, Margo parecia agir no interesse da comunidade.[37]

314 Diferentes

Essas observações sugerem que o comportamento típico dos sexos não nos diz tudo sobre suas capacidades. Cada um tem *potenciais* que se manifestam em circunstâncias raras. Fêmeas primatas podem possuir um potencial excelente para desempenhar o papel de controle se forem livres de obrigações para com a família. Esse potencial é relevante para o local de trabalho dos humanos modernos, onde os chefes raramente precisam lidar com relações de parentesco. De fato, sabiamente temos regras contra o nepotismo no trabalho, destinadas a manter vínculos familiares fora de cena.

EM CONTRASTE COM a vida social primata, a sociedade moderna funciona em grande escala, e tendemos a integrar os dois sexos em um contexto único. Esse é um desdobramento espantosamente novo em nossa história evolutiva e cultural. Os antropólogos chamam as sociedades tribais de "caçadoras-coletoras" justamente porque as mulheres saem em grupos para colher frutas, nozes e outros vegetais enquanto os homens formam grupos de caçadores. As mulheres conversam, fofocam e cantam juntas quando estão longe do acampamento, enquanto os homens frequentemente caminham por longas horas em silêncio, para não atrair a atenção. Talvez esses papéis nunca tenham sido tão separados como muitos supõem (sabemos que há mulheres caçadoras e guerreiras), mas ao longo da maior parte da nossa história e pré-história o trabalho foi dividido por gênero. Mulheres mostravam-se indiferentes às atividades típicas de homens e vice-versa, embora os dois sexos dependessem um do outro. Só na era

Machos e fêmeas alfa   315

industrial começamos a misturar as coisas, fundindo as duas esferas. Trabalhar em empresas requer que homens recebam ordens de mulheres, e mulheres de homens. Pedimos a ambos os gêneros respeito e dependência mútuos no trabalho.

Como de início os homens projetaram o ambiente empresarial para eles próprios, muitos debates sobre gênero enfocam maneiras de torná-lo mais receptivo às mulheres. Por exemplo, existe o mito disseminado de que homens são mais hierárquicos do que mulheres. Isso não torna o local de trabalho, com sua organização social estratificada, um ambiente hostil para as mulheres?

Na medida em que esse argumento pressupõe que as mulheres não são hierárquicas, discordo dele. Em quase toda sociedade animal, ambos os sexos organizam-se em uma escala vertical. Afinal, o próprio termo *"pecking order"* ("ordem das bicadas") foi cunhado tendo em vista as galinhas, não os galos. De fato, quem observa fêmeas de babuínos ou bonobos logo descarta a ideia de igualitarismo das fêmeas. O mesmo ocorre quando mulheres passam muito tempo juntas, como em colégios femininos, presídios femininos e organizações feministas. Conheço algumas freiras, por exemplo, e posso dizer que não vejo nenhuma aversão ao autoritarismo da madre superiora. Aliás, não há dados demonstrando que homens são mais hierárquicos do que mulheres. A única diferença informada em um estudo é que, quando reunimos pessoas em grupos do mesmo gênero, os homens organizam-se hierarquicamente mais depressa do que as mulheres. Mas elas sempre acabam formando sua hierarquia também.[38]

Mulher faz reverência para a fêmea alfa, uma rainha. Costumamos associar hierarquias mais a homens do que as mulheres, mas elas caracterizam os dois gêneros.

Até as sociedades em pequena escala que os antropólogos chamam de "igualitárias" precisam de muito empenho para se manter assim. Não estão, de modo algum, livres de indivíduos autoritários. Para conter o ímpeto de membros mais ambiciosos, outros do grupo recorrem à ridicularização e à fofoca, quando não a métodos mais severos. E o fato de precisarem usar medidas desse tipo atesta a prevalência das inclinações hierárquicas da nossa espécie. Sempre que tentamos realizar algo em conjunto, seja em um conselho de escola, um clube de jardinagem ou um departamento acadêmico,

Machos e fêmeas alfa 317

acaba surgindo uma ordem das bicadas, mesmo que apenas vagamente definida. Harold Leavitt, psicólogo americano especialista em gestão, comparou as mal-afamadas hierarquias empresariais a dinossauros que se recusam a morrer: "A intensidade com que lutamos contra as hierarquias só serve para evidenciar sua durabilidade. Até hoje, praticamente toda grande organização permanece hierárquica".[39]

Na sociedade moderna, a tentativa de integrar os dois gêneros em uma hierarquia única baseia-se na capacidade de liderança de ambos. Observando outros primatas, sabemos que essas capacidades podem ser encontradas nos dois sexos. Talvez não sejam exatamente as mesmas, mas há mais coincidências do que divergências. Não temos razão para pressupor, como se costuma fazer, que os homens são mais aptos do que as mulheres para liderar. Tamanho e força não fazem dos homens líderes melhores, embora essas qualidades ainda afetem subconscientemente o nosso julgamento. Em outros primatas, ambos os sexos sagazmente exercem o poder, e não é difícil encontrar liderança exercida por fêmeas. Elas também têm sua influência na hierarquia dos machos, do mesmo modo que estes influenciam a hierarquia das fêmeas. Além disso, muitos indivíduos alfa, independentemente do sexo, preocupam-se com outras coisas além da hierarquia. Eles defendem os oprimidos, decidem disputas, consolam os aflitos, facilitam reconciliações e promovem a estabilidade. Servem à sua comunidade ao mesmo tempo que salvaguardam sua posição e seus privilégios.[40]

Em vez da escolha entre amor e medo postulada por Maquiavel, a maioria dos alfa inspira as duas coisas.

10. Manter a paz
*Rivalidade, amizade e cooperação entre membros
do mesmo sexo*

QUANDO JARDINEIROS — sempre homens — vêm aparar a
grama ou cuidar das plantas lá em casa, falam comigo, e não
com minha esposa, Catherine, mesmo que estejamos os dois
lado a lado diante deles. Sentem-se mais confortáveis tratando
comigo. Esperam que eu lhes diga o que fazer, sem perce-
berem que o jardim é o xodó da minha esposa. Ela conhece
cada cantinho, enquanto eu sou tão ornamental quanto um
arbusto de azáleas. Mas eles não demoram a entender quem
é que manda ali.

Catherine bufa e revira os olhos. Homens desconsideram
mulheres na política, em revendedoras de automóveis, em lojas
de ferragens e em muitos outros lugares. Há várias explicações,
inclusive, claro, misoginia e desrespeito flagrantes. Muitos homens não conseguem imaginar que mulheres sabem qualquer
coisa a respeito do que eles consideram trabalho de homem.
Porém o problema é mais profundo. Nem todos os homens
são misóginos, e nem todos descartam automaticamente os
conhecimentos de uma mulher. A atenção masculina seletiva
muitas vezes tem menos relação com as mulheres do que com
a presença de outros homens. Precisamos ir a um nível mais
fundamental para entender essa reação.

Manter a paz 319

A razão pela qual os humanos precisam de apenas um segundo para detectar o sexo de uma pessoa é que, ao longo de toda a nossa história evolutiva, essa informação tem sido crucial. Como todos os animais, temos interesses sociais e sexuais diferentes em relação ao nosso próprio sexo e ao outro. E também medos diferentes. Por exemplo, uma mulher que anda sozinha à noite deve determinar depressa se um grupo de estranhos em seu caminho é exclusivamente masculino ou se contém pessoas dos dois gêneros. Este último caso é muito menos preocupante.[1]

O nosso radar de gênero está sempre ligado. É ilusão pensar que nos adaptamos à sociedade moderna sem essa bagagem evolutiva. Nosso software social foi escrito há milhões de anos. Para os homens, isso significa ficar de olho nos outros homens. Como o combate entre machos sempre fez parte da história primata, inclusive da nossa, não podemos esperar que os homens desliguem sua atenção seletiva. Isso se aplica mesmo a ambientes de confiança alta e violência baixa. No escritório ou na universidade não faltam intrigas e manobras pelo poder. Já vi xingamentos, berros, batidas de porta, golpes, traições. Essas táticas não são exclusivas dos homens, obviamente, mas é entre eles que as discussões verbais descambam mais facilmente para empurrões, cotoveladas ou outros contatos físicos.

Um caso curioso que aqueceu o coração deste velho etólogo foi o de um professor de matemática em uma universidade da Califórnia, acusado de urinar na porta da sala de um colega. Dizem que os dois professores tiveram uma disputa que escalou para uma "competição de mijadas". Depois que alguém encontrou poças no corredor, funcionários da faculdade instalaram uma câmera e flagraram em vídeo o professor urinando.[2]

PREPARAR-SE PARA O COMBATE FÍSICO é um mecanismo de sobrevivência inconsciente. Absorve a atenção masculina por razões não só negativas, associadas a risco, mas também positivas, pois o melhor modo de evitar o conflito é dar-se bem com os outros e fazer amizade. Chamo essa tendência de *matriz masculina*: machos fazem parte de uma rede exclusiva que os leva a sintonizar nos membros de seu próprio sexo. Uso aqui o termo "matriz" como o empregamos em biologia, para me referir a um tecido conectivo no qual elementos (tais como células) estão inseridos.

A atenção seletiva que os homens prestam aos outros homens insulta as mulheres, que são deixadas de lado. Elas se sentem ignoradas. Não estou defendendo essa atitude, mas penso que sua existência não deveria nos impedir de compreender de onde ela vem e como se compara ao comportamento de outros primatas. Podemos estudar um fenômeno sem o sancionar. Além disso, a matriz masculina não deixa de ter sua contrapartida feminina. Embora as mulheres não procurem testar sua força física contra as demais, elas comparam outros aspectos de seu físico. A rivalidade não se limita a um gênero, e as mulheres também ficam de olho umas nas outras.

Em todos os primatas a competição é predominantemente de machos com machos e de fêmeas com fêmeas. Isso também se aplica a nós. Quando se pediu a estudantes universitários que fizessem um diário de seus pensamentos e enfren-

Manter a paz 321

tamentos competitivos, os gêneros apresentaram resultados similares. Homens e mulheres competem no mesmo grau entre si e pelas mesmas coisas, por exemplo desempenho acadêmico e obtenção do que desejam. Mas as mulheres estudantes invejam suas colegas mais pela aparência, enquanto os homens se comparam mais em habilidades atléticas. Ambas as qualidades figuram na competição por parceiros sexuais, que atinge o auge em torno dessa idade.[3]

Como foi ilustrado pelo professor que marcou território com seu odor, a rivalidade em cada gênero afeta inclusive a comunicação quimiossensorial. É algo que em geral não percebemos, mas um empresário excepcional acreditava nisso. Sentado ao seu lado durante uma longa viagem de avião para Tóquio, perguntei-lhe por que ia pessoalmente a essa reunião. Não poderia participar virtualmente? Ele riu e respondeu que queria cheirar o outro lado. "Gosto de estar na mesma sala", falou, "vê-los suar, sentir seu cheiro e ver a cara deles de perto."

Somos sensíveis aos odores dos outros e tentamos captar seu cheiro. Cientistas filmaram furtivamente pessoas depois de se cumprimentarem com um aperto de mão e constataram que, com grande frequência, a mão que foi apertada encontra seu caminho até o nariz do dono. Mediram quantos segundos a mão passava lá e até avaliaram o fluxo de ar nasal de alguns sujeitos. Descobriram que, depois de interações com outros de seu gênero, as pessoas passam um momento cheirando a mão. Homens e mulheres fazem isso na mesma proporção: homens com homens e mulheres com mulheres. Apertos de mão entre gêneros opostos não levam à mesma inspeção. Gestos que parecem automáticos (arrumar o cabelo, coçar o queixo) levam a mão para perto do rosto, oferecendo vestígios do odor do outro. Amostras olfativas permitem que as pessoas avaliem o nível de autoconfiança ou hostilidade de rivais em potencial. Embora os humanos usem a oportunidade para cheirar uns aos outros com a mesma previsibilidade encontrada em ratos e cães, fazem-no em grande medida inconscientemente.[4]

Apesar das similaridades fundamentais na competição dos gêneros, psicólogos têm o hábito de subestimá-la nas mulheres e superestimá-la nos homens. Estes, dizem, vivem empenhados em demonstrações de superioridade, enquanto as mulheres são vistas como empáticas e mutuamente solidárias. Livros didáticos de psicologia ainda descrevem as mulheres como o sexo mais comunitário e contrastam a sociabilidade e o desejo por laços íntimos nas mulheres com as hierarquias e a busca por distância e autonomia nos homens. Psicólogos espantam-se com a profundidade das amizades femininas e quase sentem pena das amizades entre homens. Em seu livro *Friendship* [Amizade], Lydia Denworth resumiu: "Estas últimas décadas trouxeram a acentuada percepção de que, em se tratando de amizade, as mulheres são peritas e os homens, um fiasco".[5]

É exasperante que cientistas sérios comprem essa ideia do contraste tendo evidências em contrário bem diante do nariz. Todo dia vemos meninos e homens andando em companhia uns dos outros, praticando atividades juntos, jogando, ajudando uns aos outros, trocando piadas. Homens se deleitam com a companhia de outros de seu gênero. Como poderia ser assim se tudo o que eles ganhassem com isso fosse estresse e competição? Meninos relatam o mesmo grau de satisfação

Manter a paz 323

que as meninas com seus companheiros de brincadeira, e homens têm amizades que duram a vida toda, assim como as mulheres.[6] A razão de falarmos tão frequentemente numa rede de compadrio na vida empresarial e na política é que os homens adoram fazer favores a seus colegas. Eles acreditam na reciprocidade.

Mulheres buscam mais intimidade e troca de informações com amigas do que homens, que são mais orientados para a ação e menos inclinados a revelar detalhes pessoais. Por essa razão, diz-se que as amizades entre mulheres são face a face e as dos homens, lado a lado. Homens gostam de fazer atividades juntos e frequentemente se reúnem em um contexto mais amplo, por exemplo um grupo de colegas. Ambos os gêneros têm prazer na companhia de seu próprio gênero, e nenhum gostaria que suas amizades fossem mais parecidas com as do outro gênero. Amigas não anseiam por compartilhar mais aventuras, e homens não esperam revelações íntimas de seus amigos.[7]

Então, como surgiu essa falsa dicotomia dos gêneros? Ela é pressuposta há décadas, apesar de não corroborada por comportamentos observáveis. A elevação da sociabilidade feminina acima da masculina foi tema central de *Beyond Power* [Além do poder], livro da autora feminista Marilyn French, lançado em 1985. Discorrendo sobre uma pré-história fictícia da humanidade antes da ascensão do patriarcado, French resume: "O mundo matricêntrico era de compartilhamento, de comunidade ligada pela amizade e pelo amor, de centralização emocional no lar e nas pessoas, tudo isso conducente à felicidade".[8]

Ao ler essa passagem não pude deixar de me lembrar a da minha breve participação em um grupo de defesa dos direitos das mulheres. Foi uma revelação para um jovem que era ingênuo sobre o outro gênero. Ensinou-me que nem sempre as mulheres são ligadas por amizade e amor. Elas frequentemente prejudicam umas às outras, de um modo que viria a ser esmiuçado pela livre-pensadora feminista americana Phyllis Chesler em *Women's Inhumanity to Women* [A desumanidade das mulheres com as mulheres], de 2001. Chesler documentou as fofocas, a inveja, o aviltamento e o ostracismo a que mulheres submetem umas às outras. Não se atentara para isso até então porque as mulheres são ensinadas a negar esse seu lado. Em centenas de entrevistas, Chesler constatou que a maioria das mulheres se lembra de ter sido lesada por outras mulheres, mas nega ter feito o mesmo com outras. Isso é logicamente impossível, claro.[9]

A situação é um tanto parecida com a ilusão igualitária que notei no movimento de protestos estudantis dos anos 1960. Embora o movimento mostrasse uma nítida hierarquia de líderes, seguidores e apaniguados, portanto nada tivesse de igualitário, todo mundo fingia sem problemas que era igualitário, sim. Analogamente, as mulheres podem viver numa ilusão de "boas meninas" ainda que sejam más umas com as outras. Nós, humanos, às vezes adquirimos uma curiosa amnésia em relação ao nosso comportamento.

É curioso que outras disciplinas acadêmicas vejam os gêneros da perspectiva oposta. A antropologia tradicionalmente retrata a sociedade como um pacto entre homens. Em séculos anteriores, essa disciplina recebeu relatórios de campo de partes distantes do mundo falando de criação de vínculos entre homens, habitações de homens, ritos de iniciação masculina, irmandades masculinas, caça de animais de grande porte e guerra. As mulheres eram mera propriedade, perfeitas para permutas de esposas entre povos vizinhos. Segundo um artigo fundamental, "a antropologia sempre envolveu homens falando para homens a respeito de homens". A expressão *"male bonding"* ("vínculos masculinos") celebrizou-se graças ao livro de Lionel Tiger, *Men in Groups* [Homens em grupos], lançado em 1969. Tiger via a camaradagem entre homens como uma propensão que evoluiu porque auxiliava nas caçadas e na defesa do grupo. Ainda hoje muitos atribuem a natureza cooperativa e moral da sociedade humana ao alto grau de solidariedade masculina necessário para a guerra entre grupos.[10]

Essa perspectiva tem seus problemas. Ressalta não apenas a cooperação masculina, mas também o domínio dos homens, e talvez explique a inquietação de Tiger com a ascensão política das mulheres contemporâneas: "Isso pode constituir uma mudança social revolucionária e talvez perigosa, com muitas consequências latentes caso as mulheres venham a entrar na política em grandes números".[11]

Não compartilho dessa preocupação de Tiger e acho bom que a antropologia moderna tenha deixado para trás seu enfoque androcêntrico. Como na primatologia, tem havido nessa disciplina um afluxo de mulheres e uma consequente mudança de perspectiva. Mas a antropologia não errou ao salientar a universalidade da cooperação masculina. Essa é uma característica notável da nossa espécie e nos destaca no reino animal. É comum ver fêmeas animais procurando alimento juntas, defendendo conjuntamente suas crias e agindo coordenadamente por outras razões. Pense em uma manada de elefantes ou em uma caçada por um grupo de leoas. Já a cooperação entre machos é mais rara. Machos costumam ficar longe uns dos outros e só se encontram para lutar. Há algumas exceções notáveis, como leões, golfinhos e chimpanzés, mas os verdadeiros campeões são os homens. É extraordinária a facilidade com que homens se unem para atuar em grupo. Trabalham juntos o tempo todo, a ponto de pôr suas vidas nas mãos dos companheiros durante a caçada de um animal grande ou uma guerra. O trabalho em equipe masculino é característico da sociedade humana.

No entanto, não é preciso enfatizar um gênero em detrimento do outro quando se trata de cooperação. Uma metanálise recente abrangendo cinquenta anos de estudos, centenas de jogos econômicos e milhares de participantes humanos não encontrou diferença substancial nas cooperatividades masculina e feminina.[12] Não é exagero dizer que todos os humanos, independentemente do gênero, são cooperantes natos. Portanto, proponho que casemos a visão antropológica da irmandade masculina com a visão psicológica da irmandade feminina. Ambas são claramente evidentes e poderosas.

Essa confusão deriva, em parte, da reputação de competitivos e hierárquicos que paira sobre os homens. Ninguém nega essas tendências, mas é um erro pensar que ela impede os homens de se relacionarem bem. Como se a única escolha para eles fosse entre serem rivais eternamente competindo por status ou serem amigos que amam uns aos outros até a morte. Mas o curioso é que muitas vezes os homens são ambas as coisas. Transitam facilmente entre uma e outra. Podem ser ao mesmo tempo amigos e rivais sem perder o sono por causa disso. Ademais, em vez de suas hierarquias tolherem a cooperação, elas a facilitam. Conheço essa dinâmica em primeira mão, pois cresci em uma família com seis filhos homens.

Uma pequena ilustração é a de um programa da Netflix de 2018 com os comediantes Steve Martin e Martin Short, que começa com os dois no palco trocando desaforos. Cada um recebe com gargalhadas o insulto criativo do outro ao mesmo tempo que enfatiza sua amizade de décadas. As provocações recíprocas nos cativam, pois por alguma razão é mais fácil acreditarmos em uma amizade íntima mas não sexual entre homens, ou *bromance*, quando ela tem uma pontinha de agressividade. Afinal, quem podemos alfinetar senão um amigo? Pode parecer paradoxal, mas os homens não têm o menor problema em serem ao mesmo tempo socialmente unidos e assertivos.[13]

Esse é um paradoxo que temos em comum com os chimpanzés machos.

OBSERVANDO MACACOS PODEMOS VER facilmente a matriz masculina em ação. Um bando típico do gênero *Macaca* tem menos machos adultos do que fêmeas, e eles desfrutam imensamente da atenção delas. Os machos deleitam-se com a catação meticulosa que as fêmeas lhes fazem, e se viram para um lado e para outro a fim de facilitar para elas o acesso a cada cantinho embaixo dos braços, entre as pernas e em especial a locais que eles próprios não alcançam, como ombros e costas. Enquanto desfrutam dessa atenção, muitas vezes eles têm ereções, que as fêmeas ignoram despreocupadamente.

Mas assim que alguma tensão surge no ar — uma briga barulhenta, um grito de alarme — os machos se aprumam e fazem um levantamento dos outros machos. Onde está o alfa? Onde estão seus amigos? Cada macho quer ter uma ideia rápida do que andam fazendo os outros machos, tanto em nome da sua segurança individual como para afirmar sua posição, se necessário. Essa é a matriz masculina em operação. Nesses momentos, as fêmeas somem de vista. Quem estava na briga? Quem deu o alarme? Foi só algum jovem bobo que não sabe distinguir um abutre de uma águia, ou o grito veio de algum de seus camaradas? E por que certo macho está ausente? Terá saído de fininho com uma fêmea? Os macacos machos captam todas essas informações num relance e só se acalmam quando tudo se esclarece. Então voltam a desfrutar da companhia das fêmeas.

Entre os chimpanzés, machos passam seu tempo não só com fêmeas, mas preferencialmente uns com os outros. A matriz masculina é mais coesa porque os riscos são mais altos, enquanto os vínculos mútuos são mais fortes. Ela afeta inclusive a participação deles em testes cognitivos que fazemos na Estação de Campo de Yerkes. Costumo dizer de brincadeira que temos mais dados sobre fêmeas porque os machos não têm tempo para nós. Vivem ocupados demais com poder e sexo. Chamamos cada primata pelo nome para que entrem em um pequeno recinto com janelas de vidro que os separa de nós. Ali eles trabalham em telas de computador e nos mostram suas habilidades em compartilhar alimento ou usar ferramentas. A participação é voluntária, mas como os testes não são demorados e lhes oferecemos guloseimas em um espaço com ar-condicionado, a maioria dos chimpanzés anseia por vir.

A única exceção são os machos adultos, que não gostam de deixar seus camaradas para trás. Antes de tudo, quando

Manter a paz

há uma fêmea com inchaço genital, eles sabem que outros machos aproveitarão a sua ausência para copular. Querem frustrar essa possibilidade a todo custo. Em segundo lugar, mesmo na ausência de distrações sexuais, deixar os amigos para trás pode ter repercussões negativas. Os outros iriam brincar e se catar juntos, e os vínculos assim forjados excluiriam o macho que passou seu tempo conosco. Os chimpanzés machos querem estar incluídos em tudo que seus amigos fazem. Qualquer macho que entre no nosso recinto de testes fica espiando continuamente por baixo das portas para ver o que se passa lá fora, ou vocaliza e bate portas para que todos saibam que ele ainda está vivo e bem. Isso perturba tanto a testagem que muitas vezes acabamos por liberar o macho. Ele sai em disparada e faz uma espetacular exibição de agressividade para assegurar que todo mundo saiba que voltou.

A matriz masculina é intensificada pelo *dimorfismo sexual*, a diferença entre machos e fêmeas na aparência e no tamanho. Os chimpanzés machos são maiores, mais pesados e mais peludos do que as fêmeas. A *piloereção*, ou arrepio dos pelos, é uma linguagem em si, e comunica tensões entre machos. Um deles nota que outro está fazendo algo contrário à ordem estabelecida, por exemplo aproximando-se do alimento ou de uma fêmea, ou importunando um aliado. Ele arrepia todos os pelos e balança o tronco para os lados em um ritmo lento que chama a atenção para seus ombros largos. Também pode ficar em pé nas duas pernas e pegar um pedaço de pau para ser mais eloquente. Emite sinais de alerta para que o outro desista e recue. Isso funciona na maior parte do tempo, e ele deixa as suas intenções claras sem necessidade de exacerbar a violência.

Em nossa espécie, o dimorfismo tem magnitude similar. Também prestamos atenção especial à largura dos ombros masculinos, sendo essa a razão de os paletós terem ombreiras. Mas, em uma espécie bípede como a nossa, a principal diferença entre os sexos é na altura, que destaca os homens numa multidão. Tenho mais de 1,90 metro de altura, sou mais alto que a maioria dos homens americanos e uns trinta centímetros mais alto do que a mulher média. Minha altura influencia minha percepção sempre que entro em um grupo de pessoas. Minha atenção imediata é atraída para outros homens no nível dos olhos. Assim como todo mundo provavelmente se sente mais confortável andando ao lado de alguém com passadas de mesmo comprimento e movimentos da mesma velocidade, conversar com pessoas da nossa própria altura é fisicamente mais confortável. Se o tamanho influencia inconscientemente as preferências de contato, ele fortalece ainda mais a matriz masculina.

Numerosos estudos demonstram que as pessoas julgam os homens, mas não as mulheres, pela altura. Esse viés não é exclusivo da nossa espécie, e é por causa dele que os animais machos têm sinais especiais para comunicar sua massa e força física. O som oco das batidas de um gorila no peito exprime a circunferência de seu torso. O salto de uma jubarte na superfície indica a quantidade de água que a baleia desloca quando despenca de volta no oceano. Elefantes machos formam "clubes do Bolinha", organizando-se em uma hierarquia para se misturarem sem confrontos em excesso. Ninguém mexe com os machos mais velhos e maiores, que andam de cabeça erguida e dominam a cena ao redor das fêmeas férteis.[14]

Em todo o reino animal, os machos inflam o corpo erguendo os ombros, abrindo as nadadeiras ou asas, arrepiando pelos ou penas. Observe o impasse num confronto entre gatos machos no quintal: em câmara lenta, eles arqueiam as costas e expandem o corpo sem se tocar. O macho dominante em um bando de macacos do gênero *Macaca* tem um andar insolente com a cauda sempre para o alto, o que dá visibilidade à sua posição hierárquica. Muitos machos exibem suas armas — garras, chifres, caninos. Os machos da nossa espécie não são exceção. Até a cabeça inclinada para cima ou para baixo afeta a percepção do grau de dominância de um homem. Homens zangados erguem os punhos fechados e estufam o tórax para mostrar o peitoral. Uma cena comum em filmes é aquela na qual um homem que está sentado é insultado por outro que está de pé; o primeiro se levanta, mostra que é muito mais alto do que o outro e pergunta: "Você me chamou de idiota?", e isso vira o jogo imediatamente. Todos somos primorosamente sintonizados para o tamanho do corpo masculino, inclusive aqueles dentre nós que não são chegados a fazer pose nem a intimidar. Como muitos homens, não gosto do comportamento de machão, mas isso não significa que não lido com ele. Todo homem aprende a combater, mitigar ou desarmar esse tipo de atitude.[15]

Pouco depois da mudança de voz, os meninos começam a ganhar massa muscular em um ritmo que mal conseguem perceber o que está acontecendo com seu corpo. Isso vem tão depressa que eles se tornam capazes de proezas de força impensáveis apenas alguns meses antes. Um caso engraçado aconteceu com um amigo da universidade que era mais alto do que eu. Um dia, conversávamos no caminho para a sala de aula. Assim que nos sentamos juntos, ambos olhamos espantados para uma maçaneta em sua mão. Ele não tinha o hábito de andar carregando maçanetas. Olhamos para a porta por onde tínhamos entrado e notamos que estava sem puxador. Sem dúvida, ele a arrancara sem perceber. É assim que os rapazes se tornam conscientes de sua força física.

A força física constitutiva é uma gritante exceção à regra geral de que as diferenças de gênero são graduais e parcialmente coincidentes. Segundo um relatório americano, mais de dois em cada três homens podem erguer cinquenta quilos diretamente do chão, mas apenas 1% das mulheres consegue fazer isso. Um estudo alemão mediu a força de preensão manual de jovens e constatou que 90% das mulheres perdem para 95% dos homens. O treinamento poderia explicar isso? Não, pois até mulheres que são atletas de elite e consideravelmente mais fortes do que a maioria das outras mulheres ficaram atrás dos homens. A atleta mais forte nesse estudo atingiu apenas a força do homem médio sem preparo físico.[16]

As diferenças de força são uma parte essencial das interações entre machos, sempre agindo no fundo e às vezes em primeiro plano. Primatas machos executam deliberadamente proezas de força muscular, como sacudir uma árvore, lançar objetos ou fazer um barulhão batendo numa árvore oca, a fim de alertar todo mundo para seu vigor e força. Numa ocasião, vi um chimpanzé macho alfa fazer uma exibição extraordinária durante a qual deslocou pedras enormes e as botou para rolar ribanceira abaixo ruidosamente. Ele fez parecer que não precisou de esforço, mas as pedras eram tão imensas que outros machos não foram capazes de imitá-lo, apesar de muito se empenharem. Tenho certeza de que entenderam o recado.

Manter a paz

A matriz masculina dura até a velhice, quando sua natureza muda. Alexandra Rosati e colegas analisaram vinte anos de dados do Parque Nacional da Floresta de Kibale, em Uganda, e descobriram uma rede de compadrio entre chimpanzés selvagens idosos. Nessa fase avançada da vida, por volta dos quarenta anos, os chimpanzés machos limitam-se cada vez mais a relacionamentos positivos, que sejam livres de tensões. Tornam-se mais seletivos quanto a com quem fazem catação, escolhendo apenas um punhado de amigos a quem eles preferem e por quem são preferidos. Perdem o interesse por falsos amigos. Alguns dos amigos remanescentes são seus irmãos, mas a maioria não é parente.[17]

Seletividade similar ocorre em nossas sociedades, onde os homens mais velhos passam cada vez mais tempo com um número menor de amigos. O encolhimento de seu círculo social é atribuído à consciência da mortalidade nos humanos. Percebendo que sua vida está chegando ao fim, os homens transferem a atenção para seus contatos mais significativos e não desperdiçam tempo com negatividade. Porém, como de costume, essa explicação superestima o papel da cognição nos assuntos humanos. Precisamos repensá-la agora que descobrimos exatamente a mesma tendência em grandes primatas não humanos idosos. Pelo que sabemos, eles não têm noção do fim iminente de suas vidas.

A explicação que prefiro é que tanto homens como chimpanzés ficam mais sossegados com a idade e com os níveis mais baixos de testosterona. Quando são jovens e muito competitivos, formam amizades tendo em vista seu valor político. Mas quando envelhecem esse valor passa para segundo plano, e eles não julgam mais os companheiros segundo a utilidade. Machos no outono de suas vidas reúnem-se por puro divertimento e descontração, um luxo com o qual os machos mais jovens só podem sonhar.

DAS QUATRO TENDÊNCIAS altamente desenvolvidas que encontramos nas relações entre indivíduos do mesmo gênero em nossa espécie — a formação de vínculos e a competição nos machos, a formação de vínculos e a competição nas fêmeas —, esta última é a que conhecemos menos. A competição feminina era minimizada e negada a tal ponto que a primatóloga Hrdy lamentou: "A competição entre fêmeas é documentada para todas as espécies bem estudadas de primata, exceto a nossa".[18]

Na natureza, a competição por alimento entre fêmeas é generalizada pela simples razão de que uma fêmea não pode criar a prole sem nutrição suficiente. Uma segunda razão para a rivalidade das fêmeas surgiu quando nossos ancestrais machos começaram a contribuir para a família. Assim que a nossa linhagem passou a ter a união de pares e os cuidados paternos, as fêmeas começaram a disputar os melhores parceiros no mercado. Em consequência, o ciúme e a competição por parceiros caracterizam as meninas e as mulheres tanto quanto os meninos e os homens, ainda que cada gênero trave essas batalhas com armas diferentes.[19]

A ilusão das fêmeas meigas e pacíficas está em queda. Hoje reconhecemos, por exemplo, que o bullying na escola não é um problema só de meninos. Uma equipe finlandesa chefiada pela psicóloga Kirsti Lagerspetz computou brigas em pátios escolares e observou menos incidentes entre meninas do que entre meninos. Mas no fim do dia, quando ela perguntou às crianças sobre brigas, teve uma surpresa: ambos os gêneros relataram os mesmos números. Isso significa que a maioria dos conflitos entre meninas fica invisível a olho nu. Em contraste com as brigas físicas dos meninos, as meninas têm agressão indireta e manipulação, por exemplo, espalham rumores, param de falar com alguma delas. Essas táticas intensificaram-se com o advento da comunicação digital.[20]

Nas duas últimas décadas surgiram livros com títulos como *Odd Girl Out: The Hidden Culture of Aggression in Girls* [Excluída: A cultura oculta da agressão entre meninas"] e *Meninas malvadas: Como ajudar sua filha a lidar com panelinhas, fofocas, namorados e novas realidades do mundo das garotas*. Esses livros descrevem em detalhes o ostracismo, os sarcasmos e as mensagens depreciativas que meninas infligem umas às outras em sua intensa rivalidade por amigos e popularidade.[21] Margaret Atwood, a escritora canadense, contrastou em ficção os tormentos entre as meninas com a competição mais direta entre os meninos. Em dado momento, a protagonista de *Cat's Eye* [Olho de gato] lamenta:

> Pensei em contar para o meu irmão [mais velho], pedir ajuda a ele. Mas dizer o quê, exatamente? Não tenho olho roxo nem nariz sangrando para mostrar: o que Cordelia faz não é físico. Se fossem meninos perseguindo ou incomodando, ele saberia o que fazer, mas com meninos não sofro assim. Contra as meninas e suas dissimulações, suas fofocas, ele não poderia fazer nada.[22]

Meu interesse aqui não é a prevalência de conflitos entre meninas em comparação com meninos, e sim a administração do conflito. Se tanto meninos quanto meninas passam a maior parte do tempo com os de seu gênero e formam vínculos com essas pessoas, ambos têm de contar com modos eficazes de lidar com a competição. Mas as meninas parecem ser afetadas mais profundamente, pois suas desavenças duram mais tempo. Quando Lagerspetz perguntou por quanto tempo podiam permanecer com raiva, os meninos pensaram em horas, enquanto as meninas acreditavam que podia ser por um minuto ou pelo resto da vida![23]

Meninos são animais de matilha, valorizam a lealdade e a solidariedade, enquanto meninas forjam amizades em série, mas com uma amiga de cada vez. Essas amizades são mais íntimas e pessoais do que as que estabelecidas pelos meninos, mas também são mais frágeis. Estudos constataram que em geral não duram tanto quanto as dos meninos, e que seu término pode ser doloroso e amargo. A exclusão social é uma tática bem típica de meninas. Meninos brigam o tempo todo, mas isso raramente põe fim às suas amizades ou mesmo às suas brincadeiras. Eles gostam de debater sobre as regras quase tanto quanto gostam do próprio jogo. Em contraste, entre as meninas uma briga em geral encerra a brincadeira.[24]

É difícil encontrar informações sobre como humanos adultos impedem que as rivalidades estraguem seus relacionamentos. Sabemos apenas que as mulheres perturbam-se profundamente com a competição e têm dificuldade para esquecê-la. Por exemplo, depois de disputas entre pessoas do mesmo gênero — seja na quadra de tênis ou durante jogos realizados em laboratório —, as mulheres trocam menos abraços e apertos de mão do que os homens. Distanciam-se mais de suas adversárias. "Nada pessoal" é um comentário tipicamente masculino depois de um jogo ou de um diálogo áspero.[25]

Nada disso torna as mulheres menos sociáveis ou cooperativas do que os homens. Talvez simplesmente elas atribuam pesos diferentes aos benefícios dos relacionamentos íntimos em comparação com o custo do conflito. Homens têm menos intimidade uns com os outros, portanto os danos são limitados, caso ocorra um conflito, enquanto para as mulheres há mais a perder. Já que a minha descrição desse contraste é inspirada no estudo de como chimpanzés administram conflitos, quero primeiro explicar essas observações, antes de voltar às diferenças de gênero entre os humanos.

DEPOIS DA CARNIFICINA no Zoológico Burgers que mencionei na introdução, decidi dedicar meus estudos ao tema da pacificação. Vi as consequências trágicas de não a obter e quis aprender mais sobre a reconciliação, comportamento que eu descobrira alguns anos antes.

A reconciliação é um fenômeno que contraria a intuição e que reúne duas partes antes antagônicas. Seria de esperar que chimpanzés se mantivessem o mais separados possível, mas fazem o oposto. Ex-oponentes buscam um ao outro com grande empenho. Uma das primeiras dentre milhares de reconciliações que observei pegou-me de surpresa. Pouco depois de um confronto, dois machos rivais andaram eretos nas duas pernas na direção um do outro, com os pelos totalmente eriçados, o que os fazia parecer maiores. Fitaram-se, e pareciam tão ferozes que eu tinha certeza de que as hostilidades estavam prestes a recomeçar. Em vez disso, eles se beijaram, se abraçaram e lamberam demoradamente as feridas que haviam infligido um ao outro.[26]

Chimpanzé fêmea (*à dir.*) e o macho alfa reconciliam-se com um beijo na boca depois de um conflito.

A definição de *reconciliação* (reunião amistosa entre ex-oponentes não muito depois de uma briga) é direta e fácil de aplicar em campo. O difícil é identificar com precisão as emoções por trás desse comportamento. O mínimo que ocorre — e isso já é notável em si mesmo — é que emoções negativas, como agressão e medo, são superadas para dar lugar a uma interação positiva, por exemplo um beijo. Chimpanzés passam por essa inversão com uma rapidez extraordinária, como se acionassem um comutador na mente, mudando de hostil para amigável. Os humanos também são mestres em acionar esse comutador emocional. Fazemos isso todos os dias em um ambiente propenso a conflitos onde precisamos alcançar objetivos juntos. Devemos suprimir sentimentos ruins ou deixá-los para trás. E toda vez que eles irrompem, temos

Manter a paz   339

de consertar a situação depois. Vivenciamos a transição da hostilidade à normalização como perdão. Essa emoção às vezes é apregoada como unicamente humana e até religiosa ("oferecer a outra face"), mas talvez seja natural em todos os animais sociais. Foram necessárias duas décadas para que os primatólogos confirmassem esse fenômeno em chimpanzés selvagens. Embora menos comum do que em cativeiro, na natureza a reconciliação parece ter a mesma aparência e o mesmo funcionamento. Após centenas de estudos de animais, percebemos o quanto ela é disseminada. É encontrada em todos os mamíferos sociais, desde ratos e golfinhos até lobos e elefantes. Mas as espécies se reconciliam cada qual à sua maneira: algumas fazem catação e grunhem baixinho, outras preferem a fricção genital. A reconciliação após uma luta é tão universal e seus benefícios são tão óbvios que hoje nos surpreenderia encontrar um mamífero social que não faz as pazes depois de brigar. Nós perguntaríamos como eles mantêm a coesão do grupo.[27]

Os chimpanzés machos reconciliam-se mais prontamente do que as fêmeas. No Zoológico Burgers, as brigas de machos com machos terminam em reconciliação 47% das vezes, e as de fêmeas com fêmeas apenas 18%. Essas porcentagens são ajustadas para levar em conta a taxa de conflito, que é mais elevada entre os machos. A porcentagem das brigas entre os sexos é intermediária entre as outras duas. Nos machos, as tensões estão à flor da pele. Se um deles se zanga porque um amigo faz algo de que ele não gosta, por exemplo convidar uma fêmea sexualmente atraente, ele imediatamente sinaliza sua insatisfação. Se o outro se recusar a ceder, poderá haver confronto. No entanto, na maioria das vezes eles logo se reconciliam. Isso acontece inclusive entre rivais. Os machos são oportunistas, formam e desfazem coalizões com grande frequência, e isso significa que até o maior rival poderá tornar-se um futuro aliado e vice-versa. Eles mantêm todas as opções em aberto.[28]

Às vezes, chimpanzés machos desarmam rivais com uma alegria despreocupada, que eles exprimem com expressões faciais parecidas com o riso e com vocalizações roucas semelhantes a gargalhadas. Assim como nós, eles usam esse comportamento para dissipar tensões. Em uma cena típica, três machos adultos estão fazendo impressionantes simulações de agressividade: pulam de galho em galho, atiram objetos, batem em superfícies retumbantes. Nessa situação potencialmente explosiva, testam os nervos uns dos outros. Mas, quando se afastam da cena, um deles vem furtivamente por trás de outro e puxa sua perna enquanto ri audivelmente. Esse macho resiste e tenta libertar seu pé, mas agora também está rindo. O terceiro macho junta-se a eles, e dali a pouco os três grandalhões estão na maior folia, dando tapas nos flancos uns dos outros enquanto se descontraem.

Cenas como essa são impensáveis entre fêmeas. Elas têm muito menos conflitos abertos, mas os que eclodem parecem mais intensos. Não são conflitos mais agressivos nem mais perigosos fisicamente, porém talvez sejam mais onerosos no aspecto emocional. Muitas vezes a razão de um confronto permanece obscura. Duas fêmeas chimpanzés se encontram e tudo parece bem, mas de repente se põem a gritar uma com a outra. Eu, como observador, não tenho ideia do que desencadeou a briga. É tão súbita que me leva a imaginar que

Manter a paz

alguma coisa já andava fervendo sob a superfície, talvez por dias ou semanas, e que por acaso eu estava presente quando o vulcão entrou em erupção. Esse tipo de erupção é raro em machos, que sinalizam as hostilidades e discordâncias de um modo fácil e inequívoco: a piloereção. As coisas sempre são "resolvidas" de um jeito ou de outro. Mesmo que a agressão ecloda, pelo menos o ambiente se desanuvia.

Outra diferença é que, durante brigas graves entre fêmeas, as duas partes mostram os dentes e gritam. Essa vocalização alta e estridente tem muitas nuances, vai da queixa ao protesto, mas sempre indica medo e aflição. É o equivalente humano do choro, porém sem lágrimas. Causa estranheza ver essa expressão nas duas adversárias quando comparamos com os machos, pois nestes últimos ela sinaliza o perdedor. O macho que predomina avoluma a silhueta e mantém os lábios firmemente cerrados, enquanto seu oponente grita de medo e tenta se afastar. As brigas de fêmeas não mostram a mesma assimetria. Muitas vezes é difícil distinguir quem venceu, e suas lutas raramente mudam alguma coisa na hierarquia. Confrontos entre fêmeas não são por status, e as duas partes gritam de angústia.

Considerando que a reconciliação não acontece em quatro de cada cinco conflitos entre as fêmeas, é razoável dizer que as chimpanzés são afetadas mais profundamente e mostram-se menos inclinadas a superar suas desavenças do que os machos. Também na natureza as fêmeas raramente fazem as pazes depois das brigas. Elas tendem a se dispersar, o que é uma solução fácil. No entanto, fêmeas não são incapazes de se reconciliar. Quando não existe a possibilidade de dispersão, por exemplo em uma colônia de zoológico relativamente populosa, a reconciliação entre fêmeas pode ser comum. As fêmeas chimpanzés reconciliam-se, mas só se não tiverem alternativa.[29]

Já para os chimpanzés machos, dispersar-se não é uma opção, nem mesmo na natureza. Os machos defendem conjuntamente seu território contra os vizinhos, portanto precisam manter-se unidos em todas as circunstâncias. Além disso, eles têm outros interesses em comum, como suas alianças políticas e caçadas coletivas. Em geral, a reconciliação está ligada à importância das relações sociais. Essa ideia, conhecida como *hipótese da relação valiosa*, foi testada várias vezes e mostrou-se válida tanto para primatas como para outros animais. Assim, a reconciliação é mais comum quando as partes têm muito a perder com a continuidade das tensões. Como os chimpanzés machos dependem mais uns dos outros do que as fêmeas, para eles é fundamental reatar os laços.[30]

Entretanto, todas as fêmeas chimpanzés são devotadas à família e têm algumas amigas leais. Precisam proteger essas relações, e fazem isso principalmente evitando conflitos. Eis minha hipótese "fazer as pazes/ manter a paz": os machos são hábeis em fazer as pazes depois que o conflito eclodiu, enquanto as fêmeas são boas em manter a paz suprimindo conflitos. Como os machos transitam facilmente entre lutas e reconciliações, não hesitam em confrontar uns aos outros. O mais das vezes, não há consequências sérias. Já para as fêmeas, o conflito parece emocionalmente perturbador e quase impossível de esquecer. O dano é tão grande que elas adquirem uma atitude preventiva. Procuram manter boas relações não só com amigas, mas também com rivais. Elas não precisam começar uma briga por coisas triviais. Mas se

Manter a paz

não for possível evitá-la, deixam que a agressão siga seu curso maligno.

No Zoológico Burgers, eu frequentemente encontrava Mama e Kuif fazendo catação como se o tempo tivesse parado. Elas foram melhores amigas durante quase quatro décadas. Nada podia romper seus laços. Lembro-me de períodos em que, durante lutas de machos pelo poder, Mama favorecia um dos competidores e Kuif outro. Eu me espantava com o modo como elas agiam: cada uma parecia não notar a ingrata escolha da outra. Mama fazia um grande desvio durante comoções políticas para evitar ficar face a face com sua amiga que se aliara ao adversário. Considerando o status indisputado de Mama como fêmea alfa e o tratamento implacável que ela dispensava às fêmeas que não a seguiam, sua leniência para com Kuif era uma exceção assombrosa. Nunca vi a menor desavença entre as duas.

Quanto aos talentos cooperativos das mulheres, os bonobos talvez sejam um comparativo primata melhor que os chimpanzés. As fêmeas bonobos formam uma irmandade para conter os excessos de violência dos machos. Seus laços são de suma importância para elas, e é por isso que passam grande parte do tempo se catando. Isso também se reflete nas reconciliações após as brigas. Nos bonobos, nenhum dos sexos é mais conciliador do que o outro, e as reconciliações são comuns após conflitos de fêmea com fêmea. Elas fazem as pazes com rapidez e facilidade, frequentemente por meio de contato sexual intenso. Em um momento duas fêmeas estão se espancando aos gritos, e no outro iniciam a fricção gênito-genital, e tudo termina. Essa mudança pode acontecer no meio de uma briga, e nos faz pensar em qual seria o verdadeiro grau da animosidade. Em grande medida, as causas do ressentimento entre fêmeas chimpanzés estão ausentes nas bonobos.[31]

O valor das relações dita a necessidade da administração de conflito. É por isso que os sexos lidam com conflitos de formas diferentes em espécies de grandes primatas não humanos com vínculos entre machos e em espécies matricêntricas. Se as tendências conciliatórias são moldadas pela evolução biológica, pense nas possibilidades adicionais que se abrem para a evolução cultural. Somos o único hominídeo com um equilíbrio entre a formação de vínculos entre machos e fêmeas, e, ainda por cima, o mais flexível do ponto de vista cultural.

A HIPÓTESE fazer as pazes/ manter a paz também se aplica a nós. Afinal, nosso estilo de administração de conflito lembra o dos grandes primatas não humanos com vínculos entre os machos. Tanto nos humanos como nos chimpanzés, os machos são o sexo mais combativo, mas também parecem ser o que mais rapidamente faz as pazes. E em ambas as espécies, as fêmeas têm aversão a conflitos. Elas são profundamente afetadas por animosidades e têm dificuldade para esquecê-las. Constatou-se que as mulheres ruminam mais e por mais tempo do que os homens quando uma relação é perturbada.[32]

Há indícios de que muitas mulheres sentem mais angústia e mal-estar do que os homens diante de conflitos no local de trabalho. Sem dúvida é por isso que elas se esforçam por manter a harmonia, mesmo que apenas na superfície. Ficam longe de indivíduos com quem há probabilidade de conflito, evitam situações que provavelmente desencadearão desavença inter-pessoal e minimizam os problemas que surgem. Se isso for impossível, a melhor coisa a fazer será embrulhar a crítica numa linguagem diplomática que amenize a agressividade. Não que isso sempre seja fácil. Evitar conflitos mina a energia emocional. Por isso, sabemos que em ambientes tensos, onde as mulheres não conseguem se afastar de certas situações ou pessoas, elas sofrem mais de esgotamento (burnout) e depres-são que os homens.[33]

A habilidade das mulheres para manter a paz evidencia-se nas amizades que elas cultivam e em seus empreendimen-tos conjuntos, como grupos de mães, grupos de culinária, clubes de leitura, coros e coisas do gênero. Além disso, um número crescente de empresas tem mulheres na chefia e/ou um quadro de funcionários predominantemente feminino. A cooperação feminina é de longa data na nossa espécie. Em tribos caçadoras-coletoras, as mulheres saíam em pequenos grupos para coletar frutos e nozes na savana ou floresta. Tam-bém criavam os filhos juntas. É inestimável a importância do cuidado coletivo das crianças em uma espécie na qual os recém-nascidos têm cérebro cujo tamanho é apenas um terço do cérebro adulto. Nossas crianças são excepcionalmente vul-neráveis e dependentes. Hrdy caracteriza os humanos como "procriadores cooperativos", no sentido de que, desde o início da vida, os bebês são carregados, alimentados e entretidos por muitos indivíduos. Nesse aspecto diferimos radicalmente dos nossos parentes grandes primatas, que após o nascimento per-manecem perto da mãe por muito mais tempo. Nossa espécie sempre reconheceu a responsabilidade social comunitária dos cuidados com as crianças, algo que exige uma rede multige-racional de mulheres, meninas e homens.[34]

Testemunhei uma esplêndida demonstração de cooperação feminina na final da Copa do Mundo feminina de 2019, a que assisti com minha lealdade dividida, pois as seleções eram Estados Unidos e Holanda. As mulheres americanas tiveram uma vitória merecida, porém o que mais me impressionou foi o espírito de equipe das seleções. Eu adoraria saber como essas equipes de elite funcionam nos bastidores, compreender melhor a administração de conflitos pelas mulheres. No futebol, além de quem faz os gols, importa muito quem faz os passes. O modo como uma equipe cruza a bola adiante da trave mostra o quanto seus integrantes valorizam o coletivo. Propiciar oportunidades de fazer gol aos outros membros da equipe requer generosidade e solidariedade, e isso as duas seleções demonstraram em alto nível.

Em alguns ambientes de trabalho, como os hospitais, as mulheres são maioria. O único estudo sobre comportamento humano que já fiz foi em salas de cirurgia em hospital, onde as situações são de altíssima pressão e exigem coordenação intensa. Fui levado a esse estudo por influência de um anestesista que leu *Chimpanzee Politics*. Ele me contou que o que acontece na sala de cirurgia parece incrivelmente com a competição dos machos por posição, a hierarquia inatacável e o microcosmo das interações sociais humanas, incluindo rompantes de raiva. O conflito em uma sala de cirurgia é extremamente problemático, pois há vidas em jogo. Uma estimativa chocante indica que, só nos Estados Unidos, erros médicos são responsáveis por nada menos do que cerca de 100 mil mortes evitáveis. As equipes na sala de cirurgia são uma parte essencial da equação, e por toda parte há sinais de disfunção.

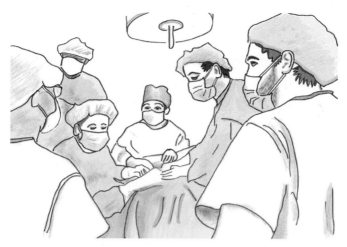

Nosso estudo sobre interações humanas em salas de cirurgia revelou que o gênero afeta o conflito e a cooperação de formas análogas ao comportamento primata.

Por exemplo, em um hospital americano, um cirurgião ficou tão insatisfeito com o instrumento que um instrumentador lhe passou que usou-o para bater na mão do colega, fraturando um dos dedos do instrumentador. Foi aconselhado a fazer um curso de controle da raiva.[35] Outro hospital suspendeu um cirurgião por conduta não profissional que incluiu gritar afrontas vulgares à equipe. Um terceiro hospital precisou fechar temporariamente seu setor de cirurgias porque um chefe "tirano" havia gerado tamanho clima de medo que a equipe se demitiu. Queixas sobre cirurgiões rudes e arrogantes são comuns, e incidentes perturbadores ocorrem no mundo todo. Os hospitais, naturalmente, preocupam-se com as ações judiciais.

O alto escalão administrativo do nosso maior hospital universitário autorizou minha equipe a documentar o que acontece dentro da sala de cirurgia. A maioria dos estudos anteriores havia privilegiado o formato de questionários, nos quais, depois da cirurgia, se perguntava ao pessoal do hospital o que havia acontecido. Embora esse método seja conveniente para os pesquisadores, fatalmente produz informações erradas. Se perguntamos a alguém a respeito de um conflito ocorrido, a culpa é sempre de outra pessoa. É quase impossível obter uma descrição imparcial. Eu achava que devíamos estudar as pessoas na sala de cirurgia do modo como estudamos os primatas: por observação.

Não nos autorizaram a filmar, e narrar as observações chamaria a atenção. Por isso, todas as manhãs do nosso estudo, Laura Jones, antropóloga médica com anos de experiência em hospitais, entrava em uma sala de cirurgia predeterminada. Sentava-se discretamente num banquinho em um canto e fazia anotações. Ela havia criado um grande conjunto de anotações sobre comportamento que lhe permitia codificar em um tablet cada interação observada. No fim, Laura registrou mais de 6 mil interações sociais que ocorreram durante duzentos procedimentos cirúrgicos.[36]

As pessoas da equipe estão ali presentes para trabalhar na cirurgia, mas o fato é que às vezes passam oito ou mais horas juntas em uma sala relativamente pequena, e lá dentro mostram uma grande variedade de comportamentos. A maioria de suas interações sociais não tem relação alguma com o procedimento médico em curso. Na sala de cirurgia ouve-se música (escolhida pelo cirurgião), enquanto membros da equipe jogam conversa fora, flertam, gracejam e riem, discutem esportes e política, trocam notícias, mostram fotos de animais de estimação, dançam e cantam — e se irritam ou se zangam. Por

Manter a paz

sorte, os pacientes não se dão conta da irreprimível socialização humana à sua volta. Laura registrou ocorrências de conflitos durante aproximadamente um terço dos procedimentos, mas os conflitos graves (incluindo arremessar equipamento ou rompantes violentos) foram apenas 2% deles.

A maioria das críticas vem de cima para baixo: do cirurgião responsável para o anestesista, o enfermeiro circulante e até o instrumentador. Raramente é na direção oposta. Ouço queixas sobre a hierarquia rigorosa das salas de cirurgia, mas não consigo imaginar a alternativa. Eu não gostaria de estar sob o bisturi enquanto uma equipe democrática debate interminavelmente cada decisão crucial. Ações rápidas exigem uma equipe estratificada. O cirurgião é o alfa na sala. Ele ou ela será o único elogiado se tudo correr bem ou censurado se der errado.

Os gêneros parecem igualmente hierárquicos nas salas de cirurgia. Por exemplo, não conseguimos detectar diferenças de comportamento entre cirurgiões e cirurgiãs. Nossas leituras sobre estilos de liderança de homens e mulheres nos induziram a pensar que os homens seriam mais autoritários e as mulheres, mais compreensivas e simpáticas. Talvez seja assim que os cirurgiões se autoavaliam ou como outros os avaliam, mas, quando observamos o comportamento, todos agiram do mesmo modo. Ambos os gêneros assumiram o comando e ambos exibiram as mesmas maneiras.

No entanto, descobrimos uma diferença, e ela está ligada à composição dos gêneros presentes na sala. No quesito das interações amistosas e cooperação, as equipes de maioria masculina saíram-se pior que as de maioria feminina. Isso talvez se deva ao comportamento turbulento dos homens quando se juntam. Ainda mais fascinantes foram as interações dos gêneros entre o indivíduo alfa e o resto da sala de cirurgia. Quando um homem cirurgião trabalhou em uma sala com muitas mulheres, registramos um nível maior de cooperação do que quando um homem cirurgião esteve rodeado por homens. Inversamente, quando uma cirurgiã trabalhou em uma sala com muitos homens, houve mais cooperação do que quando ela estava rodeada de mulheres. Registramos duas vezes mais conflitos quando o gênero do indivíduo alfa coincidiu com o da maioria do pessoal da sala de cirurgia. Como o cirurgião dá o tom para as interações na sala, isso é o que qualquer primatólogo teria predito. A posição do alfa sempre é mais significativa em relação aos indivíduos do seu próprio gênero. Os indivíduos alfa sentem a necessidade de enfatizar seu status diante dos membros de seu próprio gênero, por isso podem ser mais severos com eles. Isso também sugere que uma matriz feminina similar à matriz masculina direciona a atenção das mulheres. Meu amigo anestesista tinha razão: a sala de cirurgia realmente se parece com um território de macacos.

O trabalho produtivo em uma equipe de gêneros mistos requer garantias culturais de igualdade. Os homens precisam respeitar as mulheres no local de trabalho, e a sociedade tem de oferecer oportunidades iguais para carreiras especializadas como a de cirurgião. Sabemos o quanto demorou para chegarmos até aqui e o quanto essas garantias permanecem frágeis, mas já se foi o tempo em que um homem cirurgião dominava uma sala cheia de mulheres. Apesar da nossa longa história evolutiva de cooperação entre indivíduos de um mesmo gênero, as equipes de gêneros mistos trabalham incrivelmente bem.

Quando se trata de interação entre os gêneros em humanos, devemos ainda considerar uma última característica sexualmente dimórfica: a voz. Somos uma espécie verbal, e a voz é tremendamente importante para nós. Não me refiro aqui ao conteúdo do que dizemos, e sim ao modo como falamos, à potência e ao timbre da voz.

Somos tão sensíveis às vozes que elas servem como identificadores individuais. Isso se aplica também a outros animais. Percebi o quanto uma voz permanece na memória de um chimpanzé por longo tempo no dia em que fiz uma visita a um centro de primatas no Texas. Meu anfitrião me informou que estavam abrigando Lolita, uma fêmea chimpanzé que eu conhecera mais de uma década antes e que desde então não via. Fui visitá-la, mas cobri o rosto com uma máscara. Andei até a área onde ela estava em companhia de outros, e ela não me reconheceu vendo apenas meus olhos. Sua reação foi zero. Mas tudo mudou quando ouviu minha voz. Depois de eu simplesmente dizer olá para ela em holandês, Lolita veio correndo na minha direção com grunhidos de saudação entusiasmados.

Não tenho a voz grave e retumbante de muitos homens — minha voz natural é suave e aguda. Mas posso fazê-la soar mais grave sem muito esforço para que me ouçam com mais facilidade e nitidez. A natureza deu aos homens essa vantagem alongando suas laringes. As pessoas são sensíveis ao tom da voz — por exemplo, quando ouvimos um cão latir do outro lado de uma porta podemos dizer de imediato se é um shihtzu ou um são-bernardo, pois, quanto maior o cão, mais longa é sua laringe e mais grosso é o latido. Quando digo que a "natureza" deu essa vantagem aos homens, a ideia é que a voz masculina não precisa soar tão grave quanto soa. Impelida pela testosterona, a laringe desce na puberdade para os meninos, mas não para as meninas. Essa queda, que causa as variações abruptas no tom da voz, indica o aumento da força física. Mas como a laringe dos homens é 60% mais longa que a das mulheres, enquanto sua altura média é apenas 7% maior, a laringe masculina torna-se excessivamente longa. O timbre da voz masculina é muito mais grave do que poderíamos esperar com base apenas no tamanho do corpo.[37]

As mulheres podem tentar tomar emprestado o efeito intimidante da voz grave, mas com exceção de uma minoria que já possui naturalmente uma voz assim, elas correm o risco de emitir sons que parecem forçados. Isso acontecia com a hoje desacreditada CEO da Theranos, Elizabeth Holmes, cuja voz esquisita foi debatida à exaustão na internet. Sua voz, descrita no *Washington Post* como "um barítono grave vindo do fundo da garganta, com uma inflexão de surfista, uma pitada de alergias sazonais e um toque robótico", era absurdamente grave para uma mulher. Depois que ela foi desmascarada como uma golpista que lesou investidores do Vale do Silício, muitos passaram a acreditar que aquela voz grave era tão falsa quanto seu produto. Talvez ela a cultivasse para transmitir uma ideia de idade e experiência, comparável com os colegas homens mais velhos de quem se cercava, por exemplo o ex-secretário de estado Henry Kissinger, dono da voz mais grave que conheço. Segundo colegas de trabalho, nem sempre Holmes conseguia manter o timbre adotivo. Dizem que quando bebia em festas ela perdia o controle e falava com uma voz esganiçada que soava mais natural.[38]

Manter a paz

Só uma categoria de pessoas conhece em primeira mão os modos como ambos os gêneros comumente são tratados na sociedade. Muitas pessoas transgênero viveram por anos como indivíduos de um gênero diferente daquele com o qual elas se identificam. Sua transição geralmente envolve mudar não só a estética de roupas e cabelos, mas também o corpo e a voz. Como resultado, conhecem os dois lados da moeda. Suas experiências, documentadas em relatos pessoais informais, confirmam os piores estereótipos sobre a posição dos gêneros na sociedade. É como um *trade-off* entre as vantagens de ser homem ou mulher. Em comparação com a vida que levavam antes, as mulheres transgênero ganham um aumento de consideração, mas sofrem um declínio no respeito. Em contraste, os homens transgênero ganham mais respeito, mas perdem consideração.

Após a transição, as mulheres transgênero passam a ser tratadas com mais gentileza e solicitude do que quando eram homens. As pessoas sorriem para elas em espaços públicos, abrem a porta para que passem, põem sua mala no compartimento de bagagem do avião. Os passantes se preocupam se elas parecem sentir dor ou ter algum problema. O sorriso — sinal imemorial de apaziguamento entre os primatas — lhes é dirigido com maior frequência e facilidade do que antes. Mas esse acréscimo de gentileza tem seu preço. Ele reflete a noção das mulheres como seres vulneráveis e dependentes, o que significa que são levadas menos a sério. O que dizem é ignorado em reuniões, e elas são empurradas no metrô. Um homem que venha andando em sua direção pressupõe que elas devem ceder passagem na calçada. Quando algumas mulheres corajosas testaram essa dinâmica recusando-se a sair do caminho de homens, o resultado foram numerosas colisões.[39]

Homens transgênero relatam o oposto. De repente eles se veem privados da cordialidade, dos sorrisos e das cortesias comuns a que estavam acostumados quando eram percebidos como mulheres. São tratados como seres autônomos capazes de se cuidarem sozinhos. Sem ninguém preocupado com seu bem-estar, eles captam a mensagem: "Se vire!". Um homem trans teve um rude despertar quando saiu de casa pela primeira vez em sua persona masculina: "Uma mulher entrou numa loja de departamentos antes de mim, deixou a porta fechar-se atrás dela e bater na minha cara".[40]

Por outro lado, ser visto como homem traz autoridade instantânea. O homem transgênero entra num mundo de deslizes minimizados e sucessos amplificados. De repente, sua opinião é importante. Thomas Page McBee tinha um corpo andrógino, imberbe, que deixava seus colegas de profissão perplexos a ponto de lhe pedirem que não se aproximasse de clientes importantes para não os confundir. Tudo isso mudou depois de sua transição:

> A testosterona tornou minha voz grave. Muito grave. Tão grave que quase não me ouvem em um bar barulhento ou na cacofonia de uma reunião. [...] Mas quando falo as pessoas não apenas ouvem: elas se inclinam para prestar mais atenção. Cravam o olhar na minha boca, ou olham para suas próprias mãos a fim de se livrarem de qualquer distração fora das minhas palavras poderosas.[41]

Na primeira vez em que notou as pessoas atentas a seus lábios, McBee ficou tão espantado que não conseguiu terminar

Manter a paz 355

sua frase. Mas as pessoas esperaram pacientemente que ele prosseguisse. Se fosse uma mulher, talvez o interrompessem, mas os homens são tolerados. Não só isso: os homens exploram suas vozes falando uns com os outros em tom alto, por cima da cabeça das mulheres. Parecem não ouvir as mulheres e as interrompem no meio da frase.

Obviamente, nada disso é justo. E pior, nem sequer é correto. Em que contribui para uma tomada de decisão sensata priorizar as opiniões segundo o timbre de voz de quem as expressa? É um padrão ridículo para uma espécie inteligente como a nossa. Portanto, reitero que nada do que foi dito acima endossa essas atitudes. Em vez disso, ressalta o quanto o dimorfismo sexual primata está arraigado em nosso subconsciente.

Cientistas estudaram o impacto do tom de voz transformando-o experimentalmente. Quando reproduziram vozes masculinas computadorizadas para jovens adultos, as vozes com timbre grave foram percebidas pelos ouvintes como indicadoras de status mais elevado. Homens com voz grave deram a impressão de ter maior probabilidade de vencer uma luta (dominância física), e também de serem mais prestigiados, respeitados ou merecedores de atenção (autoridade). Em um estudo realizado na Holanda, mulheres jovens consideraram homens com voz mais grave como mais atraentes, do mesmo modo que muitas mulheres preferem homens em boa forma física. Isso provavelmente tem relação com o papel protetor dos homens, apesar de a voz ser um péssimo marcador do aspecto físico. A voz tem apenas uma vaga relação com características físicas como o tamanho do corpo do homem ou a quantidade de pelos em seu corpo. A voz masculina provavelmente ganhou seu timbre mais grave na evolução como um sinal de dominância para o qual tanto os homens quanto as mulheres adquiriram um ouvido atento.[42]

Como professor universitário, nunca usei um Gender-Time (aplicativo de celular que mede o tempo de fala por gênero), mas, se tivesse feito isso ao longo dos anos, sem dúvida teria constatado um aumento constante do tempo pelo qual as mulheres falam em reuniões do corpo docente. Uma razão é o número crescente de mulheres docentes, mas outra é que as regras de interação mudaram. Se há um grupo que tem conhecimento, ou deveria ter, sobre o viés de gênero implícito, este é um grupo de professores de psicologia. A maioria deles discorda do viés e tenta contrabalançar seu efeito sobre a fala. Hoje, se uma mulher é interrompida por um colega, provavelmente dirá algo como: "Ei, ainda não concluí!".

Ainda assim, estudos mostram que em situações formais as mulheres frequentemente se mantêm em silêncio enquanto homens falam. Após um seminário acadêmico, por exemplo, homens fazem 2,5 vezes mais perguntas do que mulheres. A razão das perguntas e respostas de homens e mulheres melhora um pouco quando há mais mulheres na plateia ou se uma mulher fizer a primeira pergunta.[43] Mas homens atropelando a fala de mulheres continua a ser um espetáculo diário. Mais recentemente, durante um debate pela televisão entre os candidatos a vice-presidente Kamala Harris e Mike Pence, este a interrompia o tempo todo com sua fala monótona, enquanto ela permanecia notavelmente calma e repetia o tempo todo "Eu estou falando". Pence também interrompia a moderadora, que se mostrou incapaz de contê-lo.

Manter a paz

A curiosa realidade é que, embora nossa civilização valorize o intelecto, a educação e a experiência, ainda nos deixamos lograr por parâmetros físicos brutos que não têm relação com essas qualidades. Desprezamos a força bruta que acreditamos alicerçar a ordem natural, orgulhosos de termos deixado para trás a ideia da "lei do mais forte", e, no entanto, continuamos teimosamente sensíveis ao dimorfismo sexual da nossa espécie quando o assunto é altura, força muscular e voz. Inverter essa situação exigirá mais do que um GenderTime e algumas regras de debate. Um bom começo seria avaliar as raízes evolutivas desses vieses. Embora nossos parentes primatas ofereçam amplas pistas, também devemos levar em conta o potencial da nossa espécie para modificar comportamentos. Precisamos disso urgentemente se quisermos construir uma sociedade na qual homens e mulheres cooperem em bases iguais.

11. Criação

Cuidados maternos e paternos com a prole

QUALQUER CIENTISTA QUE SE PREZA ama o inesperado. É lá que espreitam novas revelações. Como disse o escritor de ficção científica Isaac Asimov: "Em ciência, a frase que mais empolga, a que anuncia novas descobertas, não é 'Eureca!', e sim 'Que estranho'".

Robert Goy, diretor do Centro de Primatas de Wisconsin e pioneiro no estudo da relação entre hormônios e comportamento, certa vez fez um comentário estranho. Bob, meu grande amigo e mentor, virou-se para mim com um brilho nos olhos como se estivesse prestes a divulgar um segredinho e perguntou: "O que acontece se você puser um macaco reso bebê numa jaula com um macho adulto e uma fêmea adulta de sua espécie?". Então ele mesmo respondeu. Se os dois adultos já tiverem familiaridade com bebês mas nenhum deles conhecer esse bebê específico, relutarão em tocar nele. Depois do desconforto inicial, inevitavelmente será a fêmea quem responderá. Ela irá pegar o bebê e o colocará sobre seu ventre estalando os lábios — um gesto para tranquilizar. O macho mal olhará para o pequeno. Obviamente ele viu e ouviu o bebê, mas age como se não estivesse lá. Quanto mais tempo a fêmea se sentar com o bebê aconchegado a ela, mais sono sentirá. Segurar um infante dá uma sensação cálida aos primatas.

Criação 359

Até aqui, tudo bem. Mas então Bob fez uma segunda pergunta. O que acontece se pusermos um bebê macaco junto com um macho adulto que está sozinho? O macho mostrará o mesmo desconforto e hesitação iniciais, ele disse, e talvez até se refugie num canto. Mas a maioria dos machos acabará fazendo exatamente o que a fêmea fez. Pegará o bebê e o ajeitará sobre o ventre na posição correta, onde ele logo se acalmará. Também irá estalar os lábios enquanto segura o pequeno carinhosamente, revelando-se uma perfeita figura paterna.

Em outras palavras, o modo como um macho reage a um infante depende da presença de uma fêmea que nem sequer é a mãe do bebê. Apesar de sua dominância, os resos machos deixam a iniciativa para as fêmeas quando se trata de cuidar de infantes. Bob quis mostrar não que os machos não se importam com os bebês, ou que são inerentemente desajeitados, e sim que o cuidado com os pequenos é uma tarefa das fêmeas na qual os machos não interferem. Além disso, eles aprenderam a ser cautelosos. Sabem que assustar ou machucar um infante vai lhes trazer encrenca com as fêmeas. Só quando o macho se vê sozinho com um pequeno choramingando e agitado ele tomará a providência adequada e irá tranquilizá-lo.

Na maioria dos primatas é drástica a diferença entre os sexos no grau de cuidados com a prole. Nossa interpretação usual é que as fêmeas são devotadas aos bebês, e os machos não. Na linguagem da biologia, as fêmeas investem no crescimento e na saúde dos jovens, enquanto os machos dão apenas uma contribuição genética única. Frequentemente parece ser isso mesmo, mas e se por trás desse contraste preto e branco descobríssemos tendências com mais tons de cinza? Segundo Bob, o fato de, na vida real, vermos uma clara divisão dos papéis não significa que os machos não possuem potencial para cuidar.

Devemos ter isso em mente enquanto examinamos o "instinto materno", que por definição diz respeito a fêmeas. Há muito a dizer em favor desse termo, mas também muito a debater. Infelizmente, falar em "instinto" faz o cuidado materno parecer um comportamento robótico pré-programado. Como se toda fêmea soubesse de imediato como cuidar de seu recém-nascido e fizesse isso automaticamente. Essa é uma ideia muito enganosa, e logo a explicarei. Por outro lado, não se pode negar que o papel da mãe está atrelado à biologia.

Os mamíferos surgiram relativamente tarde na cena evolutiva. Desmembraram-se de linhagens de répteis e aves por volta de 200 milhões de anos atrás, com um novo e esplêndido modo de propagação. Os filhos crescem em segurança no ventre da mãe e nascem vivos, porém imensamente vulneráveis. Precisam de calor, proteção e nutrição líquida de imediato. A única candidata viável a suprir as necessidades pós-natais da cria, ao menos logo de início, é a mãe. Em contraste com a infinidade de animais que põem ovos e depois se afastam nadando ou andando antes que eles eclodam, as mães mamíferas sempre estão presentes quando sua prole entra no mundo. Machos também podem estar por perto, mas isso não é garantido. Para providenciar os cuidados com a prole, a evolução não teve escolha a não ser incumbir a fêmea. Esta recebeu o equipamento para alimentar e um cérebro que considera a cria uma mera extensão de si mesma, quase como um membro adicional de seu corpo. Nas palavras da neurofilósofa canadense-americana Patricia Churchland:

Na evolução do cérebro mamífero, o âmbito do eu se estendeu para incluir os meus bebês. Assim como uma rata madura se ocupa em providenciar seu próprio alimento, calor e segurança, ela se ocupa em providenciar o alimento, o calor e a segurança de seus bebês. Novos genes mamíferos construíram cérebros que sentem desconforto e ansiedade quando os bebês são separados da mãe. Por outro lado, o cérebro mamífero sente-se calmo e bem quando os bebês estão próximos, aquecidos e seguros.[1]

As mães mamíferas vêm equipadas com útero, placenta, glândulas mamárias, mamilos, hormônios e um cérebro moldado em função da empatia e da criação de vínculos. Contudo, a tendência a cuidar nem sempre se manifesta de imediato, sobretudo na primeira cria. Pode surgir aos poucos, com grande ambivalência, e depois se fortalecer com pistas olfativas, choros de fome e amamentação. A maioria dos peixes e répteis não precisa de nada disso e pode até ver seus recém-nascidos como alimento, mas se as fêmeas mamíferas não alimentarem suas crias desde o primeiro dia, as crias morrem. Todos descendemos de mães que gestaram o feto até o fim, produziram secreções corporais nutritivas e se dispuseram a lamber, massagear, segurar, embalar e tocar seus filhos conforme as necessidades de crescimento e desenvolvimento saudáveis.

Filhotes de rato que são lambidos frequentemente crescem mais bem socializados e mais curiosos do que os que pouco são lambidos — estes são agitados e nervosos. Analogamente, crianças humanas criadas sem o toque e o colo dos pais ou seus substitutos desenvolvem transtornos emocionais graves. O mundo viu esse resultado deplorável na Romênia de Nicolau Ceaușescu. Seus orfanatos são conhecidos como "matadouros de almas" em razão das consequências desastrosas da privação de contato.

O modo como as mães criam vínculos afetivos com seus filhos já foi comparado a apaixonar-se. Mas isso subverte a ordem evolutiva, portanto é melhor vermos pelo lado oposto. O amor materno vem antes da variedade romântica. Há mi-

A amamentação dos filhos caracteriza todos os mamíferos. Promove uma ligação emocional imemorial, regulada por hormônios e química cerebral, encontrada nas diversas espécies.

Criação

lhões de anos as fêmeas de mamíferos de todos os feitios e tamanhos, de camundongos a baleias, vêm dando à luz crias indefesas. Sob a influência de um coquetel hormonal de estrogênio, prolactina e oxitocina, o corpo de uma fêmea grávida prepara-se para a chegada de uma nova vida. Esses hormônios aumentam o núcleo emocional do cérebro, a amígdala, e impelem o cuidado, a proteção e a lactação. A oxitocina, também conhecida como o "hormônio do aconchego", é o hormônio materno por excelência. Ajuda a induzir o parto, é liberada durante a amamentação e promove a formação do vínculo emocional.

Esse pacote de mudanças físicas é tão antigo que o odor continua a ser essencial, mesmo na nossa espécie acentuadamente visual. O cheiro da cria tem uma via direta para o cérebro da mãe, onde ativa centros de prazer, quase como uma droga. Para as mulheres, o cheiro de seu bebê é inebriante. Elas também não se incomodam com o cocô. Em testes cegos, mães classificaram as fraldas sujas de fezes de seus próprios bebês como menos fedorentas que as de bebês de outras mulheres.[2]

Todos os outros vínculos sociais pegam carona nessa química cerebral ancestral. Ela atua em ambos os gêneros, inclusive em pais cuidadores e na formação de vínculos entre macho e fêmea de algumas espécies, como a nossa. Quando jovens se apaixonam, replicam a ligação mãe-filho. Veem um ao outro por um prisma exclusivamente positivo e se tratam por apelidos diminutivos como "neném", "amorzinho" e "benzinho", conversam numa "fala de bebê" com voz fininha e dão comida um ao outro como se não fossem capazes de se alimentar sozinhos. Esse estado eufórico é concomitante a níveis elevados de oxitocina no sangue e no cérebro dos enamorados.[3]

O apego materno é a mãe de todos os vínculos.

SE A SOCIABILIDADE DEVE tanto ao amor e aos cuidados maternos com os pequenos, devemos demonstrar-lhe respeito. No entanto, biólogos evolutivos não costumam dar o devido valor ao modo como os mamíferos se reproduzem. Ele é essencial, obviamente, mas nem tanto quanto a respiração e a locomoção. Não é preciso exaltá-lo.

Mas justamente por ser onipresente e vital nos mamíferos, o cuidado materno deve ter sido o cadinho para a evolução da inteligência social. Para começar, uma mãe fará melhor seu trabalho se reconhecer as necessidades dos filhos e souber o que eles podem e não podem fazer. Ela precisa estar em sintonia com cada pequeno passo ou pulo de suas crianças e ser capaz de adotar o ponto de vista delas. Imagine uma mãe orangotango deslocando-se pela copa das árvores com seu bebê dependente. Os orangotangos são mestres em se locomover de galho em galho sem nunca descer ao chão. Mas, como há espaços entre as árvores, o deslocamento é muito mais fácil para um adulto, com seus braços compridos, do que para um jovem. Orangotangos jovens frequentemente se veem sem saída e precisam chamar a mamãe. Ela sempre volta para seu pequeno quando ele geme. Primeiro, faz a árvore em que ela se encontra pender na direção da árvore onde o pequeno está empacado, depois improvisa uma ponte entre as duas árvores com seu próprio corpo. Segura-se com uma das mãos

Criação

numa árvore e com um pé na outra e puxa as duas para que se aproximem e o jovem possa passar por cima de seu corpo. Ela é emocionalmente envolvida (mães grandes primatas não humanas frequentemente gemem quando suas crias gemem) e encontra uma solução à altura das habilidades do filho.

Ver a partir da perspectiva de outro foi tradicionalmente considerado uma capacidade exclusivamente humana, mas agora já está bem documentada em grandes primatas não humanos e em algumas outras espécies de cérebro grande, como os membros da família dos corvídeos (corvos). Um estudo recente mostrou que os grandes primatas não humanos têm até mesmo a noção de que sua percepção da realidade pode diferir da percepção dos outros.[4] Eles também são conhecidos pela *ajuda direcionada*, isto é, uma assistência baseada na avaliação do problema do outro. Os orangotangos fazendo pontes entre duas árvores são um exemplo disso, mas também temos evidências experimentais. No Instituto de Pesquisas sobre Primatas no Japão, o primatólogo Shinya Yamamoto pôs dois chimpanzés lado a lado em áreas separadas. Um dos chimpanzés podia escolher entre sete ferramentas diferentes, enquanto o outro precisava de uma ferramenta específica para alcançar guloseimas ou suco. O primeiro tinha de olhar por uma janela para ver a situação do outro antes de pegar o instrumento mais adequado e entregar ao vizinho. O fato de os chimpanzés terem êxito nessa tarefa, apesar de o primeiro deles nada receber em troca, demonstrou sua capacidade de compreender as necessidades específicas de outros e sua disposição para ajudar.[5]

As mães chimpanzés demonstram diariamente essa capacidade no Triângulo de Goualougo, na República do Congo.

Enquanto estão pegando cupins, elas respondem aos pedidos de seus filhos e lhes entregam uma ferramenta ou permitem que tirem a ferramenta de suas mãos. Nem todo graveto ou galho de árvore tem a forma e o comprimento certos para extrair insetos. As ferramentas escolhidas pelas mães são as melhores. Assim, em vez de deixar que os filhos se arranjem como puderem, elas ensinam. Preveem as demandas dos jovens, pois trazem ferramentas adicionais para perto do cupinzeiro. Ensinar é mais uma forma de adotar outra perspectiva, pois requer que um indivíduo competente avalie a incompetência de outro.[6]

Eis mais um caso que mostra de um modo diferente a adoção da perspectiva de outro. Na Estação de Campo de Yerkes, formei um vínculo especial com Lolita, fêmea chimpanzé que era a estrela dos nossos testes cognitivos. Um dia, Lolita estava com um novo bebê, e eu quis dar uma boa olhada nele. Isso é difícil de fazer, pois um recém-nascido dessa espécie não passa de uma bolinha escura grudada no ventre escuro da mãe. Chamei Lolita, que estava no trepa-trepa com seu grupo de catação. Assim que ela se ajeitou sentada à minha frente, apontei para o bebê. Em resposta, ela pegou a mão direita do filho com a sua mão direita e a mão esquerda dele com a sua mão esquerda. Parece simples de fazer, mas para isso ela precisou cruzar os braços, já que o bebê estava agarrado em seu corpo de frente para ela. Seu movimento lembrou o de uma pessoa que cruza os braços e pega uma camiseta pela bainha para tirá-la. Lolita ergueu lentamente o bebê enquanto o girava no ar em torno de seu eixo, e o mostrou de braços abertos de frente para mim, suspenso pelas mãos dela. Com esse movimento elegante, Lolita demonstrou compreender que eu acharia a frente de seu bebê mais interessante do que as costas.

Tudo isso é para dizer que compreender a perspectiva de outro, algo que representa um salto enorme na inteligência social, pode muito bem ter começado com a relação mãe--filho. Isso também vale para a evolução de sociabilidade e cooperação em geral. Estou convencido, por exemplo, de que toda a tinta que os cientistas já gastaram com o "enigma do altruísmo" teria sido acentuadamente reduzida se levássemos em consideração o modo como as mães criam a prole. O altruísmo só é um enigma porque pressupomos que animais não têm razão para se preocupar com os outros. Se o egoísmo é o modo de avançar, por que se importar com terceiros? Mas a maioria dos animais ignora esse conselho. Eles alertam os outros sobre predadores, compartilham alimentos com quem tem fome, desaceleram para que companheiros machucados os alcancem e defendem uns aos outros contra atacantes. Há relatos de grandes primatas não humanos que pularam em água gelada para salvar um companheiro que se afogava ou para rechaçar um predador formidável como o leopardo que estava atacando um dos seus. Depois lambem as feridas dos companheiros e espantam as moscas em volta. Como explicar essa preocupação com os outros?[7]

O cuidado materno, apesar de ser a forma de altruísmo mais impressionante e mais comum, foi cuidadosamente deixado fora desse debate. Achava-se que os sacrifícios pelos descendentes não eram bem um enigma, e por isso sua inclusão só confundiria a questão. Em consequência, ficamos andando em círculo, perplexos com a gentileza animal, sem jamais reconhecer suas raízes imemoriais nos cuidados com a prole. Essas raízes são cruciais, pois todas as ações de salvamento por mamíferos, sobretudo em resposta a sinais de dor e aflição, seguem o esquema neural do cuidado parental.[8]

Chimpanzés e bonobos consolam espontaneamente indivíduos aflitos, por exemplo, os que perderam uma luta. Dão-lhes beijos e abraços e lhes fazem catação até que eles se acalmem. Nessa mesma linha, um cão lambe e toca delicadamente com o focinho uma pessoa que está chorando, ou então deita a cabeça no colo dela. Elefantes roncam e põem um tronco na boca de um membro da manada que se assustou com um barulho súbito. Cada vez mais se reconhecem expressões de empatia animal, e sua neurobiologia é a mesma em espécies diversas. Um estudo pioneiro investigou o comportamento de consolação em arganazes do campo, que são pequenos roedores monógamos. Depois de um acontecimento estressante, um dos membros do par faz catação no outro. Quando se borrifa oxitocina nas narinas de homens e mulheres, a empatia humana aumenta; de forma análoga, descobriu-se que a propensão do arganaz a aliviar a aflição do parceiro depende da oxitocina em seu cérebro. Isso remonta à primeira forma de empatia: o conforto físico que as mães mamíferas proporcionam a uma cria amedrontada ou ferida.[9]

O único momento em que a mãe tem dificuldade de proporcionar alívio ocorre quando ela própria é a fonte do desconforto. Isso é inevitável durante o desmame, que a mãe grande primata não humana inicia empurrando a cria para longe dos mamilos. Durante quatro anos o pequeno pôde mamar sempre que quis, mas agora os braços da mamãe estão firmemente cruzados no peito. É verdade que ela permitirá que a cria mame só um pouquinho após gritos de protesto,

Criação 369

mas o intervalo entre rejeição e aceitação vai aumentando com a idade do filho. Mãe e filho empregam armas diferentes nessa batalha. A mãe tem força física superior, enquanto a cria tem uma laringe bem desenvolvida (um chimpanzé jovem grita mais alto que uma dúzia de crianças humanas juntas) e táticas de chantagem poderosas. O pequeno persuade a mãe fazendo beicinho e choramingando, e, se tudo o mais falhar, ele tem um ataque de birra. No auge dessa manifestação barulhenta, ele sufoca com os gritos ou vomita nos pés dela, e assim faz a ameaça suprema: o desperdício do investimento materno. O período de aleitamento dos pequenos chimpanzés é longo, por isso eles passam pela "terrível crise dos quatro anos", em vez da "terrível crise dos dois anos" das crianças da nossa espécie.

A resposta de uma mãe chimpanzé selvagem a um dramalhão desses foi subir numa árvore alta e largar o filho lá de cima, segurando-o pelo tornozelo no último instante. O jovem macho ficou pendurado por quinze segundos, berrando desesperadamente. E então a mãe o pegou de volta. Ela fez isso duas vezes seguidas. Naquele dia não houve mais birra.

Mas também já vi soluções conciliatórias curiosas. Um pequeno de cinco anos começou a sugar o lábio inferior da mãe para substituir o aleitamento. Uma fêmea jovem metia a cabeça embaixo da axila da mãe, perto do mamilo, e sugava uma dobra de pele. Essas soluções paliativas duram apenas algumas semanas. Depois de um tempo, o pequeno desiste e passa a subsistir com alimentos sólidos, apesar de muitos atravessarem um longo período chupando o polegar.[10]

Mães humanas e mães grandes primatas não humanas, por terem anatomias quase idênticas, carregam e amamentam seus bebês de modo similar. É por isso que alguns zoológicos convidam mães humanas para demonstrar a mães primatas neófitas como amamentar; e também é por isso que tratadores e visitantes assíduos de zoológicos me contam casos de primatas extremamente curiosas sobre gestações e recém-nascidos humanos. Elas observam atentamente o processo. Uma mulher contou que, depois de dar à luz, foi ver os gorilas do zoológico e empurrou o carrinho do bebê até a borda do fosso. Foi saudada por uma gorila que ela conhecia bem e que carregava seu próprio recém-nascido. De início as duas apenas se fitaram, mas então a gorila deu uns tapinhas na barriga enquanto olhava para a barriga da mulher, até que esta a imitou. "Nós duas tínhamos virado mães", comentou a mulher.

Um último paralelo é a tendência a deitar o bebê no braço esquerdo. Essa preferência inconsciente ocorre aproximadamente em quatro de cada cinco mães humanas. A preferência pelo braço esquerdo é específica para bebês e bonecas, e não se aplica quando elas seguram outros objetos. Como esse mesmo viés lateral é encontrado em mães grandes primatas não humanas, provavelmente ele não é cultural. Há várias teorias sobre isso; uma delas supõe que essa posição mantém o bebê mais próximo do coração da mãe para que ele ouça os batimentos. Outra é que isso deixa o braço dominante livre para outras tarefas. Mas a ideia mais bem cotada é que objetos no campo visual esquerdo são percebidos principalmente pelo lado direito do cérebro, porque as informações visuais cruzam-se no quiasma óptico. Como o hemisfério direito do cérebro processa as emoções faciais, segurar o bebê do lado esquerdo favorece a conexão emocional.[11]

Criação

No entanto, a mãe não decide tudo. Os bebês não são passivos, e a maioria deles prefere mamar do lado esquerdo. Esse viés do mamilo esquerdo também caracteriza humanos e grandes primatas não humanos.[12]

A PRIMEIRA VEZ QUE PERCEBI O quanto as grandes primatas não humanas são sintonizadas com a prole foi quando vi que uma chimpanzé surda chamada Krom vivia perdendo suas crias. As mães grandes primatas não humanas atentam para sons tênues e quase inaudíveis indicadores de contentamento ou desconforto de seus bebês para saber como eles estão. Mas Krom não podia ouvir esses sons, nem mesmo sons mais altos. Se ela se sentasse em cima do bebê, não reagia aos gritos de protesto. O ciclo de resposta estava interrompido. Apesar de ser uma boa mãe, com fortes tendências a cuidar, ela fracassou. Tiramos dela sua última cria, antes que ocorresse outro fim triste.

A recém-nascida, chamada Roosje, foi dada em adoção a Kuif, uma chimpanzé obcecada por bebês mas sem lactação suficiente. Tínhamos notado que, quando Krom negligenciava os gritos da recém-nascida, Kuif às vezes também começava a gritar. Conseguimos ensiná-la a dar mamadeira a Roosje, e isso mostra que o comportamento maternal em chimpanzés é flexível o suficiente para adicionarmos uma técnica totalmente nova. Kuif chegou a aprender a tirar ela mesma a mamadeira se Roosje precisasse arrotar, algo que nunca lhe ensináramos.

O fato de o comportamento materno poder ser aprendido explica por que o termo "instinto" é inadequado. Nem mesmo a amamentação natural é óbvia como parece. Por exemplo, neonatos humanos têm dificuldade para mamar sem ajuda, embora nasçam com os mesmos reflexos de buscar e sugar de todos os mamíferos. Guiado pelo cheiro da mama, o bebê tenta pegar o mamilo. Quando o mamilo toca no céu da boca, desencadeia ciclos de sucção rítmica. Mas se o mamilo permanecer fora do alcance, isso não pode ocorrer. As mamas humanas são relativamente grandes e inchadas, e isso faz o mamilo parecer um minimonte Everest. Em outras espécies, os filhotes só precisam andar até a mãe, que está deitada ao lado deles. Ou então eles têm um úbere pendente acima de suas cabeças. As mães humanas precisam posicionar o bebê corretamente — do contrário, a amamentação não acontece. Além disso, a auréola deve ser comprimida para que o leite saia, por isso é necessário que o bebê sele os lábios ao redor de uma área maior que a ponta da mama. Apesar do papel dos reflexos, a amamentação bem-sucedida requer muito aprendizado por parte da mãe e da criança.[13]

Há outras complexidades nos cuidados maternos, por exemplo como carregar um bebê, quando e como reagir ao choro, como limpá-lo, como tranquilizá-lo quando ele está agitado e, mais tarde, como educá-lo. A natureza não dita essas coisas. São habilidades que se adquirem na juventude, observando e imitando mães competentes e ajudando-as a cuidar de seus bebês. As tradições maternais são transmitidas de geração em geração. Não seria possível isso acontecer se as fêmeas não sentissem uma atração imensa por recém-nascidos. Do mesmo modo, é improvável que conseguíssemos ensinar Kuif a manejar a mamadeira se ela fosse indiferente a Roosje. Motivação é imprescindível.

Criação 373

Vários estudos mediram a preferência de crianças por imagens de adultos em comparação com imagens de bebês, ou observaram suas reações a bebês reais, como um que os experimentadores deixaram sozinho numa sala de espera. A partir da idade pré-escolar, as meninas interessam-se mais por bebês do que os meninos. Falam com eles, beijam, tentam pegar no colo. Se lhes pedirem para cuidar de um bebê, as meninas atendem com mais entusiasmo do que os meninos. Para verificar se as mães incentivavam essa diferença, um estudo observou crianças de cinco anos interagindo com um novo membro da família. As meninas cuidaram do irmãozinho bebê e prestaram mais atenção nele do que os meninos. A mãe, que estava presente, não disse à filha para agir assim. Conversou sobre bebês do mesmo modo com filhos e filhas.[14]

A atração por bebês reflete-se na atração pelo brinquedo mais antigo conhecido pela arqueologia: a boneca. Meninos podem transformar quase qualquer objeto em uma espada ou revólver, muitas vezes apesar de objeção dos pais, enquanto meninas que não têm bonecas comerciais improvisam criativamente com materiais caseiros. Elas seguem uma antiga tradição de criar bonecas, por exemplo aquelas feitas com palha de milho pelos nativos americanos e as feitas com pedra-sabão e peles de animal pelos inuítes. A imaginação das meninas preenche as lacunas, como observou o psicólogo do desenvolvimento Lev Vygotsky: "Um punhado de trapos e um pedaço de madeira transformam-se em um bebezinho na brincadeira porque permitem que se executem os mesmos gestos de carregar ou alimentar um bebê".[15]

Um tipo similar de brincadeira imaginativa foi observado em nossos parentes mais próximos. Como vimos no capítulo 1, é comum grandes primatas não humanos transformarem objetos inanimados em bonecos e os tratarem como bebês. A chimpanzé Amber andava para todo lado agarrada a um pedaço de vassoura, e há relatos de suas congêneres selvagens em Uganda que carregavam pedaços de madeira na floresta. Enquanto os machos veem essas madeiras como brinquedo, as fêmeas mostram a atitude de cuidar. Carregam a madeira nas costas, seguram-na perto do corpo quando dormem ou fazem um ninho confortável para ela.[16]

Fêmeas jovens têm muito a ganhar se viverem uma experiência precoce com bebês de verdade ou imaginários. Enquanto os primatas machos jovens têm suas turbulentas brincadeiras de luta que os preparam para uma vida de competição por status, as fêmeas jovens ocupam-se em adquirir habilidades maternas. Percebo o quanto essa afirmação parece estereotipada, mas também penso que esse termo é usado profusamente com certa displicência. O dicionário *Merriam-Webster* define *estereotipado* como: "Que segue um tipo ou padrão fixo ou geral, especialmente de natureza excessivamente simplificada ou preconceituosa". Caracterizar brincadeiras de criança dessa maneira implica que elas apenas seguem algum ideal da sociedade. Contudo, a realidade biológica é que os sexos têm papéis diferentes na reprodução e que os jovens se preparam para esse futuro. Funciona do mesmo modo para todos os animais. É por isso que cabritos brincam de dar chifradas o dia todo, enquanto cadelas arrastam brinquedos de pelúcia pela casa como se fossem filhotes; é por isso que os machos jovens dos pássaros tecelões brincam de construir ninhos e que ratos jovens brincam de montar uns nos outros. Tudo isso é feito por

Criação

brincadeira, mas um dia esses comportamentos decidirão quem irá propagar seus genes. As brincadeiras das crianças humanas seguem o mesmo roteiro.

Se o interesse das meninas por bebês e bonecas fosse puramente cultural, deveria variar conforme o lugar e a época. Mas isso praticamente não ocorre. É uma tendência conhecida no mínimo desde os gregos e romanos antigos. Observações em dez culturas distintas constataram que as meninas são mais propensas a cuidar e mais envolvidas nas tarefas domésticas, enquanto os meninos brincam mais frequentemente fora de casa. A maior parte desses estudos foi feita nos anos 1950, antes de a televisão e o cinema do Ocidente conquistarem o mundo, em países tão diversos quanto Quênia, México, Filipinas e Índia. A psicóloga americana Carolyn Edwards concluiu: "Claramente, as meninas dedicam-se mais a cuidar de bebês e se interessam mais por eles do que os meninos em muitas sociedades com economia de subsistência nas quais as mães ocupadas recrutam a ajuda dos filhos mais velhos". Mesmo em culturas em que os homens participam intimamente da vida doméstica, as meninas lidam com bebês mais do que os meninos.[17]

Para Edwards, a explicação está na autossocialização. Nem sempre a socialização é imposta pela sociedade — pode ser iniciativa da própria criança. Como meninos e meninas preferem a companhia do mesmo sexo, as meninas passam mais tempo em meio a mulheres. Isso, combinado ao seu fascínio por bebês, automaticamente as envolve no cuidar de crianças. E mais: Edwards observou que as meninas evidentemente sentem prazer nas tarefas relacionadas aos cuidados com bebês e se oferecem voluntariamente para esse trabalho. Seu interesse por essas tarefas é uma das diferenças entre os gêneros mais invariáveis entre as culturas.

Jovens fêmeas primatas são tão obcecadas por bebês quanto as meninas, enquanto o interesse dos machos por eles reflete uma curiosidade quase técnica, e não uma tendência a cuidar. Jovens chimpanzés machos frequentemente carregam os bebês de um modo desajeitado, sem deixar que se agarrem em seu corpo como os bebês dos grandes primatas não humanos gostam de fazer. Já vi, horrorizado, jovens machos examinarem um minúsculo bebê esticando seus braços e pernas até o limite, introduzindo os grandes dedos na garganta do bebê ou fazendo dele objeto de uma briga com algum de seus pares. Não ligam para o protesto vocal do pequeno e escapam das tentativas desesperadas da mãe para pegar o filho de volta. Compreensivelmente, a maioria das mães primatas reluta em deixar um jovem macho pegar seu bebê, a menos que ele tenha demonstrado ser diligente e cuidadoso. Há machos assim, mas em geral são um pouco mais velhos e mais experientes. Com fêmeas jovens, a mãe pelo menos tem a garantia de que o bebê será tratado com delicadeza, protegido e devolvido a tempo para ser amamentado.

Sabemos sobre essa diferença entre os sexos faz mais de meio século. Jovens fêmeas primatas gostam de pegar "coisinhas que se contorcem", como disse um pesquisador de campo. Um relato de 1971, feito pela primatóloga americana Jane Lancaster, descreveu macacos-verdes-africanos selvagens na Zâmbia: "Por volta de seis ou sete semanas de vida, um bebê passa boa parte das horas em que está acordado na companhia de fêmeas jovens. As mães dessa espécie costumam aproveitar esses momentos para procurar alimento". Lan-

Criação

caster contrastou essa resposta com a situação dos machos: "Não vimos nenhum macho, de nenhuma idade, adotar com um filhote qualquer tipo de comportamento maternal como abraçar, carregar ou catar".[18]

Na maioria dos macacos estudados, fêmeas imaturas interagem com infantes de três a cinco vezes mais do que machos imaturos. O comportamento das fêmeas é conhecido como *alomaterno* — o cuidado de um infante dependente por um indivíduo que não é sua mãe. Isso as ajuda a adquirir habilidades maternas. A primatóloga Lynn Fairbanks investigou esse tema em outro estudo com macacos-verdes-africanos. Ela observou uma numerosa coorte de mães dessa espécie ao terem a primeira cria, e já conhecia as histórias dessas mães desde o nascimento. Fairbanks queria determinar a taxa de sobrevivência da prole dessas fêmeas. Teria sido útil ter passado horas cuidando de crias de outras fêmeas quando eram mais novas? Sim, foi muito útil. A taxa de mortalidade dos bebês de mães que tiveram essa experiência prévia foi menor que a dos bebês de mães inexperientes.[19]

Macacas que crescem separadas de mães com filhos negligenciam a primeira cria. Elas não sabem o que fazer e nem sequer pegam o recém-nascido. Isso também é comum em grandes primatas não humanos de zoológicos, que carecem de uma tradição de maternidade. É crucial introduzir uma fêmea com sólida experiência materna para demonstrar como se faz.[20] Funciona assim para muitos mamíferos, inclusive para as onipresentes "tias" que atuam como babás de filhotes de elefante, golfinhos e baleias. E embora muitos de nós pensem que o comportamento materno dos roedores só pode ser inato, também para eles maternar gera maternar.

Quando instalamos câmeras em tocas de camundongos, observamos que as mães experientes procuram manter por perto as jovens virgens. Se uma delas deixa a toca, a mãe vai buscá-la e a traz de volta. Ela ensina à virgem como carregar os bebês de volta para o ninho, deixando cair um filhote e pegando-o novamente bem na frente da aluna. Ou então ela põe um filhote na frente de uma fêmea jovem como se a estivesse desafiando a pegá-lo. As jovens fêmeas com esse tipo de exposição aprendem a lidar com os filhotes mais depressa do que as que não têm essa vivência.[21]

Portanto, é hora de parar de chamar de estereotípica a paixão das meninas por bebês e bonecas. Se um comportamento humano é encontrado no mundo inteiro e compartilhado por muitos outros mamíferos, ele não pode ser explicado por preconceitos e expectativas de gênero, muito embora essas duas coisas possam contribuir. A explicação é mais profunda. A biologia está envolvida aí, e por uma boa razão. Como as habilidades maternas são complexas demais para serem deixadas a cargo do instinto, a evolução assegurou que o gênero que mais precisa delas seja o mais ávido por treinamento em cuidados maternos.

Uma tendência funcionalmente ligada a um modo de reprodução imemorial não é estereotípica, e sim *arquetípica*.

VOLTEMOS À OBSERVAÇÃO de que os machos primatas, mesmo em espécies com pouco ou nenhum cuidado paterno, não são indiferentes aos bebês. Em algumas circunstâncias, os machos seguram os bebês e cuidam deles, demonstrando um potencial impressionante para tomar conta dos peque-

Criação

nos. Além disso, esse potencial não é exclusivo dos primatas. Ratos machos, por exemplo, normalmente não cuidam de filhotes, mas farão isso se forem deixados sozinhos com eles por tempo o suficiente. O mesmo vale para galináceos, como Charles Darwin já anotara em seu diário. Ele reconheceu que um capão (um galo esterilizado) "irá se sentar sobre os ovos tão bem e muitas vezes melhor do que uma fêmea". Darwin especulou que um "instinto latente" de cuidar espreita no cérebro do macho.[22]

Esse instinto evidencia-se plenamente em muitos pais do reino das aves, que cuidam carinhosamente de seus filhotes e os defendem, mas também entre alguns primatas, como os micos e os saguis. Os machos desses pequenos macacos sul-americanos participam intensamente do transporte e dos cuidados dos gêmeos paridos pelas fêmeas. O primatólogo americano Charles Snowdon estudou saguis-cabeça-de-algodão (*Saguinus oedipus*) durante toda a sua carreira. Fui visitante assíduo de sua colônia, que não fica longe do Centro de Primatas de Wisconsin. Snowdon constatou que os saguis pais são muito competentes e zelosos. Seu investimento é tão alto que eles perdem peso quando carregam os bebês nas costas. O principal investimento da mãe é na gestação e lactação. Ela só carrega os bebês enquanto amamenta, e os deixa aos cuidados do pai pelo resto do tempo. Este compartilha generosamente alimentos sólidos com os gêmeos a fim de prepará-los para buscar comida por conta própria. Já durante a gravidez da parceira o pai passa por mudanças hormonais. Aumentam seus níveis de hormônios tipicamente femininos que estimulam a ligação afetiva, como estrogênio e oxitocina. Ele também engorda, para compensar a perda de peso que o aguarda.[23]

Os saguis-cabeça-de-algodão, macacos sul-americanos do tamanho de esquilos, têm cuidados paternos muito desenvolvidos. Os gêmeos paridos nessa espécie são carregados mais pelo pai do que pela mãe.

No entanto, esses macacos são muito distantes de nós, portanto menos relevantes para a evolução humana. Mais próximos de nós são os gibões e os siamangos do Sudeste Asiático. Eles são mais conhecidos pelo canto primorosamente coordenado dos pares reprodutivos no alto das árvores. O canto serve para a formação de vínculo e para manter os vizinhos fora de seu território. Machos e fêmeas dividem a tarefa de cuidar da prole, e o macho frequentemente carrega o bebê único, brinca e divide alimentos com ele.[24]

Quanto aos nossos parentes mais próximos, os grandes primatas não humanos, à primeira vista pode parecer que os machos não participam dos cuidados com a prole, mas isso não é totalmente verdade. Eles protegem os peque-

Criação   381

nos, embora raramente os carreguem ou ajudem a encontrar alimento. Por exemplo, quando gorilas ou chimpanzés atravessam uma estrada na África um macho grande pode postar-se como um guarda no meio da pista a fim de parar o trânsito do povoado. Espera lá, pacientemente, até que todos os membros de seu grupo atravessem.[25] Como os gorilas machos são hiperprotetores, no passado os caçadores ocidentais costumavam trazer a pele, a cabeça e as mãos de machos adultos: para dar à família tempo de escapar, os machos arremetiam contra os caçadores em ataques simulados e acabavam baleados. Hoje em dia, felizmente, essas mesmas ações defensivas resultam apenas em muitas fotos de machos imponentes batendo no peito.

O mais extraordinário ato de proteção feito por chimpanzés machos que já presenciei aconteceu durante a reintrodução de Kuif e Roosje na colônia do Zoológico Burgers. Nós as mantivemos separadas para o treinamento com mamadeira e, assim que elas voltaram, notamos a hostilidade do nosso jovem macho alfa, Nikkie. Quando Kuif passou rente à jaula noturna de Nikkie, ele meteu a mão por entre as barras para pegar Roosje, que estava agarrada à mãe adotiva. Kuif se assustou, deu um pulo para trás e gritou. Essa breve interação nos preocupou. A última coisa de que precisávamos era uma medonha cena de infanticídio como as relatadas por pesquisadores de campo. Roosje podia ser feita em pedaços. Como eu a pegara no colo durante semanas, para ajudar Kuif a alimentá-la e para dar-lhe eu mesmo a mamadeira, eu não era nem de longe o observador isento que gostaria de ser.

Como só Nikkie reagiu desse modo, decidimos fazer a reintrodução em etapas e libertar Nikkie por último. Na parte ao ar livre do recinto, a maioria dos membros da colônia recebeu Kuif com um abraço, dando uma espiada furtiva no bebê. Todos pareciam olhar nervosamente para a porta atrás da qual Nikkie aguardava para ser solto. Os chimpanzés sabem muito melhor do que nós o que esperar uns dos outros. Naquela multidão, notamos que os dois machos mais velhos nunca saíam do lado de Kuif.

Quando soltamos Nikkie na ilha, cerca de uma hora mais tarde, esses dois machos postaram-se a meio caminho entre Kuif e ele, que vinha na direção dela. Cada um apoiava um braço no ombro do outro. Era uma visão impressionante, pois aqueles dois tinham sido arqui-inimigos durante anos. Lá estavam eles, unidos contra o jovem líder que se aproximava com modos tremendamente intimidantes, os pelos todos eriçados. Nikkie desmoronou quando percebeu que os outros dois não lhe dariam passagem. A equipe de defesa de Kuif deve ter parecido incrivelmente decidida encarando o chefe, pois Nikkie fugiu. Muito mais tarde, ele se aproximou de Kuif sob os olhares vigilantes dos dois machos. Foi gentil. Suas intenções continuarão para sempre envoltas em mistério, mas o tratador do zoológico e eu nos abraçamos com um suspiro de alívio.

Chimpanzés machos às vezes fazem mais do que proteger os jovens. Sua capacidade de cuidar manifesta-se durante emergências na natureza. Depois que Tia, uma fêmea selvagem em Fongoli, no Senegal, teve seu infante levado por caçadores ilegais, pesquisadores conseguiram confiscar o bebê primata e devolvê-lo ao grupo. Mike, um macho adolescente não aparentado, que era jovem demais para ser o pai do bebê, pegou-o no lugar onde os cientistas o deixaram. Ele sabia

Criação 383

a quem o pequeno pertencia, pois levou-o direto para Tia. Mike deve ter notado que Tia estava com uma tremenda dificuldade para se deslocar depois de ter sido ferida pelos cães dos caçadores, pois durante dois dias ele carregou o bebê durante as movimentações do grupo enquanto Tia os seguia mancando.[26]

Ainda mais notáveis são as adoções plenas de jovens não aparentados — o maior de todos os investimentos. Christophe Boesch lista no mínimo dez adoções por parte de chimpanzés machos selvagens que ele observou ao longo de três décadas na floresta de Taï. Elas ocorreram após a morte súbita ou o desaparecimento da mãe de um jovem. Em 2012, a Disneynature lançou um filme que caiu no gosto do grande público, *Chimpanzee*, mostrando como Fredy, o macho alfa da comunidade, pôs Oscar sob sua proteção. O documentário baseou-se em acontecimentos reais. Quando a mãe de Oscar morreu, de causas naturais, a equipe de filmagem permaneceu nas proximidades, embora as perspectivas parecessem desesperadoras para o pequeno Oscar. Fredy seguiu o padrão de outros machos adotantes, que permitiram aos jovens dormir em seus ninhos à noite, protegeram-nos de perigos e os procuraram com grande empenho quando se perdiam. Eles partilharam as nozes com o pequeno depois de quebrar a casca com pedras. Alguns cuidaram dos jovens por no mínimo um ano, e um macho cuidou por mais de cinco anos. Segundo amostras de DNA, os machos adotantes não eram necessariamente aparentados com os adotados. Oscar teve sorte.[27]

Em outra base de campo, no Parque Nacional da Floresta de Kibale, em Uganda, cientistas presenciaram um surto de uma doença respiratória que matou nada menos que 25 chimpanzés. O resultado foram vários órfãos. Chimpanzés permanecem dependentes da mãe por no mínimo dez anos, portanto a consequência frequente para órfãos jovens é a morte. Mas quatro deles já estavam desmamados e tinham a sorte de possuir um irmão adolescente. A primatóloga Rachna Reddy acompanhou esses pares de irmãos por mais de um ano e constatou que os mais velhos foram extremamente vigilantes e responsáveis. Os irmãos deslocavam-se juntos, catavam um ao outro frequentemente e os mais velhos procuravam tranquilizar os menores quando eles se assustavam. Defendiam o irmão contra agressões e às vezes gritavam procurando por ele quando se perdia. Como uma mãe, nunca mudavam de lugar antes de se assegurar de que estavam sendo seguidos. Toda essa atenção é ainda mais impressionante se levarmos em conta a dura vida social dos machos adolescentes, que batalham para ingressar na hierarquia dos machos.

Os irmãos mais novos procuraram frequentemente o contato físico confortador. Reddy relata que Holland, um macho de sete anos, agia assim com seu irmão de dezessete anos, Buckner: "Holland costumava sentar-se de modo que seu ombro tocasse o de Buckner, e muitas vezes, quando Buckner sentava-se ereto, Holland pressionava as costas contra o peito ou o ombro dele, choramingando de vez em quando. Isso continuou por no mínimo oito meses após a morte da mãe deles".[28]

Está claro que os chimpanzés machos possuem um potencial paterno bem desenvolvido, ainda que raramente expresso. Sabemos menos sobre os machos bonobos, mas tantas

Criação 385

vezes os vi brincarem de modo carinhoso com bebês e jovens que não tenho dúvidas: eles também têm esse potencial. O primatólogo japonês Gen'ichi Idani observou uma adoção na República Democrática do Congo. Idani cuidou de uma bebê bonobo resgatada, Kema, cuja mãe fora vítima de caça ilegal. Durante dois meses, levou Kema diariamente para a floresta, a fim de introduzi-la em um grupo selvagem. Um dia, deixou-a lá. Na manhã seguinte voltou ao local e descobriu Kema no ninho de um macho adolescente. O macho a segurava, e ela se agarrava à barriga dele. Kema integrou-se com êxito ao grupo selvagem.[29]

Os machos bonobos podem ser muito protetores. Um exemplo notável ocorreu no Zoológico de San Diego, numa época em que o recinto dos bonobos ainda tinha um fosso com água. Os tratadores haviam drenado o fosso para limpeza, depois se dirigiram à cozinha para abrir o registro da água e reenchê-lo. Mas foram rudemente interrompidos pelo macho alfa, Kakowet. Ele apareceu defronte à janela, gritando e agitando os braços. Vários bonobos jovens tinham pulado no fosso seco para brincar e não conseguiam sair. Se a entrada de água não fosse cortada, eles se afogariam.

A aflita intervenção de Kakowet demonstra sua capacidade de adotar a perspectiva e reconhecer as circunstâncias dos outros. E, de um aspecto mais prático, mostra também que ele sabia quem controlava a entrada de água. Depois do alarme, os tratadores foram buscar uma escada e desceram ao fosso. Pegaram todos os bonobos — exceto o menor, que foi puxado para cima pelo próprio Kakowet.

MACHOS HUMANOS SÃO DIFERENTES. Indo além da proteção básica e de um potencial para cuidar, eles evoluíram para prover suporte familiar de verdade. Na nossa espécie, os machos são muito mais paternais do que grande parte dos outros primatas. Não sabemos como nem quando isso começou, mas talvez tenha sido quando nossos ancestrais deixaram as florestas e ocuparam terreno mais seco e mais aberto.

Não acredite naquelas histórias de primata assassino contadas por Robert Ardrey e outros, nas quais os nossos ancestrais dominavam a savana como os maiores predadores. Os nossos ancestrais foram *presas*. Devem ter vivido com medo

Os humanos são os únicos hominídeos que têm famílias com participação masculina direta nos cuidados com os filhos.

Criação 387

constante de bandos de hienas caçadoras, dez tipos de grandes felinos e outros animais perigosos. Tanto os leões como as hienas eram maiores do que são hoje, enquanto os nossos ancestrais eram menores do que nós. A transição para fora da relativa segurança da floresta com certeza foi prolongada, gradual e extremamente estressante. O *Ardipithecus*, que viveu há 4,4 milhões de anos, ainda tinha pés mais apropriados para trepar e escalar do que para andar. Esse ancestral provavelmente não gostava de permanecer no chão à noite. Dotado de dedões do pé proeminentes e próprios para agarrar, ele dormia na segurança das árvores, como nossos parentes grandes primatas não humanos.

Nesse lugar assustador, as fêmeas com filhos pequenos eram vulneráveis. Incapazes de correr mais rápido do que os predadores, elas nunca poderiam ter se aventurado muito longe da floresta sem a proteção masculina. Talvez bandos de machos ágeis defendessem o grupo e ajudassem a carregar os pequenos para lugares seguros durante as emergências. Mas isso provavelmente não funcionaria se eles tivessem um sistema social como o dos chimpanzés e bonobos. Não se pode depender de machos promíscuos para um comprometimento paterno. Para que os machos se tornassem mais participantes e se mantivessem próximos, a sociedade precisou mudar.

A organização social humana caracteriza-se por uma combinação única de 1) vínculos entre os machos; 2) vínculos entre as fêmeas; e 3) famílias nucleares. A primeira dessas formações nós temos em comum com os chimpanzés, a segunda com os bonobos e a terceira é nossa. Não é por acaso que em todas as partes pessoas se apaixonam, sentem ciúmes sexuais, buscam privacidade, procuram figuras paternas além de maternas e valorizam parcerias estáveis. As relações íntimas entre macho e fêmea implícitas em tudo isso integram a nossa herança evolutiva. Acredito que, mais do que qualquer outra coisa, é esse vínculo entre pares que nos diferencia dos grandes primatas não humanos.

De início provavelmente o papel dos machos foi sobretudo proteger e transportar os pequenos, mas em alguma fase eles começaram a compartilhar alimento com fêmeas que haviam acasalado com eles no passado. Talvez esses machos exigissem em troca a fidelidade exclusiva das fêmeas, mas desconfio que tenha havido alguma organização mais flexível. Hoje atentamos bastante para a paternidade e o parentesco genético, porém esse é um conhecimento recente. É bem provável que os nossos ancestrais não pensassem desse modo, e talvez os machos só associassem vagamente a provisão de alimentos e os cuidados com sua história sexual. Mesmo em nossos dias, a maioria das culturas amazônicas consideram as crianças como produto de vários encontros entre uma mãe e todos os homens com quem ela teve relações sexuais.[30]

Sejam quais forem a percepção da paternidade e os arranjos sexuais exatos, atrair os machos para a vida familiar teve benefícios enormes. Em vez de os cuidados com os pequenos dependerem apenas das habilidades das mães, os machos traziam para casa preciosas refeições de carne e começaram a ajudar a cuidar da prole. Isso possibilitou reduzir o intervalo entre os nascimentos — dos quatro a seis anos observados em nossos parentes grandes primatas para os três a quatro encontrados entre caçadores-coletores modernos. A humanidade começou a acelerar a reprodução, e algumas famílias puderam ter dez filhos ou mais, o que é fisicamente impos-

Criação 389

sível para nossos parentes grandes primatas. A mãe grande primata não humana desloca-se pelas árvores carregando sua cria mais nova enquanto fica de olho nos filhos mais velhos, por isso o tamanho de sua família é tremendamente restrito. Considerando o atual excedente de população humana do planeta, nosso êxito reprodutivo é uma faca de dois gumes, mas, seja como for, em suas raízes encontramos a crescente participação paterna.

Não é provável que os machos ancestrais provessem igualmente a todas as fêmeas e crianças. Com certeza sentiam uma obrigação para com determinadas mulheres e seus filhos — para com mais de uma, pode ser, porém o número deve ter sido pequeno o suficiente para que algumas crianças se tornassem especiais para eles. Dotados do mesmo potencial para prover cuidados paternos encontrado em todos os primatas, os machos tornaram-se emocionalmente apegados e comprometidos com essas crianças. O grau de cuidado que eles ofereciam variava com as circunstâncias ecológicas precisas, mas a propensão e a capacidade para cuidar tornaram-se arraigadas em nossa linhagem.

Isso não significa que os machos cuidam dos pequenos do mesmo modo que as fêmeas. Para começar, há uma diferença de empatia. Embora não seja este o lugar para analisarmos a vasta literatura sobre empatia humana, uma resenha recente faz o seguinte resumo: "Muitos estudos convergem para a conclusão de que, em se tratando de empatia, a capacidade feminina é maior". Devo acrescentar, porém, que essa conclusão aplica-se sobretudo ao lado emocional da empatia. Normalmente ela se divide em duas camadas. A empatia emocional depende da interpretação da linguagem corporal

— por exemplo, das expressões faciais — e de ser afetado pelo estado emocional do outro. Essa é a camada mais antiga e mais básica da empatia, que temos em comum com todos os mamíferos. A segunda camada, que é mais cognitiva, desenvolve-se por cima da outra. Adota a perspectiva do outro imaginando sua situação. De um modo geral, as mulheres possuem uma vantagem na empatia emocional, mas sua empatia cognitiva é similar ou talvez idêntica à dos homens.[31]

Como frequentemente as duas camadas se mesclam, nem sempre os estudos sobre a empatia humana encontram uma diferença inequívoca entre os gêneros. Quando encontram, porém, são sempre as mulheres, nunca os homens, que têm mais empatia. Outro problema é o fato de a psicologia moderna basear-se em questionários e autorrelatos. A esta altura deve estar claro que prefiro dados de comportamentos reais. Uma das primeiras a coligir dados nessa linha foi a psicóloga americana Carolyn Zahn-Waxler, cuja equipe visitou lares e pediu a membros da família para fingirem tristeza (soluçando), dor (gritando "ai") ou aflição (tossindo ou sufocando), para verem como as crianças pequenas reagiam a essas manifestações. Constataram que crianças entre um e dois anos já procuram confortar os outros. Esse marco em seu desenvolvimento ocorre bem antes da linguagem: uma experiência dolorosa em outra pessoa gera a preocupação empática, e a criança afaga, beija e massageia o machucado da vítima. Essas reações são mais típicas em meninas do que em meninos.[32]

É difícil encontrar dados comparáveis sobre humanos adultos, mas um estudo recente examinou filmes feitos por câmeras de vigilância logo em seguida a roubos em lojas na Holanda. Esse é o momento em que policiais entram para

Criação

examinar o local e redigir um boletim de ocorrência. Algumas das vítimas, sobretudo empregados do estabelecimento, tinham sido maltratadas fisicamente ou ameaçadas com armas. Todas estavam transtornadas. A análise dos vídeos concentrou-se em contatos físicos corporais na loja, como tocar e abraçar. Circunstantes do sexo feminino mostraram probabilidade três vezes maior de consolar vítimas de roubo do que circunstantes do sexo masculino. Uma explicação é que para as mulheres seria mais aceitável fazer contato físico, mas outra é que as mulheres demonstram mais preocupação com o bem-estar alheio.[33]

A diferença em empatia e em cuidados oferecidos entre homens e mulheres é corroborada por estudos de neuroimagem. Quando sujeitos observam imagens dotadas de carga emocional e respondem a perguntas sobre a situação de outra pessoa, as mulheres parecem apagar a fronteira emocional entre elas mesmas e o outro, enquanto os homens aplicam seu intelecto para entender a situação. Os cérebros femininos mostram aumento da atividade em áreas relacionadas às emoções, como a amígdala, enquanto os homens põem o córtex pré-frontal para trabalhar.[34]

Os cuidados parentais mostram uma diferença cerebral similar entre os gêneros, porém com uma variação que deve interessar a quem gostaria de ver mais igualdade nessa esfera. Para minha geração de europeus do pós-guerra, o pai foi uma figura emocionalmente distante, que participava pouquíssimo dos cuidados diários das crianças. Podia segurar a mão do filho ao atravessarem a rua, ou repreendê-lo quando fazia algo errado, e só. Com a expansão contínua do papel do homem no lar, a ciência quer saber como isso afeta o cérebro masculino. O cérebro humano é tremendamente flexível, um fenômeno conhecido como *neuroplasticidade*. A ligação entre cérebro e comportamento tem mão dupla. O cérebro não só faz com que nos comportemos de determinados modos, mas também remodela seus circuitos como produto das nossas circunstâncias e comportamentos. Por exemplo, motoristas de táxi possuem o hipocampo aumentado porque usam acentuadamente a memória espacial, e as pessoas que aprendem uma segunda língua ou tocam um instrumento musical adquirem mais substância cinzenta. O cérebro é modificado pelas demandas que lhe impomos.

O cuidado parental é um bom exemplo disso. A neuropsicóloga israelense Ruth Feldman demonstrou que o cérebro responde de acordo com modos típicos de seu gênero quando pais observam seus filhos. As mães usam mais os centros de emoções, enquanto os pais usam mais áreas cognitivas relacionadas à solução de problemas. No entanto, essas diferenças não são nada fixas. Dependendo de quanta responsabilidade os homens assumem no cuidado das crianças, o cérebro deles muda. Em alguns casais, a mulher é a provedora e o marido, o principal responsável pela administração doméstica. Também há casais de homens homossexuais que adotaram crianças e famílias sem a mãe, chefiadas pelo pai. Nessas famílias os pais são muito mais próximos dos filhos e mais envolvidos do que a maioria dos homens. Eles se preocupam diariamente com as crianças, têm de estar a postos quando elas adoecem ou têm problemas. Feldman encontrou níveis aumentados de oxitocina no sangue desses pais e uma amígdala mais ativa e mais bem conectada em seu cérebro. Neurologicamente, os cérebros desses homens adquiriram características maternas.[35]

Criação

No entanto, na maioria dos pais o estilo parental continua bem diferente do estilo das mães. Pais são mais dados a brincadeiras turbulentas ou levam os filhos em ousadas aventuras fora de casa. A masculinidade não impede que homens sejam bons cuidadores. Ao contrário, quanto mais os homens se encaixam na definição estereotípica de "virilidade" (aventureiros, dominadores, competitivos), mais alta a pontuação que observadores atribuem às suas atitudes nos cuidados parentais de uma filha ou filho bebê.[36]

O antropólogo James Rilling, que estuda a paternidade humana, acredita que os pais têm uma função especial no desenvolvimento dos filhos:

> Os pais geralmente se especializam em preparar os filhos para a vida fora da família. São mais propensos a comportamentos imprevisíveis, que desestabilizam a criança, e esta tem de aprender a responder a essas situações. Isso pode ajudar a adquirir resiliência, uma característica importante, pois nem todos irão tratá-la tão bem quanto a mãe.[37]

Rilling constatou que, após a chegada do primeiro filho, o pai tem não só um aumento dos níveis de oxitocina, mas também um declínio dos níveis de testosterona. Há um afastamento dos comportamentos relativos a correr riscos e buscar parceiras sexuais em direção a um comprometimento maior com a família. Essas mudanças hormonais devem dissipar qualquer mito de que os homens nunca podem ser bons cuidadores por não serem biologicamente "preparados" para isso. Seriados cômicos na televisão reforçam essa ideia apresentando pais desajeitados e ignorantes. Em contraste, estudos como o de Feldman e Rilling revelam que os pais humanos são perfeitamente capazes de envolvimento emocional no cuidado dos filhos. É uma característica essencial da biologia da nossa espécie.[38]

O MODO COMO A PATERNIDADE afeta o cérebro dos homens compara-se às mudanças evolutivas que transformaram os saguis-cabeça-de-algodão machos em pais perfeitos. A principal diferença é que todos os saguis criam a prole desse modo, enquanto o papel do pai humano é opcional. A contribuição do pai varia conforme a cultura, em nítido contraste com a contribuição da mãe, que é uma constante humana decorrente de suas ligações com a biologia.

Apesar dessas ligações, uma mulher pode ter uma vida plenamente satisfatória sem a maternidade. Falo por experiência própria, pois minha esposa e eu optamos por não ter filhos. Na minha opinião, ter filhos não é obrigação nem destino da mulher. No entanto, há quem julgue — inclusive a maioria dos pensadores do sexo masculino do passado — que a principal razão de existir da mulher é fazer bebês. Como às vezes se diz, os homens estão aqui para produzir, e as mulheres, para reproduzir. Até a antropóloga Margaret Mead hostilizou as mulheres que "repudiavam" a maternidade. Mas isso foi muito antes de termos a pílula anticoncepcional, quando a divisão de papéis entre os gêneros ainda era em grande medida inescapável. Só quando o tamanho médio da família começou a diminuir essa divisão perdeu seu domínio sobre a sociedade e as mulheres puderam começar a ver a maternidade como uma escolha.[39]

As mães nunca foram as únicas cuidadoras. Além da colaboração com os pais, nossa espécie tem outros "ajudantes de ninho". Esse é um termo da biologia para designar indivíduos que ajudam a cuidar dos jovens mas não são seus pais, por exemplo aves adolescentes que continuam perto para ajudar os pais a alimentar a ninhada seguinte. Em *Mothers and Others* [Mães e outros], Sarah Blaffer Hrdy descreve os humanos como "procriadores cooperativos" que contam com muitos ajudantes ou aloparentes:

> O reconhecimento de que a sobrevivência de uma criança dependia não só de permanecer em contato com a mãe ou de ser provida por seu pai, mas também da disponibilidade, competência e intenções de outros cuidadores além dos pais, introduz um novo modo de conceber a vida familiar entre nossos ancestrais. Sem aloparentes a espécie humana não existiria.[40]

As primeiras pistas desse tipo de cooperação podem ser vistas em outros primatas. Chimpanzés e bonobos, por exemplo, às vezes agem como "parteiras" para uma fêmea grávida. Observei essa atitude numa ocasião em que uma fêmea, excepcionalmente, deu à luz no meio do dia. A maioria dos nascimentos ocorre à noite, quando não estamos observando, mas um dia a chimpanzé May deu à luz no meio do grupo. Em postura semiereta, com as pernas separadas, ela baixou uma mão aberta para pegar o bebê quando ele saísse. Ao seu lado estava sua melhor amiga, Atlanta, em postura idêntica. Atlanta não estava grávida, mas imitou May. Também esticou a mão entre as pernas, *suas* pernas, em um gesto sem propósito algum. Ou talvez fosse o contrário, e Atlanta estivesse instruindo May: "É assim que você tem de fazer". Outras fêmeas acompanharam de perto o processo do parto e mantiveram limpo o traseiro de May. Exemplos similares de parto assistido foram observados em bonobos.[41]

Além disso, em macacos com grandes redes de parentesco feminino, como os do gênero *Macaca* e os babuínos, as avós fazem enorme diferença. Protegem ferozmente as crias de suas filhas, brincam com elas, catam-nas mais do que a outros membros do bando e permitem que a mãe descanse. As crias que têm uma avó solícita mostram maior probabilidade de aventurar-se longe da mãe e alcançar a independência mais cedo.[42]

Também na sociedade humana o aloparente mais crucial é a avó, especialmente a materna. Segundo a *hipótese da avó*, foi por isso que a evolução nos deu a menopausa. Somos os únicos primatas nos quais a longevidade das fêmeas vai muito além dos seus anos férteis. Normalmente isso não faria muito sentido. Por que não seguir produzindo bebês até a última gota? Uma fêmea chimpanzé continua a andar com filho nas costas em uma idade que a nós, observadores humanos, dá pena. Ela está ficando frágil demais para o fardo, a amamentação impõe suas exigências, assim como os ataques de birra daí resultantes. Na nossa espécie, as mulheres mais velhas não enfrentam essa situação. Mudanças hormonais encurtam sua reprodução quando elas ainda têm décadas de vida pela frente. Essa "inovação" evolutiva faz de nós os únicos primatas nos quais cerca de um terço das fêmeas adultas passou da idade fértil.

Descobrimos recentemente que a menopausa também ocorre para algumas baleias matriarcais e longevas, como orcas e belugas. Baleias avós aumentam a sobrevivência de

Criação

suas netas dando-lhes salmões recém-capturados e tomando conta delas na superfície do oceano enquanto a mãe mergulha nas profundezas.[43]

A hipótese da avó explica a menopausa como uma estratégia reprodutiva. Sua proponente, a antropóloga Kristen Hawkes, acredita que o melhor modo para as mulheres mais velhas favorecerem seu legado genético é ajudar as filhas a criar filhos. É uma estratégia superior à de tentar criar filhos por conta própria. Em seu trabalho com os Hadza, na Tanzânia, Hawkes notou que as idosas eram incrivelmente produtivas na coleta de alimentos para a família. Isso lhe deu ideias para desenvolver sua teoria do papel de apoio. Estudos antropológicos corroboram a hipótese da avó, juntamente com registros históricos de sociedades pré-industriais, como na Finlândia e em Quebec. Esses registros mostram que filhas que têm a mãe por perto são mais bem-sucedidas na criação dos filhos.[44]

Outros primatas talvez tenham uma rede de apoio menor, mas a comunidade como um todo não é indiferente à situação das mães. A maternidade é reconhecida e respeitada por todos. Assim que uma macaca jovem tem sua primeira cria, sobe de status. Quando era jovem ou adolescente, ninguém a levava a sério, e em geral ela era enxotada ao se aproximar de alimento ou água. Mas carregar um recém-nascido traz respeito e tolerância instantâneos. De repente lhe permitem comer ou beber ao lado dos superiores, pelo menos por algum tempo. Notavelmente, também, os outros anseiam para estar perto de uma mãe de recém-nascido para catá-la, como se ela fosse a mais desejável das companhias. Conheço grupos de bonobos nos quais as mães de recém-nascidos destacam-se por possuir trechos de pele sem pelos de tanta catação que receberam.[45]

O reconhecimento da maternidade também se evidencia na reação à morte de um bebê, como aconteceu quando uma chimpanzé deu à luz um natimorto no Zoológico Burgers. No dia em que isso ocorreu, a colônia inteira, inclusive indivíduos que não eram próximos, solidarizaram-se beijando e abraçando frequentemente a mãe infeliz. E a mudança foi prolongada. Durante no mínimo um mês, a colônia prodigalizou-lhe mais afeição que o habitual.[46]

Como os humanos, os outros primatas cercam a maternidade de expectativas, por exemplo a de que a fêmea alimentará e defenderá a prole. Assim que primatas ouvem um pequeno grito de aflição, todas as cabeças viram-se na direção da mãe. É ela quem tem de entrar em ação. Essa expectativa não existe para os machos, e foi por isso que os chimpanzés machos na floresta de Taï incomodaram-se quando um deles assumiu um papel parental. Christophe Boesch relatou que Brutus enfrentou resistência depois de adotar um órfão chamado Ali. Como Brutus era o melhor caçador de macacos da comunidade, frequentemente tinha um estoque de carne:

Brutus partilhava generosamente a carne com muitas fêmeas e com alguns machos, mas nunca com indivíduos subadultos, pois com estes em geral é a mãe quem compartilha. Porém, desde a adoção de Ali, Brutus também partilhava com ele, e isso causava brigas constantes, pois os adultos que pediam carne não aprovavam o tratamento preferencial dado ao pequeno. Mas Brutus continuou a partilhar com Ali e até lhe dava alguns dos pedaços mais cobiçados.[47]

Criação

Se as expectativas sociais são tão importantes, devemos aplicar o conceito de gênero também aos grandes primatas não humanos. Normas sociais não são algo desconhecido entre eles. Alguns padrões de comportamento são aceitos, enquanto outros violam as regras e provocam protestos. Ao agir como uma boa figura paterna numa sociedade em que esse papel praticamente inexiste, Brutus contrariou as expectativas, e os outros trataram de comunicar isso a ele. Fizeram objeção à sua violação do comportamento típico dos machos. De forma análoga, o exemplo anterior do macaco estudado por Robert Goy ressalta o que é esperado quando um macho se vê na presença de um novo bebê. Embora ele seja perfeitamente capaz de pegar o pequeno, não o faz, pois entende isso como tarefa de fêmea.

Às vezes as disposições sociais são mais rígidas do que biologia por trás delas. Embora sempre seja sensato não ignorar a biologia, atribuir-lhe os papéis sociais existentes é uma simplificação. O conhecimento que temos hoje sobre comportamento animal e humano indica um arsenal de respostas mais flexível do que muitos supõem.

12. Sexo com o mesmo sexo
Animais carregando a bandeira do arco-íris

No Aquário de Kyoto, no Japão, a parceria romântica dos pinguins é tão complicada, com tantos rompimentos e novas relações, que para acompanhá-la criaram um complicadíssimo fluxograma.

O fluxograma traça o retrato e o nome de cada pinguim, com setas de mão dupla indicando romance entre dois indivíduos e setas de mão única representando amor não correspondido. Corações vermelhos indicam casais felizes, e corações azuis partidos são para relações rompidas. Rompimentos são comuns e com frequência resultam em perda de apetite das duas partes envolvidas. Também há triângulos amorosos e casos em que uma ave reserva seu comportamento de flerte, por exemplo sacudir a cabeça dramaticamente, para algum membro da equipe humana do zoológico. O fluxograma é uma das atrações mais vistas no site do aquário na internet, e permite que todo mundo acompanhe as últimas notícias no mercado das parcerias amorosas dos pinguins.[1]

A maioria das parcerias é heterossexual, mas algumas são homossexuais. Por sua bagagem humana, "homossexual" pode parecer um termo clínico estranho para aplicarmos a animais, mas o contraste entre os prefixos grego *homo* (igual) e *hétero* (diferente) é conveniente o bastante para que os use-

Sexo com o mesmo sexo

mos com grande frequência. No aquário de Kyoto, começou com um romântico BL (de "Boys' Love", amor entre garotos) entre um macho mais velho e um mais novo, até que os dois se apaixonaram perdidamente pela mesma fêmea. A vida amorosa dos pinguins é quase tão complicada quanto a dos humanos.

Já houve época, obviamente, em que não era permitido fazer menção a qualquer conduta homossexual de animais. Era chocante demais pensar em tal coisa. Mas há mais de um século sabemos que ela ocorre entre pinguins. O primeiro relato sobre esse comportamento classificou-o como "depravado" e só foi disponibilizado para alguns, para que ficasse escondido do grande público.[2]

Tudo isso mudou em 2004, quando o *New York Times* chamou a atenção para dois pinguins-de-barbicha do Zoológico do Central Park em Nova York, que chocaram um ovo juntos. Roy e Silo, como eram chamados, primeiro tentaram chocar uma pedra como se fosse um ovo. Isso inspirou os tratadores, que lhes ofereceram o ovo fértil de outro casal. A fêmea que nasceu, Tango, foi criada por Roy e Silo e serviu de inspiração para um livro infantil intitulado *And Tango Makes Three* [Com Tango somos três]. O livro foi proibido nas bibliotecas públicas dos Estados Unidos como impróprio para menores, mas mesmo assim tornou-se um campeão de vendas. Nos anos seguintes, a orientação sexual dos pinguins foi tema de debates políticos e até de manifestações públicas.

O debate culminou em 2005, quando o Zoológico de Bremerhaven, na Alemanha, empenhou-se na reprodução de pinguins-de-humboldt ameaçados. Decidiram separar os pares de machos e emparelhá-los com fêmeas trazidas para essa

Dois pinguins-de-barbicha machos no Zoológico do Central Park, em Nova York, ajudaram a chamar a atenção do público para o comportamento homossexual e a formação de vínculos entre animais do mesmo sexo. Roy e Silo criaram um filhote nascido de um ovo fértil colocado em seu ninho por tratadores.

finalidade. O zoológico declarou que os vínculos entre machos eram "fortes demais" para seu programa de reprodução porque mantinham os machos longe das fêmeas. Algumas organizações de homossexuais contestaram essa medida, considerando-a uma tentativa de mudar a orientação sexual das aves por meio do "assédio organizado e forçado através de fêmeas sedutoras".[3]

O entusiasmo da comunidade gay pelo equivalente pinguiniano da homossexualidade é compreensível. Mas também

Sexo com o mesmo sexo

é um tanto surpreendente, considerando a teoria de gênero prevalecente, que com frequência alardeia nossa capacidade de transcender a biologia. É por isso que temos gêneros, enquanto animais têm meramente sexos. No entanto, embora muitas vezes mantenhamos a biologia à distância na questão do gênero, nós a acolhemos calorosamente quando o assunto é a orientação sexual e a identidade transgênero. Aqui exploramos animadamente as diferenças genéticas e o papel de hormônios e cérebro. A mesma American Psychological Association que declara o gênero uma construção social define orientação sexual como "atração duradoura por parceiros do sexo masculino, parceiras do sexo feminino ou ambos". Assim, a ênfase usual no papel do ambiente é substituída pela "atração duradoura". Orientação sexual e identidade de gênero são consideradas parte imutável da pessoa.[4]

Embora eu apoie plenamente essa noção, por que não deixar que a biologia lance luz sobre *todas* as questões relacionadas ao gênero? Essa relação de amor/ódio é ideologicamente guiada. Os que buscam a igualdade dos gêneros frequentemente consideram a biologia um inconveniente. Acreditam que o modo mais fácil de atingir a igualdade é minimizando as diferenças inatas entre os sexos. Em contraste, na luta contra a homofobia e a transfobia a biologia é vista como uma aliada poderosa. Se pudermos provar que há uma base biológica na conduta homossexual e na identidade transgênero, isso irá calar os que as declaram "antinaturais" ou "anormais". O comportamento homossexual em animais solapa esses argumentos.

Mas eu gostaria que tivéssemos procedido ao contrário. Em vez de dar à ideologia precedência sobre a ciência, primeiro precisamos pôr em ordem a ciência do gênero. Idealmente, deveríamos estudar esse tema liberando-o de ideologias. E então poderíamos nos preocupar com os objetivos sociais que temos em mente e usar o que tivermos aprendido em função desses objetivos. Um parecer de *amicus curiae* para a Suprema Corte dos Estados Unidos no caso Lawrence versus Texas argumentou que a conduta homossexual é um aspecto normal da sexualidade humana, pois foi "documentada em muitas culturas humanas e eras históricas e em grande variedade de espécies animais". Essa ação judicial de 2003 levou a uma rejeição histórica de leis que proibiam sexo com pessoas do mesmo sexo, sodomia e sexo oral consentidos entre adultos. Em outra aplicação da ciência, a descoberta de que a identidade de gênero é detectável no cérebro é usada como argumento por pessoas transgênero para obter a retificação de gênero em seus registros de nascimento e passaportes.[5]

Para compreendermos a evolução da homossexualidade, obviamente precisamos de mais evidências além do comportamento de alguns pinguins cativos. No entanto, é importante ressaltar que, pelo que sabemos, não existem "pinguins gays". Não há evidências de que algumas dessas aves aquáticas tenham uma orientação exclusiva ou mesmo dominante para seu próprio sexo. Silo e Roy, por exemplo, não permaneceram juntos. Depois de seis anos, Silo deixou seu companheiro e se juntou a Scrappy, uma fêmea da Califórnia. O rompimento chacoalhou o círculo gay de Manhattan. Muitos se decepcionaram, e ninguém mais do que Rob Gramzay, o veterano tratador de pinguins do zoológico, que lembrou, saudoso, que os dois machos "pareciam formar um bom par".[6]

Mudanças de parceiros afetivos e/ou sexuais são tão comuns em pinguins que o melhor é considerar essas aves bissexuais, e não homossexuais. Além disso, essas variações não são vistas apenas em zoológicos, onde poderiam ser atribuídas a algum desequilíbrio ocasional no número de machos e fêmeas. Um estudo de pinguins-reis em uma colônia com mais de 100 mil pares reprodutores nas ilhas Kerguelen, na Antártida, registrou exibições homossexuais frequentes, em especial entre machos. A etóloga francesa Gwénaëlle Pincemy relatou como dois indivíduos "espicham a cabeça para o alto e a giram em um sentido e no outro em sincronia, de olhos fechados, com 'espiadelas' para o parceiro ao fim de cada rotação". Enquanto cerca de um quarto de todos os pares nessas exibições era de machos, bem poucos passavam ao estágio seguinte de vinculação, no qual os parceiros reconhecem os chamados um do outro. Isso permite que o casal volte a se juntar após uma separação, algo crucial numa multidão de milhares de aves. Contudo, embora pares do mesmo sexo raramente chegassem a formar um vínculo, o importante é que alguns o fizeram, mesmo na natureza.[7]

Ainda assim, a fascinação pelos pinguins e a politização de sua vida sexual chegaram algumas vezes às raias da estupidez. Em 2019 o aquário Sea Life de Londres aumentou a aposta acrescentando a atribuição de gênero à mistura: informou que duas pinguins lésbicas estavam criando um filhote de gênero neutro. O filhote, que tinha duas mães, foi declarado o primeiro pinguim-gentoo da história "não caracterizável como macho ou fêmea". O administrador geral do aquário chegou a observar que "é absolutamente natural que pinguins desenvolvam uma identidade agênero durante o crescimento, até se tornarem adultos maduros". Essa foi uma novidade para qualquer biólogo! Além de ser preferível falar em sexo em vez de gênero de um filhote, o aquário ainda por cima não forneceu informação sobre a anatomia do indivíduo ou a autoavaliação de seu sexo. Eu adoraria ter examinado esse filhote, mas tenho certeza de que encontraria um filhote de pinguim comum cujo sexo simplesmente não foi revelado ao público.[8]

Os bandos de macacos resos que estudei no Zoológico Henry Vilas tinham temporadas anuais de acasalamento, gravidez e nascimento. Esses macacos resistentes não se incomodam com o frio do inverno (seu hábitat nativo inclui os Himalaias), mas sua vida sexual organiza-se de modo que todas as crias nasçam de uma vez, com o primeiro calor da primavera. Para isso, a temporada de acasalamento começa em fins de setembro. É quando as fêmeas andam juntas e sinalizam que estão pensando em sexo. Os machos parecem precisar de mais tempo para ficar prontos, mas as fêmeas já vão se aquecendo para o acasalamento durante dois meses literalmente pulando umas em cima das outras.

O mais curioso nesse frenesi sexual é que as diferenças de status entre as fêmeas desaparecem. Os resos são agressivos e obedecem a uma hierarquia rigorosa. Mas durante a temporada de acasalamento, as fêmeas associam-se nas mais estranhas combinações. Ignoram despreocupadamente a distância criada pelas disparidades hierárquicas. Uma fêmea do escalão inferior pode subir nas costas da fêmea alfa, de quem ela normalmente manteria distância. É uma visão e tanto!

Sexo com o mesmo sexo 407

A monta pode assumir várias formas, porém o mais das vezes uma fêmea quase se pendura na outra, esparramando o corpo em suas costas. Fêmeas raramente executam o padrão completo de acasalamento dos machos, que montam a parceira segurando firmemente seus tornozelos com os pés. Nessa monta com os pés agarrados, o macho permanece alguns centímetros acima do chão enquanto faz vigorosos movimentos pélvicos. A ausência desse tipo de monta em fêmeas não significa que elas não estão procurando estimulação sexual, pois frequentemente friccionam seus genitais na região lombar da outra.[9]

O comportamento homossexual dos macacos-japoneses, parentes próximos dos resos, foi amplamente documentado na natureza. Em um parque nas imediações da cidade de Minoo, no Japão, cientistas descobriram parcerias sexuais em um bando formado exclusivamente por machos. Dois machos associavam-se durante algum tempo, alternando montas agarradas aos tornozelos e sessões de aconchegos e catação.[10] Esses machos sem parceiras provavelmente se dispersariam em breve para juntar-se a um dos bandos mistos maiores, em que se acasalariam com fêmeas. É raro encontrar indivíduos com uma preferência fortíssima por seu próprio sexo, mas acontece. Na nossa colônia de macacos-prego-das-guianas no Centro Yerkes de Primatas, por exemplo, Lonnie buscava sexo com outros machos de modo tão persistente que o considerávamos gay. Nosso diário descreveu a interação de Lonnie com um macho jovem da mesma idade chamado Wicket:

Lonnie e Wicket começaram a se cortejar, depois a se montarem. Não conseguiam decidir quem ficaria por cima, então se revezavam. Por fim, Lonnie aproximou-se de Wicket com a boca aberta e a língua para fora. Wicket, sentado ereto e reclinado para trás, permitiu que Lonnie tivesse acesso aos seus genitais. Deixou-o fazer o que queria por cerca de um minuto. Depois o afastou com um empurrão. Mas Lonnie insistiu, e eles acabaram fazendo isso por umas oito vezes.

Outra felação entre machos ocorreu durante um dos nossos estudos no Orfanato de Animais Selvagens de Chimfunshi, na Zâmbia. Jane Brooker, aluna britânica de pós-graduação participante do projeto, filmou um chimpanzé macho adolescente que tinha sido atacado. Transtornado, gritando depois de ter perdido uma luta, ele se aproximou de um macho adulto, que abriu a boca enquanto fitava a virilha do jovem macho. Este último, então, inseriu seu pênis na boca do outro, levando a uma felação negligente sem ejaculação. Esse breve contato genital acalmou-o.[11]

Já faz muito tempo que observamos relações sexuais entre indivíduos do mesmo sexo em primatas. Em 1949 o etólogo americano Frank Beach notou que macacos machos frequentemente montam uns aos outros, às vezes conseguindo a penetração anal, enquanto ignoram fêmeas nas proximidades. Numa ocasião tive a chance de conversar sobre o tema do comportamento sexual com Beach, que é considerado o pai da endocrinologia comportamental. Venho de um país que de modo geral aceita muito bem os gays, onde o amor homossexual está legalizado há mais de dois séculos, e ficava perplexo com a contínua perseguição aos gays nos Estados Unidos. Beach desaprovava a pressão moral para demonizar comportamentos que quase todos os animais do planeta apre-

Sexo com o mesmo sexo 409

sentam, ao menos ocasionalmente. Ele considerava a conduta homossexual um padrão basilar entre os mamíferos.[12]

Beach tentou remover esse estigma lutando em várias frentes. Com um antropólogo, analisou costumes sexuais em diversas partes do planeta e mostrou que muitas culturas aceitam uma grande variedade de práticas. Seu livro *Patterns of Sexual Behavior* [Padrões de comportamento sexual], publicado em 1951, apresentou uma perspectiva abrangente que incluía dados de várias culturas e comparações minuciosas entre primatas. O livro foi o primeiro a cravar um prego científico no caixão da posição psiquiátrica de que a homossexualidade é uma doença mental. No entanto, demorou até 1987 para que essa "doença" fosse eliminada do *Manual diagnóstico e estatístico de transtornos mentais* (DSM, na sigla em inglês), o livro sagrado do mundo psiquiátrico americano. Depois das horrorosas terapias de conversão, lobotomias e castrações químicas perpetradas não faz muito tempo, essa reclassificação da homossexualidade anunciou uma nova atitude. Hoje o tratamento recomendado é a terapia de afirmação da homossexualidade, que procura levar o indivíduo a aceitar sua orientação sexual.[13]

A sexualidade animal teve um papel notável na normalização do amor que não ousava dizer seu nome: ajudou a derrubar o argumento espúrio de que a homossexualidade viola as leis da natureza. Se a heterossexualidade é natural, pensava-se, então a homossexualidade só pode ser anormal. Como se não houvesse lugar para ambas! Esse argumento finalmente foi desbancado em 1999 por um alentado compêndio de exemplos bem documentados de comportamento sexual com o mesmo sexo em 450 espécies. O biólogo e linguista canadense

Bruce Bagemihl analisou esses casos em *Biological Exuberance: Animal Homosexuality and Natural Diversity* [Exuberância biológica: Homossexualidade animal e diversidade natural]. Ele procurou mostrar que a reprodução é apenas uma das muitas funções do sexo. Os especialistas não concordaram com todas as descrições ou interpretações de Bagemihl, mas seu livro eliminou quaisquer dúvidas sobre a ampla distribuição do comportamento homossexual no reino animal.[14]

Bagemihl trabalhou duro para ser ouvido. Cientistas e leigos tentaram explicar o comportamento homossexual em animais como se fosse alguma outra coisa, algo assexuado. Não podia ser o que parecia! Essa tática também foi notada pela primatóloga Linda Wolfe, uma das primeiras a publicar um relatório de campo sobre esse comportamento. Outros pesquisadores receberam suas observações com ceticismo e a acusaram de adulterar fotografias e inventar histórias sobre seus macacos. Wolfe lamentou: "Disseram que as fêmeas estavam montando umas às outras por engano — que não sabiam o que estavam fazendo".[15]

Chamemos essa ideia de hipótese do macaco confuso. Muitas outras suposições igualmente implausíveis foram aventadas, por exemplo a noção de que o comportamento homossexual não é verdadeiramente sexual e, em vez disso, representa sexo "falso", "imitação", "pseudossexo". Ou que é apenas um modo de expressar dominância (com o papel da fêmea sendo o submisso). Ou que nunca ocorre voluntariamente, ou que é um produto do cativeiro, ou que só ocorre quando há excedente de machos ou de fêmeas etc. Alguns desses argumentos contêm um grão de verdade. Quando machos passam muito tempo juntos sem fêmeas, como no bando

Sexo com o mesmo sexo

de macacos-japoneses composto só de machos mencionado acima, frequentemente os impulsos sexuais irão encontrar vazão no comportamento homossexual. Isso vale para ambos os sexos e ocorre também na nossa espécie, por exemplo entre marinheiros num navio ou freiras num convento. Mas nenhum desses argumentos em contrário pode explicar a imensa diversidade de comportamento sexual da pesquisa de Bagemihl, que assim resumiu sua frustração:

> Quando uma girafa macho cheira o traseiro de uma fêmea — sem monta, ereção, penetração ou ejaculação —, dizem que esse macho está sexualmente interessado nela, e seu comportamento é classificado como principalmente, quando não exclusivamente, sexual. Porém, quando uma girafa macho cheira os genitais de outro macho, monta-o com o pênis ereto e ejacula — então ele está manifestando um comportamento "agressivo" ou "dominante", e suas ações são consideradas, no máximo, apenas secundária ou superficialmente sexuais.[16]

ERA UMA SITUAÇÃO COMUM durante um jantar em um restaurante em Roma: um macho humano desafiando outro na frente da namorada. Conhecendo as bases dos meus textos, o homem tentou me provocar e exigiu: "Cite uma área na qual seja difícil distinguir humanos de animais!".

Eu, mais que depressa, entre duas garfadas de um macarrão delicioso, respondi: "O ato sexual".

Isso o pegou meio de surpresa, mas foi momentâneo. Ele se lançou numa ardorosa defesa da paixão como algo singularmente humano, da origem recente do amor romântico, dos poemas e serenatas que ele inspira, enquanto desdenhava da anatomia de *l'amore*, que é a mesma para humanos, hamsters e lebistes (ou barrigudinhos; os lebistes machos têm uma nadadeira modificada em feitio de pênis). Fez cara de nojo para essas mecânicas mundanas.

Mas quando sua namorada, minha colega, entrou na discussão com mais exemplos de sexo animal, tivemos o tipo de conversa ao jantar que delicia primatólogos mas encabula todos os demais.

As pessoas sempre veem a sexualidade animal de uma perspectiva puramente funcional e a designam como "comportamento reprodutivo". Ela não inclui diversão, amor, gratificação nem variação, e só pode ocorrer entre um macho maduro e uma fêmea fértil. Talvez projetemos nos animais o tipo de vida sexual que pensamos que *deveríamos* ter. Se o sexo tem um único propósito, por que usá-lo para qualquer outra coisa? É por isso que nossa longa lista de pecados sexuais inclui onanismo, homossexualidade, sexo anal e até controle da natalidade. Como nós, humanos, nos afastamos o tempo todo do caminho moralmente sancionado e talvez nos sintamos culpados por isso, redobramos as exigências para os animais e asseveramos que eles se dedicam exclusivamente a fazer bebês. Deixamos para lá o fato de que em algumas espécies, como os bonobos, três quartos da atividade sexual não têm relação alguma com a reprodução. O sexo ocorre em combinações incapazes de reprodução ou assume formas que não levarão nenhum espermatozoide para perto de um óvulo.

Os bonobos são conhecidos como os hippies do mundo primata. Encontramos um "Bonobo Bar" em muitas cidades grandes e ouvimos falar em terapias sexuais que prometem

Sexo com o mesmo sexo

"liberar o bonobo que existe em você". Esses grandes primatas tornaram-se os favoritos da comunidade LGBTQIAP+, embora eu nunca tenha encontrado um bonobo sequer que fosse predominantemente homossexual. Categorias humanas não se aplicam a bonobos. Na famosa escala de zero a seis de Alfred Kinsey — de exclusivamente heterossexual a exclusivamente homossexual —, a maioria dos humanos até pode estar do lado heterossexual, mas cada bonobo é totalmente bi, um três perfeito na escala Kinsey.

Além da cópula de macho com fêmea em grande variedade de posições, o padrão mais característico é a fricção gênito-genital entre fêmeas. Essa postura frontal — na qual uma fêmea pode ser erguida do chão pela outra enquanto se agarra nela como um bebê à mãe — permite que ambas façam rápidos movimentos para os lados. Elas friccionam seus clitóris intumescidos um no outro ao ritmo médio de 2,2 movimentos laterais por segundo, o mesmo dos movimentos pélvicos dos machos. Todo estudioso dos bonobos já observou a fricção gênito-genital em cativeiro ou na natureza.[17]

Os bonobos têm outras posturas e padrões que geram prazer sem chance de fecundação. Por exemplo, os machos fazem contato de traseiro com traseiro, no qual os dois parceiros ficam de quatro e friccionam brevemente as nádegas e escroto um no outro. A esgrima de pênis, que até agora só foi vista na base de campo de Wamba, ocorre quando dois machos se penduram frente a frente em um galho e friccionam seus pênis um no outro como se cruzassem floretes.[18]

Um padrão erótico comum é o beijo de boca aberta, no qual um parceiro sobrepõe sua boca à do outro, em geral com amplo contato das línguas. Esse beijo, típico de bonobos, não é visto em chimpanzés nem na maioria dos outros primatas, que dão beijos mais platônicos. Isso explica por que um tratador sem familiaridade com bonobos um dia aceitou um beijo. Levou o maior susto quando subitamente sentiu a língua do primata em sua boca!

Os machos estimulam manualmente os genitais um do outro. Um macho, com as costas eretas e as pernas separadas, apresenta seu pênis ereto, enquanto o outro fecha levemente a mão ao redor do corpo do pênis e faz movimentos acariciantes para cima e para baixo. Essa massagem não costuma levar à ejaculação. As fêmeas também tocam ou cutucam os genitais uma da outra, mas passam à fricção gênito-genital assim que começa a existir maior interesse sexual entre elas. Preferem uma interação mais simétrica.

Como os parceiros sexuais frequentemente ficam frente a frente e muito próximos, as expressões faciais e os sons trazem forte intimidade e intensidade às suas relações. Sabemos por minuciosas análises de vídeos feitas pela primatóloga italiana Elisabetta Palagi que há muito contato visual, coordenação e sincronia entre os parceiros. As fêmeas emitem guinchos altos durante a fricção gênito-genital, e se uma das parceiras, excitada, mostrar os dentes, a outra instantaneamente reproduz sua expressão. A imitação facial é uma medida de empatia, como nos humanos, e é mais comum entre fêmeas do que durante relações heterossexuais. Pesquisadores de campo também mediram um aumento da oxitocina na urina de fêmeas em seguida ao sexo homossexual, mas não ao heterossexual. A implicação é que as fêmeas são mais afetadas emocionalmente pelo contato com seu próprio sexo do que com o outro.[19]

Essas descobertas contrariam a ideia de que o contato heterossexual é a culminância da atividade sexual. O fato de as fêmeas buscarem preferencialmente umas às outras para fazer sexo e se envolverem mais emocionalmente do que quando se acasalam com um macho condiz com a estrutura de uma sociedade governada por uma coesa irmandade de fêmeas. As fêmeas bonobos precisam resolver conflitos e promover a cooperação. O sexo é sua cola social.[20]

Para que essa rápida visão geral não deixe a impressão de que os bonobos são uma espécie obcecada por sexo, devo acrescentar que sua atividade erótica é totalmente descontraída e tranquila. Dada a obsessão humana, talvez tenhamos dificul-

Fêmeas bonobos promovem a harmonia entre si por meio de fricções gênito-genitais frequentes. Uma fêmea agarra-se à outra enquanto as duas friccionam lateralmente seus clitóris em ritmo rápido.

dade de compreender isso. Temos tantos tabus e mantemos tão assiduamente escondidas certas partes do corpo que não conseguimos nos imaginar sem essa camisa de força mental. Nunca estamos completamente à vontade em se tratando de sexo. Censuramos a nudez, medimos o comprimento das saias nas escolas, suprimimos pensamentos sexuais e usamos um rico elenco de eufemismos para evitar menção direta a sexo ou a funções fisiológicas. Até mesmo roçar sem querer nos seios, nádegas ou genitais de alguém pode ser mal interpretado. A sexualidade é um fruto proibido guardado com uma devoção e uma indignação que seriam ridículas em qualquer outra esfera.

Para os bonobos, porém, o fruto está facilmente ao alcance, e eles o colhem à vontade. Não podemos dizer que são "liberados", pois nunca foram reprimidos. O tipo de inibição e fixação que temos são desconhecidos entre eles. Para os bonobos, sexo não tem nada demais. É uma parte tão natural e espontânea de sua vida que fica difícil detectar uma fronteira entre assuntos sociais e sexuais.

Embora os bonobos sejam candidatos fortíssimos ao título de "primatas mais sensuais", isso não quer dizer que não façam mais nada na vida. Como as pessoas, eles fazem sexo ocasionalmente, e não o tempo todo. Iniciam atividade sexual mais de uma vez por dia, mas não o dia inteiro. A maioria de seus contatos, em especial com os jovens ou entre os jovens, não é levada ao clímax. Os parceiros meramente trocam carícias concentradas nos genitais. A cópula média entre adultos é rápida para os padrões humanos: costuma durar menos de quinze segundos. Em vez de uma orgia interminável, vemos uma vida social salpicada por breves momentos de gratificação sexual. Do mesmo modo como nós damos apertos de

Sexo com o mesmo sexo 417

mão ou tapinhas nas costas uns dos outros, os bonobos têm "cumprimentos genitais" para forjar relações e sinalizar boas intenções.

No começo dos anos 1990 apareceram os primeiros informes sobre diferenças entre os cérebros de homens e o de mulheres, e também sobre a possibilidade de um "cérebro gay". Na Holanda, essas descobertas causaram um tumulto extraordinário. Um líder gay declarou que associar a orientação sexual ao cérebro trazia o risco de transformar a homossexualidade em questão de saúde. Dick Swaab, o neurocientista no centro desse furor, foi equiparado ao dr. Mengele, o médico nazista que fez experimentos com prisioneiros vivos. A paranoia chegou a tal ponto que Swaab recebeu ameaças anônimas de morte e de atentados a bombas.[21]

A resistência à biologia era parte de um medo mais abrangente entre reformadores sociais dos dois lados do Atlântico. Receavam que referências a cérebro e genes pudessem frustrar suas ambições de mudar a sociedade. "Genes trazem a cultura na coleira", provocou o sociobiólogo e entomologista americano Edward O. Wilson. Não importava que Wilson nos assegurasse que a coleira estava presa a uma guia "muito longa". Ele também foi tachado de fascista.[22]

Hoje vemos o papel da biologia de outro modo, certamente no que diz respeito à identidade de gênero e à orientação sexual. A comunidade LGBTQIAP+ percebe que caracterizar suas vidas como mera "escolha", "preferência" ou "estilo de vida" desmorona diante das evidências de fatores genéticos, neurológicos ou hormonais. Esses fatores afastam o elemento da escolha. No entanto, embora os estudos nessa área não sejam mais recebidos com a mesma hostilidade de antes, não estão livres de controvérsia. Quando o neurocientista americano Simon LeVay identificou uma área cerebral específica como um marcador da orientação sexual, foi veementemente criticado por fazer uma distinção demasiado binária entre homens heterossexuais e homens homossexuais. Ora, então esses grupos não coincidiam parcialmente na vida real e também nos próprios dados de LeVay? Entre os heterossexuais, uma área minúscula do hipotálamo é, em média, duas vezes maior nos homens do que nas mulheres. Em contraste, nos homens gays o tamanho dessa área é similar ao das mulheres. LeVay estaria sugerindo que os homens gays são um gênero intermediário de homens "efeminados"? Embora ele próprio fosse declaradamente gay, foi acusado de "simplificar gravemente a sexualidade" e deturpar a "variedade das possibilidades humanas".[23]

Não se sabe se essa diminuta área cerebral (do tamanho de um grão de arroz) contém ou não todas as respostas. Estudos complementares lançaram dúvida sobre os achados anteriores. E, sobretudo, ainda nos resta o costumeiro problema circular: é o cérebro que direciona o comportamento em determinado sentido ou o contrário? Será que os tecidos neurais no estudo de LeVay não *refletem* o tipo de vida que as pessoas estudadas tinham levado?[24]

Quase duas décadas se passaram antes que Ivanka Savic e Per Lindström resolvessem esse enigma no Instituto do Cérebro de Estocolmo, na Suécia. Em vez de estudarem a mesma área cerebral examinada por LeVay, eles se concentraram em características neurais muito mais gerais, como a assimetria

Sexo com o mesmo sexo 419

cerebral, que não têm relação direta com comportamentos específicos. Essas características cerebrais são fixadas quando o indivíduo nasce e não mudam com a experiência. No entanto, refletem o gênero e a orientação sexual. Os cérebros de homens gays são estruturalmente similares aos das mulheres heterossexuais, enquanto os das mulheres lésbicas são similares aos de homens heterossexuais. Savic concluiu que "essas diferenças provavelmente foram forjadas no útero ou logo no início da infância".[25]

A orientação sexual também pode ditar a resposta a um composto químico, a androstadienona, secretada no suor das axilas masculinas e adicionada a loções pós-barba e gel para cabelo. Embora subestimemos o poder do nosso nariz, o odor nos direciona para indivíduos com potencial romântico. A inalação de androstadienona praticamente não tem efeito sobre homens heterossexuais, mas em mulheres heterossexuais e em homens homossexuais ela ativa o hipotálamo. Os sujeitos estudados declararam que não acharam a substância particularmente atrativa, mas, como é comum ocorrer com feromônios, a androstadienona atua de forma inconsciente.[26]

Em um inesperado desdobramento do estudo acima, distinções similares foram encontradas em ovinos domésticos. Alguns carneiros sadios não cobrem ovelhas no cio; antes eram chamados de "inativos", "assexuados" ou "inibidos", mas o neuroendocrinologista americano Charles Roselli agora considera que esse é um erro de caracterização. Cerca de um em cada doze carneiros tem acentuada preferência sexual pelo mesmo sexo. Longe de serem assexuados, esses indivíduos cobrem com entusiasmo indivíduos de seu próprio sexo enquanto ignoram ovelhas nas proximidades. Essa é uma característica individual estável. *Ovis aries* é apenas o segundo mamífero, depois de nós, para o qual foi encontrada a orientação exclusivamente homossexual.

Há observações similares em estudos sobre carneiros-selvagens e carneiros-de-dall. Dizem até que algumas ovelhas tentam despertar o interesse sexual de um carneiro adulto imitando o comportamento de jovens machos. Os carneiros lambem o pênis um do outro, roçam-se mutuamente, mordiscam e afagam um ao outro com o focinho e realizam penetração anal, movimentos pélvicos e ejaculação. Como acontece entre nós, sua orientação sexual parece se refletir no hipotálamo, onde há um núcleo que é maior em carneiros com orientação para fêmeas do que em ovelhas. Já nos carneiros com orientação para machos, o tamanho desse núcleo é intermediário entre esses dois extremos.[27]

Em resumo, embora o cérebro não possa nos dizer com certeza qual é a orientação sexual de um indivíduo, ele parece conter alguns marcadores. Como a identidade de gênero, a orientação sexual parece estar presente desde o nascimento ou desenvolver-se logo em seguida. Portanto, ela é parte indissociável de quem somos. Isso se aplica não só aos membros da comunidade LGBTQIAP+, mas a todos os humanos (e talvez também aos ovinos). A identidade de gênero e a orientação sexual em geral são aspectos inalienáveis e inalteráveis de cada pessoa.

Mas isso ainda não significa que a situação seja simples. Para começar, esses achados não nos dizem de onde vem a orientação sexual. Temos evidências de fatores genéticos, mas não de um gene gay único — e nem mesmo de um punhado de genes gays. Os genes envolvidos são numerosos e estão distribuídos. Sabemos há muito tempo que ser gay ou lésbica é de família e que gêmeos idênticos têm a mesma orientação sexual mais frequentemente do que gêmeos não idênticos ou outros irmãos. Mas essa não pode ser toda a explicação. Afinal, gêmeos idênticos também diferem em orientação sexual com certa frequência. Apesar de terem DNA igual, um deles pode ser gay e o outro ser heterossexual. O maior estudo de gêmeos até o presente incluiu quase 4 mil pares no Registro de Gêmeos da Suécia. A conclusão foi que a orientação sexual depende de uma combinação de efeitos familiares e ambientais. O genoma sozinho não pode indicar a orientação sexual de uma pessoa.[28]

Um segundo problema é a dicotomia subjacente à maioria dos estudos. Dividir a orientação sexual em apenas duas categorias parece uma simplificação grosseira que desconsidera as realidades do comportamento humano. Muitos pensam que as mulheres ocupam todo o espectro da orientação enquanto os homens concentram-se em massa nos dois extremos — são atraídos ou por pessoas de seu próprio gênero ou para o outro gênero, mas nunca as duas coisas. As pessoas bissexuais enfrentam discriminação tanto de heterossexuais como de homossexuais. Por que não se decidem? Seriam, talvez, excessivamente promíscuas? "Você faz muito ménage à trois?", as pessoas lhes perguntam. Por muito tempo, a ciência menosprezou a bissexualidade como uma fase ou uma forma de experimentação.

Era tanto ceticismo sobre a bissexualidade que Kinsey, o americano pioneiro da sexologia, formulou sua escala de zero a seis para mostrar que a categoria intermediária também existe para os homens. O próprio Kinsey identificava-se como bissexual. Uma análise recente de estudos anteriores confirma que os homens que se declaram bissexuais interessam-se por ambos os gêneros. Não é artimanha nem fase.

Medidas de ereções penianas indicaram que eles se excitaram assistindo a vídeos eróticos independentemente de o protagonista ser homem ou mulher. Talvez a ciência finalmente venha a acreditar no que as pessoas bissexuais sempre disseram.

Kinsey, que ganhou boa e má fama por ressaltar a imensa lacuna entre como gostaríamos que os humanos se comportassem e as nossas práticas sexuais efetivas, comentou que não é fácil separar as orientações homossexual e heterossexual. Muitos homens declaram-se uma coisa ou outra mas na verdade são ambas. A maioria dos homens parece ser "principalmente heterossexual", e não "exclusivamente heterossexual".[29] Hoje nos parece irônico que, antes de sabermos grande coisa sobre a vida sexual de ovelhas e cabras, Kinsey tenha feito sua célebre advertência:

> Os machos não representam duas populações distintas, a heterossexual e a homossexual. O mundo não se divide em ovelhas e cabras. Nem todas as coisas são pretas, nem todas as coisas são brancas. É um fundamento da taxonomia o fato de que a natureza raramente lida com categorias distintas. Só a mente humana inventa categorias e tenta forçar os fatos para caberem em escaninhos separados. O mundo vivo é um continuum em cada um de seus aspectos. Quanto mais cedo aprendermos isso no que diz respeito ao comportamento sexual humano, mais cedo chegaremos a uma compreensão bem embasada acerca das realidades do sexo.[30]

KINSEY ESTAVA CERTO com respeito à mente humana. Somos uma espécie simbólica, o que significa que temos uma palavra

Sexo com o mesmo sexo   423

para cada coisa. A linguagem nos leva a arranjar o mundo em categorias distintas, enquanto fechamos os olhos para qualquer mescla possível. É exatamente o oposto do modo como a natureza funciona. Como o biólogo reprodutivo americano Milton Diamond gosta de dizer: "A natureza ama a variedade. Infelizmente, a sociedade a odeia".[31]

Reflito com frequência sobre essa questão no contexto racial. Preto, branco, pardo e amarelo não levam em conta as enormes variação e sobreposição genéticas que existem sob as cores das nossas peles. É difícil diferenciar as raças segundo a genética, e cada ser humano é portador de uma mistura de genes que vem de muito longe e de muito tempo atrás. Não existem pessoas de sangue puro no mundo, por mais que tentemos espremer cada uma em uma categoria ou em outra.[32] Temos um rótulo para cada raça, e às vezes as desprezamos ou agimos como se uma fosse superior a outra. No entanto, nunca vi nada remotamente parecido em animais, apesar da variação de cor comum em muitas espécies. Se a aparência de um indivíduo é radicalmente diferente, isso pode despertar medo ou hostilidade, por exemplo, diante de um recém-nascido albino ou de indivíduos deformados por uma doença. Mas variações menos drásticas não despertam grandes reações. Por exemplo, quase todos os chimpanzés ou bonobos são pretos. Apesar disso, quando nasce um raro indivíduo marrom-claro, nunca vemos nenhum tratamento especial, positivo ou negativo.

O macaco-aranha-marrom é outro bom exemplo. Esse primata também é conhecido como macaco-aranha *variegado*, porque sua cor varia desde o marrom-escuro, quase preto, até o fulvo e o castanho-claro. Já vi todas as variantes de cor tranquilamente misturadas em cativeiro. Mas isso talvez não seja tão notável, já que eles não tiveram escolha. Assim, perguntei sobre o assunto a Andrés Link, colega colombiano que estuda esses macacos na natureza, onde as variantes de cor também se misturam. Ele me disse que nunca notou vieses comportamentais associados a variações mais claras ou mais escuras, nem mesmo após o nascimento de dois indivíduos leucísticos em sua população. Embora não sejam albinos, esses macacos são branquíssimos, com exceção de alguns trechos coloridos e dos olhos escuros. Nas palavras de Link: "Além disso, esses indivíduos são completamente normais em suas interações com outros membros do grupo".

Com os humanos não é assim. Como fazemos para as raças, temos uma profusão de rótulos para características de gênero e apetites sexuais. Frequentemente usamos esses rótulos para exprimir aprovação ou desaprovação. Um caso deplorável e extremo de rotulagem foi o triângulo rosa que os nazistas punham em prisioneiros homossexuais, a quem eles sujeitavam a um nível adicional de crueldade. Apesar desse antecedente tenebroso, recentemente esses triângulos apareceram como distintivos de honra em eventos de orgulho gay. De um modo mais geral, dividimos linguisticamente a rica sexualidade humana em "ovelhas e cabras", como disse Kinsey, segmentando o que essencialmente seria um continuum em apenas duas ou três categorias. Isso não quer dizer que a rotulagem seja a *fonte* da transfobia ou da homofobia, pois esses rótulos também podem ser aplicados de modo mais tolerante. Muitas línguas têm um termo (e um lugar na sociedade) para um terceiro gênero. Contudo, ainda assim é verdade que rótulos entregam uma arma poderosa aos fóbicos. Rótulos passam facilmente de descrever para magoar e insultar. Ser uma espécie simbólica tem seus prós, mas também seus terríveis contras.

Não acho que *fobia* (medo extremo ou irracional) seja a palavra certa para designar o preconceito sexual humano. Embora seja bem possível que medo, insegurança e impulsos sexuais reprimidos espreitem sob a intolerância, outras emoções mais hostis também parecem estar envolvidas. Porém, sejam elas quais forem, não são observadas em outros primatas. Apesar de todos os impressionantes paralelos entre a sexualidade humana e a animal, o único aspecto nunca observado é a rejeição baseada em orientação ou expressão sexual. Cabe lembrar aqui que Donna, a chimpanzé de gênero inconforme, era extremamente bem integrada. E o mesmo podemos dizer de Lonnie, nosso macaco-prego "gay". Entre os primatas, posso prever rejeição apenas para indivíduos que perturbem a paz ou interfiram de algum outro modo na vida dos outros, e esse raramente é o modo como as tendências homossexuais se expressam. Na verdade, poderíamos pensar que seja o oposto. Da perspectiva evolutiva, o ódio que homens heterossexuais têm de gays é "profundamente incompreensível", como observa LeVay. Em vez de reclamar de machos que têm preferência sexual diferente, homens heterossexuais deveriam achar muito bom que alguns gastem seu sêmen uns com os outros em vez de entrar na competição pelas mulheres.[33]

Contudo, mesmo que tenhamos os mais diversos tipos de rótulos e pressões sociais empurrando as pessoas, especialmente os homens, para que escolham entre a heterossexualidade e a homossexualidade, é bom saber que esse fenômeno é recente. O termo "homossexual" só apareceu no século XIX. Antes disso, havia bastante conduta homossexual, mas não uma identidade homossexual. Entre os homens, o sexo com o mesmo sexo era tipicamente estruturado por idade, com homens mais velhos penetrando mais novos, por exemplo os soldados da Grécia Antiga que desse modo turbinavam sua coragem antes de partir para a guerra. Houve épocas em que a sodomia foi quase universal, ao passo que relações lésbicas mantiveram-se sobretudo ocultas, mas talvez fossem igualmente prevalentes. Em 1869 Karl-Maria Kertbeny, autor teuto-húngaro, cunhou os termos gêmeos "homossexual" e "heterossexual" para substituir os rótulos pejorativos que ele desprezava. Desde então, ao menos no Ocidente, a linguagem começou a promover uma dicotomia até aí desconhecida. Atividades homossexuais costumavam ser suplementares às heterossexuais, com frequência encontradas em homens e mulheres que também eram casados com alguém do outro sexo e tinham filhos. Isso talvez ainda possa ocorrer, mas hoje é obscurecido pela rotulagem a que nos acostumamos.[34]

A não exclusividade da orientação sexual é importante porque, se existe uma questão que os biólogos debatem à exaustão, é como a homossexualidade pode ter surgido. Alguns a chamam de enigma evolutivo; outros dizem que ela não deveria existir. Por exemplo, em *Ever Since Adam and Eve: The Evolution of Human Sexuality* [Desde Adão e Eva: A evolução da sexualidade humana"], Malcolm Potts e Roger Short declaram sem rodeios que "o comportamento homossexual é a antítese do êxito reprodutivo".[35]

Pode parecer lógico, mas não é quando orientações sexuais exclusivas são raras. A reprodução não estará em perigo se alguns indivíduos buscarem sexo com seu próprio gênero. Muitas pessoas que se dizem lésbicas ou gays trouxeram filhos ao mundo em algum momento da vida. Modelos matemáticos de características genéticas mostraram que orientações homossexuais facilmente podem surgir em uma população. Segundo esses modelos, elas deveriam ser bem comuns, e talvez o sejam.[36]

Por isso, vou reformular a questão. Querer descobrir como o comportamento homossexual pode ter evoluído é o enfoque errado. É acreditar, sem fundamentos, em uma dicotomia duvidosa que não tem bases no que sabemos sobre genética nem no comportamento humano real. A meu ver, a melhor pergunta é: devemos nos surpreender que humanos e outros animais pratiquem regularmente atividades sexuais que não podem levar à reprodução? A teoria evolutiva dá margem a essa abertura de possibilidades sexuais?

É claro que dá. O reino animal tem um sem-número de características que evoluíram por uma razão mas também são usadas para outras. Os cascos dos ungulados são adaptados para correr em superfícies duras, mas também produzem um coice terrível nos perseguidores. A mão dos primatas evoluiu para agarrar galhos, mas também permite que bebês se segurem nas mães, o que é uma coisa ótima quando se está no alto das árvores. A boca dos peixes serve para que se alimentem, mas também é usada pelos ciclídeos como "cercadinho" para carregar suas crias. Supõe-se que a visão em cores tenha surgido porque nossos ancestrais primatas colhiam frutas e precisavam avaliar se estavam maduras, mas assim que passamos a perceber cores essa capacidade tornou-se disponível para ler mapas, notar que alguém corou, encontrar sapatos que combinem com a blusa.[37]

428   *Diferentes*

Se o corpo e os sentidos frequentemente servem a mais de um propósito, o mesmo se aplica ao comportamento. Sua função original nem sempre nos diz como ele será usado no dia a dia, pois o comportamento desfruta de *autonomia motivacional*.

A MOTIVAÇÃO POR TRÁS do comportamento raramente inclui os objetivos para os quais ele evoluiu. Esses objetivos ficam sob o véu da evolução. Desenvolvemos tendências ao cuidado parental, por exemplo, para criar nossos filhos biológicos, mas um filhote de cachorro fofo também desperta em nós essas tendências. Embora a reprodução seja o objetivo evolutivo do cuidar, ela não é parte de sua motivação.

Quando uma mãe morre, frequentemente outros primatas adultos cuidam de seu filho desmamado. Os humanos também adotam em grande escala, muitas vezes enfrentando uma burocracia infernal para acrescentar filhos à família. Ainda mais estranha é a adoção de indivíduos de outra espécie, como fazia Pea, uma avestruz resgatada no Centro de Conservação da Vida Selvagem David Sheldrick, no Quênia. Pea era benquista por todos os filhotes de elefante órfãos do centro, e tinha um cuidado especial com um bebê chamado Jotto, que se mantinha sempre perto dela e dormia com a cabeça apoiada em seu macio corpo emplumado. O instinto maternal é notavelmente generoso.[38]

Alguns puristas da biologia consideram esse tipo de comportamento "um erro". Se objetivos adaptativos fossem a medida, Pea estaria cometendo um erro colossal. Porém, quando passamos da biologia à psicologia, a perspectiva muda. Nosso impulso de cuidar de jovens vulneráveis é verdadeiro e impe-

Sexo com o mesmo sexo 429

rioso mesmo fora da família. Analogamente, quando voluntários humanos empurram uma baleia encalhada na praia de volta para o mar, empregam impulsos empáticos que, posso garantir, não evoluíram para que cuidássemos de mamíferos marinhos. A empatia humana surgiu em benefício de familiares a amigos. Mas, uma vez existente, essa capacidade assume vida própria. Em vez de chamar de erro o salvamento de uma baleia, deveríamos nos alegrar pelo fato de a empatia não estar presa à função engendrada pela evolução. É isso que traz tamanha riqueza ao nosso comportamento.

Essa linha de raciocínio também pode ser aplicada ao sexo. Embora nossa anatomia genital e os impulsos sexuais tenham surgido para a fecundação, a maioria de nós faz sexo sem ter como objetivo suas consequências. Sempre achei que o principal impulsionador do sexo tem de ser o prazer; mas, em uma enquete feita pelos psicólogos americanos Cindy Meston e David Buss, as pessoas mencionaram um desnorteante conjunto de razões para ter relações sexuais, por exemplo: "Eu queria agradar o meu namorado", "Não tínhamos outra coisa para fazer" e "Estava curioso para saber como ela é na cama". Se os humanos não costumam pensar em fecundação enquanto fazem amor, os animais, que desconhecem a ligação entre essas coisas, pensam ainda menos. Pelo menos eu nunca vi evidências disso. Fazem sexo porque sentem atração uns pelos outros ou porque aprenderam que isso lhes dá prazer, e não porque querem se reproduzir. Ninguém pode querer o que desconhece.[39]

A autonomia motivacional permite que o desejo sexual se aplique a combinações de gênero que não são férteis. É livre para aliar-se àquela outra realidade de vida social: a formação de vínculo com indivíduo do mesmo sexo. Em todos os primatas, machos jovens procuram machos e fêmeas jovens procuram fêmeas para brincar, e assim criam esferas sociais segregadas por sexo que duram até a vida adulta. Essas esferas proporcionam grande satisfação e deleite que, ocasionalmente, transbordam para a sexualidade. A nítida fronteira entre as esferas social e sexual na sociedade humana é artificial. É uma invenção cultural que, apesar das exortações morais e religiosas, é propensa a ter brechas.

Dessa perspectiva, o comportamento homossexual nada tem de extraordinário. Quando Joan Roughgarden analisou as teorias existentes sobre a evolução da homossexualidade, decidiu-se pela que supõe a gratificação através da intimidade física em mamíferos "que por acaso possuem genitais repletos de neurônios associados a sensações prazerosas e que por acaso usam seus genitais para sinalizar e para propósitos sociais outros que não a troca de gametas no acasalamento heterossexual". Esse talvez ainda seja o melhor modo de ver o sexo com o mesmo sexo: não como uma característica especificamente adquirida pela evolução que contrasta de forma gritante com o comportamento heterossexual, e sim como resultado de impulsos sexuais poderosos e de tendências a buscar o prazer, misturados à atração pelo mesmo gênero.[40]

Apesar dos muitos paralelos entre o sexo com o mesmo sexo em humanos e em outros animais, a grande diferença é nossa tendência a rotular e segmentar de maneira descuidada o comportamento e a orientação sexuais. A rotulagem nos deixa propensos à intolerância. Acho o máximo o modo como outros primatas aceitam cada indivíduo como ele é sem a obsessão de ver se ele se encaixa ou não na maioria.

13. O problema do dualismo
Mente, cérebro e corpo são uma unidade

TER UM SEGUNDO FILHO é o antídoto perfeito para a ilusão de que controlamos o que nossos filhos virão a ser. Os pais talvez pensem que o primogênito será como massinha de modelar em suas mãos, a quem eles darão o feitio disso ou daquilo. Aí chega o segundo filho, eles o criam no mesmo estilo, mas inevitavelmente veem um resultado diferente. Como disse Mary Midgley na dedicatória de *Beast and Man* [Bicho e homem]: "Aos meus filhos, com muita gratidão por deixarem tão claro que o bebê humano não é uma página em branco".[1]

Essa compreensão é amplificada quando pais têm uma filha depois de um filho ou vice-versa. Nesse caso, não é apenas questão de temperamento individual: o gênero influencia. Raro é o pai ou a mãe que, depois dessa experiência, continua a dar mais crédito à criação do que à natureza.

No entanto, no discurso acadêmico frequentemente a criação ainda é a única mensagem. Não consigo entender por que isso ocorre, e tentei abrir brechas nessa posição descrevendo como se comportam machos e fêmeas de nossos parentes mais próximos. Não que a conclusão seja de uma clareza absoluta, mas pelo menos é consideravelmente mais rica do que o clichê do macaco macho senhor de tudo que nos foi impingido durante uma era de conhecimento limitado. Diferenças de gênero nos humanos e diferenças de sexo nos primatas têm características em comum o suficiente para deixar claro que não escapamos das forças da evolução.

E ainda nem mencionei o papel dos hormônios e do cérebro, que teria adicionado ainda outra dimensão biológica. Reluto em fazê-lo porque não sou especialista nessas áreas, apesar de ter passado a vida rodeado de colegas do ramo. Meu contato com o trabalho deles ensinou-me que nada é simples. Até uma afirmação que parece corriqueira, por exemplo a de que a testosterona impulsiona a violência, é enganosa. Vemos esse hormônio como a essência da masculinidade e, diante de um homem ousado, dizemos que ele deve estar transbordando testosterona. Mas não deveríamos pôr a culpa em seus hormônios ebulientes. Para começar, mulheres também produzem testosterona, embora em níveis mais baixos. E embora o comportamento agressivo demande testosterona, sendo por isso que a castração pode refreá-lo, não existe uma relação direta simples. Quando macacos machos são postos juntos em cativeiro, seus níveis de testosterona sempre falham em servir como previsão de qual será o mais agressivo. Ao contrário, o grau de agressão que cada indivíduo apresenta prediz o nível subsequente do hormônio. Hormônios e comportamento afetam-se mutuamente.[2]

Quanto ao cérebro, encontramos problema similar. Os cérebros de homens e mulheres são distintos desde o nascimento ou se diferenciam em razão de pressões sociais diversas? Em *The Gendered Brain* [O cérebro com gênero], a neurocientista britânica Gina Rippon defende esta segunda posição, atribuindo diferenças cerebrais entre os sexos a ex-

O problema do dualismo 433

periências de vida. Ela afirma que o cérebro humano, tanto quanto o fígado ou o coração, começa neutro no que diz respeito ao gênero.[3] Acontece que nem fígado nem coração são neutros da perspectiva do gênero, e outros neurocientistas afirmam que os cérebros são masculinizados ou feminizados sob a influência de hormônios no útero. O livro de Rippon foi criticado por menosprezar diferenças bem conhecidas entre os cérebros. O psicólogo britânico Simon Baron-Cohen, por exemplo, acredita que o transtorno do espectro autista (que é três ou quatro vezes mais frequente em meninos do que em meninas) é uma expressão extrema do cérebro masculino típico.[4]

O debate é complexo e acalorado, sobretudo pelas acusações de "neurossexismo". A única noção com a qual os dois lados concordam é que os cérebros de homens e mulheres são mais similares do que diferentes.

Animais têm um papel crucial nesse debate, pois seus cérebros se desenvolvem independentemente do ambiente cultural humano. Se os cérebros dos animais variam de acordo com o sexo — o que é verdade —, por que os nossos deveriam ser neutros nesse aspecto? Um estudo recente em macacos-prego, por exemplo, constatou divergência impressionante entre cérebros de machos e de fêmeas, que diferem em áreas corticais associadas ao funcionamento de ordem superior. Essas áreas são mais elaboradas nas fêmeas do que nos machos. Mas aqui também não podemos excluir mudanças baseadas na experiência, considerando o quanto as vidas de machos e fêmeas dessa espécie de primata são diferentes.[5]

Essas controvérsias geraram mais de 20 mil artigos científicos sobre diferenças nos cérebros dos dois sexos. De muito bom grado deixarei para os especialistas decidir o quanto elas são substanciais. Meu objetivo aqui foi comparar o comportamento humano com o de outros primatas.

Sei que muita gente prefere manter os animais fora da discussão. Nas palavras de Rippon: "Não me venha com esses malditos macacos de novo!". Fora da ciência e às vezes dentro dela, muitos parecem acreditar que, embora nosso corpo seja um produto da evolução, nossa mente é só nossa. Humanos não estão sujeitos às mesmas leis da natureza que regem os animais, e o modo como sentimos e pensamos é de nossa livre escolha. Considero essa posição uma forma de neocriacionismo: não nega nem aceita totalmente a evolução. Como se a evolução, chegando ao pescoço humano (e só ao humano), houvesse freado bruscamente e deixado nossas augustas cabeças em paz!

É tudo vaidade. Embora nossa espécie seja abençoada com a linguagem e algumas outras vantagens intelectuais, no aspecto socioemocional somos totalmente primatas. Nascemos equipados com um grande cérebro de macaco e com a psicologia que ele implica, incluindo o modo como nos comportamos em um mundo de (principalmente) dois sexos. Chamá-los de "gêneros" não muda grande coisa. Por mais requintada que se torne a nossa retórica, ela nunca poderá desenredar por inteiro a categoria cultural do "gênero" da categoria biológica do "sexo" e dos corpos, genitais, cérebros e hormônios decorrentes. É mais ou menos como os nobres medievais que chamavam a si mesmos de sangue azul, embora todo mundo

O problema do dualismo 435

soubesse que, atingidos por uma lança, sangrariam vermelho. A biologia humana básica transparece.

Entretanto, o fato de a natureza determinar nosso gênero não diminui o valor do conceito de gênero. Na medida em que ele chama a atenção para os revestimentos culturais, os papéis aprendidos e as expectativas que a sociedade impõe a cada sexo, ele é uma adição poderosa à discussão. A justaposição entre gênero e sexo indica que sempre existem duas influências sobre cada coisa que fazemos: a da biologia e a do ambiente. Não podemos discutir as diferenças entre homens e mulheres sem levar os dois aspectos em conta. Também por isso é instrutivo explorar as diferenças entre os sexos dentro do esquema triangular que baseia este livro — humanos, chimpanzés e bonobos —, pois, ao nos compararmos com outros primatas, acrescentamos o papel da evolução.

O quadro que surge, porém, não é nada direto. O problema, se é que podemos usar esse termo, está na variação entre esses três hominídeos. Nossos dois parentes mais próximos são figuras bem diferentes. Chimpanzés são muito mais belicosos do que bonobos, e cada qual tem uma dinâmica radicalmente distinta entre os sexos. Esse fato, em si, já exclui um cenário evolutivo simples, muito embora alguns cientistas tentem chegar a essa simplificação chutando os bonobos para escanteio, descartando-os como os inadequados da nossa família. Sendo observador por natureza, noto que, toda vez que os bonobos surgem em uma discussão, meus colegas se remexem desconfortavelmente na cadeira, coçam a cabeça e demonstram um incômodo geral. Os bonobos são tremendamente inconvenientes para quem constrói narrativas evolutivas em torno de especialidades masculinas como caçar e guerrear. Os chimpanzés encaixam-se muito melhor nessas ideias. Mas nosso conhecimento atual sobre genética e anatomia não oferece razão alguma para favorecermos os chimpanzés em detrimento dos bonobos como modelos do ancestral que temos em comum.

Ainda assim, o mosaico de diferenças entre esses três hominídeos não pode ocultar algumas características universais. Os machos são muito mais orientados para o status e as fêmeas, para os jovens vulneráveis. Os machos são dominantes fisicamente (ainda que nem sempre socialmente) e estão mais inclinados ao confronto aberto e à violência, enquanto as fêmeas preferem cuidar dos outros e dedicar-se à prole. Essas tendências manifestam-se logo no começo da vida, por exemplo no alto nível de energia e turbulência dos jovens machos e na atração por bonecas, bebês e cuidados com os pequenos em jovens fêmeas. Essa diferença arquetípica entre os sexos caracteriza a maioria dos mamíferos — desde ratos e cães até elefantes e baleias. Evoluiu graças aos modos distintos como os sexos transmitem seus genes à geração seguinte.

Mas nem mesmo essa diferença pronunciada entre os sexos é absoluta. Ela segue a costumeira distribuição bimodal com áreas coincidentes e margem para exceções. Em cada espécie, nem todos os machos e fêmeas são iguais, e as diferenças que vemos são descritivas, não prescritivas. Ninguém diz que os machos *têm* de agir desse modo e as fêmeas daquele; dizemos apenas que os sexos geralmente seguem interesses diferentes que os levam a se comportar de modos distintos.

Outras diferenças de gênero propostas revelaram-se difíceis de confirmar. Por exemplo, muitos dizem que os machos são mais hierárquicos e lideram melhor, enquanto as fêmeas

O problema do dualismo 437

gostam mais de paz. Também se supõe que as fêmeas sejam mais sociáveis e menos sexualmente promíscuas do que os machos. Em todas essas esferas, meus estudos mostraram apenas diferenças secundárias ou inexistentes. A competição entre fêmeas, embora seja menos física, é comum e intensa. A vida sexual das fêmeas parece tão aventurosa quanto a dos machos. E ambos os sexos se organizam em hierarquias sociais e têm amizades que duram a vida toda, embora os detalhes sejam diferentes.

E há também as exceções à regra, que sugerem flexibilidade em nosso comportamento e no comportamento dos nossos parentes hominídeos. Machos de grandes primatas não humanos podem ser cuidadores muito bons, por exemplo, e as fêmeas podem ser grandes líderes. E esta última observação vale não só para espécies com dominância das fêmeas, como os bonobos, mas também para aquelas com dominância dos machos, como os chimpanzés. Se olharmos para além da vantagem física dos machos e nos concentrarmos em quem decide os processos do grupo, ambos os sexos demonstram poder e liderança.

A mais excepcional das características sociais do primata humano é uma estrutura familiar que une homens e mulheres. Como resultado, os gêneros são mais interdependentes entre nós do que entre os nossos parentes mais próximos. A integração dos gêneros é amplificada adicionalmente na sociedade moderna, onde lhes pedimos que trabalhem juntos não apenas na família, mas também no local de trabalho. Esse é um afastamento significativo da divisão de papéis em sociedades humanas de pequeno porte. Contudo, admitir as mulheres na esfera pública e ter a plena participação delas exigirá um realinhamento dos deveres na frente familiar. Os homens precisarão participar mais em casa a fim de equilibrar as respectivas cargas de trabalho. Nossas origens primatas podem resistir a essa mudança, mas um obstáculo maior talvez seja o modo como nossas economias são estruturadas. Tradicionalmente, os homens eram remunerados por trabalhar fora de casa, enquanto as mulheres não recebiam nada por trabalharem dentro dela. Embora a biologia fosse invocada para justificar essa disposição estranha, na verdade nada na natureza do macho humano proíbe que ele assuma o cuidado com as crianças, e muito menos outras tarefas domésticas.

Nossa biologia é mais flexível do que as pessoas pensam. A mesma flexibilidade caracteriza nossos parentes hominídeos. Isso pode parecer surpreendente, considerando o grau em que somos doutrinados para considerar os animais como máquinas pré-programadas. O comportamento animal ainda é frequentemente atribuído ao instinto, enquanto o comportamento humano é visto como um produto cultural. Essa dicotomia está ultrapassada, dado o que aprendemos nestas últimas décadas sobre cognição e comportamento animal. Ela é particularmente estranha quando se trata de animais que amamentam por no mínimo quatro anos e demoram quase o mesmo tempo que nós para chegar à maturidade.

Nenhuma espécie deveria adiar a reprodução a menos que isso seja absolutamente essencial para a sobrevivência. A única razão plausível para o lento desenvolvimento dos grandes primatas não humanos é que seus jovens requerem muitos anos de aprendizado e instrução para se tornarem adultos competentes. É assim que a prolongada imaturidade do ser humano é explicada, e o mesmo se aplica a outras

O problema do dualismo

espécies que se desenvolvem devagar. Suas sociedades são complexas, e elas precisam de muitos conhecimentos e habilidades para serem bem-sucedidas. Portanto, não há razão para considerar os grandes primatas não humanos como menos ou mais instintivos do que nós.

Os grandes primatas não humanos também são produto do seu ambiente. Eles emulam, imitam e adotam os hábitos daqueles que os cercam. Minha equipe fez muitos estudos sobre como eles aprendem uns com os outros, e só posso dizer que o verbo "macaquear" e seus equivalentes em outras línguas são muito pertinentes. Esses primatas têm talento para observar e aprender. Como as nossas crianças, seus jovens buscam modelos adultos do seu sexo com quem se identificar. As fêmeas costumam copiar suas mães, enquanto os machos acompanham machos de status elevado. Como resultado, em parte é com os mais velhos que ambos os sexos aprendem os comportamentos típicos de seu sexo.[6]

Por isso, os grandes primatas não humanos também têm gênero.

A RELIGIÃO E A FILOSOFIA DO OCIDENTE tradicionalmente nos definem em oposição à natureza em vez de alinhados com ela. Como gostamos de nos colocar acima dos animais e próximo dos anjos, quase nos ressentimos do nosso corpo. Ele nos lembra demais as nossas origens inferiores e nos incomoda o dia todo com incontroláveis desejos sexuais, necessidades, aflições físicas e sentimentos. Como é que o magnífico espírito humano acabou preso dentro de um recipiente material tão defeituoso? O Evangelho de Tomé lamenta: "Espanta-me que essa imensa riqueza tenha feito seu lar nesta pobreza".[7]

A mente é santa; o corpo, nem tanto. Esse dualismo é tipicamente masculino, associado menos à mente humana do que à mente masculina. Foram sempre homens que tentaram convencer a si mesmos de que seu intelecto paira num plano muito acima da biologia. Essa postura é mais fácil de manter quando o corpo não passa por ciclos hormonais. Além disso, o corpo das mulheres sangra, algo que os homens tradicionalmente interpretam como nojento e "impuro". Ao longo das eras, os homens procuraram distanciar-se da carne (fraca), das emoções (irracionais), das mulheres (pueris) e dos animais (estúpidos).

Como os homens são tão ligados aos seus corpos quanto as mulheres e os animais, esses contrastes são totalmente ilusórios. São invenções da imaginação masculina. Mente, cérebro e corpo constituem uma unidade. Não existe mente imaterial. "Sem corpo, nada de mente", escreveu o neurocientista luso-americano António Damásio. "A mente é tão intimamente moldada pelo corpo e destinada a servi-lo que nele só pode surgir uma única mente".[8]

O mais intrigante é que o feminismo moderno aceita esse mesmo dualismo antiquíssimo que propõe a tão conhecida negação do corpo. Dessa perspectiva, o bebê humano nasce sem gênero, com um cérebro que é neutro para o gênero e aguarda instruções de seu ambiente. Somos o que queremos ser, ou pelo menos o que a sociedade quer que sejamos, sem muita contribuição do recipiente que nos carrega por toda parte. O recipiente anda, fala, come, defeca, se reproduz e executa outras tarefas mundanas necessárias à sobrevivência, mas seu gênero fica a critério da mente.

O problema do dualismo

O dualismo mente-corpo é um eterno assunto filosófico sobre o qual já se escreveu mais do que jamais conseguirei ler. Meu interesse principal sempre foi sua aplicação aos animais e à ofensiva noção cartesiana de que eles não têm alma, mas farei aqui uma menção breve (e sem dúvida superficial) ao dualismo em relação ao gênero. Essa ideia remonta no mínimo a Platão, e provavelmente a pensadores mais antigos. Embora a *República* contenha a célebre afirmação sobre a igualdade entre homens e mulheres, os *Diálogos* platônicos são salpicados de comentários chauvinistas. O corpo é visto como um obstáculo irritante. É comparado a uma tumba ou prisão, e os que lhe dão atenção demasiada não fazem jus à alma que possuem. As mulheres exemplificam esse desequilíbrio porque são íntimas demais de seu corpo e se deixam levar pelas emoções que ele gera. Como as mulheres permitem ao corpo comprometer a alma, elas não têm capacidade para a sabedoria plena. Platão exorta os homens a não levarem uma vida "feminil".[9]

O mesmo desprezo pelo corpo explica por que os eremitas medievais — homens, na esmagadora maioria — procuravam negá-lo. Eles se retiravam para o deserto ou para uma caverna próxima a fim de se privarem de todas as tentações da carne — e então eram atormentados por visões de lautos banquetes e mulheres voluptuosas. Também é por isso que pessoas ricas — mais uma vez, quase exclusivamente homens — fazem fila para ter seu cérebro congelado por criogenia após a morte. Têm tanta certeza de que a mente pode se virar sem o corpo que pagam uma fortuna por um futuro digitalmente imortal, que será alcançado quando tudo o que está em sua cabeça for "transferido" para uma máquina.[10]

Dar à mente prioridade sobre o corpo nunca fez parte da pauta das mulheres até o advento da segunda onda do feminismo, após a Segunda Guerra Mundial. Ao que parece, essas mulheres concluíram que, se o corpo é a fonte do menosprezo, o jeito é tratá-lo como desimportante e — exceto por aquilo que ele tem entre as pernas — idêntico ao corpo masculino. Essa tendência de se esquivar do corpo e enfatizar a mente pode ter tido altos e baixos no decorrer dos anos, e ela não é unânime no movimento feminista, mas é reconhecível ainda hoje.

Em um artigo perspicaz intitulado "Woman as a Body" [A mulher como um corpo], a filósofa americana Elizabeth Spelman alertou: "Algumas feministas adotaram alegremente a distinção alma/corpo e o valor relativo atribuído à alma e ao corpo. Mas com isso talvez adotem uma posição antagônica àquilo que, em um nível mais consciente, elas defendem".[11]

Spelman analisou declarações de feministas preeminentes na época, entre elas Simone de Beauvoir e Betty Friedan, que valorizavam as atividades mentais acima das físicas. As mulheres eram instadas a dedicar-se à criatividade intelectual "superior" para que pudessem juntar-se aos homens em seu reino de transcendência. As funções corporais das mulheres, como as relacionadas à geração de filhos, eram desprezadas como atrozes e bárbaras. A maternidade não era aclamada como uma força. Ao contrário, uma feminista tachou a gravidez de "deformidade" e sugeriu que seria bom se um dia as mulheres pudessem escapar dela. Spelman concluiu que "em essência, a liberação das mulheres significa nossa libertação do corpo".[12]

Nem todas as feministas veem a emulação dos homens como o caminho para a igualdade. Hoje muitas aceitam e celebram o corpo feminino, seu papel único na procriação

O problema do dualismo 443

e o prazer e empoderamento que ele proporciona. Ainda assim, o dualismo insinua-se no discurso toda vez que diferenças entre os sexos são minimizadas ou questionadas, algo que acontece rotineiramente. Quanto mais radical é a noção do gênero como construção social, menos espaço resta para o corpo.

EU NÃO GOSTARIA DE VIVER em um mundo agênero e assexuado. Seria uma chatice monumental. Imagine se todo mundo tivesse a mesma aparência que eu — milhões de homens brancos, velhos e grisalhos. Mesmo se incluíssemos os varões de todas as idades e raças, a humanidade ainda continuaria imensamente empobrecida. Não tenho nada contra homens, e alguns deles são meus melhores amigos, mas o que torna a vida interessante, arrebatadora e emocionalmente satisfatória é a variedade das pessoas que encontramos, com quem trabalhamos e vivemos, pessoas de diferentes línguas, etnias, idades e gêneros. As versões masculina e feminina do *Homo sapiens* complementam uma à outra, e, para a maioria de nós, a atração sexual é intensamente alicerçada no gênero.

No mínimo, essa mistura de mulheres, homens e crianças de diversas origens torna a vida interessante. Além disso, acredito que nos proporciona grande prazer. Por essa razão, sempre me espantam os clamores por uma sociedade com neutralidade de gênero, na qual o sexo biológico não tivesse importância. A ideia é que o mundo seria um lugar melhor sem sexos diferentes ou, pelo menos, com menos atenção para eles. Esse objetivo não só é irrealista, mas também equivocado. É revelador que esses clamores raramente explicitem o que há de errado em haver sexos ou gêneros. O problema não é sua existência, e sim os preconceitos e iniquidades associados a eles, e também as limitações do contexto binário tradicional, que exclui alguns de nós. A sociedade não reconhece todas as manifestações de gênero, não aceita todas as orientações sexuais e não trata os gêneros com igualdade. Essas questões são sérias e inegáveis, e concordo que precisamos trabalhar para resolvê-las. Mas, em vez de culpar a velha divisão em sexos propriamente dita, devemos lidar com o tema mais profundo do viés social e da injustiça.

Para quem quiser mudar essas atitudes, um bom ponto de partida seria deixar de lado o dualismo mente-corpo. Uma doutrina sustentada há dois milênios por uma profusão de pensadores do sexo masculino a fim de elevar suas almas acima do resto da criação, inclusive das mulheres, provavelmente não é útil para desbancar preconceitos de gênero. Além disso, o dualismo mente-corpo não condiz com tudo o que aprendemos com a psicologia moderna e a neurociência. O corpo, que inclui o cérebro, é fundamental para quem e o que somos. Fugindo do nosso corpo, só fugimos de nós mesmos.

O quão profundamente nosso corpo nos afeta evidencia-se nos estudos mais recentes. Considerando o quanto a identidade de gênero e a orientação sexual resistem à mudança, a maioria dos neurocientistas acredita que elas estão ancoradas no cérebro humano. Aprendemos isso com crianças LGBTQIAP+, cujas identidades e orientações violam as expectativas. A sociedade pode desencorajar e punir essas crianças o quanto quiser, mas não consegue subjugar suas convicções íntimas. Essas convicções vêm de dentro do corpo, não de fora. A mesma coisa se aplica à maioria heterossexual das pessoas. Sua orientação sexual e a identidade de gênero também são uma parte imutá-

O problema do dualismo 445

vel de quem essas pessoas são. Sujeitar um menino a anos de socialização feminina, como John Money tentou, não o transformará em menina.

Claro, o ambiente social não dá todas as cartas. Os limites da socialização também transparecem nas diferenças entre os sexos observadas em todo o planeta. Universais culturais refletem a bagagem biológica da nossa espécie. Esse argumento é amplificado quando as mesmas diferenças também caracterizam nossos parentes primatas. É difícil assistir a grandes primatas não humanos machos e fêmeas interagirem e não notar os paralelos com nosso próprio comportamento.

Entretanto, apesar de evidências de que a natureza às vezes prevalece sobre a criação, não temos necessidade de escolher entre as duas. A postura mais produtiva é levar ambas em consideração. Tudo o que fazemos reflete a interação entre genes e ambiente. Como a biologia é apenas metade da equação, a mudança sempre está ao alcance. Poucos comportamentos humanos são rigidamente pré-programados. Sou biólogo, mas também acredito firmemente no poder da cultura humana. Tenho experiência direta com variações nas relações de gênero de um país para outro. Dentro de limites, essas relações dependem de educação, pressão social, costumes e exemplos. E até os poucos aspectos de gênero que resistem à mudança e parecem inalteráveis não são desculpa para privar um gênero dos mesmos direitos e oportunidades de outro. Não tenho paciência com noções de superioridade mental ou dominância natural entre os gêneros, e espero que deixemos essas coisas para trás.

Tudo se resume ao amor e respeito mútuos e à compreensão do fato de que os humanos não precisam ser idênticos para serem iguais.

Agradecimentos

Minhas palestras para o grande público ensinaram-me que as pessoas têm sede de conhecimento sobre biologia de gênero. Mesmo quando faço alusões informais ou breves a diferenças entre os sexos em primatas, as plateias concentram-se nelas. Querem saber o que essas diferenças significam para a sociedade humana. Minhas respostas são recebidas com gestos de assentimento, risos de surpresa ou caretas de ceticismo, mas não deixam ninguém indiferente.

O tema do gênero continua a ser um dos assuntos mais sensíveis e controversos. É um campo minado ideológico onde facilmente podemos dizer algo errado ou ser mal compreendidos. Não admira que a maioria das pessoas hesite quando solicitadas a falar sobre a questão. Escrever um livro inteiro sobre gênero talvez se revele uma das minhas decisões mais insensatas.

Em grande medida, para escrever esta obra eu me restringi à minha área de especialização: o comportamento social dos grandes primatas antropoides e como ele se compara ao da nossa espécie. Não me faltaram estudos publicados com que trabalhar. Além disso, tive contato pessoal próximo com primatas individualmente, e sou grato pelo que eles me ensinaram. Meu livro descreve suas personalidades e comportamentos para dar vida ao tema. Procura desbancar noções equivocadas sobre nossos parentes primatas e ressaltar o que, a meu ver, o comportamento deles significa para os debates correntes a respeito do gênero.

Contribuições inestimáveis vieram de colegas que leram capítulos ou me deram informações valiosas. Entre eles estão não apenas primatólogos como eu e colegas de trabalho, mas também especialistas em psicologia humana ou biologia em geral. Mulheres compuseram boa parte desse grupo, e isso talvez tenha me ajudado a contornar o viés masculino que inevitavelmente entra em meus trabalhos. No entanto, saliento que é minha a responsabilidade final por quaisquer afirmações ou opiniões expressas neste livro.

Os leitores e colaboradores foram: Andrés Link Ospina, Anthony Pellegrini, Barbara Smuts*, Christine Webb*, Claudine André, Darby Proctor*, Devyn Carter*, Dick Swaab*, Donna Maney, Elisabetta Palagi, Filippo Aureli, Joan Roughgarden*, John Mitani, Joyce Benenson, Kim Wallen, Laura Jones, Liesbeth Feikema, Lynn Fairbanks, Mariska Kret, Matthew Campbell, Melanie Killen, Patrica Gowaty, Robert Martin, Robert Sapolsky, Ruth Feldman, Sarah Brosnan*, Sarah Blaffer Hrdy*, Shinya Yamamoto, Takeshi Furuichi, Tim Eppley, Victoria Horner e Zanna Clay. (Marquei com asterisco os que leram mais de um capítulo.) Além disso, aprendi muito com os comentários sobre todo o manuscrito feitos por Bella Lacey e dois leitores leigos da geração *millenials*, Sydney Ahearn e Loeke de Waal. Agradeço a eles do fundo do coração.

Agradeço ao Real Zoológico Burgers, ao Centro Nacional Yerkes de Pesquisas sobre Primatas, ao Centro Nacional de Pesquisas sobre Primatas do Wisconsin, ao Zoológico de San Diego e ao Santuário Lola ya Bonobo, da República Democrática do Congo, pelas oportunidades de levar a cabo os meus estudos. Sou grato a Toshisada Nishida por me convidar para ver o Parque Nacional das Montanhas Mahale na Tanzânia, e à Universidade Emory e à Universidade de Utrecht por me proporcionarem o ambiente e a infraestrutura acadêmicos que possibilitaram esse tipo de trabalho. Agradeço a Takumasa Yokoyama, Christine d'Hauthuille, Victoria Horner, Desmond Morris e Kevin Lee por me permitirem incluir fotografias tiradas por eles. Sou imensamente afortunado por ter Michelle Tessler como agente e John Glusman como editor na Norton. Os dois sempre acreditaram em mim, incentivaram e apoiaram entusiasticamente este projeto.

Em 2020 a crise da covid-19 e a quarentena autoimposta me proporcionaram um não premeditado "retiro de escritor", passado junto com minha alma gêmea, Catherine Marin, no conforto da nossa casa na Geórgia. Nós dois fomos acadêmicos, mas agora desfrutamos da aposentadoria. Conseguimos evitar o vírus e também sobreviver à tumultuada eleição nacional em que nosso estado teve papel central, enquanto fazíamos assíduas e prazerosas caminhadas pelo Parque Stone Mountain, nas imediações. Catherine é a primeira e mais destacada leitora crítica da minha produção diária e me ajuda imensamente com o estilo. Seu amor e seu apoio ao longo dos cinquenta anos em que estamos juntos fizeram (e ainda fazem) toda a diferença.

Notas

Introdução [pp. 9-32]

1. Jacob Shell, *Giants of the Monsoon Forest*.
2. Reis 3, 16-28; Agatha Christie, *The Hound of Death and Other Stories*.
3. *APA Guidelines for Psychological Practice with Boys and Men*. American Psychological Association, 2018, p. 3; Pamela Paresky, "What's the problem with 'traditional masculinity'? The frenzy about the APA guidelines has died down. What have we learned?".
4. Hegel, "The Family". In: *Philosophy of Right*, 1821. Disponível em: <https://www.marxists.org/reference/archive/hegel/works/pr/prfamily.htm>.
5. Mary Midgley, em Gregory McElwain, *Mary Midgley: An Introduction*, p. 108.
6. Charles Darwin a C. A. Kennard, 9 jan. 1882. Darwin Correspondence Project. Disponível em: <https://darwinproject.ac.uk/letter/DCP-LETT-13607.xml>.
7. Janet Shibley Hyde et al., "Gender similarities characterize math performance".
8. Sobre o estudo de babuínos por Solly Zuckerman, ver capítulo 4.
9. Arnold Ludwig, *King of the Mountain*, p. 9.
10. Patrik Lindenfors et al., "Sexual size dimorphism in mammals".
11. Packer apud Erin Biba, "In real life, Simba's mom would be running the pride".
12. Frans de Waal, "Bonobo sex and society".
13. Christophe Boesch et al., "Altruism in forest chimpanzees: The case of adoption", cap. 11.
14. C. Shoard, Meryl Streep, "We hurt our boys by calling something 'toxic masculinity'". *Guardian*, 31 maio 2019.
15. Frans de Waal, "Bonobo sex and society".
16. "David Attenborough narrates a night out in Banff", 15 maio 2015. Disponível em: <https://www.youtube.com/watch?v=HbxYvYx-SSDA>.

450   *Diferentes*

17. Judith Butler, "Performative acts and gender constitution: An essay in phenomenology and feminist theory", p. 522.
18. Vera Regitz-Zagrosek, "Sex and gender differences in health"; Larry Cahill (Org.), "An issue whose time has come: Sex/gender influences on nervous system function". *Journal of Neuroscience Research*, v. 95, n. 1-2, 2017.
19. Robert Mayhew, *The Female in Aristotle's Biology: Reason or Rationalization*, p. 56.
20. Jason Forman et al., "Automobile injury trends in the contemporary fleet: Belted occupants in frontal collisions".
21. *NIH Policy on Sex as a Biological Variable*, [s.d.]; Rhonda Voskul e Sabra Klein, "Sex is a biological variable: in the brain too"; Jean-François Lemaître et al., "Sex differences in adult lifespan and aging rates of mortality across wild mammals".
22. Roy Baumeister et al., "Psychology as the science of self-reports and finger movements: Whatever happened to actual behavior?".

1. **Diga-me com o que brinca** [pp. 33-59]

1. Marilyn Matevia et al., "Pretend play in a signing gorilla".
2. Roger Fouts, *Next of Kin: My Conversations with Chimpanzees*.
3. Judith Harris, *The Nurture Assumption: Why Children Turn Out the Way They Do*, p. 219.
4. Gerianne Alexander e Melissa Hines, "Sex differences in response to children's toys in nonhuman primates".
5. Janice Hassett et al., "Sex differences in rhesus monkey toy preferences parallel those of children".
6. Christina Williams e Kristen Pleil, "Toy story: Why do monkey and human males prefer trucks?".
7. Christina Hoff Sommers, "You can give a boy a doll, but you can't make him play with it".
8. Patricia Turner e Judith Gervai, "A multidimensional study of gender typing in preschool children and their parents: Personality, attitudes, preferences, behavior, and cultural differences"; Anders Nelson, "Children's toy collections in Sweeden: A less gender-typed country?".
9. Deborah Blum, *Sex On The Brain: The Biological Differences Between Men And Women*, p. 145.

Notas

10. Sonya Kahlenberg e Richard Wrangham, "Sex differences in chimpanzees' use of sticks as play objects resemble those of children". Ver também entrevista com Wrangham. In: Melissa Hongenboom e Pierangelo Pirak, "The young chimpanzees that play with dolls". BBC, 7 abr. 2019. Disponível em: <https://www.bbc.com/reel/playlist/a-fairer-world?vpid=po3rw3rw>.

11. Tetsuro Matsuzawa, "The death of an infant chimpanzee at Bossou, Guinea".

12. Carolyn Edwards, "Behavioral Sex Differences in Children of Diverse Cultures", cap. 11.

13. Margaret Mead, *Male and Female*, pp. 97, 145-8.

14. Shalom Schwartz e Tammy Rubel, "Sex differences in value priorities: Cross-cultural and multimethod studies".

15. Margaret Mead, *Male and Female*, p. xxxi.

16. Jennifer Connellan et al., "Sex differences in human neonatal social perception"; Svetlana Lutchmaya e Simon Baron-Cohen, "Human sex differences in social and non-social looking preferences, at 12 months of age".

17. Brenda Todd et al., "Sex differences in children's toy preferences: A systematic review, meta-regression, and meta-analysis".

18. Vasanti Jadva et al., "Infants' preferences for toys, colors, and shapes: Sex differences and similarities"; Jeanne Maglaty, "When did girls start wearing pink?".

19. Anthony Pellegrini, "Elementary school children's rough-and-tumble play"; Robert Fagen, "Primate juveniles and primate play"; Pellegrini e Peter Smith, "Physical activity play: The nature and function of a neglected aspect of play".

20. Jennifer Sauver et al, "Early life risk factors for Attention-Deficit-Hyperactivity Disorder: A population-based cohort study".

21. Janet DiPietro, "Rough and tumble play: A function of gender"; Peter Lafreniere, "Evolutionary functions of social play: Life histories, sex differences, and emotion regulations".

22. Stewart Trost et al., "Age and gender differences in objectively measured physical activity in youth".

23. Maïté Verloigne et al., "Levels of physical activity and sedentary time among 10- to 12-year-old boys and girls across 5 European countries using accelerometers".

24. Pedro Hallal et al., "Global physical activity levels: Surveillance progress, pitfalls, and prospects".

25. Anthoni Pellegrini, "The role of physical activity in the development and function of human juveniles' sex segregation".

26. Eleanor Maccoby, *The Two sexes: Growing Up Apart, Coming Together*.

27. Carol Martin e Richard Fabes, "The stability and consequences of young children's same-sex peer interactions", p. 443.

28. U.S. Government Accountability Office, GAO-18-258, mar. 2018.

29. Marek Spinka et al., "Mammalian play: Training for the unexpected".

30. Dieter Leyk et al., "Hand-grip strength of young men, women and highly trained female athletes".

31. Kevin MacDonald e Ross Parke, "Parent-child physical play: The effects of sex and age of children and parents"; Michel Lamb e David Oppenheim, "Fatherhood and father-child relationships: Five years of research", p. 13.

32. *Toledo Blade*, 13 nov. 1987; Anthony Volk, "Human breastfeeding is not automatic: Why that's so and what it means for human evolution".

33. Rebecca Herman et al., "Sex differences in interest in infants in juvenile rhesus monkeys: Relationship to prenatal androgen".

34. Lynn Fairbanks, "Reciprocal benefits of allomothering for female vervet monkeys".

35. Elizabeth Warren, 25 abr. 2019. Disponível em: <twitter.com/ewarren>.

36. Cathy Hayes. *The Ape in Our House*; Robert Mitchell (Org.). *Pretending and Imagination in Animals and Children*.

2. Gênero [pp. 60-90]

1. John Money et al., "An examination of some basic sexual concepts: The evidence of human hermaphroditism".

2. "The sexes: biological imperatives". *Time*, 8 jan. 1973, p. 34.

3. Milton Diamond e Keith Sigmundson, "Sex reassignement at birth: Long-term review and clinical implications"; John Colapinto, *As Nature Made Him: The Boy Who Was Raised Like a Girl*.

4. Heino Meyer-Bahlburg, "Gender identity outcome in female-raised 46, XY persons with penile agenesis, cloacal exstrophy of the bladder, or penile ablation".

5. Siegbert Merkle, "Sexual differences as adaptation to the different gender roles in the frog *Xenopus laevis* Daudin"; David Haig, "The inexorable rise of gender and the decline of sex: Social change in

Notas

academic titles, 1945-2001"; Robert Martin, "No substitute for sex: 'Gender' and 'sex' have very different meanings"; Caroline Barton, "How to identify a puppy gender". The Nest.com [s.d.]. Disponível em: <pets.thenest.com/identify-puppys-gender-5254.html>.

6. OMS, "Gender and health". Disponível em: <https://www.who.int/health-topics/gender>.

7. Elizabeth Wilson, *Neural Geographies: Feminism and the Microstructure of Cognition.*

8. Alice O'Toole et al., "An 'other-race effect' for classifying faces by gender" e "The perception of face gender: The role of stimulus structure in recognition and classification"; Alessandro Cellerino et al., "Sex differences in face gender recognition in humans".

9. Clayton Robarcheck, "A community of interests: Semai conflict resolution"; Douglas Fry, *The Human Potential for Peace.*

10. Nicky Staes et al., "FOXP2 variation in great ape populations offers insight into the evolution of communication skills".

11. Elizabeth Reynolds Losin et al., "Own-gender imitation activates the brain's reward circuitry".

12. Ronald Slaby e Karin Frey, "Development of gender constancy and selective attention to same-sex models", p. 854.

13. Carolyn Edwards, "Behavioral sex differences in children of diverse cultures: The case of nurturance to infants", p. 327.

14. William McGrew, *Chimpanzee Material Culture*; Elizabeth Lonsdorf et al., "Sex differences in learning in chimpanzees"; Stephanie Musgrave et al., "Teaching varies with task complexity in wild chimpanzees".

15. Beatrice Ehmann et al., "Sex-specific social learning biases and learning outcomes in wild orangutans".

16. Susan Perry, "Conformism in the food processing techniques of white-faced capuchin monkeys (*Cebus capucinus*)".

17. Frans de Waal, *The Ape and the Sushi Master*; Frans de Waal e Kristin Bonnie, "In tune with others: the social side of primate culture".

18. Axelle Bono et al., "Payoff- and sex-biased social learning interact in a wild primate population".

19. Aaron Sandel et al., "Adolescent male chimpanzees (*Pan troglodytes*) form social bonds with their brothers and others during the transition to adulthood".

20. Aaron Montagu, *The Natural Superiority of Women* e *Man and Aggression*; Nadine Weidman, "Cultural relativism and biological determinism: A problem in historical explanation".

21. Melvin Konner, *Women After All: Sex, Evolution, and the End of Male Supremacy*, p. 206.
22. Richard Lerner, "Nature, Nurture, and dynamic interactionism".
23. Hans Kummer, *Primate Societies: Group Techniques of Ecological Adaptation*, pp. 11-2.
24. Frans de Waal, "The end of nature versus nurture"; Carl Zimmer, *She Has Her Mother's Laugh*.
25. Ronald Nadler et al., "Serum levels of gonadotropins and gonadal steroids, including testosterone, during the menstrual cycle of the chimpanzee".
26. Robert Martin, "No substitute for sex: 'Gender' and 'sex' have very different meanings".
27. Anne-Fausto-Sterling, "The five sexes: Why male and female are not enough".
28. "Expert Q&A: Gender dysphoria". American Psychiatric Association [s.d.]. Disponível em: <https://www.psychiatry.org/patients-families/gender-dysphoria/expert-q-and-a>.
29. Rachel Alsop, Annette Fitzsimons e Kathleen Lennon, "The social construction of gender", p. 86.
30. Andrew Flores et al., *How Many Adults Identify as Transgender in the United States?*.
31. Jan Morris, *Conundrum*, p. 3.
32. Devon Price, "Gender socialization is real (complex)".
33. Selin Gülgöz et al., "Similarity in transgender and cisgender children's gender development".
34. Ibid., p. 24 484.
35. Jiang-Ning Zhou et al., "A sex difference in the human brain and its relation to transexuality"; Alicia Garcia-Falgueras e Dick Swaab, "A sex difference in the hypothalamic uncinate nucleus: Relationships to gender identity"; Swaab, *Wij Zijn Ons Brein*; "Between the (gender) lines: the science of transgender identity". *Science in the News*, 25 out. 2016. Disponível em: <https://sitn.hms.harvard.edu/flash/2016/gender-lines-science-transgender-identity>.
36. Ai-Min Bao e Dick Swaab, "Sexual differentiation of the human brain: Relation to gender identity, sexual orientation and neuropsychiatric disorders"; Melissa Hines, "Gender Development and the Human Brain".
37. Joan Roughgarden, "Homosexuality and evolution: A critical appraisal", p. 502.

Notas 455

3. Seis meninos [pp. 91-119]

1. José Carreras, entrevista, 2016. Disponível em: <https://smartalks. co/jose-carreras-pavarotti-was-a-good-friend-and-a-great-poker-player>.
2. Tara Westover, *Educated: A Memoir*, p. 43.
3. Martin Petr et al., "Limits of long-term selection against Neanderthal introgression".
4. Nora Bouazzouni, *Faiminisme: Quand le sexisme passe à table*.
5. Bonnie Spear, "Adolescent growth and development".
6. Nikolaus Troje, "Decomposing biological motion: A framework for analysis and synthesis of human gait patterns"; vídeo sobre locomoção humana, Bio Motion Lab [s.d.].
7. Jeffrey Black, *Partnerships in Birds: The Study of Monogamy*.
8. Ashley Montagu, *The Natural Superiority of Women*; Melvin Konner, *Women After All: Sex, Evolution, and the End of Male Supremacy*, p. 8.
9. Frans de Waal, *O último abraço da matriarca*.
10. Martha Nussbaum, *Upheavals of Thought: The Intelligence of Emotions*.
11. Lisa Feldman Barrett et al., "Are women the more emotional sex? Evidence from emotional experience in social context"; David Schmidt, "Are women more emotional than men?"; Terri Simpkin, "Mixed feelings: How to deal with emotions at work".
12. Saba Safdar et al., "Variations of emotional display rules within and across cultures: A comparison between Canada, USA, and Japan"; Jessica Salerno e Liana Peter-Hagene, "One angry woman: Anger expression increases influence for men, but decreases influence for women, during group deliberation".
13. George Bernard Shaw, "The religion of the pianoforte"; António Damásio, *The Feeling of What Happens: Body and Emotion in the Making of Consciousness*; Daniel Kahneman, *Thinking, Fast and Slow*.
14. Simone de Beauvoir, *The Second Sex*, p. 301; Judith Butler, "Sex and gender in Simone de Beauvoir's *Second Sex*"; Elaine Stavro, "The use and abuse of Simone de Beauvoir: Re-evaluating the French post-structuralist critique".
15. "Adolescent pregnancy and its outcomes across countries (fact sheet)". Guttmacher Institute, ago. 2015.
16. Sobre a educação sexual holandesa, ver: Saskia de Melker, "The case for starting sex education in kindergarten". PBS, 27 maio 2015.

456   *Diferentes*

17. Belle Derks et al., "De keuze van vrouwen voor deeltijd is minder vrij dan we denken"; World Bank Open Data. Disponível em: <data. worldbank.org>.
18. Nathan McAlone, "Here's how Janet Jackson's infamous 'nipplegate' inspired the creation of YouTube".
19. "A Disney dress code chafes in the land of haute couture". *New York Times*, 25 dez. 1991.
20. O holandês Ruud Lubbers em 2004; o francês Dominique Strauss--Kahn em 2011.
21. "Public opinions about breastfeeding". Centers for Disease Control and Prevention, 28 dez. 2019. Disponível em: <https://www.cdc. gov/breastfeeding/data/healthstyles_survey>.
22. Tanya Smith et al., "Cyclical nursing patterns in wild orangutans".
23. James Flanagan, "Hierarchy in simple 'egalitarian' societies", p. 261.
24. Frans de Waal, *Chimpanzee Politics*; John Carlin, "How Newt Aped His Way to the Top".
25. Dominic Mann, *Become the Alpha Male: How to Be an Alpha Male, Dominate in Both the Boardroom and Bedroom, and Live the Life of a Complete Badass*.
26. Frans de Waal, "The surprising science of alpha males". TEDMED 2017. Disponível em: <https://ted.com/talks/frans_de_waal_the_ surprising_science_of_alpha_males>.
27. Frans de Waal et al., "Giving is self-rewarding for monkeys"; Jorg Massen et al., "Generous leaders and selfish underdogs: Prosociality in despotic macaques"; Victoria Horner et al., "Spontaneous prosocial choice by chimpanzees".
28. John Gray, *Men Are from Mars, Women Are from Venus: A Practical Guide for Improving Communication and Getting What You Want in Your Relationships*.

4. A metáfora errada [pp. 120-48]

1. Frans de Waal, *Peacemaking among Primates*; Ben Christopher, "The Massacre at Monkey Hill".
2. Solly Zuckerman, *The Social Life of Monkeys and Apes*, p. 303.
3. Kenneth Oakley, *Man the Tool Maker*.
4. Jan van Hooff, *Gebiologeerd: Wat een Leven Lang Apen Kijken Mij Leerde over de Mensheid*, p. 77.
5. Lord Zuckerman, "Apes are not us".

Notas 457

6. Richard Dawkins, *The Selfish Gene*, p. 3.
7. Frans de Waal, *The Bonobo and the Atheist*.
8. Mary Midgley, *Beast and Man: The Roots of Human Nature* e *The Solitary Self: Darwin and the Selfish Gene*; Gregory McElwain, *Mary Midgley: An Introduction*.
9. Frans de Waal, em S. Macedo e J. Ober. Princeton (Orgs.). *Primates and Philosophers*.
10. Inbal Ben-Ami Bartal et al., "Empathy and pro-social behavior in rats".
11. Melanie Killen e Elliot Turiel, "Conflict resolution in preschool social interactions"; Cary Roseth, "Children's peacekeeping and peacemaking".
12. Rutger Bregman, *De Meeste Mensen Deugen: Een Nieuwe Geshiedenis van de Mens*.
13. Toni Morrisson, "Goodness".
14. Henry Nicholls, "In conversation with Jane Goodall".
15. Hans Kummer, *In Quest of the Sacred Baboon: A Scientist's Journey*, p. xviii.
16. Ibid., p. 193; Christian Bachmann e Hans Kummer, "Male assessment of female choice in Hamadryas Baboons".
17. Jared Diamond, *The Third Chimpanzee: The Evolution and Future of the Human Animal*.
18. K. R. L. Hall e Irven de Vore, "Baboon social behavior".
19. Thelma Rowell, *The Social Behavior of Monkeys*, p. 44.
20. Curt Busse, "Leopard and lion predation upon chacma baboons living in the Moremi Wildlife Reserve".
21. Vinciane Despret, "Culture and gender do not dissolve into how scientists "read" nature: Thelma Rowell's heterodoxy".
22. Barbara Smuts, *Sex and Friendship in Baboons*.
23. Robert Seyfarth e Dorothy Cheney, "The evolutionary origins of friendship"; Lydia Denworth, *Friendship: The Evolution, Biology, and Extraordinary Power of Life's Fundamental Bond*.
24. Nga Nguyen et al., "'Friendships' between new mothers and adult males: Adaptive benefits and determinants in wild baboons (*Papio cynocephalus*)".
25. Donna Haraway, *Primate Visions: Gender, Race, and Nature in the World of Modern Science*, pp. 150 e 154.
26. Matt Cartmill, Resenha de *Primate Visions*, de Donna Haraway.
27. Jeanne Altmann, "Observational study of behavior".

458   *Diferentes*

28. Alison Jolly, *Lucy's Legacy: Sex and Intelligence in Human Evolution*, p. 146.
29. Linda Marie Fedigan, *Primate Paradigms: Sex Roles and Social Bonds*.
30. Shirley Strum, "Darwin's monkey: Why baboons can't become human".

5. A irmandade das bonobos [pp. 149-81]

1. Website de Lola ya Bonobo. Disponível em: <https://www.bonobos.org/visit-lola-ya-bonobo>.
2. Nahoko Tokuyama et al., "Inter-group aggressive interaction patterns indicate male mate defense and female cooperation across bonobo groups at Wamba, Democratic Republic of the Congo".
3. Claudine André, *Une Tendresse Sauvage*, pp. 167-74.
4. Assista à introdução de Mimi, em *L'Ange des bonobos*, 13 ago. 2018. Disponível em: <https://www.youtube.com/watch?v=VedUk-zx7YOk>.
5. Eva Maria Luef et al., "Food-associated calling in gorillas (*Gorilla g. gorilla*) in the wild".
6. Robert Yerkes, *Almost Human*, p. 244.
7. Adrienne Zihlman et al., "Pygmy chimpanzee as a possible prototype for the common ancestor of humans, chimpanzees, and gorillas".
8. Jacques Vauclair e Kim Bard, "Development of manipulations with objects in ape and human infants".
9. Stephen Jay Gould, *Ontogeny and Phylogeny*; Robert Bednarik, *The Human Condition*.
10. Frans de Waal, *Peacemaking among Primates*.
11. Elisabetta Palagi e Elisa Demuru, "*Pan paniscus* or *Pan ludens*? Bonobos, playful attitude and social toletance".
12. Sven Grawunder et al., "Higher fundamental frequency in bonobos is explained by larix morphology".
13. Eduard Tratz e Heinz Heck, "Der afrikanische Anthropoide 'Bonobo', eine neue Menschenaffengattung", p. 99 (traduzido do alemão).
14. Kay Prüfer et al., "The bonobo genome compared with the chimpanzee and human genomes".
15. Nick Patterson et al., "Genetic evidence for complex speciation of humans and chimpanzees"; mas ver também: Masato Yamamichi

Notas 459

et al., "An autosomal analysis gives no genetic evidence for complex speciation of humans and chimpanzees".

16. Harold Coolidge, "*Pan Paniscus*: Pygmy Chimpanzee from south of the Congo River", p. 56; Rui Diogo et al., "Bonobo anatomy reveals stasis and mosaicisms in chimpanzee evolution and supports bonobos as the most appropriate extant model for the common ancestor of chimpanzees and humans".

17. Takayoshi Kano, *The Last Ape: Pygmy Chimpanzee Behavior and Ecology*; Frans de Waal, "Tension regulation and nonreproductive functions of sex in captive bonobos".

18. Zanna Clay e Frans de Waal, "Development of socio-emotional competence in bonobos".

19. Robert Ardrey, *African Genesis: A Personal Investigation into the Animal Origins and Nature of Man*.

20. Matt Cartmill, *A View to a Death in the Morning*.

21. Gen'ichi Idani, "Relations between unit-groups of bonobos at Wamba, Zaire: Encounters and temporary fusions"; Takayoshi Kano, *The Last Ape: Pygmy Chimpanzee Behavior and Ecology*.

22. Steven Pinker, *The Better Angels of Our Nature: Why Violence Has Declined*, p. 39; Richard Wrangham, *The Goodness Paradox: The Strange Relationship Between Virtue and Violence in Human Evolution*, p. 98.

23. Adam Rutherford, *Humanimal: How* Homo sapiens *Became Nature's Most Paradoxical Creature*, p. 105; Craig Stanford, "The social behavior of chimpanzees and bonobos".

24. Frans de Waal, *Bonobo: The Forgotten Ape*; com fotos de Frans Lanting.

25. Amy Parish, "Sex and food control in the 'uncommon chimpanzee': How bonobo females overcome a phylogenetic legacy of male dominance".

26. Takayoshi Kano, "Comments on C. B. Stanford", p. 410.

27. Takeshi Furuishi, *Bonobo and Chimpanzee: The Lessons of Social Coexistence*.

28. Martin Surbeck e Gottfried Hohmann, "Intersexual dominance relationships and the influence of leverage on the outcome of conflicts in wild bonobos".

29. Takeshi Furuichi et al., "Why do wild bonobos not use tools like chimpanzees do?".

30. Frans de Waal, *Somos inteligentes o bastante para saber quão inteligentes são os animais?*.

31. Natalie Angier, "Bonobo society: Amicable, amorous and run by females".

460   *Diferentes*

32. Martin Surbeck et al., "Sex-specific association patterns in bonobos and chimpanzees reflect species differences in cooperation".

33. Gottfried Hohmann e Barbara Fruth, "Is blood thicker than water?"; Nahoko Tokuyama e Takeshi Furuichi, Do friends help each other? Patterns of female coalition formation in wild bonobos at Wamba"; Tokuyama et al., "Inter-group aggressive interaction patterns indicate male mate defense and female cooperation across bonobo groups at Wamba, Democratic Republic of the Congo".

34. Takeshi Furuishi, *Bonobo and Chimpanzee: The Lessons of Social Coexistence*, p. 62.

35. Benjamin Beck, *Unwitting Travelers: A History of Primate Reintroduction*.

36. Sydney Richards, "Primate heroes: pasa's amazing women leaders". Pan African Sanctuary Alliance [s.d.]. Disponível em: <https://pasa.org/awareness/primate-heroes-pasas-amazing-women-leaders>.

6. Sinais sexuais [pp. 182-210]

1. Desmond Morris, *The Naked Ape: A Zoologist's Study of the Human Animal*, p. 5.

2. Detlev Ploog e Paul MacLean, "Display of penile erection in squirrel monkey (*Saimiri sciureus*)".

3. Wolfgang Wickler, "Socio-sexual signals and their intra-specific imitation among primates"; Desmond Morris, *Manwatching: A Field Guide to Human Behavior*.

4. Tanya Vacharkulksemsuka et al., "Dominant, open nonverbal displays are attractive at zero-acquaintance".

5. Veja mais sobre a escolha das fêmeas no capítulo 7.

6. Edgar Berman, *The Compleat Chauvinist: A Survival Guide for the Bedeviled Male*.

7. Richard Harlan, "Description of a hermaphrodite orang outang"; Anna Maerker, "Scenes from the museum: The Hermaphrodite monkey and stage management at La Specola".

8. Emanuelle Jannini et al., "Beyond the G-spot: Clitourethrovaginal complex anatomy in female orgasm"; Rachel Pauls, "Anatomy of the clitoris and the female sexual response"; Nicole Prause et al., "Clitorally stimulated orgasms are associated with better control of sexual desire, and not associated with depression or anxiety, compared with vaginally stimulated orgasms".

Notas

9. Thomas Laqueur, *Making Sex: Body and Gender from the Greeks to Freud*, p. 236.
10. Natalie Angier, *Woman: An Intimate Geography*.
11. Elisabeth Lloyd, *The Case of the Female Orgasm: Bias in the Science of Evolution*; "The ideas interview: Elisabeth Lloyd". *Guardian*, 26 set. 2005.
12. Steven Jay Gould, *Ontogeny and Phylogeny*.
13. Helen O'Connel et al., "Anatomy of the clitoris"; Vicenzo Puppo, "Anatomy and physiology of the clitoris, vestibular bulbs, and labia minora with a review of the female orgasm and the prevention of female sexual dysfunction".
14. Dara Orbach e Patricia Brennan, "Functional morphology of the dolphin clitoris".
15. David Goldfoot et al., "Behavioral and physiological evidence of sexual climax in the female stump-tailed macaque".
16. Sue Savage-Rumbaugh e Beverly Wilkerson, "Socio-sexual behavior in *Pan paniscus* and *Pan troglodytes*: A Comparative study"; Frans de Waal, "Tension regulation and nonreproductive functions of sex in captive bonobos".
17. Anne Pusey, "Inbreeding avoidance in chimpanzees"; Elisa Demuru et al., "Foraging postures are a potential communicative signal in female bonobos".
18. Frans de Waal e Jennifer Pokorny, "Faces and behinds: Chimpanzee sex perception".
19. Willemijn van Woerkom e Mariska Kret, "Getting to the bottom of processing behinds"; Mariska Kret e Masaki Tomonaga, "Getting to the bottom of face processing: Species-specific inversion effects for faces and behinds in humans and chimpanzees *(Pan troglodytes)*".
20. Richard Prum, *The Evolution of Beauty: How Darwin's Forgotten Theory of Mate Choice Shapes the Animal World*.
21. Elizabeth Cashdan, "Are men more competitive than women?"; Rebecca Nash et al., "Cosmetics: They influence more than Caucasian female facial attractiveness".
22. Karl Grammer et al., "Disco clothing, female sexual motivation, and relationship status: Is she dressed to impress?"; Martie Haselton et al., "Ovulatory shifts in human female ornamentation: Near ovulation, women dress to impress".
23. Wolfgang Köhler, *The Mentality of Apes*, p. 84.
24. Robert Yerkes, *Almost Human*, p. 67.

462 *Diferentes*

25. Edwin van Leewen et al., "A group-specific arbitrary tradition in chimpanzees (*Pan troglodytes*)".
26. Warren Roberts e Mark Krause, Pretending culture: Social and cognitive features of pretense in apes and humans".
27. Jürgen Lethmate e Gerti Düker, "Untersuchungen zum Selbsterkennen im Spiegel bei Orang-Utans und einigen anderen Affernaten", p. 254, tradução minha.
28. Vernon Reynolds, *The Apes*.
29. William McGrew e Linda Marchant, "Chimpanzee wears a knotted skin 'necklace'".
30. Robert Yerkes, "Conjugal contrasts among chimpanzees".
31. Ruth Herschberger, *Adam's Rib*, p. 10.
32. Jane Goodall, *The Chimpanzees of Gombe: Patterns of Behavior*, p. 483.
33. Kimberly Hockings et al., "Chimpanzees share forbidden fruit".
34. Vicky Bruce e Andrew Young, *In the Eye of the Beholder: The Science of Face Perception*; Alessandro Cellerino et al., "Sex differences in face gender recognition in humans"; Richard Russell, "A sex difference in facial contrast and its exaggeration by cosmetics".

7. O jogo do acasalamento [pp. 211-46]

1. Abraham Maslow, "The role of dominance in the social and sexual behavior of infra-human primates"; Dallas Cullen, "Maslow, monkeys, and motivation theory".
2. Frans de Waal e Lesleigh Luttrell, "The formal hierarchy of rhesus monkeys: An investigation of the bared-teeth display".
3. Martin Curie-Cohen et al., "The effects of dominance on mating behavior and paternity in a captive troop of rhesus monkeys"; Bonnie Stern e David Glenn Smith, "Sexual behavior and paternity in three captive groups or rhesus monkeys"; John Berard et al., "Alternative reproductive tactics and reproductive success in male rhesus macaques"; Susan Alberts et al., "Sexual selection in wild baboons: From mating opportunities to paternity success".
4. Simon Townsend et al., "Female chimpanzees use copulation calls flexibly to prevent social competition".
5. St. George Mivart (1871) apud Richard Prum, "The role of sexual autonomy in evolution by mate choice".
6. Claude Lévi-Strauss, *The Elementary Structures of Kinship*.

Notas 463

7. Olin Bray et al., "Fertility of eggs produced on territories of vasectomized read-winged blackbirds".

8. Tim Birkhead e John Biggins, "Reproductive synchrony and extra-pair copulation in birds"; Bridget Stutchbury et al., Correlates of extra-pair fertilization success in hooded warblers"; David Westneat e Ian Stewart, "Extra-pair paternity in birds: Causes, correlates, and conflict"; Kathi Borgmann, The forgotten female: How a generation of women scientists changed our view of evolution".

9. Nicholas Davies, *Dunnock Behavior and Social Evolution*; Steve Connor, "How bishops are like apes".

10. Steven Verseput, "New Kim, de duif die voor 1,6 miljoen euro naar China ging". NRC, 20 nov. 2020 (em holandês).

11. Patricia Gowaty, "Introduction: Darwinian feminists and feminist evolutionists".

12. Em biologia, os motivos imediatos são chamados de causas "próximas" do comportamento, e as razões evolutivas, de causas "finais" (Ernst Mayr, 1982).

13. Os resultados de Gregor Mendel, publicados pela primeira vez em 1865, foram redescobertos em 1900.

14. Malcolm Potts e Roger Short, *Ever Since Adam and Eve: The Evolution of Human Sexuality*, p. 319.

15. Heather Rupp e Kim Wallen, "Sex differences in response to visual sexual stimuli: A review"; Ruben Arslan et al., "Using 26,000 diary entries to show ovulatory changes in sexual desire and behavior".

16. Caroline Tutin, "Mating patterns and reproductive strategies in a community of wild chimpanzees"; Kees Nieuwenhuijsen, *Geslachtshormonen en Gedrag bij de Beermakaak*.

17. Janet Hyde e John DeLamater, *Understanding Human Sexuality*.

18. Roy Baumeister et al., "Is there a gender difference in strength of sex drive? Theoretical views, conceptual distinctions, and a review of relevant evidence".

19. Sheila Murphy, *A Delicate Dance: Sexuality, Celibacy, and Relationships Among Catholic Clergy and Religious*; Roy Baumeister, "The reality of the male sex drive".

20. Tom Smith, "Adult sexual behavior in 1989: Number of partners, frequency of intercourse and risk of AIDS"; Michael Wiederman, "The truth must be in here somewhere: Examining the gender discrepancy in self-reported lifetime number of sex partners".

21. Michelle Alexander e Terri Fisher, "Truth and Consequences: Using the Bogus Pipeline to Examine Sex Differences in Self Reported Sexuality".

22. Angus Bateman, "Intra-sexual selection in drosophila"; Robert Trivers, "Parental investment and sexual selection".

23. Edward O. Wilson, *On Human Nature*, p. 25.

24. Patricia Gowaty et al., "No evidence of sexual selection in a repetition of Bateman's classic study of *Drosophila melanogaster*"; Thierry Hoquet et al., "Bateman's data: Inconsistent with 'Bateman's Principles'".

25. Monica Carosi e Elisabetta Visalberghi, "Analysis of tufted capuchin courtship and sexual behavior repertoire: Changes throughout the female cycle and female interindividual differences".

26. Susan Perry, *Manipulative Monkeys: The Capuchins of Lomas Barbudal*, p. 166.

27. Sarah Blaffer Hrdy, *The Langurs of Abu: Female and Male Strategies of Reproduction*.

28. Yukimaru Sugiyama, "Social organization of Hanuman langurs".

29. Frans de Waal, *Chimpanzee Politics*; Jane Goodall, *The Chimpanzees of Gombe: Patterns of Behavior*.

30. Sarah Blaffer Hrdy, "The optimal number of fathers: Evolution, demography, and history in the shaping of female mate preferences".

31. Carson Murray et al., "New case of intragroup infanticide in the chimpanzees of Gombe National Park".

32. Takayoshi Kano, *The Last Ape: Pygmy Chimpanzee Behavior and Ecology*, p. 208.

33. Frans de Waal, *Bonobo: The Forgotten Ape*; Amy Parish e Frans de Waal, "The other 'closest living relative': How bonobos (*Pan paniscus*) challenge traditional assumptions about females, dominance, intra- and inter-sexual interactions, and hominid evolution".

34. Martin Daly e Margo Wilson, *Homicide*.

35. Stephen Beckerman et al., "The Barí Partible Paternity Project: Preliminary results".

36. Meredith Small, "Female choice in nonhuman primates"; Sarah Blaffer Hrdy, *Mother Nature: A History of Mothers, Infants, and Natural Selection*, p. 251.

37. Aimee Ortiz, "Diego, the tortoise whose high sex drive helped sabe his species, retire".

Notas 465

8. Violência [pp. 247-79]

1. Patricia Tjaden e Nancy Thoennes, *Full Report of the Prevalence, Incidence, and Consequences of Violence against Women*.
2. David Watts et al., "Lethal intergroup aggression by chimpanzees in Kibale National Park, Uganda".
3. Toshisada Nishida, "The death of Ntology: The unparalleled leader of M Group" e "Coalition strategies among adult male chimpanzees of the Mahale Mountains, Tanzania".
4. Jane Goodall, "Life and death at Gombe"; Richard Wrangham e Dale Peterson, *Demonic Males: Apes and the Evolution of Human Aggression*; Warren Manger, "Jane Goodall: I thought chimps were like us only nicer, but we inherited out dark evil side from them". *Mirror* (UK), 12 mar. 2018.
5. Michael Wilson et al., "Lethal aggression in Pan is better explained by adaptive strategies than human impacts.
6. Dados globais para 2012, em "Homicide and Gender". UN Office on Drugs and Crime, relatório de 2015.
7. Pink Floyd, "The Dogs of War". *A Momentary Lapse of Reason*, álbum de 1987.
8. Joshua Goldstein, *War and Gender: How Gender Shapes the War System and Vice Versa*; Adam Jones, "Gender and genocide in Rwanda".
9. Oriel FeldmanHall et al., "Moral chivalry: Gender and harm sensitivity predict costly altruism".
10. Hannah Arendt, *Eichmann in Jerusalem: A Report on the Banality of Evil*; Daniel Goldhagen, *Hitler's Willing Executioners: Ordinary Germans and the Holocaust*; Jonathan Harrison, "Belzec, Sobibor, Treblinka: Holocaust denial and Operation Reinhard". *Holocaust Controversies*, 2011. Disponível em: <http://holocaustcontroversies.blogspot.com/2011/12/belzec-sobibor-treblinka-holocaust.html>; Nestar Russell, "The Nazi's pursuit for a 'humane' method of killing".
11. Elizabeth Brainerd, *The Lasting Effect of Sex Ratio Imbalance on Marriage and Family: Evidence from World War II in Russia*.
12. Barbara Smuts, "Encounters with animal minds", p. 298.
13. Eugene Linden, "The wife beaters of Kibale".
14. Martin Muller et al., "Male aggression against females and sexual coercion in chimpanzees" e "Sexual coercion by male chimpanzees shows that female choice may be more apparent than real"; Joseph Feldblum et al., "Sexually coercive male chimpanzees sire more offspring".

15. Adendo sobre o estupro, FBI's Uniform Crime Reporting, 2013. Disponível em: <https://ucr.fbi.gov/crime-in-the-u.s/2013/crime-inthe-u.s.-2013/rape-addendum/rape_addendum_final>.
16. Jane Goodall, *The Chimpanzees of Gombe: Patterns of Behavior*.
17. Shiho Fujita e Eiji Inoue, "Sexual behavior and mating strategies", p. 487.
18. Julie Constable et al., "Noninvasive paternity assignment in Gombe chimpanzees".
19. John Mitani e Toshisada Nishida, Contexts and social correlates of long-distance calling by male chimpanzees".
20. Christophe Boesch, *The Real Chimpanzee: Sex Strategies in the Forest*.
21. Christophe Boesch e Hedwige Boesch-Achermann, *The Chimpanzees of the Taï Forest: Behavioural Ecology and Evolution*; Rebecca Stumpf e Christophe Boesch, "Male aggression and sexual coercion in wild West African chimpanzees, *Pan troglodytes verus*".
22. Patricia Tjaden e Nanct Thoennes, *Full Report of the Prevalence, Incidence, and Consequences of Violence against Women*.
23. Brad Boserup et al., "Alarming trends in US domestic violence during the COVID-19 pandemic".
24. Biruté Galdikas, *Reflections of Eden: My Years with the Orangutans of Borneo*.
25. Carel van Schaik, *Among Orangutans: Red Apes and the Rise of Human Culture*, p. 76.
26. Cheryl Knott e Sonya Kahlenberg, Orangutans in perspective: Forced copulations and female mating resistance".
27. Jack Weatherford, *Genghis Khan and the Making of the Modern World*, p. III.
28. Heidi Stöckl et al., "The global prevalence of intimate partner homicide: A systematic review".
29. "Preventing sexual violence". Centers for Disease Control and Prevention.
30. Susan Brownmiller, *Against Our Will: Men, Women and Rape*, p. 14.
31. Randy Thornhill e Craig Palmer, *A Natural History of Rape: Biological Bases of Sexual Coercion*.
32. Patricia Tjaden e Nancy Thoennes, *Full Report of the Prevalence, Incidence, and Consequences of Violence against Women*.
33. Cheryl Brown Travis, *Evolution, Gender, and Rape*; Joan Roughgarden, Resenha de "Evolution, Gender, and Rape".
34. Frans de Waal, "Survival of the rapist".

Notas 467

35. Eric Smith et al., "Controversies in the evolutionary social sciences: A guide for the perplexed".
36. Gert Stulp et al., "Women want taller men more than men want shorter women"; George Yancey e Michael Emerson, "Does height matter? An examination of height preferences in romantic coupling".
37. Aaron Sell et al., "Cues of upper body strength account for most of the variance in men's bodily attractiveness".
38. Gayle Brewer e Sharon Howarth, "Sport, attractiveness, and aggression"; Robert Deaner et al., "Sex differences in sports interest and motivation: An evolutionary perspective".
39. Siobhan Haenue, "Indian women form a gang and roam their village, punishing men for their bad behaviour". ABC News, 3 ago. 2019.
40. Barbara Smuts, "Male aggression against women: An evolutionary perspective"; Barbara Smuts e Robert Smuts, "Male aggression and sexual coercion of females in nonhuman primates and other mammals: Evidence and theoretical implications".
41. Marianne Schnall, "Interview with Gloria Steinem on equality, her new memoir, and more". Feminist.com, c. 2016.

9. Machos e fêmeas alfa [pp. 280-317]

1. Rudolf Schenkel, "Ausdrucks-Studien and Wölfen: Gefangenschafts-Beobachtungen".
2. Eslpeth Reeve, "Male pundits fear the natural selection of Fox's female breadwinners".
3. Sobre Solly Zuckerman, ver capítulo 4; Robert Ardrey, *African Genesis: A Personal Investigation into the Animal Origins and Nature of Man*, p. 144.
4. Quincy Wright, *A Study of War*, p. 100.
5. Samuel Bowles e Herbert Gintis, "The origins of human cooperation"; Michael Morgan e David Carrier, "Protective buttressing of the human fist and the evolution of hominid hands".
6. Napoleon Chagnon, *Yanomamö: The Fierce People*; Richard Wrangham e Dale Peterson, *Demonic Males: Apes and the Evolution of Human Aggression*.
7. Doug Fry, *War, Peace, and Human Nature: The Convergence of Evolutionary and Cultural Views*.
8. Mark Foster et al., "Alpha male chimpanzee grooming patterns: Implications for dominance 'style'".

468   *Diferentes*

9. Sobre os resos Spickles e Orange, ver capítulo 7.

10. Kinji Iamanishi (1960) apud Linda Fedigan, *Primate Paradigms: Sex Roles and Social Bonds*, p. 91.

11. Christina Cloutier Barbour, dados não publicados.

12. Steffen Foerster et al., "Chimpanzee females queue but males compete for social status".

13. Frans de Waal, "Integration of dominance and social bonding in primates".

14. Toshisada Nishida e Kazuhiko Hosaka, "Coalition strategies among adult male chimpanzees of the Mahale Mountains, Tanzania".

15. Joseph Henrich e Francisco Gil-White, "The evolution of prestige: Freely conferred deference as a mechanism for enhancing the benefits of cultural transmission".

16. Victoria Horner et al., "Prestige affects cultural learning in chimpanzees.

17. Sean Wayne, *Alpha Male Bible: Charisma, Psychology of Attraction, Charm*.

18. Jane Goodall, *Through a Window*.

19. Teresa Romero et al., " Consolation as possible expression of sympathetic concern among chimpanzees".

20. Robert Sapolsky, *Why Zebras Don't Get Ulcers: A Guide to Stress, Stress-Related Diseases and Coping*.

21. David Watts et al., "Redirection, consolation, and male policing".

22. Christopher Boehm, *Hierarchy in the Forest: The Evolution of Egalitarian Behavior*, p. 27.

23. Frans de Waal, "Sex differences in the formation of coalitions among chimpanzees"; Christopher Boehm, "Pacifying interventions at Arnhem Zoo and Gombe"; Claudia von Rohr et al., "Impartial third-party interventions in captive chimpanzees: A reflection of community concern".

24. Jessica Flack et al., "Robustness mechanisms in primate societies: A perturbation study".

25. Rob Slotow et al., "Older bull elephants control young males"; Caitlin O'Connell, *Elephant Don: The Politics of a Pachyderm Posse*.

26. Aaron Sandel et al., "Adolescent male chimpanzees (*Pan troglodytes*) form social bonds with their brothers and others during the transition to adulthood".

27. Nancy Vaden-Kierman et al., Household family structure and children's aggressive behavior: A longitudinal study or urban elementary

Notas

school children"; Stephen Demuth e Susan Brown, "Family structure, family processes, and adolescent delinquency: The significance of parental absence versus parental gender"; Sarah Hill et al., "Absent fathers and sexual strategies". "The proof is in: Father absence harms children". National Fatherhood Initiative [s.d.]. Disponível em: <www.fatherhood.org/father-absence-statistic>.

28. Martha Kirkpatrick, "Clinical implications of lesbian mothers' studies".

29. Terry Maple, *Orangutan Behavior*; S. Utami Atmoko, *Bimaturism in orang-utan males: Reproductive and ecological strategies*; Anne Maggioncalda et al., "Male orangutan subadulthood: A new twist on the relationship between chronic stress and developmental arrest"; Carel van Schaik, *Among Orangutans: Red Apes and the Rise of Human Culture*.

30. Sarah Romans et al., "Age of menarche: The role of some psychosocial factors"; Bruce Ellis et al., "Does father absence place daughters at special risk for early sexual activity and teenage pregnancy?"; Anthony Bogaert, "Age at puberty and father absence in a national probability sample"; James Chisholm et al., 2005; Juliana Deardorff et al., "Father absence, body mass index, and pubertal timing in girls: Differential effects by family income and ethnicity".

31. Christophe Boesch, *The Real Chimpanzee: Sex Strategies in the Forest*.

32. Takeshi Furuichi, "Agonistic interactions and matrifocal dominance rank of wild bonobos (*Pan paniscus*) at Wamba".

33. Martin Surbeck et al., "Males with a mother living in their group have higher paternity success in bonobos but not chimpanzees"; Ed Yong, "Bonobo mothers are very concerned about their sons' sex lives".

34. Leslie Peirce, *The Imperial Harem: Women and Sovereignty in the Ottoman Empire*.

35. Stewart McCann, Height, social threat, and victory margin in presidential elections (1894-1992)"; Nancy Blaker et al., "The height leadership advantage in men and women: Testing evolutionary psychology predictions about the perceptions of tall leaders".

36. Nicholas Kristof, "What the pandemics reveal about the male ego". *New York Times*, 13 jun. 2020.

37. Viktor Reinhardt et al., "Altruistic interference shown by the alpha-female of a captive troop of rhesus monkeys".

38. Marianne Schmidt Mast, "Female dominance hierarchies: Are they different from males?" e "Men are hierarchical, women are egalitarian: An implicit gender stereotype".

470 *Diferentes*

39. Christopher Boehm, "Egalitarian behavior and reverse dominance hierarchy" e *Hierarchy in the Forest: The Evolution of Egalitarian Behavior*; Harold Leavitt, "Why hierarchies thrive".
40. Barbara Smuts, "Gender, aggression, and influence"; Rebecca Lewis, "Female power in primates and the phenomenon of female dominance".

10. Manter a paz [pp. 318-57]

1. Alessandro Cellerino et al., "Sex differences in face gender recognition in humans".
2. "Cal State Northridge professor charged with peeing on colleague's door". Associated Press, 27 jan. 2011.
3. Elizabeth Cashdan, "Are men more competitive than women?".
4. Idan Frumin et al., "A social chemosignaling function for human handshaking".
5. Shelley Taylor, *The Tending Instinct: How Nurturing Is Essential for Who We Are and How We Live*; Lydia Denworth, *Friendship: The Evolution, Biology, and Extraordinary Power of Life's Fundamental Bond*, p. 157.
6. Amanda Rose e Karen Rudolph, "A review of sex differences in peer relationship processes: Potential trade-offs for the emotional and behavioral development of girls and boys".
7. Jeffrey Hall, "Sex differences in friendship expectations: A meta--analysis"; Lydia Denworth, *Friendship: The Evolution, Biology, and Extraordinary Power of Life's Fundamental Bond*.
8. Marilyn French, *Beyond Power: On Women, Men, and Morals*, p. 271.
9. Phyllis Chesler, *Woman's Inhumanity to Woman*.
10. Matthew Gutmann, "Trafficking in men: The anthropology of masculinity", p. 385; Samuel Bowles, "Did warfare among ancestral hunter--gatherers affect the evolution of human social behaviors?".
11. Lionel Tiger, *Men in Groups*, p. 259.
12. Daniel Balliet et al., "Sex differences in cooperation: A meta-analytic review of social dilemmas".
13. *Steve Martin e Martin Short: An Evening You Will Forget for the Rest of Your Life*. Netflix, 2018.
14. Gregory Silber, "The relationship of social vocalizations to surface behavior and aggression in the Hawaiian humpback whale

Notas

(*Megaptera novaeangliae*)"; Caitlin O'Connell, *Elephant Don: The Politics of a Pachyderm Posse.*

15. Peter Marshall et al., "Human face tilt is a dynamic social sign that affects perceptions of dimorphism, attractiveness, and dominance".

16. Joshua Goldstein, *War and Gender: How Gender Shapes the War System and Vice Versa*; Dieter Leyk et al., "Hand-grip strength of young men, women and highly trained female athletes".

17. Alexandra Rosati et al., "Social selectivity in aging wild chimpanzees".

18. Sarah Blaffer Hrdy, *The Woman That Never Evolved*, p. 129.

19. Anne Campbell, "Female competition: Causes, constraints, content, and contexts".

20. Kirsti Lagerspetz et al., "Is indirect aggression typical of females?".

21. Rachel Simmons, *Odd Girl Out: The Hidden Culture of Aggression in Girls*; Emily White, *Fast Girls: Teenage Tribes and the Myth of the Slut*; Rosalind Wiseman, *Queen Bees and Wannabes: Helping Your Daughter Survive Cliques, Gossip, Boys, and the New Realities of Girl World.*

22. Margaret Atwood, *Cat's Eye*, p. 166.

23. Kai Björkvist et al., "Do girls manipulate and boys fight? Developmental trends in regard to direct and indirect aggression".

24. Janet Lever, "Sex differences in the games children play"; Zick Rubin, *Children's Friendships*; Joyce Benenson e Athena Christakos, "The greater fragility of females' versus males' closest same-sex friendships".

25. Joyce Benenson e Richard Wrangham, "Differences in post-conflict affiliation following sports matches"; Joyce Benenson et al., "Competition elicits more physical affiliation between male than female friends".

26. Frans de Waal e Angeline von Roosmalen, "Reconciliation and consolation among chimpanzees".

27. Filippo Aureli e Frans de Waal, *Natural Conflict Resolution*; Frans de Waal, "Primates: A natural heritage of conflict resolution"; Kate Arnold e Andrew Whiten, "Post-conflict behaviour of wild chimpanzee in the Budongo Forest, Uganda"; Roman Wittig e Christophe Boesch, "How to repair relationships: Reconciliation in wild chimpanzees".

28. Frans de Waal, "Sex differences in chimpanzee (and human) behavior: a matter of social values?"; Sonja Koski et al., Reconciliation, relationship quality, and postconflict anxiety: Testing the integrated hypothesis in captive chimpanzees".

29. Orlaith Fraser e Filippo Aureli, "Reconciliation, consolation and postconflict behavioral specificity in chimpanzess".

30. Filippo Aureli e Frans de Waal, *Natural Conflict Resolution*.
31. Elisabetta Palagi et al., "Reconciliation and consolation in captive bonobos (*Pan paniscus*)"; Zanna Clay e Frans de Waal, "Sex and strife: Post-conflict sexual contacts in bonobos".
32. Susan Nolen-Hoeksema et al., "Rethinking rumination".
33. Neil Brewer et al., "Gender role, organizational status, and conflict management styles"; Julia Bear et al., "Gender and the emotional experience of relationship conflict: The differential effectiveness of avoidant conflict management".
34. Sarah Blaffer Hrdy, *Mothers and Others: The Evolutionary Origins of Mutual Understanding*.
35. Sandra Boodman, "Anger management courses are a new tool for dealing with out-of-control doctors".
36. Laura Jones et al., "Ethological observations of social behavior in the operating room".
37. Ingo Titze e Daniel Martin, "Principles of voice production".
38. Monica Hesse, "Elizabeth Holmes's weird, possibly fake baritone is actually her least baffling quality"; David Moye, "Speech coach has a theory on Theranos CEO Elizabeth Holmes and her deep voice".
39. Charlotte Riley, "How to play Patriarchy Chicken: Why I refuse to move out of the way for men".
40. Deirdre McCloskey, *Crossing: A Memoir*; Tara Bahrampour, "Crossing the divide"; Charlotte Alter, "Cultural sexism in the world is very real when you've lived on both sides of the coin".
41. Thomas Page McBee, "Until I was a man, I had no idea how good men had it at work".
42. Sarah Collins, "Men's voices and women's choices"; David Andrew Puts et al., "Men's voices and dominance signals: Vocal fundamental and formant frequencies influence dominance attributions among men"; Casey Klofstad et al., "Sounds like a winner: Voice pitch influences perception of leadership capacity in both men and women".
43. Alecia Carter et al., "Women's visibility in academic seminars: women ask fewer questions than men".

11. Criação [pp. 358-99]

1. Patricia Churchland, *Conscience: The Origins of Moral Intuition*, p. 22.

Notas 473

2. Trevor Case et al., "My baby doesn't smell as bad as yours: The plasticity of disgust"; Johan Lundström et al., "Maternal status regulates cortical responses to the body odor of newborns".

3. Inna Schneiderman et al., Ocytocin during the initial stages of romantic attachment: Relations to couple's interactive reciprocity"; Sara Algoe et al., "Oxytocin and social bonds".

4. Christopher Krupenye et al., "Great apes anticipate that other individuals will act according to false beliefs".

5. Frans de Waal, *Good Natured*; Shynia Yamamoto et al., "Chimpanzee help each other upon request".

6. Stephanie Musgrave et al., "Tool transfers are a form of teaching among chimpanzees".

7. Christophe Boesch e Hedwige Boesch-Achermann, *The Chimpanzees of the Taï Forest: Behavioural Ecology and Evolution*; Frans de Waal, *A era da empatia*.

8. Frans de Waal, "Putting the altruism back into altruism: the evolution of empathy".

9. James Burkett et al., "Oxytocin-dependent consolation behaviors in rodents"; Frans de Waal e Stephanie Preston, "Mammalian empathy: Behavioral manifestations and neural basis".

10. Frans de Waal, "Conflict as negotiation".

11. William Hopkins, "Laterality in maternal cradling and infant positional biases: Implications for the development and evolution of hand preferences in nonhuman primates"; Brenda Todd e Robin Banerjee, "Lateralization of infant holding by mothers: A longitudinal evaluation of variations over the first 12 weeks"; Gillian Forrester et al., "The left cradling bias: An evolutionary facilitator of social cognition?".

12. William Hopkins e Mieke de Lathouwers, "Left nipple preferences in infant *Pan paniscus* and *P. troglodytes*".

13. Anthony Volk, "Human breastfeeding is not automatic: Why that's so and what it means for human evolution".

14. Judith Blakemore, "Children's nurturant interactions with their infant siblings: An exploration of gender differences and maternal socialization" e "The influence of gender and parental attitudes on preschool children's interest in babies: Observations in natural settings"; Dario Maestripieri e Suzanne Pelka, "Sex differences in interest in infants across the lifespan: A biological adaptation for parenting?".

15. Lev Vygotsky (1935) apud Anna Chernaya, "Girls' plays with dolls and doll-houses in various cultures", p. 186.
16. Capítulo 1; Sonya Kahlenberg e Richard Wrangham, "Sex differences in chimpanzees' use of sticks as play objects resemble those of children".
17. Melvin Konner, "Maternal care, infant behavior, and development among the !Kung"; Carolyn Edwards, "Behavioral sex differences in children of diverse cultures: The case of nurturance to infants", p. 331 e "Children's play in cross-cultural perspective: A new look at the six cultures study".
18. Jane Lancaster, "Play-mothering: The relations between juvenile females and young infants among free-ranging vervet monkeys (*Cercopithecus aethiops*)", p. 170.
19. Lynn Fairbanks, "Reciprocal benefits of allomothering for female vervet monkeys" e "Juvenile vervet monkeys: Establishing relationships and practicing skills for the future"; Joan Silk, "Why are infants so attractive to others? The form and function of infant handling in bonnet macaques"; Rebecca Hermann et al. "Sex differences in interest in infants in juvenile rhesus monkeys: Relationship to prenatal androgen"; Ulia Bădescu et al., "Female parity, maternal kinship, infant age and sex influence natal attraction and infant handling in a wild Colobine".
20. Herman Dienske et al., "Adequate mothering by partially isolated rhesus monkeys after observation of maternal care".
21. Alison Flemming et al., "Mothering begets mothering: The transmission of behavior and its neurobiology across generations"; Ioana Carcea et al., "Oxytocin neurons enable social transmission of maternal behavior". Disponível em: <https://www.biorxiv.org/content/10.1101/845495v2.full.pdf>.
22. Charles Darwin, Notebook D, 1838, p. 154. Disponível em: <https://tinyurl.com/2xbmfjsd>; Joseph Lonstein e Geert de Vries, Sex differences in the parental behavior or rodents".
23. Charles Snowdon e Toni Ziegler, "Growing up cooperatively: Family processes and infant care in marmosets and tamarins".
24. Susan Lappan, "Male care of infants in a siamang population including socially monogamous and polyandrous groups".
25. Kimberley Hockings et al., "Road crossing in chimpanzees: A risky business".

Notas

26. Jill Pruetz, "Targeted helping by a wild adolescent male chimpanzee (*Pan troglodytes verus*): Evidence for empathy?".
27. Christophe Boesch et al, "Altruism in forest chimpanzees: The case of adoption".
28. Rachna Reddy e John Mitani, "Social relationship and caregiving behavior between recently orphaned chimpanzee siblings".
29. Gen'ichi Idani, "A bonobo orphan who became a member of the wild group".
30. Sobre paternidade compartilhada, ver capítulo 7.
31. Bhismadev Chakrabarti e Simon Baron-Cohen, "Empathizing: Neurocognitive developmental mechanisms and individual differences", p. 408; Linda Rueckert et al., "Are gender differences in empathy due to differences in emotional reactivivy?"; Frans de Waal e Stephanie Preston, "Mammalian empathy: Behavioral manifestations and neural basis".
32. Carolyn Zahn-Waxler et al., "Development of concern for others".
33. Marie Lindegaard et al., "Consolation in the aftermath of robberies resembles post-aggression consolation in chimpanzees".
34. Martin Schulthe-Rüther et al., "Gender differences in brain networks supporting empathy"; Birgit Derntl et al., "Multidimensional assessment of empahic abilities: Neural correlates and gender differences".
35. Shir Atzil et al., "Synchrony and specificity in the maternal and the paternal brain: Relations to oxytocin and vasopressin"; Ruth Feldman et al., "The neural mechanisms and consequences of paternal caregiving".
36. Sarah Schoppe-Sullivan et al., "Father's parenting and coparenting behavior in dual-earner families: Contributions of traditional masculinity, father nurturing role beliefs, and maternal gate closing". *Psychology of Men and Masculinities*. Disponível em: <doi.org/10.1037/men0000336>.
37. Carol Clark, "Five surprising facts about fathers". Emory University. Disponível em: <https://news.emory.edu/features/2019/06/five-facts-fathers/index.html>.
38. James Rilling e Jennifer Mascaro, "The neurobiology of fatherhood".
39. Margaret Mead, *Male and Female*, p. 145.
40. Sarah Blaffer Hrdy, *Mothers and Others: The Evolutionary Origins of Mutual Understanding*, p. 109.

476   *Diferentes*

41. Frans de Waal, *The Bonobo and the Atheist*, p. 139; Elisa Demuru et al., "Is birth attendance a uniquely human feature? New evidence suggests that bonobo females protect and supports the parturient".
42. Lynn Fairbanks, "Maternal investment throughout the life span in Old World monkeys".
43. Darren Croft et al., "Reproductive conflict and the evolution of menopause in killer whales".
44. Kristen Hawkes e James Coxworth, "Grandmothers and the evolution of human longevity: A review of findings and future directions"; Simon Chapman et al., "Limits to fitness benefits of prolonged post--reproductive lifespan in women".
45. Charles Weisbard e Robert Goy, "Effect of parturition and group composition on competitive drinking order in stumptail macaques".
46. Zoë Goldsborough et al., "Do chimpanzees console a bereaved mother?".
47. Christophe Boesch, *The Real Chimpanzee: Sex Strategies in the Forest*, p. 48.

12. Sexo com o mesmo sexo [pp. 400-30]

1. Maggie Hiufu Wong, "Incest and affairs of Japan's scandalous penguins". CNN, 5 dez. 2019. [O fluxograma pode ser visto em <https://www.kyoto-aquarium.com/sokanzu/2023sokanzu/>.]
2. Douglas Russell et al., "Dr. George Murray Levick (1876-1956): Unpublished notes on the sexual habits of the Adélie penguin".
3. "Pinguim-Damen sollen schwule Artgenossen bezirzen". *Kölner Stadt--Anzeiger*, 1 ago. 2005.
4. *APA Dictionary of Psychology*. 2ª ed. Washington DC: American Psychological Association, 2015.
5. *Lawrence v. Texas*, 539 U.S. 558, 2003; Dick Swaab, *Wij Zijn Ons Brein*.
6. Jonathan Miller, "New love breaks up a 6-year relationship at the zoo". *New York Times*, 24 set. 2002.
7. Gwénaëlle Pincemy et al., "Homosexual mating displays in penguins", p. 1211.
8. Quinn Gawronski, "Gay penguins at London aquarium are raising 'genderless' chick". NBC News, 10 set. 2019.
9. Paul Vasey, "Homosexual behavior in primates: A review of evidence and theory".

Notas

10. Jean-Baptiste Leca et al., "Male homosexual behavior in a free-ranging all-male group of Japanese macaques at Minoo, Japan".

11. Jane Brooker et al., "Fellatio among male sanctuary-living chimpanzees during a period of social tension".

12. Frank Beach, "A cross-species survey of mammalian sexual behavior".

13. Clellan Ford e Frank Beach, *Patterns of Sexual Behavior*; Neel Burton, "When homosexuality stopped being a mental disorder".

14. Bruce Bagemihl, *Biological Exuberance: Animal Homosexuality and Natural Diversity*; Alan Dixon, "Homosexual behavior in primates".

15. Linda Wolfe, "Behavioral patterns of estrous females of the Arashiyama West troop of Japanese macaques"; Gail Vines, "Queer creatures".

16. Bruce Bagemihl, *Biological Exuberance: Animal Homosexuality and Natural Diversity*, p. 117.

17. Frans de Waal, "Tension regulation and nonreproductive functions of sex in captive bonobos" e *Bonobo: The Forgotten Ape*.

18. Takayoshi Kano, *The Last Ape: Pygmy Chimpanzee Behavior and Ecology*.

19. Liza Moscovice et al., "The cooperative sex: Sexual interactions among female bonobos are linked to increases in oxytocin, proximity, and coalitions"; Elisabetta Palagi et al., "Mirror replication of sexual facial expressions increases the success of sexual contacts in bonobos".

20. Zanna Clay e Frans de Waal, "Sex and strife: Post-conflict sexual contacts in bonobos".

21. Dick Swaab e Michel Hofman, "An enlarged suprachiasmatic nucleus in homosexual men"; Dick Swaab, *Wij Zijn Ons Brein*.

22. Edward O. Wilson, *On Human Nature*, p. 167.

23. Simon LeVay, "A difference in hypothalamic structure between homosexual and heterosexual men"; Janet Halley, "Sexual orientation and the politics of biology: A critique of the argument from immutability"; Elizabeth Wilson, "Neurological preference: LeVay's study of sexual orientation".

24. Wiliam Byne et al., "The interstitial nuclei of the human anterior hypothalamus: An investigation of variation within sex, sexual orientation and HIV status".

25. Ivanka Savic e Per Lindström, "PET and MRI show differences in cerebral asymmetry and functional connectivity between homo- and heterosexual subjects"; Andy Coghlan, "Gray brains structured like those of the opposite sex".

26. Ivanka Savic et al., "Brain response to putative pheromones in homosexual men"; Wen Zhou et al., "Chemosensory communication of gender through two human steroids in a sexually dimorphic manner".

27. Bruce Bagemihl, *Biological Exuberance: Animal Homosexuality and Natural Diversity*; Charles Roselli et al., "The volume of a sexually dimorphic nucleus in the ovine medial preoptic area / anterior hypothalamus varies with sexual partner preference".

28. Niklas Lånström et al., "Genetic and environmental effects on same-sex sexual behavior: A population study of twins in Sweeden"; Andrea Ganna et al., "Large-scale GWAS reveals insights into the genetic architecture of same-sex sexual behavior".

29. Ritch Savin-Williams e Zhana Vrangalova, "Mostly heterosexual as a distinct sexual orientation group: A systematic review of the empirical evidence"; Jeremy Jabbour et al., "Robust evidence for bisexual orientation among men".

30. Alfred Kinsey et al., *Sexual Behavior in the Human Male*, p. 639.

31. Milton Diamond, "Nature loves variety, society hates it". Entrevista, 24 dez, 2013.

32. Adam Rutherford, *How to Argue with a Racist: What Our Genes Do (and Don't) Sat About Human Difference*.

33. Simon LeVay, *Queer Science: The Use and Abuse of Research into Homosexuality*, p. 209.

34. David Greenberg, *The Construction of Homosexuality*; Pieter Adriaens e Andreas de Block, "The evolution of a social construction: The case of male homosexuality".

35. Malcolm Potts e Roger Short, *Ever Since Adam and Eve: The Evolution of Human Sexuality*, p. 74.

36. Sergey Gavrilets e William Rice, "Genetic models of homosexuality: Generating testable predictions".

37. Benedict Regan et al., "Fruits, foliage and the evolution of primate colour vision".

38. Frans de Waal, *A era da empatia*; Cammie Finch, "Compassionate ostrich offers comfort to baby elephants at orphaned animal sanctuary".

39. Cindy Meston e David Buss, "Why humans have sex".

40. Joan Roughgarden, "Homosexuality and evolution: A critical appraisal", p. 512.

Notas 479

13. O problema do dualismo [pp. 431-45]

1. Mary Midgley, *Beast and Man: The Roots of Human Nature.*
2. Robert Sapolsky, *The Trouble with Testosterone*; Rebecca Jordan-Young e Katrina Karkazis, *Testosterone: An Unauthorized Biography.*
3. Gina Rippon, *The Gendered Brain: The New Neuroscience that Shatters the Myth of the Female Brain.*
4. Simon Baron-Cohen, "The gendered brain debate" (podcast). How To Academy [s.d.]. Disponível em: <howtoacademy.com/podcasts/the-gendered-brain-debate>.
5. Margareth McCarthy, "Multifaceted origins of sex differences in the brain"; Erin Hecht et al., "Sex differences in the brains of capuchin monkeys"
6. Frans de Waal, *The Ape and the Sushi Master*; Victoria Horner e Frans de Waal, "Controlled Studies of Chimpanzee Cultural Transmission".
7. "The gospel of Thomas". Disponível em: <https://www.sacred-texts.com>.
8. António Damásio, *The Feeling of What Happens: Body and Emotion in the Making of Consciousness*, p. 143.
9. Brian Calvert, "Plato and the equality of women"; Elizabeth Spelman, "Woman as a body: Ancient and contemporary views".
10. Mark O'Connell, *To Be a Machine.*
11. Elizabeth Spelman, "Woman as a body: Ancient and contemporary views", p. 120.
12. Elizabeth Wilson, *Neural Geographies: Feminism and the Microstructure of Cognition.*

Referências bibliográficas

ADRIAENS, P. R.; BLOCK, A. de. "The evolution of a social construction: The case of male homosexuality". *Perspectives in Biology and Medicine*, n. 49, pp. 570-85, 2006.

ALBERTS, S. C.; BUCHAN, J. C.; ALTMAN, J. "Sexual selection in wild baboons: From mating opportunities to paternity success". *Animal Behaviour*, n. 72, pp. 1177-96, 2006.

ALEXANDER, G. M.; HINES, M. "Sex differences in response to children's toys in nonhuman primates". *Evolution and Human Behaviour*, n. 23, pp. 467-79, 2002.

ALGOE, S. B.; KURTZ, L. E.; GREWEN, K. "Oxytocin and social bonds: The role of oxytocin in perceptions of romantic partner's bonding behavior". *Psychological Science*, n. 28, pp. 1763-72, 2017.

ALSOP, R.; FITZSIMONS, A.; LENNON, K. "The social construction of gender". In: _____. (Orgs.). *Theorizing Gender*. Malden, MA: Blackwell, 2002, pp. 64-93.

ALTER, C. "Cultural sexism in the world is very real when you've lived on both sides of the coin". *Time*, 2020. Disponível em: <time.com/transgender-men-sexism>.

ALTMANN, J. "Observational study of behavior". *Behavior*, n. 49, pp. 227-65, 1974.

ANDRÉ, C. *Une Tendresse Sauvage*. Paris: Calmann-Lévy, 2006.

ANGIER, N. "Bonobo society: Amicable, amorous and run by females". *New York Times*, 11 abr. 1997, p. C4.

_____. *Woman: An Intimate Geography*. Nova York: Anchor, 2000.

ARDREY, R. *African Genesis: A Personal Investigation into the Animal Origins and Nature of Man* [1961]. [S.l.]: Story Design, 2014.

ARENDT, H. *Eichmann in Jerusalem: A Report on the Banality of Evil*. Nova York: Penguin, 1984. [Ed. bras.: *Eichmann em Jerusalém: Um relato sobre a banalidade do mal*. Trad. de José Rubens Siqueira. São Paulo: Companhia das Letras, 1999.]

ARNOLD, K.; WHITEN, A. "Post-conflict behaviour of wild chimpanzee in the Budongo Forest, Uganda". *Behaviour*, n. 138, pp. 649-90, 2001.

ARSLAN, R. C. et al. "Using 26,000 diary entries to show ovulatory changes in sexual desire and behavior". *Journal of Personality and Social Psychology*. Pré-publicação on-line, 2018.

ATWOOD, M. E. *Cat's Eye*. Nova York: Doubleday, 1989.

ATZIL, S. et al. "Synchrony and specificity in the maternal and the paternal brain: Relations to oxytocin and vasopressin". *Journal of the American Academy of Child and Adolescent Psychiatry*, n. 51, pp. 798-811, 2012.

AURELI, F.; DE WAAL, F. B. M. *Natural Conflict Resolution*. Berkeley: University of California Press, 2000.

BACHMANN, C.; KUMMER, H. "Male assessment of female choice in Hamadryas Baboons". *Behavioral Ecology and Sociobiology*, n. 6, pp. 315-21, 1980,

BĀDESCU, J. et al. "Female parity, maternal kinship, infant age and sex influence natal attraction and infant handling in a wild Colobine". *American Journal of Primatology*, n. 77, pp. 376-87, 2015.

BAGEMIHL, B. *Biological Exuberance: Animal Homosexuality and Natural Diversity*. Nova York: St. Martin's, 1999.

BAHRAMPOUR, T. "Crossing the divide". *Washington Post*, 20 jul. 2018.

BALLIET, D. et al. "Sex differences in cooperation: A meta-analytic review of social dilemmas". *Psychological Bulletin*, n. 137, pp. 881--909, 2011.

BAO, A.-M.; SWAAB, D. F. "Sexual differentiation of the human brain: Relation to gender identity, sexual orientation and neuropsychiatric disorders". *Frontiers in Neuroendocrinology*, n. 32, pp. 214-26, 2011.

BARRETT, L. F.; ROBIN, L.; PIETROMONACO, P. R. "Are women the more emotional sex? Evidence from emotional experience in social context". *Cognition and Emotion*, n. 12, pp. 555-78, 1998.

BARTAL, I. B-A.; DECETY, J.; MASON. P. "Empathy and pro-social behavior in rats". *Science*, n. 334, pp. 1427-30, 2011.

BATEMAN, A. J. "Intra-sexual selection in drosophila". *Heredity*, n. 2, pp. 349-68, 1948.

BAUMEISTER, R. F. "The reality of the male sex drive". *Psychology Today*, 10 dez. 2010.

BAUMEISTER, R. F.; CATANESE, K. R.; VOHS, K. D. "Is there a gender difference in strength of sex drive? Theoretical views, conceptual

Referências bibliográficas

distinctions, and a review of relevant evidence". *Personality and Social Psychology Review*, n. 5, pp. 242-73, 2001.

BAUMEISTER, R. F.; VOHS, K. D.; FUNDER, D. C. "Psychology as the science of self-reports and finger movements: Whatever happened to actual behavior?" *Perspectives in Psychological science*, n. 2, pp. 396--43, 2007.

BEACH, F. A. "A cross-species survey of mammalian sexual behavior". In: HOCH, P. H.; ZUBIN, J. (Orgs.). *Psychosexual Development in Health and Disease*. Nova York: Grune and Stratton, 1949, pp. 52-78.

BEAR, J. B.; WEINGART, L. R.; TODOROVA, G. "Gender and the emotional experience of relationship conflict: The differential effectiveness of avoidant conflict management". *Negotiation and Conflict Management Research*, n. 7, pp. 213-31, 2014.

BECK, B. B. *Unwitting Travelers: A History of Primate Reintroduction*. Berlim, MD: Salt Water Media, 2019.

BECKERMAN, S. et al. "The Barí Partible Paternity Project: Preliminary results". *Current Anthropology*, n. 39, pp. 164-8, 1998.

BEDNARIK, R. G. *The Human Condition*. Nova York: Springer, 2011.

BENENSON, J. F.; CHRISTAKOS, A. "The greater fragility of females' versus males' closest same-sex friendships". *Child Development*, n. 74, pp. 1123-9, 2003.

BENENSON, J. F.; WRANGHAM, R. W. "Differences in post-conflict affiliation following sports matches". *Current Biology*, n. 26, p. 220 8012, 2016.

BENENSON, J. F. et al. "Competition elicits more physical affiliation between male than female friends". *Scientific Reports*, n. 8, p. 8380, 2018.

BERARD, J. D.; NURNBERG, P. EPPLEN, J. T.; SCHMIDTKE, J. "Alternative reproductive tactics and reproductive success in male rhesus macaques". *Behaviour*, n. 129, pp. 177-200, 1994.

BERMAN, E. *The Compleat Chauvinist: A Survival Guide for the Bedeviled Male*. Nova York: Macmillan, 1982.

BIBA, E. "In real life, Simba's mom would be running the pride". *National Geographic*, 8. jul. 2019.

BIRKHEAD, T. R.; BIGGINS, J. D. "Reproductive synchrony and extrapair copulation in birds". *Ethology*, n. 74, pp. 320-34, 1987.

BJÖRKQVIST, K. et. al. "Do girls manipulate and boys fight? Developmental trends in regard to direct and indirect aggression". *Aggressive Behavior*, n. 18, pp. 117-27, 1992.

484 *Diferentes*

BLACK, J. M. *Partnerships in Birds: The Study of Monogamy*. Oxford: Oxford University Press, 1996.

BLAKEMORE, J. E. O. "Children's nurturant interactions with their infant siblings: An exploration of gender differences and maternal socialization". *Sex Roles*, n. 22, pp. 43-57, 1990.

_____. "The influence of gender and parental attitudes on preschool children's interest in babies: Observations in natural settings". *Sex Roles*, n. 38, pp. 73-94, 1998.

BLAKER, N. M. et al. "The height leadership advantage in men and women: Testing evolutionary psychology predictions about the perceptions of tall leaders". *Group Processes and Intergroup Relations*, n. 16, pp. 16-27, 2013.

BOEHM, C. "Egalitarian behavior and reverse dominance hierarchy". *Current Anthropology*, n. 34, pp. 227-54, 1993.

_____. "Pacifying interventions at Arnhem Zoo and Gombe". In: WRANGHAM, R. W. et al. *Chimpanzee Cultures*. Cambridge, MA: Harvard University Press, 1994, pp. 211-26.

_____. *Hierarchy in the Forest: The Evolution of Egalitarian Behavior*. Cambridge, MA: Harvard University Press, 1999.

BOESCH, C. *The Real Chimpanzee: Sex Strategies in the Forest*. Cambridge, Reino Unido: Cambridge University Press, 2009.

BOESCH, C.; BOESCH-ACHERMAN, H. *The Chimpanzees of the Taï Forest: Behavioural Ecology and Evolution*. Oxford: Oxford University Press, 2000.

BOESCH, C. et al. "Altruism in forest chimpanzees: The case of adoption". *PLoS ONE*, n. 5, e8901, 2010.

BOGAERT, A. F. "Age at puberty and father absence in a national probability sample". *Journal of Adolescence*, n. 28, 2005.

BONO, A. E. J. et al. "Payoff- and sex-biased social learning interact in a wild primate population". *Current Biology*, n. 28, pp. 2800-5, 2018.

BOODMAN, S. G. "Anger management courses are a new tool for dealing with out-of-control doctors". *Washington Post*, 4 mar. 2013.

BORGMAN, K. "The forgotten female: How a generation of women scientists changed our view of evolution". *All About Birds*, 17 jun. 2019.

BOSERUP, B. et al. "Alarming trends in US domestic violence during the COVID-19 pandemic". *American Journal of Emergency Medicine*, n. 38, pp. 2753-5, 2020.

Referências bibliográficas 485

BOUAZZOUNI, N. *Faiminisme: Quand le sexisme passe à table.* Paris: Nouriturfu, 2017.

BOWLES, S. "Did warfare among ancestral hunter-gatherers affect the evolution of human social behaviors?" *Science,* n. 324, pp. 1293-8, 2009.

BOWLES, S.; GINTIS, H. "The origins of human cooperation". In: HAMMERSTEIN, P. (Org.). *The Genetic and Cultural Origins of Cooperation.* Cambridge, MA: MIT Press, 2003, pp. 429-44.

BRAINERD, E. *The Lasting Effect of Sex Ratio Imbalance on Marriage and Family: Evidence from World War II in Russia.* IZA Discussion Paper, n. 10130, 2016.

BRAY, O. E.; KENNELY, J. J.; GUARINO, J. L. "Fertility of eggs produced on territories of vasectomized read-winged blackbirds". *Wilson Bulletin,* n. 87, pp. 187-95, 1975.

BREGMAN, R. *De Meeste Mensen Deugen: Een Nieuwe Geshiedenis van de Mens.* Amsterdam: De Correspondent, 2019.

BREWER, G.; HOWARTH, S. "Sport, attractiveness, and aggression". *Personality and Invididual Differences,* n. 53, pp. 640-43, 2012.

BREWER, N.; MITCHELL, P.; WEBER, N. "Gender role, organizational status, and conflict management styles". *International Journal of Conflict Management,* n. 13, pp. 78-94, 2002.

BROOKER, J. S.; WEBB, C. E.; CLAY, Z. "Fellatio among male sanctuary- -living chimpanzees during a period of social tension". *Behaviour,* n. 158, pp. 77-87, 2021.

BROWNMILLER, S. *Against Our Will: Men, Women and Rape.* Nova York: Simon and Schuster, 1975.

BRUCE, V.; YOUNG, A. *In the Eye of the Beholder: The Science of Face Perception.* Oxford: Oxford University Press, 1998.

BURKETT, J. P. et al. "Oxytocin-dependent consolation behaviors in rodents". *Science,* n. 351, pp. 375-8, 2016.

BURTON, N. "When homosexuality stopped being a mental disorder". *Psychology Today,* 18 set. 2015.

BUSSE, C. "Leopard and lion predation upon chacma baboons living in the Moremi Wildlife Reserve". *Botswana Notes and Records,* n. 12, pp. 15-21, 1980.

BUTLER, J. "Sex and gender in Simone de Beauvoir's *Second Sex*". *Yale French Studies,* n. 72, pp. 35-49, 1986.

_____. "Performative acts and gender constitution: An essay in phenomenology and feminist theory". *Theatre Journal,* n. 40, pp. 519-31, 1988.

486 *Diferentes*

BYNE, W. et al. "The interstitial nuclei of the human anterior hypotha-lamus: An investigation of variation within sex, sexual orientation and HIV status". *Hormones and Behavior*, n. 40, pp. 86-92, 2001.

CALVERT, B. "Plato and the equality of women". *Phoenix*, n. 29, pp. 231-43, 1975.

CAMPBELL, A. "Female competition: Causes, constraints, content, and contexts". *Journal of Sex Research*, n. 41, pp. 16-26, 2004.

CARCEA, I. et al. "Oxytocin neurons enable social transmission of maternal behavior". Disponível em: <https://www.biorxiv.org/content/10.1101/845495v2.full.pdf>.

CARLIN, J. "How newt aped his way to the top". *Independent*, 30 maio 1995.

CAROSI, M.; VISALBERGHI, E. "Analysis of tufted capuchin courtship and sexual behavior repertoire: Changes throughout the female cycle and female interindividual differences". *American Journal of Physical Anthropology*, n. 118, pp. 11-24, 2002.

CARSON, R. *Silent Spring*. Nova York: Houghton Miffling, 1962.

CARTER, A. J. et al. "Women's visibility in academic seminars: Women ask fewer questions than men". *PLoS ONE*, n. 13, e0202743, 2018.

CARTMILL, M. Resenha de *Primate Visions*, de Donna Haraway. *International Journal of Primatology*, n. 12, pp. 67-75, 1991.

_____. *A View to a Death in the Morning*. Cambridge, MA: Harvard University Press, 1993.

CASE, T. I.; REPACHOLI, B. M.; STEVENSON, R. J. "My baby doesn't smell as bad as yours: The plasticity of disgust". *Evolution and Human Behavior*, n. 27, pp. 357-65, 2006.

CASHDAN, E. "Are men more competitive than women?". *British Journal of Social Psychology*, n. 37, pp. 213-29, 1998.

CELLERINO, A.; BORGHETTI, D.; SARTUCCI, F. "Sex differences in face gender recognition in humans". *Brain Research Bulletin*, n. 63, pp. 443-9, 2004.

CHAGNON, N. A. *Yanomamö: The Fierce People*. Nova York: Holt, Rinehart and Winston, 1968.

CHAKRABARTI, B.; BARON-COHEN, S. "Empathizing: Neurocognitive developmental mechanisms and individual differences". *Progress in Brain Research*, n. 156, pp. 403-17, 2006.

CHAPMAN, S. N. et al. "Limits to fitness benefits of prolonged post-re-productive lifespan in women". *Current Biology*, n. 29, pp. 645-50, 2019.

Referências bibliográficas

CHERNAYA, A. "Girls' plays with dolls and doll-houses in various cultures". In: JACKSON, L. T. B. et al (Orgs.). *Proceedings from the 21st Congress of the International Association for Cross-Cultural Psychology*, 2014.

CHESLER, P. *Woman's Inhumanity to Woman*. Nova York: Nation, 2002.

CHISHOLM, J. S. et al. "Early stress predicts age at menarche and first birth, adult attachment, and expected lifespan". *Human Nature*, n. 16, pp. 233-65, 2002.

CHRISTIE, A. *The Hound of Death and Other Stories*. Londres: Odhams, 1933.

CHRISTOPHER, B. "The massacre at Monkey Hill". *Priceonomics*, 2016. Disponível em: <priceonomics.com/the-massacre-at-monkey-hill>.

CHURCHLAND, P. S. *Conscience: The Origins of Moral Intuition*. Nova York: Norton, 2019.

CLAY, Z.; DE WAAL, F. B. M. "Development of socio-emotional competence in bonobos". *Proceedings of the National Academy of Sciences USA*, n. 110, pp. 18121-6, 2013.

_____. "Sex and strife: Post-conflict sexual contacts in bonobos". *Behaviour*, n. 152, pp. 313-34, 2015.

COGHLAN, A. "Gray brains structured like those of the opposite sex". *New Scientst*, 16 jun. 2008.

COLAPINTO, J. *As Nature Made Him: The Boy Who Was Raised Like a Girl*. Nova York: Harper, 2000.

COLLINS, S. A. "Men's voices and women's choices". *Animal Behaviour*, n. 60, pp. 773-80, 2000.

CONNELLAN, J. et al. "Sex differences in human neonatal social perception". *Infant Behavior and Development*, n. 23, pp. 113-8, 2000.

CONNOR, S. "How bishops are like apes". *Independent*, 18 maio 1995.

CONSTABLE, J. L. et al. "Noninvasive paternity assignment in Gombe chimpanzees". *Molecular Ecology*, n. 10, pp. 1279-300, 2001.

COOLIDGE, H. J. "*Pan Paniscus:* Pygmy Chimpanzee from south of the Congo River". *American Journal of Physical Anthropology*, n. 18, pp. 1-57, 1933.

CROFT, D. P. et al. "Reproductive conflict and the evolution of menopause in killer whales". *Current Biology*, n. 27, pp. 298-304, 2017.

CULLEN, D. "Maslow, monkeys, and motivation theory". *Organization*, n. 4, pp. 355-73, 1997.

CURIE-COHEN, M. et al. "The effects of dominance on mating behavior and paternity in a captive troop of rhesus monkeys". *American Journal of Primatology*, n. 5, pp. 127-38, 1983.

DALY, M.; WILSON, M. *Homicide*. Hawthorne, NY: Aldine de Gruyter, 1988.

DAMÁSIO, A. R. *The Feeling of What Happens: Body and Emotion in the Making of Consciousness*. Nova York: Harcourt, 1999. [Ed. bras.: *Sentir e saber: As origens da consciência*. Trad. de Laura Teixeira Motta. São Paulo: Companhia das Letras, 2022.]

DAVIES, N. B. *Dunnock Behavior and Social Evolution*. Oxford: Oxford University Press, 1992.

DAWKINS, R. *The Selfish Gene*. Oxford: Oxford University Press, 1976. [Ed. bras.: *O gene egoísta*. Trad. de Rejane Rubino. São Paulo: Companhia das Letras, 2007.]

DE BEAUVOIR, S. *The Second Sex*. Nova York: Vintage, 1973. [Ed. bras.: *O segundo sexo*. Trad. de Sergio Milliet. São Paulo: Difusão Europeia do Livro, 1970.]

DE WAAL, F. B. M. "Sex differences in the formation of coalitions among chimpanzees". *Ethology and Sociobiology*, n. 5, pp. 239-55, 1984.

_____. "Integration of dominance and social bonding in primates". *Quarterly Reviwe of Biology*, n. 61, pp. 459-79, 1986.

_____. "Tension regulation and nonreproductive functions of sex in captive bonobos". *National Geographic Research*, n. 3, pp. 318-35, 1987.

_____. *Peacemaking among Primates*. Cambridge, MA: Harvard University Press, 1989.

_____. "Sex differences in chimpanzee (and human) behavior: a matter of social values?". In: HECHTER, M. et al. (Orgs.). *The Origin of Values*. Nova York: Aldine de Gruyter, 1993, pp. 285-303.

_____. "Bonobo sex and society". *Scientific American*, n. 272, pp. 82-8, 1995.

_____. *Good Natured: The Origins of Right and Wrong in Humans and Other Animals*. Cambridge, MA: Harvard University Press, 1996a.

_____. "Conflict as negotiation". In: MCGREW, W. C. et al (Orgs.). *Great Ape Societies*. Cambridge, UK: Cambridge University Press, 1996b, pp. 159-72.

_____. *Bonobo: The Forgotten Ape*. Berkeley: University of California Press, 1997.

_____. "The end of nature versus nurture". *Scientific American*, n. 281, pp. 94-9, 1999.

Referências bibliográficas

DE WAAL, F. B. M."Primates: A natural heritage of conflict resolution". *Science*, n. 289, pp. 586-90, 2000.

_____. "Survival of the rapist". *New York Times*, 2 abr. 2000.

_____. *The Ape and the Sushi Master: Cultural Reflections by a Primatologist*. Nova York: Basic, 2001.

_____. *Primates and Philosophers: How Morality Evolved*. In: MACEDO, S.; OBER, J. (Orgs.). Princeton, NJ: Princeton University Press, 2006. [Ed. bras.: *Primatas e filósofos: Como a moralidade evoluiu*. São Paulo: Palas Athena, 2020.]

_____. *Chimpanzee Politics: Power and Sex among Apes*. Baltimore, MD: Johns Hopkins University Press, 2007 [1982].

_____. "Putting the altruism back into altruism: The evolution of empathy". *Annual Review of Psychology*, n. 59, pp. 279-300, 2008.

_____. *The Age of Empathy: Nature's Lesson for a Kinder Society*. Nova York: Harmony, 2009. [Ed. bras.: *A era da empatia: Lições da natureza para uma sociedade mais gentil*. Trad. de Rejane Rubino. São Paulo: Companhia das Letras, 2010.]

_____. *The Bonobo and the Atheist: In Search of Humanism among the Primates*. Nova York: Norton, 2013.

_____. *Are We Smart Enough to Know How Smart Animals Are?*. Nova York: Norton, 2016. [Ed. bras.: *Somos inteligentes o bastante para saber quão inteligentes são os animais?*. Trad. de Paulo Geiger. Rio de Janeiro: Zahar, 2022.]

_____. *Mama's Last Hug: Animal Emotions and What They Tell Us About Ourselves*. Nova York: Norton, 2019. [Ed. bras.: *O último abraço da matriarca: As emoções dos animais e o que elas revelam sobre nós*. Trad. de Pedro Maia. São Paulo: Zahar, 2022.]

DE WAAL, F. B. M.; BONNIE, Catherine K. E. "In tune with others: the social side of primate culture". In: LALAND, K.; GALEF, G. (Orgs.). *The Question of Animal Culture*. Cambridge, MA: Harvard University Press, 2009, pp. 19-39.

DE WAAL, F. B. M.; LEIMGRUBER, K.; GREENBERG, A. R. "Giving is self--rewarding for monkeys". *Proceedings of the National Academy of Sciences USA*, n. 105, pp. 13685-9, 2008.

DE WAAL, F. B. M.; LUTTRELL, L. M. "The formal hierarchy of rhesus monkeys: An investigation of the bared-teeth display". *American Journal of Primatology*, n. 9, pp. 73-85, 1985.

DE WAAL, F. B. M.; POKORNY, J. J. "Faces and behinds: Chimpanzee sex perception". *Advanced Science Letters*, n. 1, pp. 99-103, 2008.

DE WAAL, F. B. M.; PRESTON, S. D. "Mammalian empathy: Behavioral manifestations and neural basis". *Nature Reviews: Neuroscience*, n. 18, pp. 498-509, 2017.

DE WAAL, F. B. M.; VAN ROOSMALEN, A. "Reconciliation and consolation among chimpanzees". *Behavioral Ecology and Sociobiology*, n. 5, pp. 55-66, 1979.

DEANER, R. O.; BALISH, S. M.; LOMBARDO, M. P. "Sex differences in sports interest and motivation: An evolutionary perspective". *Evolutionary Behavioral Sciences*, n. 10, pp. 73-97, 2015.

DEARDORFF, J. et al. "Father absence, body mass index, and pubertal timing in girls: Differential effects by family income and ethnicity". *Journal of Adolescent Health*, n. 48, pp. 441-7, 2010.

DEMURU, E. et al. "Foraging postures are a potential communicative signal in female bonobos". *Scientific Reports*, n. 10, p. 15431, 2020.

DEMURU, E.; FERRARI, P. F.; PALAGI, E. "Is birth attendance a uniquely human feature? New evidence suggests that bonobo females protect and supports the parturient". *Evolution and Human Behavior*, n. 39, pp. 502-10, 2018.

DEMUTH, S.; BROWN, S. L. "Family structure, family processes, and adolescent delinquency: The significance of parental absence versus parental gender". *Journal of Research in Crime and Delinquency*, n. 41, pp. 58-81, 2004.

DENWORTH, L. *Friendship: The Evolution, Biology, and Extraordinary Power of Life's Fundamental Bond*. Nova York: Norton, 2020.

DERKS, B. et al. "De keuze van vrouwen voor deeltijd is minder vrij dan we denken". *Sociale Vraagstukken*, 23 nov. 2018 (em holandês).

DERNTL, B. et al. "Multidimensional assessment of empahic abilities: Neural correlates and gender differences". *Psychoneuroendocrinology*, n. 35, pp. 67-82, 2010.

DESPRET, V. "Culture and gender do not dissolve into how scientists "read" nature: Thelma Rowell's heterodoxy". In: HARMAN, O.; FRIEDRICH, M. (Orgs.). *Rebels of Life: Iconoclastic Biology in the Twentieth Century*. New Haven, CT: Yale University Press, 2009, pp. 340-55.

DIAMOND, J. *The Third Chimpanzee: The Evolution and Future of the Human Animal*. Nova York: HarperCollins, 1992.

DIAMOND, M.; SIGMUNDSON, H. K. "Sex reassignement at birth: Long-term review and clinical implications". *Archives of Pediatrics and Adolescent Medicine*, n. 151, pp. 298-304, 1997.

Referências bibliográficas

DIENSKE, H.; VAN VREESWIJK, W.; KONING, H. "Adequate mothering by partially isolated rhesus monkeys after observation of maternal care". *Journal of Abnormal Psychology*, n. 89, pp. 489-92, 1980.

DIOGO, R.; MOLNAR, J. L.; WOOD, B. "Bonobo anatomy reveals stasis and mosaicisms in chimpanzee evolution and supports bonobos as the most appropriate extant model for the common ancestor of chimpanzees and humans". *Scientific Reports*, n. 7, p. 608, 2017.

DIPIETRO, J. A. "Rough and tumble play: A function of gender". *Developmental Psychology*, n. 17, pp. 50-8, 1981.

DIXON, A. "Homosexual behavior in primates". In: POIANI, A. (Org.). *Animal Homosexuality: A Biosocial Perspective*. Cambridge, Reino Unido: Cambridge Univeristy Press, 2010, pp. 381-99.

ECKES, T.; TRAUTNER, H. M. (Orgs.). *The Developmental Social Psychology of Gender*. Nova York: Psychology Press, 2000.

EDWARDS, C. P. "Behavioral sex differences in children of diverse cultures: The case of nurturance to infants". In: PEREIRA, M. E.; FAIRBANKS, L. A. (Orgs.). *Juvenile Primates: Life History, Development, and Behavior*. Nova York: Oxford University Press, 1993, pp. 327-38.

_____. "Children's play in cross-cultural perspective: A new look at the six cultures study". *Cross-Cultural Research*, n. 34, pp. 318-38, 2005.

EHMANN, B. et al. "Sex-specific social learning biases and learning outcomes in wild orangutans". *PLOS*, n. 19, e3001173, 2021.

ELLIS, B. J. et al. "Does father absence place daughters at special risk for early sexual activity and teenage pregnancy?". *Child Development*, n. 74, pp. 801-21, 2003.

FAGEN, R. "Primate juveniles and primate play". In: PEREIRA, M. E.; FAIRBANKS, L. A. (Orgs.). *Juvenile Primates: Life History, Development, and Behavior*. Nova York: Oxford University Press, 1993, pp. 182-96.

FAIRBANKS, L. "Maternal investment throughout the life span in Old World monkeys". In: WHITEHEAD, P. F.; JOLLY, C. J. (Orgs.). *Old world Monkeys*. Cambridge, Reino Unido: Cambridge University Press, 2000, pp. 341-67.

FAIRBANKS, L. A. "Reciprocal benefits of allomothering for female vervet monkeys". *Animal Behaviour*, n. 40, pp. 553-62, 1990.

_____. "Juvenile vervet monkeys: Establishing relationships and practicing skills for the future". In: PEREIRA, M. E.; FAIRBANKS, L. A. (Orgs.). *Juvenile Primates: Life History, Development, and Behavior*. Nova York: Oxford University Press, 1993, pp. 211-27.

FAUSTO-STERLING, A. "The five sexes: Why male and female are not enough". *The Sciences*, n. 33, pp. 20-4, 1993.

FEDIGAN, L. M. *Primate Paradigms: Sex Roles and Social Bonds*. Montreal: Eden, 1982.

_____. "Science and the successful female: Why there are so many women primatologists". *American Anthropologist*, n. 96, pp. 529-40, 1994.

FELDBLUM, J. T. et al. "Sexually coercive male chimpanzees sire more offspring". *Current Biology*, n. 24, pp. 2855-60, 2014.

FELDMAN, R.; BRAUN, K.; CHAMPAGNE, F. A. "The neural mechanisms and consequences of paternal caregiving". *Nature Reviews Neuroscience*, n. 20. pp. 205-24, 2019.

FELDMAN HALL, O. et al. "Moral chivalry: Gender and harm sensitivity predict costly altruism". *Social Psychological and Personality Science*, n. 7, pp. 542-51, 2016.

FINCH, C. "Compassionate ostrich offers comfort to baby elephants at orphaned animal sanctuary". *My Modern Met*, 8 out. 2016.

FLACK, J. C.; KRAKAUER, D. C.; DE WAAL, F. B. M. "Robustness mechanisms in primate societies: A perturbation study". *Proceedings of the Royal Society London B*, n. 272, pp. 1091-9, 2005..

FLANAGAN, J. "Hierarchy in simple 'egalitarian' societies". *Annual Review of Anthropology*, n. 18, pp. 245-66, 1989.

FLEMMING, A. S. et al. "Mothering begets mothering: The transmission of behavior and its neurobiology across generations". *Pharmacology, Biochemistry and Behavior*, n. 73, pp. 61-75, 2002.

FLORES, A. R. et al. *How Many Adults Identify as Transgender in the United States?*. Los Angeles: UCLA Williams Institute, 2016.

FOERSTER, S. et al. "Chimpanzee females queue but males compete for social status". *Scientific Reports*, n. 6, p. 35404, 2016.

FORD, C. S.; BEACH, F. A. *Patterns of Sexual Behavior*. Nova York: Harper and Brothers, 1951.

FORMAN, J. et al. "Automobile injury trends in the contemporary fleet: Belted occupants in frontal collisions". *Traffic Injury Prevention*, n. 20, pp. 607-12, 2019.

FORRESTER, G. S. et al. "The left cradling bias: An evolutionary facilitator of social cognition?". *Cortex*, n. 118, pp. 116-31, 2019.

FOSTER, M. W. et al. "Alpha male chimpanzee grooming patterns: Implications for dominance 'style'". *American Journal of Primatology*, n. 71, pp. 136-44, 2009.

Referências bibliográficas

FRASER, O. N.; AURELI, F. "Reconciliation, consolation and postconflict behavioral specificity in chimpanzess". *American Journal of Primatology*, n. 70, pp. 114-23, 2008.

FRENCH, M. *Beyond Power: On Women, Men, and Morals*. Nova York: Ballantine, 1985.

FRUMIN, I. et al. "A social chemosignaling function for human handshaking". *eLife*, n. 4, e05154, 2015.

FRY, D. P. *The Human Potential for Peace*. Nova York: Oxford University Press, 2006.

_____. *War, Peace, and Human Nature: The Convergence of Evolutionary and Cultural Views*. Oxford: Oxford University Press, 2013.

FUJITA, S.; INOUE, E. "Sexual behavior and mating strategies". In: NAKAMURA, M. et al. *Mahale Chimpanzees: 50 Years of Research*. Cambridge, Reino Unido: Cambridge University Press, 2015.

FURUICHI, T. *Bonobo and Chimpanzee: The Lessons of Social Coexistence*. Singapura: Springer Nature, 2019.

_____. "Agonistic Interactions and Matrifocal Dominance Rank of Wild Bonobos (*Pan paniscus*) at Wamba". *International Journal of Primatology*, v. 18, pp. 855-75, 1997.

FURUICHI, T. et al. "Why do wild bonobos not use tools like chimpanzees do?". *Behaviour*, n. 152, pp. 425-60, 2014.

GALDIKAS, B. M. F. *Reflections of Eden: My Years with the Orangutans of Borneo*. Boston: Little, Brown, 1995.

GANNA, A. "Large-scale GWAS reveals insights into the genetic architecture of same-sex sexual behavior". *Science*, n. 365, eaat7693, 2019.

GARCIA-FALGUERAS, A.; SWAAB, D. F. "A sex difference in the hypothalamic uncinate nucleus: Relationships to gender identity". *Brain*, n. 131, pp. 3132-46, 2008.

GAVRILETS, S.; RICE, W. R. "Genetic models of homosexuality: Generating testable predictions". *Proceedings of the Royal Society B*, n. 273, pp. 3031-8, 2006.

GHISELIN, M. *The Economy of Nature and the Evolution of Sex*. Berkeley: University of California Press, 1974.

GOLDFOOT, D. A. et al. "Behavioral and physiological evidence of sexual climax in the female stump-tailed macaque". *Science*, n. 208, pp. 1477-79, 1980.

GOLDHAGEN, D. J. *Hitler's Willing Executioners: Ordinary Germans and the Holocaust*. Nova York: Knopf, 1996.

GOLDSBOROUGH, Z. et al. "Do chimpanzees console a bereaved mother?". *Primates*, n. 61, pp. 93-102, 2020.

GOLDSTEIN, J. S. *War and Gender: How Gender Shapes the War System and Vice Versa*. Cambridge, Reino Unido: Cambridge University Press, 2001.

GOODALL, J. "Life and death at Gombe". *National Geographic*, n. 155, pp. 592-621, 1979.

_____. *The Chimpanzees of Gombe: Patterns of Behavior*. Cambridge, MA: Belknap, 1986.

_____. *Through a Window: My Thirty Years with the Chimpanzees of Gombe*. Boston: Houghton, Mifflin and Company, 1990.

GOULD, S. J. *Ontogeny and Phylogeny*. Cambridge, MA: Belknap, 1977.

_____. "Male nipples and clitorial ripples". *Columbia: Journal of Literature and Art*, n. 20, pp. 80-96, 1993.

GOWATY, P. A. "Introduction: Darwinian feminists and feminist evolutionists". In: _____. (Org.). *Feminism and Evolutionary Biology*. Nova York: Chapman and Hall, 1997, pp. 1-17.

GOWATY, P. A.; KIM, Y.-K.; ANDERSON, W. W. "No evidence of sexual selection in a repetition of bateman's classic study of *Drosophila melanogaster*". *Proceedings of the National Academy of Science USA*, n. 109, pp. 11740-5, 2012.

GRAMMER, K.; RENNINGER, L.; FISHCHER, B. "Disco clothing, female sexual motivation, and relationship status: Is she dressed to impress?". *Journal of Sex Research*, n. 41, pp. 66-74, 2005.

GRAWUNDER, S. et al. "Higher fundamental frequency in bonobos is explained by larix morphology". *Current Biology*, n. 28, R1188-90, 2018.

GRAY, J. *Men Are from Mars, Women Are from Venus: A Practical Guide for Improving Communication and Getting What You Want in Your Relationships*. Nova York: Harper Collins, 1992. [Ed. bras.: *Homens são de Marte, mulheres são de Vênus: Um guia prático para melhorar a comunicação e conseguir o que você quer nos relacionamentos*. Trad. de Alexandre Jordão. Rio de Janeiro: Bicicleta Amarela, 2015.]

GREENBERG, D. *The Construction of Homosexuality*. Chicago: University of Chicago Press, 1988.

GÜLGOZ, S. et al. "Similarity in transgender and cisgender children's gender development". *Proceedings of the National Academy of Sciences USA*, n. 116, pp. 24480-5, 2019.

GUTMANN, M. C. "Trafficking in men: The anthropology of masculinity". *Annual Review of Anthropology*, n. 26, pp. 385-409, 1997.

Referências bibliográficas

HAIG, D. "The inexorable rise of gender and the decline of sex: Social change in academic titles, 1945-2001". *Archives of Sexual Behavior*, n. 33, pp. 87-96, 2004.

HALL, J. A. "Sex differences in friendship expectations: A meta-analysis". *Journal of Social and Personal Relationships*, n. 28, pp. 723-47, 2011.

HALL, K. R. L.; DEVORE, I. "Baboon social behavior". In: DEVORE, I. (Org.). *Primate Behavior: Field Studies of Monkeys and Apes*. Nova York: Holt, Rinehart and Winston, 1965, pp. 53-110.

HALLAL, P. C. et al. "Global physical activity levels: Surveillance progress, pitfalls, and prospects". *Lancet*, n. 380, pp. 247-57, 2012.

HALLEY, J. E. "Sexual orientation and the politics of biology: A critique of the argument from immutability". *Stanford Law Review*, n. 46, pp. 503-68, 1994.

HARAWAY, D. *Primate Visions: Gender, Race, and Nature in the World of Modern Science*. Nova York: Routledge, 1989.

HARLAN, R. "Description of a hermaphrodite orang outang". *Proceedings of the Academy of Natural Sciences Philadelphia*, n. 5, pp. 229-36, 1827.

HARRIS, J. R. *The Nurture Assumption: Why Children Turn Out the Way They Do*. Londres, Bloomsbury, 1998. [Ed. bras.: *Diga-me com quem anda*. Trad. de Anna Olga de Barros Barreto. Rio de Janeiro: Objetiva, 1999.]

HARRISON, J. et al. "Belzec, Sobibor, Treblinka: Holocaust denial and Operation Reinhard". *Holocaust Controversies*, 2011. Disponível em: <http://holocaustcontroversies.blogspot.com/2011/12/belzec-sobibor-treblinka-holocaust.html>.

HASELTON, M. G. et al. "Ovulatory shifts in human female ornamentation: Near ovulation, women dress to impress". *Hormones and Behavior*, n. 51, pp. 40-5, 2007.

HASSET, J. M.; SIEBERT, E. R.; WALLEN, K. "Sex differences in rhesus monkey toy preferences parallel those of children". *Hormones and Behavior*, n. 54, pp. 359-64, 2008.

HAWKES, K.; COXWORTH, J. E. "Grandmothers and the evolution of human longevity: A review of findings and future directions". *Evolutionary Anthropology*, n. 22, pp. 294-302, 2013.

HAYES, C. *The Ape in Our House*. Nova York: Harper, 1951.

HECHT, E. E. et al. "Sex differences in the brains of capuchin monkeys". *Journal of Comparative Neurology*, n. 2, pp. 327-39, 2021.

HENRICH, J.; GIL-WHITE, F. J. "The evolution of prestige: Freely conferred deference as a mechanism for enhancing the benefits of cultural transmission". *Evolution and Human Behavior*, n. 22, pp. 165-96, 2001.

HERMAN, R. A.; MEASDAY, M. A.; WALLEN, K. "Sex differences in interest in infants in juvenile rhesus monkeys: Relationship to prenatal androgen". *Hormones and Behavior*, n. 43, pp. 573-83, 2003.

HERSCHBERGER, R. *Adam's Rib*. Nova York: Harper and Row, 1948.

HESSE, M. "Elizabeth Holmes's weird, possibly fake baritone is actually her least baffling quality". *Washington Post*, 21 mar. 2019.

HILL, S. E.; PROFFITT LEVYA, R. P.; DELPRIORE, D. J. "Absent fathers and sexual strategies". *Psychologist*, n. 29, pp. 436-9, 2016.

HINES, M. "Gender development and the human brain". *Annual Review of Neuroscience*, n. 34, pp. 69-88, 2011.

HOCKINGS, K. J.; ANDERSON, J. R.; MATSUZAWA, T. "Road crossing in chimpanzees: A risky business". *Current Biology*, n. 16, pp. 668-70, 2006.

HOCKINGS, K. J. et al. "Chimpanzees share forbidden fruit". *PLoS ONE*, n. 9, e886, 2007.

HOHMANN, G.; FRUTH, B. "Is blood thicker than water?". In: ROBBINS, M. M.; BOESCH, C. (Orgs.). *Among African Apes*. Berkeley: University of California Press, 2011, pp. 61-76.

HOPKINS, W. D. "Laterality in maternal cradling and infant positional biases: Implications for the development and evolution of hand preferences in nonhuman primates". *International Journal of Primatology*, n. 25, pp. 1243-65, 2004.

HOPKINS, W. D.; DE LATHOUWERS, M. "Left nipple preferences in infant *Pan paniscus* and *P. troglodytes*". *International Journal of Primatology*, n. 27, pp. 1653-62, 2006.

HOQUET, T. et al. "Bateman's data: Inconsistent with 'Bateman's Principles'". *Ecology and Evolution*, n. 10, pp. 10325-42, 2020.

HORNER, V.; DE WAAL, F. B. M. "Controlled studies of chimpanzee cultural transmission". *Progress in Brain Research*, n. 178, pp. 3-15, 2009.

HORNER, V. et al. "Spontaneous prosocial choice by chimpanzees". *Proceedings of the Academy of Sciences USA*, n. 108, pp. 13847-51, 2011.

HORNER, V. et al. "Prestige affects cultural learning in chimpanzees". *PLoS ONE*, n. 5, e10625, 2010.

HRDY, S. B. *The Langurs of Abu: Female and Male Strategies of Reproduction*. Cambridge, MA: Harvard University Press, 1977.

Referências bibliográficas

HRDY, S. B. *The Woman That Never Evolved*. Cambridge, MA: Harvard University Press, 1981.

_____. *Mother Nature: A History of Mothers, Infants, and Natural Selection*. Nova York: Pantheon, 1999.

_____. "The optimal number of fathers: Evolution, demography, and history in the shaping of female mate preferences". *Annals of the New York Academy of Sciences*, n. 907, pp. 75-96, 2000.

_____. *Mothers and Others: The Evolutionary Origins of Mutual Understanding*. Cambridge, MA: Belknap, 2009.

HYDE, J. S.; DELAMATER, J. *Understanding Human Sexuality*. Nova York: McGraw-Hill, 1997.

HYDE, J. S. et al. "Gender similarities characterize math performance". *Science*, n. 321, pp. 494-5, 2008.

IDANI, G. "Relations between unit-groups of bonobos at Wamba, Zaire: Encounters and temporary fusions". *African Study Monographs*, n. 11, pp. 153-86, 1990.

_____. "A bonobo orphan who became a member of the wild group". *Primate Research*, n. 9, pp. 97-105, 1993.

JABBOUR, J. et al. "Robust evidence for bisexual orientation among men". *Proceedings of the National Academy of Sciences USA*, n. 117, pp. 18369-77, 2020.

JADVA, V.; HINES, M.; GOLOMBOK, S. "Infants' preferences for toys, colors, and shapes: Sex differences and similarities". *Archives of Sexual Behavior*, n. 39, pp. 1261-73, 2010.

JANNINI, E. A.; BUISSON, O.; RUBIO-CASILLAS, A. "Beyond the G-spot: Clitourethrovaginal complex anatomy in female orgasm". *Nature Reviews Urology*, n. 11, pp. 531-8, 2014.

JOLLY, A. *Lucy's Legacy: Sex and Intelligence in Human Evolution*. Cambridge, MA: Harvard University Press, 1999.

JONES, A. "Gender and genocide in Rwanda". *Journal of Genocide Research*, n. 4, pp. 65-94, 2002.

JONES, L. K. et al. "Ethological observations of social behavior in the operating room". *Proceedings of the National Academy of Sciences USA*, n. 115, pp. 7575-80, 2018.

JORDAN-YOUNG, R. M.; KARZAKIS, K. *Testosterone: An Unauthorized Biography*. Cambridge, MA: Harvard University Press, 2019.

KAHLENBERG, S. M.; WRANGHAM, R. W. "Sex differences in chimpanzees' use of sticks as play objects resemble those of children". *Current Biology*, n. 20, R1067068, 2010.

KAHNEMAN, D. *Thinking, Fast and Slow*. Nova York: Farrar, Straus and Giroux, 2013.

KANO, T. *The Last Ape: Pygmy Chimpanzee Behavior and Ecology*. Stanford, CA: Stanford University Press, 1992.

_____. "Comments on C. B. Stanford". *Current Anthropology*, n. 39, pp. 410-1, 1998.

KILLEN, M.; TURIEL, E. "Conflict resolution in preschool social interactions". *Early Education and Development*, n. 2, pp. 240-55, 1991.

KINSEY, A. C.; POMEROY, W. R.; MARTIN, C. E. *Sexual Behavior in the Human Male*. Filadélfia: Saunders, 1948.

KIRKPATRICK, M. "Clinical implications of lesbian mothers' studies". *Journal of Homosexuality*, n. 14, pp. 201-11, 1987.

KLOFSTAD, C. A.; ANDERSON, R. C.; PETERS, S. "Sounds like a winner: Voice pitch influences perception of leadership capacity in both men and women". *Proceedings of the Royal Society B*, n. 279, pp. 2698--704, 2012.

KNOTT, C. D.; KAHLENBERG, S. "Orangutans in perspective: Forced copulations and female mating resistance". In: BEARDER, S. et al. (Orgs.). *Primates in Perspective*. Nova York: Oxford University Press, 2007, pp. 290-305.

KÖHLER, W. *The Mentality of Apes*. Nova York: Vintage, 1925.

KONNER, M. J. "Maternal care, infant behavior, and development among the !Kung". In: LEE, R. B.; DEVORE, I. (Orgs.). *Kalahari Hunter Gatherers*. Cambridge, MA: Harvard University Press, 1976.

_____. *Women After All: Sex, Evolution, and the End of Male Supremacy*. Nova York: Norton, 2015.

KOSKI, S. E.; KOOPS, K.; STERK, E. H. M. "Reconciliation, relationship quality, and postconflict anxiety: Testing the integrated hypothesis in captive chimpanzees". *American Journal of Primatology*, n. 69, pp. 158-72, 2007.

KRET, M. E.; TOMONAGA, M. "Getting to the bottom of face processing: Species-specific inversion effects for faces and behinds in humans and chimpanzees *(Pan troglodytes)*". *PLoS ONE*, n. 11, 016357, 2016.

KRUPENYE, C. et al. "Great apes anticipate that other individuals will act according to false beliefs". *Science*, n. 354, pp. 110-4, 2016.

KUMMER, H. *Primate Societies: Group Techniques of Ecological Adaptation*. Chicago: Aldine, 1971.

_____. *In Quest of the Sacred Baboon: A Scientist's Journey*. Princeton, NJ: Princeton University Press, 1995.

Referências bibliográficas

LAFRENIE, P. "Evolutionary functions of social play: Life histories, sex differences, and emotion regulations". *American Journal of Play*, n. 3, pp. 464-88, 2011.

LAGERSPETZ, K. M. et al. "Is indirect aggression typical of females?". *Aggressive Behavior*, n. 14, pp. 403-14, 1988.

LAMB, M. E.; OPPENHEIM, D. "Fatherhood and father-child relationships: Five years of research". In: CATH, S. H. et al. (Orgs.). *Fathers and Their Families*. Hillsdale, NJ: Analytic, 1989, pp. 11-26.

LANCASTER, J. B. "Play-mothering: The relations between juvenile females and young infants among free-ranging vervet monkeys (*Cercopithecus aethiops*). *Folia Primatologica*, n. 15, pp. 161-82, 1971.

LÅNGSTRÖM, N. et al. "Genetic and environmental effects on same-sex sexual behavior: A population study of twins in Sweeden". *Archives of Sexual Behavior*, n. 39, pp. 75-80, 2010.

LAPPAN, S. "Male care of infants in a siamang population including socially monogamous and polyandrous groups". *Behavioral Ecology and Sociobiology*, n. 62, pp. 1307-17, 2008.

LACQUEUR, T. W. *Making Sex: Body and Gender from the Greeks to Freud*. Cambridge, MA: Harvard University Press, 1990.

LEAVITT, H. J. "Why hierarchies thrive". *Harvard Business Review*, mar. 2003.

LECA, J.-B.; GUNST, N.; VASEY, P. L. "Male homosexual behavior in a free-ranging all-male group of Japanese macaques at Minoo, Japan". *Archives of Sexual Behavior*, n. 43, pp. 853-61, 2014.

LEMAÎTRE, J.-F. et al. "Sex differences in adult lifespan and aging rates of mortality across wild mammals". *Proceedings of the National Academy of Sciences USA*, n. 117, pp. 8546-53, 2020.

LERNER, R. M. "Nature, Nurture, and dynamic interactionism". *Human Development*, n. 21, pp. 1-20, 1978.

LETHMATE, J.; DÜCKER, G. "Untersuchungen zum Selbsterkennen im Spiegel bei Orang-Utans und einigen anderen Affernaten". *Zeitschrift für Tierpsychologie*, n. 33, pp. 248-69, 1973.

LEVAY, S. "A difference in hypothalamic structure between Homosexual and heterosexual men". *Science*, n. 253, pp. 1034-7, 1991.

_____. *Queer Science: The Use and Abuse of Research into Homosexuality*. Cambridge, MA: MIT Press, 1996.

LEVER, J. "Sex differences in the games children play". *Social Problems*, n. 23, pp. 478-87, 1976.

LÉVI-STRAUSS, C. *The Elementary Structures of Kinship*. Boston: Beacon, 1969. [Ed. bras.: *As estruturas elementares do parentesco*. Trad. de Mariano Ferreira. Petrópolis: Vozes, 2012.]

LEWIS, R. J. "Female power in primates and the phenomenon of female dominance". *Annual Review of Anthropology*, n. 47, pp. 533-51, 2018.

LEYK, D. et al. "Hand-grip strength of young men, women and highly trained female athletes". *European Journal of Applied Physiology*, n. 99, pp. 415-21, 2007.

LINDEGAARD, M. R. et al. "Consolation in the aftermath of robberies resembles post-aggression consolation in chimpanzees". *PLoS ONE*, n. 12, e0177725, 2017.

LINDEN, E. "The wife beaters of Kibale". *Time*, n. 160, pp. 56-7, 2002.

LINDENFORS, P.; GITTLEMAN, J. L.; JONES, K. E. "Sexual size dimorphism in mammals". In: FAIRBAIRN, D. J.; BLANCKENHORN, W. U.; SZEKELY, T. (Orgs.). *Evolutionary Studies of Sexual Size Dimorphism*. Oxford: Oxford University Press, 2007, pp. 16-26.

LLOYD, E. A. *The Case of the Female Orgasm: Bias in the Science of Evolution*. Cambridge, MA: Harvard University Press, 2005.

LONSDORF, E. V.; EBERLY, L. E.; PUSEY, A. E. "Sex differences in learning in chimpanzees". *Nature*, n. 428, pp. 715-6, 2004.

LONSTEIN, J. S.; DEVRIES, G. J. "Sex differences in the parental behavior or rodents". *Neuroscience and Biobehavioral Reviews*, n. 24, pp. 669-86, 2000.

LOSIN, E. A. et al. "Own-gender imitation activates the brain's reward circuitry". *Social Cognitive and Affective Neuroscience*, n. 7, pp. 804-10, 2012.

LUDWIG, A. M. *King of the Mountain: The Nature of Political Leadership*. Lexington: University Press of Kentucky, 2002.

LUEF, E. M.; BREUER, T.; PIKA, S. "Food-associated calling in gorillas (*Gorilla g. gorilla*) in the wild". *PLoS ONE*, n. 11, e0144197, 2106.

LUNDSTRÖM, J. N. et al. "Maternal status regulates cortical responses to the body odor of newborns". *Frontiers in Psychology*, n. 4, p. 597, 2013.

LUTCHMAYA, S.; BARON-COHEN, S. "Human sex differences in social and non-social looking preferences, at 12 months of age". *Infant Behavior and Development*, n. 25, pp. 319-25, 2002.

MACCOBY, E. E. *The Two sexes: Growing Up Apart, Coming Together*. Cambridge, MA: Belknap, 1998.

Referências bibliográficas

MACDONALD, K.; PARKE, R. D. "Parent-child physical play: The effects of sex and age of children and parents". *Sex Roles*, n. 15, pp. 367-78, 1986.

MAERKER, A. "Scenes from the museum: The Hermaphrodite monkey and stage management at La Specola". *Endeavour*, n. 29, pp. 104-8, 2005.

MAESTRIPIERI, D.; PELKA, S. "Sex differences in interest in infants across the lifespan: A biological adaptation for parenting?". *Human Nature*. n. 13, pp. 327-44, 2002.

MAGGIONCALDA, A. N.; CZEKALA, N. M.; SAPOLSKY, R. M. "Male orangutan subadulthood: A new twist on the relationship between chronic stress and developmental arrest". *American Journal of Physical Anthropology*, n. 118, pp. 25-32, 2002.

MAGLATY, J. "When did girls start wearing pink?". *Smithsonian*, 7 abr. 2011.

MANN, D. *Become the Alpha Male: How to Be an Alpha Male, Dominate in Both the Boardroom and Bedroom, and Live the Life of a Complete Badass.* Publicação independente, 2017.

MAPLE, T. *Orangutan Behavior.* Nova York: Van Nostrand Reinhold, 1980.

MARSHALL, P.; BARTOLACCI, A.; BURKE, D. "Human face tilt is a dynamic social sign that affects perceptions of dimorphism, attractiveness, and dominance". *Evolutionary Psychology*, n. 18, pp. 1-15, 2020.

MARTIN, C. L.; FABES, R. A. "The stability and consequences of young children's same-sex peer interactions". *Developmental Psychology*, n. 37, pp. 431-46, 2001.

MARTIN, R. D. "No substitute for sex: 'Gender' and 'sex' have very different meanings". *Psychology Today*, 20 ago. 2019.

MASLOW, A. "The role of dominance in the social and sexual behavior of infra-human primates". *Journal of Genetic Psychology*, n. 48, pp. 161-98, 1936; n. 49, pp. 161-98, 1936.

MASSEN, J. J. M. et al. "Generous leaders and selfish underdogs: Prosociality in despotic macaques". *PLoS ONE*, n. 5, e9734, 2010.

MAST, M. S. "Female dominance hierarchies: Are they different from males?". *Personality and Social Psychology Bulletin*, n. 28, pp. 29-39, 2002.

_____. "Men are hierarchical, women are egalitarian: An implicit gender stereotype". *Swiss Journal of Psychology*, n. 62, pp. 107-11, 2004.

MATEVIA, M. L.; PATTERSON, F. G. P.; HILLIX, W. A. "Pretend play in a signing gorilla". In: MITCHELL, R. W. (Org.). *Pretending and*

Imagination in Animals and Children. Cambridge, Reino Unido: Cambridge University Press, 2002, pp. 285-306.

MATSUZAWA, T. "The death of an infant chimpanzee at Bossou, Guinea". *Pan Africa News*, n. 4, pp. 4-6, 1997.

MAYHEW, R. *The Female in Aristotle's Biology: Reason or Rationalization*. Chicago: University of Chicago Press, 2004.

MAYR, E. *The Growth of Biological Thought*. Cambridge, MA: Harvard University Press, 1982.

MCALONE, N. "Here's how Janet Jackson's infamous 'nipplegate' inspired the creation of YouTube". *Business Insider*, 3 out. 2015.

MCBEE, T. P. "Until I was a man, I had no idea how good men had it at work". *Quartz*, 13 maio 2016.

MCCANN, S. J. H. "Height, social threat, and victory margin in presidential elections (1894-1992)". *Psychological Reports*, n. 88, pp. 741-2, 2001.

MCCARTHY, M. M. "Multifaceted origins of sex differences in the brain". *Philosophical Transactions of the Royal Society B*, n. 371, p. 20150106, 2016.

MCCLOSKEY, D. N. *Crossing: A Memoir*. Chicago: University of Chicago Press, 1999.

MCELWAIN, G. S. *Mary Midgley: An Introduction*. Londres: Bloomsbury, 2020.

MCGREW, W. C. *Chimpanzee Material Culture*. Cambridge, Reino Unido: Cambridge University Press, 1992.

MCGREW, W. C.; MARCHANT, L. F. "Chimpanzee wears a knotted skin 'necklace'". *Pan African News*, n. 5, pp. 8-9, 1998.

MEAD, M. *Male and Female*. Nova York: Perennial, 2001. [Ed. bras.: *Macho e fêmea*. Beatriz Silveira Castro Filgueira. Petrópolis: Vozes, 2020.]

MERKLE, S. "Sexual differences as adaptation to the different gender roles in the frog *Xenopus laevis* Daudin". *Journal of Comparative Physiology B*, n. 159, pp. 437-80, 1989.

MAESTON, C. M.; BUSS, D. M. "Why humans have sex". *Archives of Sexual Behavior*, n. 36, pp. 477-507, 2007.

MEYER-BAHLBURG, H. F. L. "Gender identity outcome in female-raised 46, XY persons with penile agenesis, cloacal exstrophy of the bladder, or penile ablation". *Archives of Sexual Behavior*, n. 34, pp. 423-38, 2005.

Referências bibliográficas

MICHELE, A.; FISHER, T. "Truth and consequences: Using the bogus pipeline to examine sex differences in self-reported sexuality". *Journal of Sex Research*, n. 40, pp. 27-35, 2003.

MIDGLEY, M. *Beast and Man: The Roots of Human Nature*. Londres: Routledge, 1995.

_____. *The Solitary Self: Darwin and the Selfish Gene*. Durham, Reino Unido: Acumen, 2010.

MITANI, J. C.; NISHIDA, T. "Contexts and social correlates of long--distance calling by male chimpanzees". *Animal Behavior*, n. 45, pp. 735-46, 1993.

MITCHELL, R. W. (Org.). *Pretending and Imagination in Animals and Children*. Cambridge, UK: Cambridge University Press, 2002.

MONEY, J.; HAMPSON, J. G.; HAMPSON, J. "An examination of some basic sexual concepts: The evidence of human hermaphroditism". *Bulletin of Johns Hopkins Hospital*, n. 97, pp. 301-19, 1955.

MONTAGU, M. F. A. *The Natural Superiority of Women*. Nova York: Macmillan, 1962. [Ed. bras.: *A superioridade natural da mulher*. Rio de Janeiro: Civilização Brasileira, 1970.]

_____(Org.). *Man and Aggression*. Nova York: Oxford University Press, 1973.

MORGAN, M. H.; CARRIER, D. R. "Protective buttressing of the human fist and the evolution of hominid hands". *Journal of Experimental Biology*, n. 216, pp. 236-44, 2013.

MORRIS, D. *Manwatching: A Field Guide to Human Behavior*. Londres: Jonathan Cape, 1977.

_____. *The Naked Ape: A Zoologist's Study of the Human Animal*. Londres: Penguin, 2017. [Ed. bras.: *O macaco nu*. 19ª ed. Trad. de Hermano Neves. Rio de Janeiro: Record, 1969.]

MORRIS, J. *Conundrum*. Nova York: New York Review of Books, 1974. [Ed. port.: *Enigma: História de uma mudança de sexo*. Lisboa: Tinta da China, 2017.]

MORRISON, T. "Goodness". *New York Times Book Review*, 8 set. 2019, pp. 16-7.

MOSCOVICE, L. R. et al. "The cooperative sex: Sexual interactions among female bonobos are linked to increases in oxytocin, proximity, and coalitions". *Hormones and Behavior*, n. 116, p. 104581, 2019.

MOYE, D. "Speech coach has a theory on Theranos CEO Elizabeth Holmes and her deep voice". *Huffington Post*, 11 abr. 2019.

MULLER, M. N. et al. "Sexual coercion by male chimpanzees shows that female choice may be more apparent than real". *Behavioral Ecology and Sociobiology*, n. 65, pp. 921-33, 2011.

MULLER, M. N.; KAHLENBERG, S. M.; WRANGHAM, R. W. "Male aggression against females and sexual coercion in chimpanzees". In: MULLER, M. N.; WRANGHAM, R. W. (Orgs.). *Sexual Coercion in Primates and Humans: An Evolutionary Perspective on Male Aggression Against Females*. Cambridge, MA: Harvard University Press, 2009.

MURPHY, S. M. *A Delicate Dance: Sexuality, Celibacy, and Relationships Among Catholic Clergy and Religious*. Nova York: Crossroads, 1992.

MURRAY, C. M.; WROBLEWSKI, E.; PUSEY, A. E. "New case of intragroup infanticide in the chimpanzees of Gombe National Park". *International Journal of Primatology*, n. 28, pp. 23-37, 2007.

MUSGRAVE, S. et al. "Tool transfers are a form of teaching among chimpanzees". *Scientific Reports*, n. 6, p. 34783, 2016.

MUSGRAVE, S. et al. "Teaching varies with task complexity in wild chimpanzees". *Proceedings of the National Academy of Sciences USA*, n. 117, pp. 969-76, 2020.

NADLER, R. D. et al. "Serum levels of gonadotropins and gonadal steroids, including testosterone, during the menstrual cycle of the chimpanzee". *American Journal of Primatology*, n. 9, pp. 273-84, 1985.

NASH, R. et al. "Cosmetics: They influence more than Caucasian female facial attractiveness". *Journal of Applied Social Psychology*, n. 36, pp. 493-504, 2006.

NELSON, A. "Children's toy collections in Sweeden: A less gender-typed country?". *Sex Roles*, n. 52, pp. 93-102, 2005.

NGUYEN, N.; VAN HORN, R. C.; ALBERTS, S. C.; ALTMANN, J. "'Friendships' between new mothers and adult males: Adaptive benefits and determinants in wild baboons (*Papio cynocephalus*)". *Behavioral Ecology and Sociobiology*, n. 63, pp 1331-44, 2009.

NICHOLLS, H. "In conversation with Jane Goodall". *Mosaic Science*, 31 mar. 2014. Disponível em: <mosaicscience.com/story/conversation-with-jane-goodall>.

NIEUWENHUIJSEN, K. *Geslachtshormonen en Gedrag bij de Beermakaak*. Tese de doutorado. Rotterdam: Universidade Erasmus, 1985 (em holandês).

NISHIDA, T. "The death of Ntology: The unparalleled leader of M Group". *Pan Africa News*, n. 3, p. 4, 1996.

NISHIDA, T. *Chimpanzees of the Lakeshore*. Cambridge, Reino Unido: Cambridge University Press, 2012.

NISHIDA, T.; HOSAKA, K. "Coalition strategies among adult male chimpanzees of the Mahale Mountains, Tanzania". In: MCGREW, W. C. et al. *Great Ape Societies*. Cambridge, Reino Unido: Cambridge University Press, 1996, pp. 114-34.

NOLEN-HOEKSEMA, S.; WISCO, B. E.; LYUBOMIRSKY, S. "Rethinking rumination". *Perspectives on Psychological Science*, n. 3, pp. 400-24, 2008.

NUSSBAUM, M. *Upheavals of Thought: The Intelligence of Emotions*. Cambridge, Reino Unido: Cambridge University Press, 2001.

O'CONNELL, C. *Elephant Don: The Politics of a Pachyderm Posse*. Chicago: University of Chicago Press, 2015.

O'CONNELL, H. E.; SANJEEVAN, K. V.; HUTSON, J. M. "Anatomy of the clitoris". *Journal of Urology*, n. 174, pp. 1189-95, 2005.

O'CONNELL, M. *To Be a Machine*. Londres: Granta, 2017.

O'TOOLE, A. J. et al. "The perception of face gender: The role of stimulus structure in recognition and classification". *Memory and Cognition*, n. 26, pp. 146-60, 1998.

O'TOOLE, A. J.; PETERSON, J.; DEFFENBACHER, K. A. "An 'other-race effect' for classifying faces by gender". *Perception*, n. 25, pp. 669-76, 1996.

OAKLEY, K. *Man the Tool Maker*. Londres: Trustees of the British Museum, 1950.

ORBACH, D.; BRENNAN, P. "Functional morphology of the dolphin clitoris". Trabalho apresentado na Experimental Biology Conference, Orlando, FL, 2019.

ORTIZ, A. "Diego, the tortoise whose high sex drive helped sabe his species, retire". *New York Times*, 12 jan. 2020.

PALAGI, E.; PAOLI, T.; BORGOGNINI, S. "Reconciliation and consolation in captive bonobos (*Pan paniscus*)". *American Journal of Primatology*, n. 62, pp. 15-30, 2004.

PALAGI, E. DEMURU, E. "*Pan paniscus* or *Pan ludens*? Bonobos, playful attitude and social toletance". In: HARE, B.; YAMAMOTO, S. (Orgs.). *Bonobos: Unique in Mind and Behavior*. Oxford: Oxford University Press, 2017.

PALAGI, E. et al. "Mirror replication of sexual facial expressions increases the success of sexual contacts in bonobos". *Scientific Reports*, n. 10, p. 18 979, 2020.

PARESKY, P. B. "What's the problem with 'traditional masculinity'? The frenzy about the APA guidelines has died down. What have we learned?". *Psychology Today*, 10 mar. 2019.

PARISH, A. R. "Sex and food control in the 'uncommon chimpanzee': How bonobo females overcome a phylogenetic legacy of male dominance". *Ethology and Sociobiology*, n. 15, pp. 157-79, 1993.

PARISH, A. R.; DE WAAL, F. B. M. "The other 'closest living relative': How bonobos (*Pan paniscus*) challenge traditional assumptions about females, dominance, intra- and inter-sexual interactions, and hominid evolution". *Annals of the New York Academy of Sciences*, n. 907, pp. 97-113, 2000.

PATTERSON, N. ET AL. "Genetic evidence for complex speciation of humans and chimpanzees". *Nature*, n. 441, pp. 1103-8, 2006.

PAULS, R. N. "Anatomy of the clitoris and the female sexual response". *Clinical Anatomy*, n. 28, pp. 376-84, 2015.

PEIRCE, L. P. *The Imperial Harem: Women and Sovereignty in the Ottoman Empire*. Oxford: Oxford University Press, 1993.

PELLEGRINI, A. D. "Elementary school children's rough-and-tumble play". *Early Childhood Research Quarterly*, n. 4, pp. 245-60, 1989.

_____. "The role of physical activity in the development and function of human juveniles' sex segregation". *Behavior*, n. 147, pp. 1633-56, 2010.

PELLEGRINI, A. D.; SMITH, P. K. "Physical activity play: The nature and function of a neglected aspect of play". *Child Development*, n. 69, pp. 577-98, 1998.

PERRY, S. *Manipulative Monkeys: The Capuchins of Lomas Barbudal*. Cambridge, MA: Harvard University Press, 2008.

_____. "Conformism in the food processing techniques of white--faced capuchin monkeys (*Cebus capucinus*)." *Animal Cognition*, n. 12, pp. 705-16, 2009.

PETR, M.; PÄÄBO, S.; KELSO, J.; VERNOT, B. "Limits of long-term selection against Neanderthal introgression". *Proceedings of the National Academy of Sciences USA*, n. 116, pp. 1639-44, 2019.

PINCEMY, G.; DOBSON, F. S.; JOUVENTIN, P. "Homosexual mating displays in penguins". *Ethology*, n. 116, pp. 1210-6, 2010.

PINKER, S. *The Better Angels of Our Nature: Why Violence Has Declined*. Nova York: Viking, 2011. [Ed. bras.: *Os anjos bons da nossa natureza: Por que a violência diminuiu*. Trad. de Bernardo Joffily e Laura Teixeira Motta. São Paulo: Companhia das Letras, 2017.]

Referências bibliográficas

PLOOG, D. W.; MACLEAN, P. D. "Display of penile erection in squirrel monkey (*Saimiri sciureus*)". *Animal Behaviour*, n. 32, pp. 33-9, 1963.

POTTS, M.; SHORT, R. *Ever Since Adam and Eve: The Evolution of Human Sexuality*. Cambridge, UK: Cambridge University Press, 1999.

PRAUSE, N. et al. "Clitorally stimulated orgasms are associated with better control of sexual desire, and not associated with depression or anxiety, compared with vaginally stimulated orgasms". *Journal of Sexual Medicine*, n. 13, pp. 1676-85, 2016.

PRICE, D. "Gender socialization is real (complex)". *Devon Price*, 5 nov. 2018. Disponível em: <https://devonprice.medium.com/gender-socialization-is-real-complex-348f56146925>.

PRUETZ, J. D. "Targeted helping by a wild adolescent male chimpanzee (*Pan troglodytes verus*): Evidence for empathy?". *Journal of Ethology*, n. 29, pp. 365-8, 2011.

PRÜFER, K. et al. "The bonobo genome compared with the chimpanzee and human genomes". *Nature*, n. 486, pp. 527-31, 2012.

PRUM, R. O. "The role of sexual autonomy in evolution by mate choice". In: HOQUET, T. (Org.). *Current Perspectives on Sexual Selection: What's Left after Darwin?*. Dordrecht: Springer, 2015, pp. 237-62.

_____. *The Evolution of Beauty: How Darwin's Forgotten Theory of Mate Choice Shapes the Animal World*. Nova York: Doubleday, 2017.

PUPPO, V. "Anatomy and physiology of the clitoris, vestibular bulbs, and labia minora with a review of the female orgasm and the prevention of female sexual dysfunction". *Clinical Anatomy*, n. 26, pp. 134-52, 2013.

PUSEY, A. E. "Inbreeding avoidance in chimpanzees". *Animal Behaviour*, n. 28, pp. 543-52, 1980.

PUTS, D. A.; HODGES, C. R.; CÁRDENAS, R. A.; GAULIN, S. J. C. "Men's voices and dominance signals: Vocal fundamental and formant frequencies influence dominance attributions among men". *Evolution and Human Behavior*, n. 28, pp. 340-4, 2007.

REDDY, R. B.; MITANI, J. C. "Social relationship and caregiving behavior between recently orphaned chimpanzee siblings". *Primates*, n. 60, pp. 389-400, 2019.

REEVE, E. "Male pundits fear the natural selection of Fox's female breadwinners". *Atlantic*, 30 maio 2013.

REGAN, B. C. et al. "Fruits, foliage and the evolution of primate colour vision". *Philosophical Transactions of the Royal Society B*, n. 356, pp. 229-83, 2001.

REGITZ-ZAGROSEK, V. "Sex and gender differences in health". *EMBO Reports*, n. 13, pp. 596-603, 2012.

REINHARDT, V. et al. "Altruistic interference shown by the alpha--female of a captive troop of rhesus monkeys". *Folia Primatologica*, n. 46, pp. 44-50, 1986.

REYNOLDS, V. *The Apes*. Nova York: Dutton, 1967.

RILEY, C. "How to play Patriarchy Chicken: Why I refuse to move out of the way for men". *New Statesman*, 22 fev. 2019.

RILING, J. K.; MASCARO, J. S. "The neurobiology of fatherhood". *Current Opinion on Psychology*, n. 15, pp. 26-32, 2017.

RIPPON, G. *The Gendered Brain: The New Neuroscience that Shatters the Myth of the Female Brain*. Nova York: Random House, 2019.

ROBARCHEK, C. A. "A community of interests: Semai conflict resolution". In: FRY, D. P.; BJÖRKQVIST, K. (Orgs.). *Cultural Variation in Conflict Resolution: Alternatives to Violence*. Mahwah, NJ: Erlbaum, 1997.

ROBERTS, W. P.; KRAUSE, M. "Pretending culture: Social and cognitive features of pretense in apes and humans". In: MITCHELL, R. W. (Org.). *Pretending and Imagination in Animals and Children*. Cambridge, Reino Unido: Cambridge University Press, 2002.

ROMANS, S. et al. "Age of menarche: The role of some psychosocial factors". *Psychological Medicine*, n. 33, pp. 933-9, 2003.

ROMERO, M. T.; CASTELLANOS, M. A.; DE WAAL, F. B. M. "Consolation as possible expression of sympathetic concern among chimpanzees". *Proceedings of the National Academy of Sciences USA*, n. 107, pp. 12110-5, 2010.

ROSATI, A. G. et al. "Social selectivity in aging wild chimpanzees". *Science*, n. 370, pp. 473-6, 2020.

ROSE, A. J.; RUDOLPH, K. D. "A review of sex differences in peer relationship processes: Potential trade-offs for the emotional and behavioral development of girls and boys". *Psychological Bulletin*, n. 132, pp. 98-131, 2006.

ROSELLI, C. E. et al. "The volume of a sexually dimorphic nucleus in the ovine medial preoptic area/anterior hypothalamus varies with sexual partner preference". *Endocrinology*, n. 145, pp. 478-83, 2004.

ROSETH, C. "Children's peacekeeping and peacemaking". In: VERBEEK, P.; PETERS, B. A. (Orgs.). *Peace Ethology: Behavioral Processes and Systems of Peace*. Hoboken, NJ: Wiley, 2018.

ROUGHGARDEN, J. Resenha de "Evolution, Gender, and Rape". *Ethology*, n. 110, p. 76, 2004.

Referências bibliográficas

ROUGHGARDEN, J. "Homosexuality and evolution: A critical appraisal". In: TIBAYRENC, M.; AYALA, F. J. (Orgs.). *On Human Nature: Biology, Psychology, Ethics, Politics, and Religion*. Nova York: Academic Press, 2017.

ROWELL, T. E. *The Social Behavior of Monkeys*. Nova York: Penguin, 1974.

RUBIN, Z. *Children's Friendships*. Cambridge, MA: Harvard University Press, 1980.

RUECKERT, L. et al. "Are gender differences in empathy due to differences in emotional reactivivy?". *Psychology*, n. 2, pp. 574-8, 2011.

RUPP, H. A.; WALLEN, K. "Sex differences in response to visual sexual stimuli: A review". *Archives of Sexual Behavior*, n. 37, pp. 206-18, 2008.

RUSSELL, D. G. D. et al. "Dr. George Murray Levick (1876-1956): Unpublished notes on the sexual habits of the Adélie penguin". *Polar Record*, n. 48, pp. 387-93, 2012.

RUSSELL, N. "The Nazi's pursuit for a 'humane' method of killing". In: _____. *Understanding Willing Participants*, v. 2. Cham, Suíça: Palgrave Macmillan, 2019.

RUSSELL, R. "A sex difference in facial contrast and its exaggeration by cosmetics". *Perception*, n. 38, pp. 1211-9, 2009.

RUTHERFORD, A. *Humanimal: How Homo sapiens Became Nature's Most Paradoxical Creature*. Nova York: Experiment, 2018.

_____. *How to Argue with a Racist: What Our Genes Do (and Don't) Sat About Human Difference*. Nova York: Experiment, 2020.

SAFDAR, S. et al. "Variations of emotional display rules within and across cultures: A comparison between Canada, USA, and Japan". *Canadian Journal of Behavioural Science*, n. 41, pp. 1-10, 2009.

SALERNO, J.; PETER-HAGENE, L. C. "One angry woman: Anger expression increases influence for men, but decreases influence for women, during group deliberation". *Law and Human Behavior*, n. 39, pp. 581-92, 2015,

SANDEL, A. A.; LANGERGRABER, K. E.; MITANI, J. C. "Adolescent male chimpanzees (*Pan troglodytes*) form social bonds with their brothers and others during the transition to adulthood". *American Journal of Primatology*, n. 82, p. 23091, 2020.

SAPOLSKY, R. *Why Zebras Don't Get Ulcers: A Guide to Stress, Stress-Related Diseases and Coping*. Nova York: W. H. Freeman, 1994.

SAPOLSKY, R. M. *The Trouble with Testosterone*. Nova York: Scribner, 1997.

SAUVER, J. L. S. et al. "Early life risk factors for Attention-Deficit--Hyperactivity Disorder: A population-based cohort study". *Mayo Clinic Proceedings*, n. 79, pp. 1124-31, 2004.

SAVAGE-RUMBAUGH, S.; WILKERSON, B. "Socio-sexual behavior in *Pan paniscus* and *Pan troglodytes:* A Comparative study". *Journal of Human Evolution*, n. 7, pp. 327-44, 1978.

SAVIC, I.; LINDSTRÖM, P. "PET and MRI show differences in cerebral asymmetry and functional connectivity between homo- and heterosexual subjects". *Proceedings of the National Academy of Sciences USA*, n. 105, pp. 9403-8, 2008.

SAVIC, I.; BERGLUND, H.; LINDSTRÖM, P. "Brain response to putative pheromones in homosexual men". *Proceedings of the National Academy of Sciences USA*, n. 102, pp. 7356-61, 2005.

SAVIN-WILLIAMS, R. C.; VRANGALOVA, Z. "Mostly heterosexual as a distinct sexual orientation group: A systematic review of the empirical evidence". *Developmental Review*, n. 33, pp. 58-88, 2013.

SCHENKEL, R. "Ausdrucks-Studien and Wölfen: Gefangenschafts-Beobachtungen". *Behaviour*, n. 1, pp. 81-129, 1947 (em alemão).

SCHMIDT, D. P. "Are women more emotional than men?". *Psychology Today*, 10 abr. 2015.

SCHNEIDERMAN, I. et al. "Ocytocin during the initial stages of romantic attachment: Relations to couple's interactive reciprocity". *Psychoneuroendocrinology*, n. 37, pp. 1277-85, 2012.

SCHOPE-SULLIVAN, S. J. et al. "Father's parenting and coparenting behavior in dual-earner families: Contributions of traditional masculinity, father nurturing role beliefs, and maternal gate closing". *Psychology of Men and Masculinities*. Disponível em: <doi.org/10.1037/men0000336>.

SCHULTE-RÜTHER, M. et al. "Gender differences in brain networks supporting empathy". *NeuroImage*, n. 42, pp. 393-403, 2008.

SCHWARTZ, S. H.; RUBEL, T. "Sex differences in value priorities: Cross--cultural and multimethod studies". *Journal of Personality and Social Psychology*, n. 89, pp. 1010-28, 2005.

SELL, A. A.; LUKAZWESKI, W.; TOWNSLEY, M. "Cues of upper body strength account for most of the variance in men's bodily attractiveness". *Proceedings of the Royal Society B*, n. 284, p. 1819, 2017.

SEYFARTH, R. M.; CHENEY, D. L. "The evolutionary origins of friendship". *Annual Review of Psychology*, n. 63, pp. 153-77, 2012.

Referências bibliográficas

SHAW, G. B. "The religion of the pianoforte". *Fortnightly Review*, v. 55, n. 326, pp. 255-66, 1894.

SHELL, J. *Giants of the Monsoon Forest: Living and Working with Elephants.* Nova York: Norton, 2019.

SILBER, G. K. "The relationship of social vocalizations to surface behavior and aggression in the Hawaiian humpback whale (*Megaptera novaeangliae*)". *Canadian Journal of Zoology*, n. 64, pp. 2075-80, 1986.

SILK, J. B. "Why are infants so attractive to others? The form and function of infant handling in bonnet macaques". *Animal Behaviour*, n. 57, pp. 1021-32, 1999.

SIMMONS, R. *Odd Girl Out: The Hidden Culture of Aggression in Girls.* Nova York: Harcourt, 2002.

SIMPKIN, T. "Mixed feelings: How to deal with emotions at work". Totaljobs.com, 8 jan. 2020.

SLABBY, R. G.; FREY, K. S. "Development of gender constancy and selective attention to same-sex models". *Child Development*, n. 46, pp. 849-56, 1975.

SLOTOW, R. et al. "Older bull elephants control young males". *Nature*, n. 408, pp. 425-6, 2000.

SMALL, M. F. "Female choice in nonhuman primates". *Yearbook of Physical Anthropology*, n. 32, pp. 103-27, 1989.

SMITH, E. A.; MULDER, M. B.; HILL, K. "Controversies in the evolutionary social sciences: A guide for the perplexed". *Trends in Ecology and Evolution*, n. 16, 2001.

SMITH, T. M. et al. "Cyclical nursing patterns in wild orangutans". *Science Advances*, n. 3, p. 1601517, 2017.

SMITH, T. W. "Adult sexual behavior in 1989: Number of partners, frequency of intercourse and risk of AIDS". *Family Planning Perspectives*, n. 23, pp. 102-7, 1991.

SMUTS, B. B. *Sex and Friendship in Baboons.* Nova York: Aldine, 1985.

_____. "Gender, aggression, and influence". In: SMUTS, B et al. (Orgs.). *Primate Societies.* Chicago: University of Chicago Press, 1987, pp. 400-12.

_____. "Male aggression against women: An evolutionary perspective". *Human Nature*, n. 3, pp. 1-44, 1992.

_____. "Encounters with animal minds". *Journal of Consciousness Studies*, n. 8, pp. 293-309, 2001.

SMUTS, B. B.; SMUTS, R. W. "Male aggression and sexual coercion of females in nonhuman primates and other mammals: Evidence and theoretical implications". *Advances in the Study of Behavior*, n. 22, pp. 1-63, 1993.

SNOWDON, C. T.; ZIEGLER, T. E. "Growing up cooperatively: Family processes and infant care in marmosets and tamarins". *Journal of Developmental Processes*, n. 2, pp. 40-66, 2007.

SOMMERS, C. H. "You can give a boy a doll, but you can't make him play with it". *Atlantic*, 6 dez. 2012.

SPEAR, B. A. "Adolescent growth and development". *Journal of the American Dietetic Association*, n. 102, pp. S23-29, 2002.

SPELMAN, E. V. "Woman as a body: Ancient and contemporary views". *Feminist Studies*, n. 8, pp. 109-31, 1982.

SPINKA, M.; NEWBERRY, R. C.; BEKOFF, M. "Mammalian play: Training for the unexpected". *Quarterly Review of Biology*, n. 76, pp. 141-68, 2001.

STAES, N. et al. "FOXP2 variation in great ape populations offers insight into the evolution of communication skills". *Scientific Reports*, n. 7, p. 16866, 2017.

STANFORD, C. B. "The social behavior of chimpanzees and bonobos". *Current Anthropology*, n. 39, pp. 399-407, 1998.

STAVRO, E. "The use and abuse of Simone de Beauvoir: Re-evaluating the French poststructuralist critique". *European Journal of Women's Studies*, n. 6, pp. 263-80, 1999.

STERN, B. R.; SMITH, D. G. "Sexual behavior and paternity in three captive groups or rhesus monkeys". *Animal Behaviour*, n. 32, pp. 23--32, 1984.

STÖCKL, H. et al. "The global prevalence of intimate partner homicide: A systematic review". *Lancet*, n. 382, pp. 859-65, 2013.

STRUM, S. C. "Darwin's monkey: Why baboons can't become human". *Yearbook of Physical Anthropology*, n. 55, pp. 3-23, 2012.

STULP, G.; BUUNK, A. P.; POLLET, T. V. "Women want taller men more than men want shorter women". *Personality and Individual Differences*, n. 54, pp. 877-83, 2013.

STUMPF, R. M.; BOESCH, C. "Male aggression and sexual coercion in wild West African chimpanzees, *Pan troglodytes verus*". *Animal Behaviour*, n. 79, pp. 333-42, 2010.

Referências bibliográficas

STUTCHBURY, B. J. M. et al. "Correlates of extra-pair fertilization success in hooded warblers". *Behavioral Ecology and Sociobiology*, n. 40, pp. 119-26, 1997.

SUGIYAMA, Y. "Social organization of Hanuman langurs". In: ALTMANN, S. A. (Org.). *Social Communication Among Primates*. Chicago: University of Chicago Press, 1967.

SURBECK, M.; HOHMANN, G. "Intersexual dominance relationships and the influence of leverage on the outcome of conflicts in wild bonobos". *Behavioral Ecology and Sociobiology*, n. 67, pp. 1767-80, 2013.

SURBECK, M. et al. "Sex-specific association patterns in bonobos and chimpanzees reflect species differences in cooperation". *Royal Society Open Science*, n. 4, p. 161081, 2017.

_____. "Males with a mother living in their group have higher paternity success in bonobos but not chimpanzees". *Current Biology*, n. 29, pp. 341-57, 2019.

SWAAB, D. F. *Wij Zijn Ons Brein*. Amsterdam: Contact, 2010 (em holandês).

SWAAB, D. F.; HOFMAN, M. A. "An enlarged suprachiasmatic nucleus in homosexual men". *Brain Research*, n. 537, pp. 141-8, 1990.

TAYLOR, S. *The Tending Instinct: How Nurturing Is Essential for Who We Are and How We Live*. Nova York: Henry Holt, 2002.

THORNHILL, R.; PALMER, C. T. *A Natural History of Rape: Biological Bases of Sexual Coercion*. Cambridge, MA: MIT Press, 2000.

TIGER, L. *Men in Groups*. Nova York: Random House, 1969.

TITZE, I. R.; MARTIN, D. W. "Principles of voice production". *Journal of the Acoustical Society of America*, n. 104, p. 1148, 1998.

TJADEN, P.; THOENNES, N. *Full Report of the Prevalence, Incidence, and Consequences of Violence against Women*. U.S. Department of Justice, Office of Justice Programs, 2000.

TODD, B. K.; BANERJEE, R. A. "Lateralization of infant holding by mothers: A longitudinal evaluation of variations over the first 12 weeks". *Laterality: Asymmetries of Brain, Body and Cognition*, n. 21, pp. 12-33, 2018.

TODD, B. K. et al. "Sex differences in children's toy preferences: A systematic review, meta-regression, and meta-analysis". *Infant and Child Development*, n. 27, p. e2064, 2018.

TOKUYAMA, N.; FURUICHI, T. "Do friends help each other? Patterns of female coalition formation in wild bonobos at Wamba". *Animal Behaviour*, n. 119, pp. 27-35, 2017.

TOKUYAMA, N.; SAKAMAKI, T.; FURUICHI, T. "Inter-group aggressive interaction patterns indicate male mate defense and female cooperation across bonobo groups at Wamba, Democratic Republic of the Congo". *American Journal of Physical Anthropology*, n. 170, pp. 535-50, 2019.

TOWNSEND, S. W.; DESCHNER, T.; ZUBERBÜHLER, K. "Female chimpanzees use copulation calls flexibly to prevent social competition". *PLoS ONE*, n. 3, e2431, 2008.

TRATZ, E. P.; HECK, H. "Der afrikanische Anthropoide "Bonobo", eine neue Menschenaffengattung". *Saügetierkundliche Mitteilungen*, n. 2, pp. 97-101, 1954.

TRAVIS, C. B. *Evolution, Gender, and Rape*. Cambridge, MA: MIT Press, 2003.

TRIVERS, R. L. "Parental investment and sexual selection". In: CAMPBELL, B. (Org.). *Sexual Selection and the Descent of Man*. Chicago: Aldine, 1972, pp. 136-79.

TROJE, N. F. "Decomposing biological motion: A framework for analysis and synthesis of human gait patterns". *Journal of Vision*, n. 2, pp. 371-87, 2002.

TROST, S. G. et al. "Age and gender differences in objectively measured physical activity in youth". *Medicine and Science in Sports and Exercise*, n. 34, pp. 350-5, 2002.

TURNER, P. J.; GERVAI, J. "A multidimensional study of gender typing in preschool children and their parents: Personality, attitudes, preferences, behavior, and cultural differences". *Developmental Psychology*, n. 31, pp. 759-72, 1995.

TUTIN, C. E. G. "Mating patterns and reproductive strategies in a community of wild chimpanzees". *Behavioral Ecology and Sociobiology*, n. 6, pp. 29-38, 1979.

UTAMI ATMOKO, S. S. *Bimaturism in orang-utan males: Reproductive and ecological strategies*. Tese de doutorado. Utrecht: Universidade de Utrecht, 2000.

VACHARKUKSEMSUK, T. et al. "Dominant, open nonverbal displays are attractive at zero-acquaintance". *Proceedings of the National Academy of Sciences USA*, n. 113, pp. 4009-14, 2016.

VADEN-KIERMAN, N. et al. "Household family structure and children's aggressive behavior: A longitudinal study or urban elementary school children". *Journal of Abnormal Child Psychology*, n. 23, pp. 553--68, 1995.

Referências bibliográficas

VAN HOOFF, J. A. R. A. M. *Gebiologeerd: Wat een Leven Lang Apen Kijken Mij Leerde over de Mensheid*. Amsterdam: Spectrum, 2019 (em holandês).

VAN LEEWEN E.; CRONIN, K. A.; HAUN, D. "A group-specific arbitrary tradition in chimpanzees (*Pan troglodytes*)". *Animal Cognition*, n. 17, pp. 1421-25, 2014.

VAN SCHAIK, C. *Among Orangutans: Red Apes and the Rise of Human Culture*. Cambridge, MA: Belknap, 2004.

VAN WOERKOM, W.; KRET, M. E. "Getting to the bottom of processing behinds". *Amsterdam Brain and Cognition Journal*, n. 2, pp. 37-52, 2015.

VASEY, P. L. "Homosexual behavior in primates: A review of evidence and theory". *International Journal of Primatology*, n. 16, pp. 173-204, 1995.

VAUCLAIR, J.; BARD, K. "Development of manipulations with objects in ape and human infants". *Journal of Human Evolution*, n. 12, pp. 631-45, 1983.

VERLOIGNE, M. et al. "Levels of physical activity and sedentary time among 10- to 12-year-old boys and girls across 5 European countries using accelerometers: An observational study within the ENERGY--project". *International Journal of Behavioral Nutrition and Physical Activity*, n. 9, p. 34, 2012.

VINES, G. "Queer creatures". *New Scientist*, 7 ago. 1999.

VOLK, A. A. "Human breastfeeding is not automatic: Why that's so and what it means for human evolution". *Journal of Social, Evolutionary, and Cultural Psychology*, n. 3, pp. 305-14, 2009.

VON ROHR, C. R. et al. "Impartial third-party interventions in captive chimpanzees: A reflection of community concern". *PLoS ONE*, n. 7, e32494, 2012.

VOSKUHL, R.; KLEIN, S. "Sex is a biological variable: in the brain too". *Nature*, n. 568, p. 171, 2019.

WATTS, D. P.; COLMENARES, F.; ARNOLD, K. "Redirection, consolation, and male policing". In: AURELI, F.; DE WAAL, F. B. M. (Orgs.). *Natural Conflict Resolution*. Berkeley: University of California Press, 2000, pp. 281-301.

WATTS, D. P. et al. "Lethal intergroup aggression by chimpanzees in Kibale National Park, Uganda". *American Journal of Primatology*, n. 68, pp. 161-80, 2006.

WAYNE, S. *Alpha Male Bible: Charisma, Psychology of Attraction, Charm*. Hemel Hempstead, Reino Unido: Perdens, 2021.

WEATHERFORD, J. *Genghis Khan and the Making of the Modern World.* Nova York: Broadway Books, 2004.

WEIDMAN, N. "Cultural relativism and biological determinism: A problem in historical explanation". *Isis*, n. 110, pp. 328-31, 2019.

WEISBARD, C; GOY, R. W. "Effect of parturition and group composition on competitive drinking order in stumptail macaques". *Folia Primatologica*, n. 25, pp. 95-121, 1976.

WESTNEAT, D. F.; STEWART, R. K. "Extra-pair paternity in birds: Causes, correlates, and conflict". *Annual Review of Ecology, Evolution, and Systematics*, n. 34, pp. 365-96, 2003.

WESTOVER, T. *Educated: A Memoir.* Nova York: Random House, 2018.

WHITE, E. *Fast Girls: Teenage Tribes and the Myth of the Slut.* Nova York: Scribner, 2002.

WICKLER, W. "Socio-sexual signals and their intra-specific imitation among primates". In: MORRIS, D. (Org.). *Primate Ethology*. Garden City, NY: Anchor, 1969, pp. 89-189.

WIEDERMAN, M. W. "The truth must be in here somewhere: Examining the gender discrepancy in self-reported lifetime number of sex partners". *Journal of Sex Research*, n. 34, pp. 375-86, 1997.

WILLIAMS, C. L.; PLEIL, K. E. "Toy story: Why do monkey and human males prefer trucks?". *Hormones and Behavior*, n. 54, pp. 355-8, 2008.

WILSON, E. A. *Neural Geographies: Feminism and the Microstructure of Cognition.* Nova York: Routledge, 1998.

_____. "Neurological preference: LeVay's study of sexual orientation". *SubStance*, n. 29, pp. 23-38, 2000.

WILSON, E. O. *On Human Nature.* Cambidge, MA: Harvard University Press, 1978.

WILSON, M. L. et al. "Lethal aggression in Pan is better explained by adaptive strategies than human impacts. *Nature*, n. 513, pp. 414-17, 2014.

WISEMAN, R. *Queen Bees and Wannabes: Helping Your Daughter Survive Cliques, Gossip, Boys, and the New Realities of Girl World.* Nova York: Harmony, 2016. [Ed. bras.: *Meninas malvadas: Como ajudar sua filha a lidar com panelinhas, fofocas, namorados e novas realidades do mundo das garotas.* Rio de Janeiro: Best Seller, 2013.]

WITTIG, R. M.; BOESCH, C. "How to repair relationships: Reconciliation in wild chimpanzees". *Ethology*, n. III, pp. 736-63, 2005.

WOLFE, L. "Behavioral patterns of estrous females of the Arashiyama West troop of Japanese macaques". *Primates*, n. 20, pp. 525-34, 1979.

Referências bibliográficas

WRANGHAM, R. W. *The Goodness Paradox: The Strange Relationship Between Virtue and Violence in Human Evolution*. Nova York: Pantheon, 2019.

WRANGHAM, R. W.; PETERSON, D. *Demonic Males: Apes and the Evolution of Human Aggression*. Boston: Houghton Mifflin, 1996.

WRIGHT, Q. *A Study of War*. Chicago: University of Chicago Press, 1965.

YAMAMICHI, M.; GOJOBORI, J.; INNAN, H. "An autosomal analysis gives no genetic evidence for complex speciation of humans and chimpanzees". *Molecular Biology and Evolution*, n. 29, pp. 145-56, 2012.

YAMAMOTO, S.; HUMLE, T.; TANAKA, M. "Chimpanzee help each other upon request". *PLoS ONE*, n. 4, e7416, 2009.

YANCEY, G.; EMERSON, M. O. "Does height matter? An examination of height preferences in romantic coupling". *Journal of Family Issues*, n. 37, pp. 53-76, 2016.

YERKES, R. M. *Almost Human*. Nova York: Century, 1925.

_____. "Conjugal contrasts among chimpanzees". *Journal of Abnormal and Social Psychology*, n. 36, pp. 175-99, 1941.

YONG, E. "Bonobo mothers are very concerned about their sons' sex lives. *Atlantic*, 20 maio 2019.

YOUNG, L.; ALEXANDER, B. *The chemistry between us: Love, Sex, and the Science of Attraction*. Nova York: Current, 2012.

ZAHN-WAXLER, C. et al. "Development of concern for others". *Developmental Psychology*, n. 28, pp. 126-36, 1992.

ZHOU, J.-N.; HOFFMAN, M.; GOOREN, L.; SWAAB, D. F. "A sex difference in the human brain and its relation to transexuality". *Nature*, n. 378, pp. 68-70, 1995.

ZHOU, W. et al. "Chemosensory communication of gender through two human steroids in a sexually dimorphic manner". *Current Biology*, n. 24, pp. 1091-5, 2014.

ZIHLMAN, A. L. et al. "Pygmy chimpanzee as a possible prototype for the common ancestor of humans, chimpanzees, and gorillas". *Nature*, n. 275, pp. 744-6, 1978.

ZIMMER, C. *She Has Her Mother's Laugh: The Powers, Perversions, and Potential of Heredity*. Nova York: Dutton, 2018.

ZUCKERMAN, S. *The Social Life of Monkeys and Apes*. Londres: Routledge and Kegan Paul, 1932.

_____. "Apes are not us". *New York Review of Books*, pp. 43-9, 30 maio 1991.

Índice remissivo

As páginas indicadas em *itálico* referem-se a ilustrações, fotografias e tabelas.

aborto, 106, 270
abuso de crianças, 244
abuso de drogas, 302
acasalamento, 211-46, 406-7; iniciativa das fêmeas no, 211-46; múltiplos parceiros de, 185, 188, 218-9; rituais humanos no, 24
Aché, grupo indígena, 274
administração de conflito, 128, 318-57
adoção interespécies, 428-9
adoções, 383-5, 398; de órfãos, 383-5, 428; de outra espécie, 428-9; por casais do mesmo sexo, 392
African Genesis [Gênese africana] (Ardrey), 283
Against Our Will [Contra a nossa vontade] (Brownmiller), 271
agressão, 115; brincadeiras brutas e, 51-2; entre chimpanzés, 9-10; entre elefantes, 11; entre machos humanos, 122-5; entre meninas, 334-6; limites da, 81; papel da testosterona na, 432; válvulas de escape construtivas para, 278-9
aids, 270
ajuda direcionada, 365-6
"ajudantes de ninho", 395
Aleppo, Síria, 226
Alexander, Gerianne, 36
Alexander, Michele, 230
alfa, status de, 280-317
Ali (chimpanzé), 398
alianças, 174-6, 287-8, 306, 345-6
alimentação com mamadeira, 111, 152, 154, 181, 371-2

alimento: compartilhamento de, 205-7; competição por, 94-5, 334; na dominância, 170-2; sexo e, 235
Almost Human [Quase humano] (Strum), 147
alomaterno, cuidado, 377
Alpha Male Bible [A bíblia do macho alfa], 295
Altmann, Jeanne, 145
altruísmo, 117-9, 126-8, 285, 364-8
altura, 276, 311, 330
amamentação, 108-11, 231, 358-72, 379, 396; desmame, 368; fisiologia da, 372; ligação emocional na, 362; percepção animal da, 225; preferência pelo lado esquerdo na, 370-1, sala de, 108
Amber (chimpanzé), 33, 36, 42, 56-7, 374
American Psychological Association, 12, 403
amígdala, 363, 391-2
amizade: dicotomia baseada em gênero na, 322-4; em meninas e meninos, 335-6; entre machos e fêmeas, 275; feminina, 307-8, 334-6; reino animal e, 140-1, 146; rivalidade masculina na, 92-3; velhice e, 333-4
amor, 362-4, 400-1, 411-2
amor romântico, 76, 362-4, 400; sexo versus, 411-2
Amos (chimpanzé), 293-5, 305, 307
amostragem olfativa, 321-2
anatomia, sinais sexuais na, 197-8

520   Diferentes

And Tango Makes Three [Com Tango somos três] (Richardson e Parnell), 401
andar arrogante, 81
André, Claudine, 149-55, 179-81
androstadienona, 419
Angier, Natalie, 175, 194
animais: emoções em, 104; empatia em, 99, 368; habilidades cognitivas de, 145, 438; hierarquia de poder em, 116-19; inteligência e escolha em, 217-8; interesse do autor por, na infância, 39-40; reconhecimento de gênero humano por, 99; sexualidade em, 409-11; variação de coloração em, 423
animais de estimação, escolha de brinquedos por, 41
animais de matilha, meninos como, 336
"animálculos", 224
anjos bons da nossa natureza, Os (Pinker), 167
ansiedade/ angústia, 297, 344-5
antropólogos, 263, 274, 286, 314, 316; machos versus fêmeas, 128, 324-5; visão enviesada das mulheres, 218; visões otimistas de, 128
apêndice, 195
apertos de mão: genitais e, 416-7; reconhecimento de odor em, 321-2
aplicativo de relacionamento, 186
Apollo (bonobo), 309
aprendizado, predisposição ao, 68
aptidão evolutiva, 189-97
arbitragem, 299, 312
Ardern, Jacinda, 311
Ardipithecus, 387
Ardrey, Robert, 283-4, 386
arganazes, 368
Aristóteles, 26
armas, 258-9, 268, 299, 331
armas de brinquedo, 41
arrastar galhos, 149-50

"arrogância bípede", 80
Asimov, Isaac, 358
assassinato, 10, 255-7
assédio sexual, 109; opções de prevenção para mulheres, 275-8
assexualidade, 419
assimetria cerebral, 418-9
ataques de birra, 369, 396
atirar pedras, 281
atividade sexual com parceiros do mesmo sexo, 400-30; em bonobos, 155, 196-7
Atlanta (chimpanzé), 395
ato sexual: abstinência do, 30; alimento e, 235; amor romântico e, 411-2; animais versus humanos, 223-5, 225; arriscado e ilícito, 215-6, 229; autonomia motivacional no, 429-30; aventurismo das fêmeas no, 189-90; barganha no, 241; como técnica de sobrevivência, 243; energia no, 228-9; evitar o, 156, 198; impulso para o, 428-30; intrafamiliar, 260; múltiplos parceiros no, 230-1, 240-3, 388; prazer no, 61, 197, 429-30; reprodução como objetivo do, 223-6, 429; tabus culturais sobre o, 168-9, 412, 415-7
Attenborough, David, 24
Atwood, Margaret, 335
Aureli, Filippo, 191
Australopithecus africanus, 166
autodisciplina, 279
autoembelezamento, 201-5
autoestima, 211-2
autonomia motivacional, 428-30
autopercepção, 197-8, 203
autorrestrição, 51-2
autossocialização, 39-40; crianças e, 69-70, 71; cuidar de filhos e, 375-6; definição, 70; identidade de gênero e, 60-90
aves, 217-22, 219, 234, 395
aves canoras, 219
avó, hipótese da, 396-7

Índice remissivo

babuínos, 138-42, 186, 275, 283, 297, 315, 396; como sujeitos de estudo, 15, 135-42; formação de vínculos entre macho e fêmea em, 131-2; papéis dos sexos em, 136-42; veneração dos, 186, *187*
babuínos-anúbis (*Papio anubis*), 137
babuínos-do-cabo, 137-8
babuínos-gelada (*Theropithecus gelada*), 182
babuínos-sagrados, 130-1, 136-7, 140, 297
Bagemihl, Bruce, 410-1
baleias, 377, 396, 429, 436
"bandos" [*parties*], 249-50
Bari, 244
Baron-Cohen, Simon, 433
batalha, mortes em, 253
Bateman, Angus, 232
Bateman, princípio de, 232-4, 243
Baumeister, Roy, 228-30
Beach, Frank, 408-9
Beast and Man [Bicho e homem] (Midgley), 431
Beauvoir, Simone de, 103, 106, 442
bebês de mentirinha, 373-5
beijos, 338, *338*, 413-4
beijos de boca aberta, 413
Belais, Raphaël, 153
belugas, 396
Bergman, Ingmar, 103
Berlusconi, Silvio, 311
Berman, Edgar, 188-9
beta, status de, 262, 297-8, 309
Beyond Power [Além do poder] (French), 323
Bias (macaco-prego), 225
Bíblia, 11, 243
binária, sexualidade, 78-9
Biological Exuberance: Animal Homosexuality and Natural Diversity [Exuberância biológica: Homossexualidade animal e diversidade natural] (Bagermihl), 410-1
biólogos evolutivos, 189-90, 259

bissexualidade, 405, 421-2
BL ("Boys' Love"), 401
Blum, Deborah, 41
"boas meninas", ilusão de, 324
Boehm, Christopher, 297
Boesch, Christophe, 263, 308, 383, 398
bolsos, 59
bonecas, 57, 373-5
bonobos, 20-3, 31, 151-2, *164*, 196-7, 200-1, 222, 266, 275, 277, 289, 306, 308-9, 315, 387, 397, 423, 435-6; amamentação e desmame em, 368; anatomia dos, 157-9; características em comum com humanos, 159-63; chimpanzés comparados aos, 22, 157-65, 170-2, 178-9, 285, 306, 343-4, 435-6; clitóris em, 192, 196; compartilhamento de alimentos em, 207; comportamento sexual em, 60-1, 154-6, 160-2, 164-70, 197-8, 242, 264-5, 285, 290, 412-7, *415*; consolação em, 368; cópula em, 191-2; cuidados cooperativos dos filhos em, 395-6; DNA na árvore genealógica dos, *135*; dominados pelas fêmeas, 176-8, 292; empatia em, 165; evolução dos estudos de, 163-72; fêmeas alfa em, 165, 169-71, 286-8, 306; função da mama em, *110*, 111; hábitat de, 158-9; hierarquia das fêmeas em, 149-81; interação dos machos em, *164*, 176-8; natureza não violenta dos, 160-7; papéis dos sexos em, 149-81, 306; potencial paterno em, 384-5; proteção materna dos filhos machos em, 308-9; qualidade de vida dos machos em, 176-8; similaridades com humanos, 134; sinais sexuais de, 191-2; solidariedade das fêmeas em, 174-6, 264, 343-4, *415*; tom de voz dos, 160; uso de ferramentas por, 172-4, *173*; uso do termo, 161-2; violência dos machos reduzida em, 265

Bornéu, 267
Bossou, Guiné, 207
Bouazzouni, Nora, 95
Bounty, motim do, 123
Bregman, Rutger, 129
Bremerhaven, Zoológico de, 401
brincadeira: agressiva e competitiva, 287; bruta, 48-54; conforme o
gênero, 48-54, 374-5, 436; criação
de vínculo por meio de, 50-1;
imaginativa, 57-8, 373-4; jovens
chimpanzés e, 84; segregação dos
sexos em, 50-1, 430; socialização
de primatas por meio de, 33-59
brincadeiras brutas, 48-54
brincadeiras imaginativas, 57-8,
373-4
brinquedos: escolhas de, conforme
o gênero, 33-59, 373-5, 436; socialização por meio de, 33-6, 35
brinquedos com rodas, 38-41
bromance, 327
Brooker, Jane, 408
Brownmiller, Susan, 271-2
brutalidade de machos, 247-9, 275,
284, 343-4
brutalidade na natureza, 243-5
Brutus (chimpanzé), 398-9
Buckner (chimpanzé), 384
bullying, 334-5
Burgers, Zoológico, 9, 17, 20, 33,
111-2, 227, 241, 280, 292, 298, 306,
337, 339, 343, 398; reintrodução de
chimpanzés no, 381
Buss, David, 429
Busse, Curt, 138-9
Butler, Judith, 25, 27
By the Light of My Father's Smile
[Pela luz do sorriso do meu pai]
(Walker), 22

caça, compartilhamento de presa
na, 206
caça ilegal, caçadores ilegais, 300,
382-3, 385

caçadores, 381
caçadores-coletores, tribos de, 114,
243, 274, 314, 345, 388
cães, 54-5, 289, 374, 436
cães-de-pradaria, 239
Caim, marca de, 166-7
calaus, 24
câmaras de gás, 256
Camillo (bonobo), 309
camundongos, cuidados maternos
em, 378
canibalismo e infanticídio, 238-42
canto, criação de vínculo por meio
do, 380
caprinos, 285, 422, 424
captura de cupins, 70, 71, 124, 366
características sexuais secundárias,
303
características vestigiais, 195
cardeais (*Cardinalis cardinalis*), 219
carneiro-de-dall (*Ovis dalli*), 420
Carreras, José, 92-3
Carson, Rachel, 181
Cartmill, Matt, 143-4
casamento, desequilíbrio dos gêneros no, 257
casamento, propostas de, 107-8
casamento com parceiro do mesmo
sexo, 109
casamento gay, 106
casamentos, 218
castidade, 226, 229
castração, 409, 432
catação social (*grooming*), 10, 21, 241,
287, 294, 307, 327-9, 333, 339, 343,
368, 398, 407
Catanese, Kathleen, 228-9
catolicismo, 30
Ceauşescu, Nicolau, 361-2
celibato, 229
Central Park, Zoológico do, 401, 402
centralidade das fêmeas, 155
Centro de Conservação da Vida
Selvagem David Sheldrick, 180-1,
428

Índice remissivo

cérebro: de macacos, 434; diferenças entre os sexos no, 432-3; identidade de gênero e, 88-9; na orientação sexual, 403-4, 417-22; na resposta parental, 363
"cérebro gay", 417-20
Chagnon, Napoleon, 286
"chás de revelação" de gênero, do bebê, 37, 65
Chesler, Phyllis, 324
Chester, Zoológico de, 191
Chimfunshi, Orfanato de Animais Selvagens de, 408
Chimpanzee (filme), 383
Chimpanzee Politics [Política entre os chimpanzés] (de Waal), 117, 295, 346
chimpanzés, 31, 70, 72, 157, 180, 200-1, 257, 266, 290, 326, 339-40, 343-4, 369, 387, 398, 423, 435-6; agressão dos machos em, 382; agressão e violência em, 150, 166, 178-9, 247-53; altruísmo demonstrado por, 126; aniquilação de comunidade por, 251-2; assédio em, 258-60, 264-5; assédio por machos em cativeiro, 263-4; autoembelezamento em, 202-4; autorreconhecimento em, 197-8; autossocialização de fêmeas em, 70, *71*; beijar em, 337-8, *338*; bonobos comparados a, 22, 157-65, 170-2, 178-9, 285, 306, 343-4, 435-6; brincadeiras brutas em, 49-50, 52-3; brincar em, 33-4, 49-50, 56-8, 84; capacidade dos machos para cuidar em, 382-4; compartilhamento de alimentos em, 206-7; comportamento pró--social em, 118; comportamento sexual de, 9, 191-2, 215-6, 227-8, 235; consolação em, 368; controle de conflito em, 297-300; cooperação comunitária em, 249-51, 262; criação cooperativa de crianças em, 395; dependência da mãe em,

384; devoção de fêmeas a amigos e família em, 342; diferenças de comportamento em, do Leste e do Oeste da África, 262; diferenças físicas entre os gêneros em, 329; diversidade de gênero em, 77-84; DNA na árvore genealógica de, *135*; dominância física dos machos em, 22, 292; envelhecimento em, 290-1, 297-9; exibições de machos em, 80; exibições sexuais de fêmeas em, 198-9; experimentos sobre ajuda em, 365-6; fabricação e uso de ferramentas, 124, 172; fêmeas alfa em, 280, 306, 307; função da mama em, 111; função socializadora dos machos em, 301; hierarquia dos machos estabelecida em, 288; hierarquia sexual em fêmeas jovens de, 205-8; hipótese dos "machos numerosos" em, 240-1; humanos comparados a, 53-4, 134, *135*, 162-3, 344; infanticídio em, 241; intimidação de fêmeas por machos adolescentes em, 257-8; lactação e desmame de, 368-9; liderança em, 17, 250; linguagem de sinais em, 203-4; machos alfa em, 281-2, 287-95; machos nos cuidados com a prole em, 381-2; matriz de machos em, 328-30; papéis dos sexos em, 20-2, 178-9; poder das fêmeas por formação de vínculos em, 263-4; potencial paterno em, 383-5; preferência sexual de fêmeas em, 264; preferências por brinquedos em, 42, *43*; proteção materna em, 57; reação à morte em, 294-5; reconciliação em, 337-44, *338*; reconhecimento de som em, 261; reconhecimento de voz em, 351; rede de machos idosos em, 333; reintrodução de, em zoológicos, 381-2; relacionamento

do autor com, 111-3; resposta a filhotes baseada no gênero em, 376; resposta dependente do sexo em, 99; rivalidade de fêmeas em, 340-1; rivalidade entre, 9-12, 339-40; sinais sexuais de, 191-2; testes cognitivos em, 328-9
"chimpanzés-pigmeus", 161
Christie, Agatha, 11
chupar o polegar, 369
Churchland, Patricia, 360-1
ciclídeos, peixes, 427
ciclos hormonais em mulheres, 440
circuncisão, 62
cirurgiões, homens versus mulheres, 349-50
cisgênero, definição, 83, 87
ciúme, 265, 281, 334, 387
classes, divisão de, 130, 253
Clay, Zanna, 165, 172
clitóris, 155, 160, 190-7, 222
clonagem, 221
clubes ou irmandades masculinos, 277
coabitação, 109, 266
codificação por cores baseada em gênero, 47-8
"codominância", 175
cognição, 333, 438
colo, preferência de lado ao segurar no, 370-1
comércio ilegal de carne de animais selvagens, 152
companheiros de brincadeira, escolha de, baseada no gênero, 430
competição: baseada em gênero, 305, 322, 336; comportamento sexual e, 241; entre fêmeas, 324, 333-6; entre machos, 92-3, 248-9; 309; por status entre machos, 309-10
"competição de mijadas", 319
Compleat Chauvinist, The [O chauvinista consumado] (Berman), 188-9

complexo clitouretrovaginal, 193
comportamento: função cerebral e, 392-4; hormônios no, 432; ideologia psicológica do, 115-7; influência sobre, baseada no sexo, 438-9; métodos de observação de, 145-7; papéis dos gêneros e, 146-7
"comportamento reprodutivo", 412
comunicação digital, rivalidade e, 335
comunicação quimiossensorial, 321
concepção, razão sexual na, 91
concubinas escravizadas, 310
conflito, 309; em indivíduos jovens, 282; resposta a, baseada no gênero, 341-4
confortar, 296, 384, 390
Congresso Mundial de Sexologia, 60
conhecimento, transmissão de, 292
conservação de santuários, 179
conservação de vida selvagem, 179-81
consolo, comportamento de, 296, 368
Constitutivo, significado do termo, 85
construção de ninho, 100-1
contato, privação de, 362
contato corporal confortador, 384, 391
controle, papel de, 297-8, 313
controle da natalidade, 29-30, 310, 412
conversão, terapias de, 89, 409
Coolidge, Harold, 163
cooperação, 325-7, 343-6
Copa do Mundo de futebol feminino, final da (2019), 346
cópula, 198-9, 235, 413, 416; em bonobos, 192, 196-7; forçada, 272-3; múltipla, 227-8; negociação na, 241; táticas furtivas na, 214-5
cópula forçada: raridade da, 263-4, 272-3; tamanho e status na, 267-8; uso do termo, 259-60
"cópulas furtivas", 215
corrida de pombos, 220
córtex pré-frontal, 391
corujas, 239

Índice remissivo

corvídeos, 365
costumes de gênero, 106-8
covid-19, pandemia, 266, 311
criação de filhos, 378-99, 380, 386;
    bebês, 377-94; debate natureza
    versus criação na, 431; diferenças
    no funcionamento cerebral na,
    392-3; escolha de brinquedos na,
    36-7, 39-41; mudanças nos papéis
    na, 392; papel protetor na, 380-5
criação de vínculos por pares, 100,
    387-8
crianças: autossocialização em,
    69-70, 71; azul ou rosa para, 47-8;
    brincadeiras em, ver brincadei-
    ras; bullying em, 334; cisgênero e
    transgênero, 87; criação de, com
    neutralidade para o gênero, 75-6;
    escolha de brinquedos baseada
    em gênero em, ver brinquedos;
    evolução do comprometimento
    dos machos com, 388-9; hierar-
    quia de poder em jardim de in-
    fância, 118; identidade de gênero
    em, 86-90; imprinting (gravação
    filial) em, 68; incentivo à escolha
    pessoal de, em brincadeiras, 58-9;
    interação materna e paterna
    com, 51-2, 391-3; LGBTQIAP+, 86-8,
    444-5; mediação de disputas,
    128; níveis de energia em, 48-54;
    ordem de nascimento em, 431;
    padrões de crescimento em, 95-6;
    papéis de gênero em, baseados
    na cultura, 46-7; problemas
    comportamentais em, 302-4;
    relações entre crianças do sexo
    masculino, 92
crimes de ódio baseados em sexo,
    270
criogenia, 441
cromossomos, 78-9
cucos, 242
cuidados com crianças, 438; apoio
    não parental em, 395-6; papéis

baseados em gênero nos, 358-99;
    papel protetor dos machos nos,
    380-1; predominância feminina
    em, 359-60; responsabilidade
    coletiva nos, 345
cuidados maternos e paternos na
    criação dos filhos, 358-99
cuidados maternos por casais do
    mesmo sexo, 73
cuidados parentais por casais do
    mesmo sexo, 392
"culinária", brincadeira de chim-
    panzés, 84
culpa, 348-9
"cumprimentos genitais", 416-7

Daisy (chimpanzé), 294
Damásio, António, 440
"dança da chuva", 80
dança do caranguejo, 198
Dandy (reso), 213-5
Dart, Raymond, 166
Darwin, Charles, 14, 200, 217-8,
    224, 379
Davi (Michelangelo), 183
David Greybeard (chimpanzé), 284
Davies, Nicholas, 220
Dawkins, Richard, 123, 126-7, 184
de Waal, Frans: efeito de três
    culturas sobre, 106-8; estrutura
    familiar de, 91-104, 97, 326-7;
    primeiro experimento de, sobre
    gênero, 99-101
debates políticos, 311, 356
Denworth, Lydia, 322
Departamento de Justiça dos Esta-
    dos Unidos, 248, 273
dependência, dominância e, 212
depressão, 111, 345
descoberta, uso científico do termo,
    144
desigualdade de gênero, 13, 65-7, 76,
    107-8, 230-2
desmame, 368
Dia Mundial dos Animais, 91

Diamond, Jared, 134
Diamond, Milton, 423
dicotomia de gênero, 321-4
Diego (tartaruga-gigante), 227, 246
Diga-me com quem anda (Harris), 36
Digit (gorila), 284
digitus impudicus (dedo indecente),
186
*Diretrizes dos NIH sobre sexo como
variável biológica, As*, 27
Disneynature, 383
distribuição bimodal, 83, 436
diversão, para dissipar tensão,
339-40
diversidade de gênero, 76-85
divórcio, 304
DNA, 31, 72, 94, 127, 134, *135*, 162, 215,
219, 286, 383, 421
doença respiratória, 383-4
doenças específicas de cada sexo, 27
doenças sexualmente transmissí-
veis, 270
dominância: brincadeiras e, 53-4;
ideologia psicológica da, 115-6;
no comportamento sexual, 410-1;
papéis de gênero na, *ver* dominância das fêmeas; dominância
dos machos e *espécies específicas*;
paradoxo da dependência e, 212;
poder e, 280, 290-3; postura de
pernas afastadas na, 185-9, *187*;
símbolos fálicos da, 186; social e
física, 286-7
dominância das fêmeas, 21-2, 175,
205-6; em bonobos, 169-71, 437
dominância pelos machos, 21-2, 82,
120-2, *121*, 170, 251, 436-9; chimpanzés e, 437; expectativa social
de, 318-9; hierarquias sociais e,
284-9; orangotangos e, 267-8;
razões da, 282-9; tom de voz na,
354-5
dominância social: debate dos
primatólogos sobre, 138; três
componentes da, 287-8, 292

Domingo, Plácido, 92
Donna (chimpanzé), 77-8, 80-2, 84,
425
donzela em apuros, clichê da, 276
Dowd, Maureen, 22
Dücker, Gerti, 203
duplo padrão, 229-31

E5 (tartaruga), 246
Earnshaw's Infant's Department, 47
economias estruturadas, 438
educação; para combater estupro,
278-9; para mulheres, 109
educação sexual, 106-7
Edwards, Carolyn, 70, 375
"efeminados", homens, 418
Egito, egípcios, 131, 186, *187*, 210
Eichmann, Adolf, 256
ejaculação, 224-8, 260, 268, 408, 411,
414, 420
Ekolo ya Bonobo ("Terra dos Bonobos"), 180
elefantes, 180-1, 195, 302-3, 325, 339,
368, 377, 436; agressão em, 11;
"clubes do Bolinha" em, 330;
seleção inversa em, 300-1
eleições presidenciais, 311, 356
emancipação, uso do termo, 101
emasculação, 249
embelezamento: em grandes
primatas não humanos, 201-5; em
humanos, 202
emoção, gênero e, 103-4
empatia, 31, 361, 368, 429; animal,
99, 368; bonobos e, 165; diferenças
de, conforme o gênero, 389-91
empatia cognitiva, 390
empatia emocional, 389-90
emulação, 293, 439, 442
endocrinologia comportamental, 408
Enigma (Morris), 85
"enigma do altruísmo", 367
envelhecimento: cuidar de crianças
e, 396-7; entre chimpanzés, 290-1,
297-9; entre fêmeas alfa, 307;

Índice remissivo

influência civilizadora de machos mais velhos, 301; mudanças físicas no, 291; viés de gênero no, 311

Era uma vez... em Hollywood (filme), 276

ereções, 99-100, 185-6, 268, 327, 411, 422

eremitas, 441

Ericka (chimpanzé), 307

Erickson, Erick, 283

escoteiros, 254

escroto, 249

esgotamento (burnout), 345

esgrima de pênis, 413

espancamentos, 9-12, 258-60

espelhos, autorreconhecimento em, 197-8, 203-4

esperma/ espermatozoides, 185, 231

esportes, diferenças de gênero em, 277

Estados Unidos, costumes culturais nos, 106-10

estalar os lábios, 358-9

estereotipado, definição do termo, 374

estereótipos de gênero, 353

estimulação genital, 196

estimulação genital manual, 414

estoicismo, 294, 251

estresse, hormônios do, 297

estrogênio, 29, 64, 95, 363, 379

estrutura familiar: estatísticas de estupro na, 265-6; igualdade de gênero na, 437-8

estudos sobre mulheres, 222

estupro, 248-9, 270; animais e, *ver* cópula forçada; definição e uso do termo, 259; estatísticas de, 265; intimidação e controle por meio do, 270-3; suposição do, como estratégia adaptativa evolutiva, 272-4; taxas de ocorrência de, 264-5, 270-1; vítimas de, 248-9

Estupro, ou Massacre, de Nanjing (1937), 270

Ever Since Adam and Eve: The Evolution of Human Sexuality [Desde Adão e Eva: A evolução da sexualidade humana] (Potts e Short), 426

evitar conflitos, 132, 342, 344-5

evolução, 18, 183-4, 243-5, 344, 427-8; genética na teoria da, 221-2; humana, 387-8; impulsionada pelo número e qualidade da prole, 232-3; impulso sexual na, 221-6, 232-3; mito da dominância dos machos na, 188-9; papéis dos sexos estabelecidos na, 217, 259; papel da violência na, 248, 285-6; papel do infanticídio na, 238-40; sexualidade das mulheres na, 233, 245; visão do comportamento no longo prazo na, 222-3

evolução humana, 174, 264, 386-8; ancestrais primatas na, 264-5, 435-6; cenários conflitantes da, 122-6, 166-72; registro arqueológico da, 286; teoria do "primata assassino", 166; violência na, 166-8, 252-3, 285-6

excesso de catação, 397-8

exemplos a seguir, baseados no gênero, 303

Exército Vermelho, estupro pelo, 270

exibição de genitais, 185-9, 187

exibicionismo, 208

exibições sexuais, 405; bonobos machos e, 149; dominância em, 184-9, 187; fêmeas e, 198-9, 205, 214, 240-1; humanos versus outros primatas, 207-8; langures-cinzentos-das-planícies-do-norte e, 237; regras de, 104-5

expansão do corpo, 331

"expansão postural", 186-7

extinção, 227

Fabes, Richard, 50

faces, 200, 413-4; fundamentais na sinalização de gênero em humanos, 208-10, *209*
"Faces e traseiros", 200
Faiminisme (Bouazzouni), 95
Fairbanks, Lynn, 377
famílias nucleares, 243, 250, 387
famílias: desenvolvimento de, 387-9; envolvimento paterno em, 238-9, 386, 388-9; ordem de nascimento em, 431; orientação sexual em, 420-1; razão sexual em, 96; relações masculinas em, 91-119; sem mãe, 387-93; sem pai, 302-5; tamanho de, 257, 388-9; violência em, 249
Fanana (chimpanzé), 261-2
fandis (caçadores de elefante), 11
fantasias eróticas, 229
felação, 408
Feldman, Ruth, 392, 394
Fellini, Federico, 103
fêmeas: acessórios e ornamentação para embelezamento em, 203-4; alianças de, em bonobos, 174-6, 343-4; amizades entre, 334-6; autoembelezamento em, 201-5; base familiar de, 314; como líderes, 17, 311-2; competição em, 305-6; cooperação entre, perspectiva histórica, 345-6; cuidados por, 436; estilo de brincar de, 54-5; fascínio por bonecas, bebês, 33-44, *55*, 56, 373-8; fisiologia materna de, 360-3; hierarquias de, 149-81; igualitarismo entre, 315-6; mito da natureza sexual passiva de, 211-46; orgasmo em, 190, 192-5; promiscuidade entre, uso do termo, 190; proteção maternal em, 10, 436; recato e submissão, papéis culturais de, 216; redes de proteção de, 275; rivalidade entre, 334-5; uso do termo, 79; *ver também* mulheres

fêmeas alfa, 155-6, 211, 280-317, *316*, 343, 349-50; amizades com outras fêmeas e, 307-8; bonobos e, 165, 169-71, 286-8, 306; chimpanzés e, 280, 306, 307; estilos de liderança das, 295-6, 306; gênero *Macaca* e, 313; negligência científica das, 283-9; reconciliação de conflitos e, 282; uso do termo, 117, 282-3
fêmeas com comportamento masculinizado, 78
feminicídio, 248, 270
feminismo, feministas, 13, 21-2, 29, 62, 95, 101-3, 194, 220-1, 278, 283, 315, 440-2; participação de homens no, 101-2
feminismo darwiniano, 220-2, 236
feromônios, 419
ferramentas, produção e uso de, 124, 146, 172-3, *173*, 366
ferreirinha-comum (*Prunella modularis*), 219
fertilidade, atratividade e, 202
Figan (chimpanzé), 258
figura dominante masculina obrigatória, 15
figuras maternas, 387-8
figuras paternas, 72, 387-8
filhos: acasalamento e, 215; criação de vínculo entre fêmeas em função dos, 175; maximização do número de, conforme o gênero, 231-4, 242; reconhecimento dos, pelo odor, 363; *ver também* crianças; filhotes/ bebês
filhos do sexo masculino, apoio das mães aos, 308-10
filhotes/ bebês: como extensão da mãe, 360-1; informações sonoras por, 371; percepção de, com neutralidade de gênero, 440; privação de contato em, 361-2; resposta a, conforme o gênero, 55-7, *55*, 358-61, 373, 377-94; segurar no colo, 370-1

Índice remissivo

fingimento, 154
Fisher, Terri, 230
Flack, Jessica, 299
Flo (chimpanzé), 206
Floresta de Taï, Costa do Marfim, 263, 308, 383, 398
fobia, uso do termo, 425
forasteiros, violência contra, 251
força, 287-92
força corporal, 51-2, 288-9, 331-2, 352
força das mãos, 289
Forgotten Ape, The [O grande primata esquecido] (de Waal e Lanting), 169
formação de vínculo, 361; autossocialização e, 70; aves e, 405; hormônios na, 379; materno, 360-3, 371-3; papel do comportamento sexual na, 196; *ver também* vínculos entre fêmeas; vínculos entre machos
fósseis, 166
Fossey, Dian, 284
França, impacto cultural da, 106, 109
Francisco, são, 91
fratricídio, 310
Fredy (chimpanzé), 383
freiras, 315
French, Marilyn, 323
Freud, Sigmund, 46, 192-3, 222
Friedan, Betty, 442
Friendship [Amizade] (Denworth), 322
função cerebral: empatia e, 391; diferenças na, baseadas no gênero, 391-3; imitação de gênero e, 69
Furuichi, Takeshi, 171, 178-9
futebol feminino, 346

Galápagos, ilhas, 227
Galdikas, Biruté, 267, 284
galináceos, 118, 379
gametas, 83, 231, 430
Gandhi, Indira, 311

gatos machos, 331
gays, *ver* homossexualidade, homossexuais
gêmeos, 379, 380, 421
gêmeos idênticos, 421
gêmeos não idênticos, 421
Gender Identity Clinic, 62
Gendered Brain, The [O cérebro com gênero] (Rippon), 432-3
GenderTime (aplicativo de celular), 357
gene egoísta, O (Dawkins), 126
gene egoísta, teoria do, 123, 125-6
gene gay, 420
gênero: administração de conflitos e, 318-57; base biológica dos, 62-6, 403; base genital na atribuição do, 86-9; capacidade mental e, 14; como constructo social, 65-7, 401-4, 443; como descritivo e preditivo, 436-7; como um espectro, 79-80; definição de, 61-2, 65-6, 83; desigualdade social e, 19; detecção de, por humanos, 319; diferenças de tamanho e, 95; dualismo em, 440-1; em papéis comportamentais, 9-32; estrutura de valores humanos e, 255-7; exceções individuais em, 436-7; face como sinalização de, 208-10, 209; hierarquia de poder e, 118; identificar sinais de, 65-7; influências biológicas e sociológicas sobre, 23-8, 60-90, 403-4, 434-5, 443; na preferência por brinquedos, *ver* brinquedos de acordo com gênero; papéis comportamentais humanos e, 11-21; percepção pessoal do autor sobre, 98-9; perspectiva antropológica, 324-5; reconhecimento de, 99-100; rivalidade e, 320-1; sexo e, 19, 24-6, 73-90, 401-4, 434-5; terminologia de, 83; uso do termo, 25, 61-2, 64-6, 434
gênero, atribuição de, 405-6

530   *Diferentes*

gênero, identidade de, 65-7, 420-1;
base biológica da, 84-90; cérebro
na, 444; ciência e ideologia na,
403-4; como imutável, 444-5;
definição, *83*; orgulho da, 76
generosidade, 295
genes do estupro, 274
genética: ambiente e, 74-6; conhecimento evolutivo da, 226; na
hereditariedade de humanos e
grandes primatas não humanos,
162-3; tamanho de óvulos e espermatozoides em, 231-2
Genghis Khan Method of Male Potency
[Método Genghis Khan para
potência masculina], 227
Gengis Khan, 227, 270
genitália: como arma, 271; determinação do sexo binário e, 78-9;
exibições de, das fêmeas, 197-8;
imitação no corpo, 182-3; interesse de primatas na, 37; reconhecimento e seleção sexual, 200
genocídio, estupro em, 270
genocídio em Ruanda, 255, 270
genoma humano, DNA neanderta-
lense em, 94
genomas, na orientação sexual, 421
Georgia (chimpanzé), 34
gestação, 231, 379
gesto de pedir, 158
gestos de mão, 280-1
GG rubbing (fricção gênito-genital,
hoka-hoka), 155, 160, *164*, 168, 170,
197, 343, 413-4, *415*
Gibbs, James, 246
gibões, 380
Gingrich, Newt, 117
Goblin (chimpanzé), 257-8, 295-6
Golding, William, *123*, 129
golfinhos, 196, 239, 326, 339, 377
Gombe, Parque Nacional de, 251,
257, 295, 297-8
Goodall, Jane, 124-5, 130, 139-40, 181,
206, 251-2, 284

Goodness Paradox, The [O paradoxo
da bondade] (Wrangham), 167
gorilas, 16, 156, 180, 330, 370; agressão controlada em, 51-2, 269-70;
caça de machos, 381; DNA na árvore genealógica dos, *135*; inibições
sexuais em, 269-70; machos alfa
em, 297; machos nos cuidados
com a prole em, 381
Gould, Stephen Jay, 184, 194-5
Gowaty, Patricia, 221-2, 234
Goy, Robert, 358, 399
gralhas, 100
Gramzay, Rob, 404
grandes primatas não humanos: bípedes, *134*; brincadeiras baseadas
em gênero nos, 48-50; características compartilhadas por seres
humanos e, 159-72; cuidado da
prole por machos em, 380; em
famílias humanas, 204; ensinados
por mães humanas, 369-71; exibições sexuais de fêmeas em, 198-9;
habilidades maternas aprendidas
por, 55-6, 368-71; hierarquia das
fêmeas estabelecida em, 289;
influências ambientais sobre, 439;
jovens, atração sexual crescente
em, 207; não conformidade de
gênero em, 82; percepção de
gravidez de, 226; tentativas de
ensinar linguagem a, 68; uso
do termo, 439; vários parceiros
sexuais em, 188
gravidez: desenvolvimento da identidade de gênero no feto, 88-9;
menosprezo pela, 442; mudanças
hormonais nos machos afetadas
pela, 379; múltiplos parceiros
durante, 244; percepção da, por
animais, 225-6; sexo e, 224, 243
Grécia Antiga, 426
Green Sari, movimento, 277
gritar, 340-1
grunhidos durante alimentação, 156

Índice remissivo

grupos de mesmo gênero, 315
guerra, 244, 248; cooperação na,
   285; entre comunidades de
   chimpanzés, 251; estupro na, 270;
   papéis masculinos na, 253-9; vítimas de, conforme o sexo, 254-7

Hadza, povo, 397
hamsters, 412
Hanna (bonobo), 309
Hanuman (deus), 236
Haraway, Donna, 143-6, 252
haréns, 120, 132, 310
Harris, Judith, 36
Harris, Kamala, 356
Hashimoto, Chie, 179
Hassett, Janice, 38
Hawkes, Kristen, 397
Hayes, Cathy, 57-8
Heck, Heinz, 160-1
Hegel, Georg Wilhelm Friedrich, 13
Hellabrunn, Zoológico de, 160-1
Henry Vilas, Zoológico, 211, 406
hereditariedade, leis da, 221
hermafroditas, 190
Herodes, rei, 244
heróis, 293
Herschberger, Ruth, 206
heterossexualidade, heterossexuais,
   409, 413-5, 418-9, 421-2, 425; uso do
   termo, 400-1, 425-6
hienas, 387
hierarquia de necessidades, 212
hierarquia de poder no jardim de
   infância, 118
hierarquias empresariais, integração dos gêneros nas, 315-7
hierarquias primatas, papéis na,
   conforme o gênero, 283
hierarquias sociais, dominância
   masculina tradicional em, 283-9
Hill, Kim, 274
Hines, Melissa, 36
hipocampo, 392
hipotálamo, 418-20

hipótese do macaco confuso, 410
hipótese fazer as pazes/ manter a
   paz, 341-4
Hiraiwa-Hasegawa, Mariko, 242
Høeg, Peter, 124
Holanda, 9, 30, 417; costumes progressistas na, 106-7, 142; infância
   do autor na, 91-119
Holland (chimpanzé), 384
Holmes, Elizabeth, 352
Holocausto, 256
homens: agressão em, 11, 248; ambições de, 66-7; assédio sexual por,
   275; características de atração
   sexual por, 201-2; características faciais de, 208-10, 209; como
   vítimas de estupro, 273; competição em, 45, 92-3; controle da
   força por, 52; covid-19, liderança
   deficiente por, 312; dimorfismo
   sexual em, 329-31; dominância
   social por, 318-9, 331; domínio
   por, 325; exibicionismo por, 208;
   fator estatura em, 310-1; foco dos,
   no impulso sexual, 228-31; papéis
   de gênero de base biológica, 45-6;
   paternidade em, ver paternidade;
   preferência das mulheres por
   tipos de, 275-7; qualidades "viris"
   de, 274-9; resposta feminista aos,
   101-4, 442; rivalidade e amizade
   em, 326-7; sociedades tribais e,
   314; status social de, 253-4; tom de
   voz dos, 351-2; transgênero, 353-4
homicídios, 247-8, 253, 270
hominídeos: ancestrais, 163; diferenças de gênero em, 422-9; DNA
   na árvore genealógica de, 135; embelezamento feminino em, 201;
   sem cauda, 151
Homo sapiens, 116, 134, 135, 184, 443
homofobia, 403, 424
homossexualidade, homossexuais,
   107, 404-5, 412-3; evolução da
   perspectiva da, 401, 408-10; evolução da, 430; exibições de, 405;

homofobia, 403, 424; masculina e feminina, 414-5; orientação exclusiva para, 419-20; tentativa de desestigmatização, 409-11; uso do termo, 400-1, 426

homossexualidade, terapia de afirmação da, 409

hormônios, 396, 403, 432-3

hormônios femininos em machos, 379

hospitais, conflito em, 346-50

Hrdy, Sarah Blaffer, 236-40, 243-4, 334, 345, 395

Hume, David, 127

humilhação, estupro como, 270

humor, uso pelo autor, 93-4

idade fértil, 396

Idade Média, 254

Idani, Gen'ichi, 385

identidade, gênero e, *ver* gênero, identidade de

identidades agênero, 405-6

identificação, 71

"ideologia tradicional da masculinidade", 12

Ig Nobel, prêmio, 200

igualdade: ilusão da, 115-6, 324; na evolução social, 315

igualdade de gênero: biologia e, 403; como objetivo da sociedade, 28-32, 39-41, 356, 445

ilusão igualitária, 115-6, 324

imagens do corpo todo, 199

Imanishi, Kinji, 287

imaturidade prolongada, 438

Imoso (chimpanzé), 258-9

imparcialidade, 295

Império Otomano, 310

imprinting (gravação filial), 68

impulso sexual: como motor da evolução, 221-6; de fêmeas, 211-46; diferenças no, conforme o gênero, 226-31, 245; "linha do partido" feminista sobre, 228-9

impulso sexual masculino, 226-7

In Quest of the Sacred Baboon [Em busca do babuíno-sagrado] (Kummer), 131

inconformidade de gênero, 82-3

infância, características que perduram, 159

infanticídio, 238-42, 381; Bíblia sobre, 243-4; em humanos, 243-4; explicação evolucionista do, 238-40

injustiça, 444

instinto, 54, 73, 123, 167, 217, 360, 371-2, 379, 438

Instituto de Pesquisas sobre Primatas, Japão, 365

Instituto do Cérebro de Estocolmo, Suécia, 418

Instituto Kinsey, 228

insucesso nos estudos, 302

"inteligência emocional", 104

inteligência social: adoção de perspectiva na, 364-7; cuidados maternos na evolução da, 364

interacionismo, 74-5

intersexo, definição de, *83*

intimidação, 160, 263-4, 288

inveja, 321

"inveja do pênis", 46

"inveja do útero", 46

investimento parental, 231-2

"Irmão Mais Velho", programa do, com elefantes, 300

irmãos: adoção por, em chimpanzés, 384; na família do autor, 91-119

Jackson, Janet, 108

Jolly, Alison, 146

Jones, Laura, 348

Josie (chimpanzé), 206

Jotto (elefante), 428

jubartes, 330

Kahlenberg, Sonya, 42

Kakowet (bonobo), 385

Kalunde (chimpanzé), 291

Índice remissivo

Kame (bonobo), 308-9
Kano, Takayoshi, 164, 166-7, 171
Kanzi (bonobo), 164
Kavanaugh, Brett, 105
Kema (bonobo), 385
Kennard, Caroline, 14
Kertbeny, Karl-Maria, 426
Kibale, Parque Nacional da Floresta de, 42, 72, 258, 333, 383-4
King Kong (filme), 124
King of the Mountain [Rei da Montanha] (Ludwig), 15
Kinsey, Alfred, 413, 421-3, 424
Kinshasa, 151
Kissinger, Henry, 352
Köhler, Wolfgang, 203
Koko (gorila), 34
Konner, Melvin, 74, 102-3
Kret, Mariska, 200
Kristof, Nicholas, 312
Krom (chimpanzé), 371
Kuif (chimpanzé), 111-3, 306, 308, 343, 371-2, 381-2
Kummer, Hans, 74-5, 130-3, 137, 145
Kuroda, Suehisha, 158-9
Kyoto, Aquário de, 400-1

lábios, 183, 209-10
lábios evertidos (do avesso), 183
lactação, 108-9, 371-2, 379; ver também amamentação
Lagerspetz, Kirsti, 334-6
lamber, 361, 367-8
Lancaster, Jane, 376
Lance (macaco-prego), 190
langures-cinzentos-das-planícies-do-norte (Semnopithecus entellus), 236-40
Langurs of Abu, The [Os langures de Abu] (Hrdy), 237
Lanting, Frans, 169
Laqueur, Thomas, 194
laringe, 75, 160, 351-2, 369
Last Ape, The [O último grande primata] (Kano), 164

Lawrence versus Texas, 404
Leavitt, Harold, 317
lebistes ou barrigudinhos, 412
Leeuwenhoek, Antonie van, 224
lei da selva, 285
"lei do mais forte", 357
leis da hereditariedade, 14
leões, 16-7, 139, 239, 326, 387
leopardos, 139, 238, 263, 367
lésbicas, 81, 303, 405, 419-20, 426
Lethmate, Jürgen, 203
LeVay, Simon, 418, 425
lexigramas, 164
LGBTQIAP+ comunidade, 86-8, 412-3, 417-8, 420-1, 444-5
libertação, programas de, 179-81
libidos, 246
licença-paternidade, 110
licenças-maternidade, 106, 108
líder de bancada, 292
liderança, 280, 310-7
Lindström, Per, 418
língua de sinais, 34, 203
linguagem, 422-6, 434; bases biológicas e culturais da, 67-8; gênero na, 61-2; uso diplomático da, 345
linguagem corporal: observação da, 119; resposta empática e, 389-90
Link, Andrés, 424
Lisala (bonobo), 172-3, 173
Lloyd, Elisabeth, 194-5
lobos, 339
lobotomias, 409
local de trabalho, 314-5, 437; conflito no, 344; diferenças no, conforme o gênero, 356; hierarquias no, 314-7; mulheres como maioria no, 346; trabalho de equipe de gêneros mistos no, 350
locomoção sobre árvores, 158
Lola ya Bonobo ("Paraíso dos Bonobos"), 149-56, 163-5, 172-6, 179-80, 306
Lolita (chimpanzé), 351, 366-7
Londres, Zoológico de, 283

534   *Diferentes*

Lonnie (macaco-prego), 407-8, 425
Lorenz, Konrad, 68, 123
Loretta (bonobo), 169, 174
Louise (bonobo), 169
louva-a-deus, 24
Lucy's Legacy [O legado de Lucy] (Jolly), 146
Ludwig, Arnold, 15
luehea, frutos, 71
Luit (chimpanzé), 9-12; ataque a, 247, 249, 252
lutas, habilidade em, 49-50, 287-8, 292-3
luto, 398

Macaca, 211-3, 236-7, 289, 313, 331; comportamento homossexual em, 407; energia sexual de, 228-9; matriz masculina em, 327-8; preferência de fêmeas no acasalamento em, 211-7; *ver também* resos, macacos
Macaca nemestrina, 299
macaco nu, O (Morris), 182-4
macacos, 151, 196, 350, 376-7, 396; agressão dos machos em, 431-2; alfa, status de, em, 287; cérebro de, 433-4; como presas, 398-9; comportamento pró-social em, 118; escolha de brinquedos em, baseada no gênero, 35, 36-8; grandes primatas não humanos e, 134; homossexualidade em, 410-1
macacos-aranha, 191, 423
macacos-aranha *variegados*, 423
macacos-de-cheiro, 185
macacos-japoneses, 407, 411
macacos-prego, 190; autossocialização em, 71; comportamento do mesmo sexo em, 407; estudo do cérebro de, 433; inversão de papel de gêneros nos, 235-6; machos alfa em, 235; preferência sexual das fêmeas em, 236

macaco-verde africano, 36, 72, 185, 376-7
machista, comportamento, 331
Macho e fêmea (Mead), 44-5
machos: acessórios de status em, 204; como orientados para o status, 253, 436; competição em, 92-3, 120-3, 128, 142, 248-9, 305-6, 309-10, 319, 333-4, 343-4; cuidados com filhos por, *ver* paternidade; desenvolvimento familiar e, 388-9; uso do termo, 79; visões preconceituosas de, 102-3; *ver também* homens
machos alfa, 198, 328, 332, *338*, 349-50, 383, 385; apoio das fêmeas a, 308; ausência de, 299-300; como parceiros sexuais desejáveis, 235; estilos de liderança em, 295-6; proteção da prole e, 237-8; uso do termo, 117, 282-3
"machos numerosos", hipótese dos, 236, 240-1
mãe do autor, 30, 91, 96-7, 97
mães: biologia no papel das, 394-5; expectativas das, 398; filhotes como extensão das, 360-1
Mahale, montanhas, 204, 249, 261, 291
Mama (chimpanzé), 9, 17, 113, 280-2, 286, 299, 306-8; como fêmea alfa, 280-2, 289-90, 292
"mamaços", 110
mamans (mães adotivas, mulheres guardiãs), 152-3
mamas, 96; como sinais sexuais, 183; costumes europeus versus americanos, 108-9; humanos versus outros primatas, 110-2, *110*
mamíferos, 289, 360-1
mamilos, 108, 194-5, 372; obsessão por, nos Estados Unidos, 108
Man the Tool-Maker [Homem, o fabricante de ferramentas] (Oakley), 124

Índice remissivo

Man Vrouw Maatschappij (mvm, Sociedade Homem Mulher), 101-3
mandris, 182
Manon, povo, 44
manspreading, 185-6, 208
Manual diagnóstico e estatístico de transtornos mentais (dsm), 409
manutenção da paz, 296-300, 304-5, 313, 337-50, 437
mãos, 427
Maquiavel, Nicolau, 113, 116, 295, 317
marfim, caça ilegal de, 181, 300
Margo (reso), como fêmea alfa, 313
Marin, Catherine, 31-2, 103, 106, 318
mariquitas-de-capuz (*Setophaga citrina*), 219
Martin, Carol, 50-1
Martin, Robert, 78
Martin, Steve, 327
"masculinidade tóxica", 12
Maslow, Abraham, 211-2
Master e Johnson, 196
masturbação, 78, 197, 228-31
matéria cinzenta, 392
maternidade: como escolha, 394; menosprezo pela, 442; respeito da comunidade pela, 397; simulação de, 44; tradição de, 377
matriarcado, 16
matrilineares, sociedades, 245
matriz masculina, 320-1, 327-34
Matsuzawa, Tetsuro, 43-4
maus-tratos domésticos, 248, 266
Max (bonobo), 156
May (chimpanzé), 198-9, 395-6
McBee, Thomas Page, 354-5
Mead, Margaret, 44-6, 394
Meir, Golda, 311
"melhor macho", hipótese do, 235-6
Men in Groups [Homens em grupos] (Tiger), 325
ménages à trois, 220
menarca, 304
Mendel, Gregor, 224
Mengele, dr., 417

meninas: agressão em, 335-6; atração por bebês e bonecas, 33-44, 55, 56, 373-8; em famílias sem o pai, 302-4
meninos: brincadeira bruta em, 48-54; cooperação social entre, 129; educação contra estupro e, 278-9; éthos militar de, 254-5; exibições de força em adolescentes, 331-2; famílias sem o pai, 302-4; influências biológicas e culturais sobre, 91-119; necessidades energéticas de, 95; puberdade em, 331-2, 352
menopausa, 396-7
menstruação, 77-8, 96, 202, 440
mente-corpo, dualismo, 431-45
mentira, detectores de, 230-1
Merkel, Angela, 311
"mesa alta", 130-1
Meston, Cindy, 429
#MeToo, movimento, 109, 208, 277
Michelangelo, 183
micos, 379
microscópios, 224
Midgley, Mary, 13-4, 127, 148, 431
migração por sinais, 182-3
Mike (chimpanzé), 382-3
militarismo, 285
Mimi ("Princesa Mimi"; bonobo), 153-7, 175, 306
Minesi, Fanny, 153
misoginia, 318
Missy (chimpanzé), 198-9, 208
Mivart, St. George, 217
Mobutu Sese Seko, 151
Money, John, 61-4, 66, 90, 445
mongóis, 270
Moniek (chimpanzé), 281
Monkey Hill, massacre de, 120-4, 129-33
monogamia, 122; mitos e clichês de, 218-9, 233-4; genética, 100, 234; social, 100, 234
monta com pés agarrados, 407
Montagu, Ashley, 73-4, 102

montas, 407
Morris, Desmond, 182-4, 188, 200
Morris, Jan, 85
Morrison, Toni, 129
mortalidade infantil, 377, 398
morte: por erro médico, 346; reação de chimpanzés à, 294; violência letal em chimpanzés, 252-3; violência letal em humanos, 247-53; ver também homicídios; infanticídio
mosca-escorpião, 272
moscas-das-frutas, 232-4
Mothers and Others [Mães e outros] (Hrdy), 395
movimento, na identificação do gênero, 100
movimento de protesto estudantil (anos 1960), 112, 114, 324
movimento dos santuários, 179-81
movimento feminista, 63
movimento pelos direitos dos homossexuais, 29
movimentos pélvicos, 197, 223, 266, 268, 407, 413, 420
Mr. Spickles (reso), 211-4, 287, 313
Mulei Ismail, sultão do Marrocos, 227
mulher e o macaco, A (filme), 124
mulheres: amizades entre, 334-5; antropologia e, 325; características faciais de, 208-10, 209; cenários para proteção de, 277-8; como cuidadoras, 67; como primatólogas, 137-48; como vítimas de violência masculina, 248-9; comparações de atratividade sexual por, 201-2; cooperação em, 343-6; covid-19, êxito na liderança por, 311-2; depreciação de, 125, 218; dominância no lar por, 97; em sociedades tribais, 314; estupro, ameaça de estupro a, 270; exclusão de, 320; exibicionismo por, 208; explicação para

papéis sociais tradicionais de, 283-9; funções corporais das, 442; gratificação sexual em, 192-3; igualdade de gênero para, nos EUA, 109; impulso sexual em, 228-31; movimento dos santuários e, 180-1; natureza empática e tranquilizadora de, 98-9, 390-1; papéis de gênero baseados na biologia, 45-6; poder protetor das, 256; pós-menopausa, 311; preconceito social contra, 13-4, 139, 318-9; preferências de bonobos por, 174; qualidades atrativas em, 275-6; redes de apoio para, 276-7; respeito por, 97, 278-9; temores de, baseados em gênero, 319; tom de voz de, 352-3, 356; transgênero, 353-4; vistas como alvo sexual por orangotangos, 267
mulheres emancipadas, 284
Muro de Mães, 256
Museu Real de Física e História Natural, Florença, 190
musth, 301, 303

nascimento, 442-3; apoio cooperativo no, 395; atribuição de gênero no, 85-8; do autor, 91; fora do casamento, 109; orientação sexual presente no, 420
natimortos, 398
National Geographic, expedição da, 169
National Institutes of Health, 26-7
Natural History of Rape, A [Uma história natural do estupro] (Thornhill e Palmer), 272-4
natural superioridade da mulher, A (Montagu), 102
natureza, documentários sobre a, 224, 285-7
natureza humana: dualismo mente/corpo na, 439-43; visão otimista versus pessimista da, 120-48

Índice remissivo

natureza versus criação, debate sobre, 67, 74-5, 445
nazistas, 256, 417, 424
neandertalenses, 94
Nelson, Anders, 40
neotênica, neotenia, uso do termo, 159-60, 163
nepotismo, 123, 314
neurocientistas, 128
neuroimagem, 69, 391
neuroplasticidade, 392
"neurossexismo", 433
neutralidade de gênero na criação de filhos, 443
New Kim (pombo), 220
Nikkie (chimpanzé), 281-2, 291, 298-9, 381-2
Nishida, Toshisada, 249-51, 260, 291
níveis de energia, 48-54
nobres selvagens, 249, 252
Noir, Victor, 183
Ntologi (chimpanzé), 250-1
núcleo leito da estria terminal, 88
nutrição, 110-1

Oakley, Kenneth, 124
ocitocina ("hormônio do aconchego"), 363, 379, 393
Odd Girl Out: The Hidden Culture of Aggression in Girls [Excluída: A cultura oculta da agressão entre meninas"] (Simmons), 335
odores, 203, 321-2, 363, 419
olhos, sobrancelhas, 209-10
ombros, 329-30, 331
onanismo, 412
one-male units (omus; unidades com um só macho), 132-3
opção por não ter filhos, 394
Orange (reso), 211-5, 287, 313
orangotangos, 27, 111, 269, 275, 303-4; autossocialização em, 70-1; comportamento sexual agressivo em, 266-8, 269; cópula forçada em, 273; cuidados maternos em, 364-5;

dna dos, na árvore genealógica, 135; fêmeas, 275
orcas, 396
ordem das bicadas, 118, 315-7
ordem de nascimento, 431
orfanatos romenos, 361-2
órfãos, 167, 398; adoção de, 428; adoção de, por chimpanzés machos, 384; bonobos como, 152; elefantes como, 181
Organização Mundial de Saúde, 65
organização social humana, 387-8
organizações de homossexuais, 402
orgasmo, 190-6
orgasmo vaginal, mito do, 192-3
orgulho gay, eventos de, 424
orientação sexual: cérebro na, 444; como inalienável e inalterável, 420, 445; como não exclusiva, 426; múltiplas categorias na, 421-2; origem da, 420-1
ornamentação sexual, 200-2
ornitólogos, 234
Oscar (chimpanzé), 383
Outamba (chimpanzé), 258-9
"ovelhas e cabras", 422, 424
ovinos, 419-20
ovos, 231, 401, 402
ovulação, 29, 260-1

pacificação, 298
Pacífico, ilhas do, culturas das, 44
padrastos, 244
pai do autor, 96-7
pais: adicionais, 244; brincadeiras brutas dos, 52; comprometimento e envolvimento emocional de, 237-9, 302-5, 393-4; mudanças no cérebro dos, 392-4; papel dos, como opcional, 394-5
Palagi, Elisabetta, 414
Palin, Sarah, 10-1
Palmer, Craig, 272, 274
pangênese, 224
papéis de gênero, 75; cenários

histórico e evolutivo dos, 186-9; definição, 83; imitação em, 69; interacionismo nas origens de, 74-5; modificação cultural de, 67

paramentação, atividades de, 203

parentesco, relações de, 312-4

parentesco genético, 388

Parish, Amy, 170, 174

Parker, Craig, 17

parteiras, 226, 395

parto, 225-6

pássaro-caramancheiro, 201

pássaros tecelões, 374

paternidade, 215, 237, 244-5, 388

paternidade, análise de, 261

"paternidade divisível", 244

"patologia comportamental", 239

patos, 273

patriarcado: acasalamento durante o pós-guerra e, 257; hierarquia primata e, 120-5; ideias polêmicas sobre, 147

Patterns of Sexual Behavior [Padrões de comportamento sexual] (Ford e Beach), 409

Pavarotti, Luciano, 92

pavões, 201

Pea (avestruz), 428

peixes, boca dos, 427

pelos, como sinal de gênero, 80, 208-10, 329

Pence, Mike, 356

penetração, 259, 411

pênis: bonobos, de, 184-5; clitóris comparado a, 190-1, 194-6; exibições de, 184-9, 187

pensamento humano, 105

Peony (chimpanzé), 77, 126

percepção de gênero, 38

perdão, 339

perguntas ao palestrante, gênero nas, 356

"personalidade" animal, 78

perspectiva, adoção de, 365-7, 385, 390

pessoas tóxicas, 19

piloereção (arrepio dos pelos), 80, 329, 341

pílula, a (pílula de estrogênio/ progesterona), 29-31, 257, 394

pílula do dia seguinte, 223

Pincemy, Gwénaëlle, 405

pinguins, parcerias sexuais em, 400-3

pinguins-de-barbicha, 400-2, 402

pinguins-de-humboldt, 401

pinguins-reis, 405

Pink Floyd, 254

Pinker, Steven, 167-8

Pitt, Brad, 276

planejamento familiar, 30

Planeta dos macacos (filme), 124

Platão, 441

poder, 287; dominância versus, 290-3; ideologia psicológica do, 116; luta humana pelo, 116

poder, pose de, 187

poder político, fatores do, baseados no gênero, 290-3, 311-2

policiamento, 298-9

poligamia, 120-2, 121

ponto G, 193

postura ereta, 210

Potts, Malcolm, 426

prazer, como objetivo sexual, 429-30

predadores, 138, 238, 242

predadores sexuais, 273

preferências pelo próprio gênero, 69-70

prepúcio, 195

presas: ancestrais humanos como, 386; partilha de, 206

preservativos, 30

prestígio, como marcador de status, 292-3

Price, Devon, 86

primatas: agressão competitiva de machos em, 16, 6-33-4; autossocialização em, 69-73; biologia comum entre, 19-23; chegada à idade adulta em, 25, 438; diferenças na força corporal em, 332; divergência dos hominídeos nos, *135*; dominância dos machos em, 304; energia sexual em, 228; escolha de brincadeiras em, 33-59; estudos sobre paternidade em, 214-5; gênero em, 15-8, 23-8, 67; hierarquias em, 120-48, 283, 305-10; hierarquias sociais em, 305-10; mãos de, 427; seres humanos como, 18, 31, 434; sexualidade das fêmeas em, 235

"primatas assassinos", teoria dos, 123, 166, 386

Primate Visions [Visões primatas] (Haraway), 143

primatologia, primatólogos, 252, 267, 339; bases científicas da, 143-8; estudos pós-modernos em, 142-6; influência de mulheres na, 137-42; tensões na, 124-5; viés de gênero em, 141-3; visão da sociedade pela, 23-8

Príncipe Chim (bonobo), 157, 163

privacidade, 387

privilégio masculino, 253, 257

"procriadores cooperativos", 345, 395

prolactina, 363

prostituição, 206, 226

proteção: papel masculino na, 380-5; perspectiva darwiniana da, 255

proteção materna, 10-1, 77, 140-1, 238, 308, 312-3, 358-61, 436; brinquedos na, 33-6, 42-5, *43*; chimpanzés e, 72-3; como comportamento aprendido, 55-6; comportamento sexual na, 241; machos bonobos e, 176-7

psicologia, 115-6, 429

psicologia evolutiva, 273-4

puberdade, 308, 352; aceleração da, 304; padrões de crescimento na, conforme o gênero, 95

punição, 292

quadrúmano (de quatro mãos), 158

quadrúpede (de quatro pés), 158

Queen Bees and Wannabes (Wiseman), 335

questionários, problemas de validade em, 230-1, 348, 390

queuing (esperar na fila), no status de alfa, 289

raças, variabilidade e coincidências em, 423

raciocínio, emoções e, 104-5

racionalidade, 104-5

racismo, 115, 423

raiva, 104-5, 347

rãs no vaso sanitário, 127

ratos, 339, 374, 378-9, 436

Real Chimpanzee, The [O verdadeiro chimpanzé] (Boesch), 263

"realizado", 211-2

recém-nascidos, escolhas de, baseadas no gênero, 46

reconciliação, 300, 337-44; contato sexual na, 343; papel do alfa na, 281-2, 306

reconhecimento de chamado, 405

reconhecimento facial, 280

recrutamento militar, 257

Reddy, Rachna, 384

rede de amizade entre machos, 322-3, 332-4

redes masculinas, 320

redesignação de gênero, 62, 404

Regent's Park, Zoológico de, 120

Registro de Gêmeos da Suécia, 421

Rei Leão, O (filme), 16

Reimer, David (Brenda), 63

Reinhardt, Viktor, 313

relação valiosa, hipótese da, 342

relações "conjugais" em chimpanzés, 205

religião, 439; controle da natalidade e, 29; visão pessimista da, 128

reprodução, 16, 221-6, *225*, 410, 413; atrasada, 438; como objetivo de agressão, 270; efeito da homosse-

xualidade na, 426-7; efeito da violência na, 259; status social e, 310
"reprodução", uso do termo, 223-6, 225
República (Platão), 441
República Democrática do Congo, 149-54, 161, 164, 169-71, 177, 179-80, 309, 365, 385
resiliência, 393
resos, macacos, 313; comportamento homossexual em, 406-7; resposta a filhos conforme o gênero, 358-9;
respeito, na liderança, 299
reverência, 316
revolução agrícola, 286
revolução sexual, 29-31
Rilling, James, 393-4
rinocerontes, 180, 300-1
rinocerontes-brancos, 300-1
Rippon, Gina, 432-4
risada, 340
rituais de saudação, 154-5
rituais de subordinação, 289-90, 290
rivalidade, 318-37; baseada em gênero, 92-3, 149-50, 320-1, 334-7; em chimpanzés, 9-10, 282, 339-43
robustez, como vantagem sexual, 276
Roosevelt, Franklin, 254-5
Roosje (chimpanzé), 111-2, 371-2, 381
Rosati, Alexandra, 333
Roselli, Charles, 419
rótulos, 423-5
Roughgarden, Joan, 89, 274, 430
Rowell, Thelma, 137-40
Roy (pinguim), 401-4, 402

"safáris" no acasalamento de chimpanzés, 261-2
saguis-cabeça-de-algodão (*Saguinus oedipus*), 379, 394; cuidados paternos em, 380
salário, estatura masculina e, 311

salas de cirurgia, 346, 347, 349
Salomão, rei, 11
San Diego, Zoológico de, 164, 169, 174, 385
Sapolsky, Robert, 297
Sarkozy, Nicolas, 311
Satan (chimpanzé), 297-8
saúde, condições de, baseadas no sexo, 26-7
Savage-Rumbaugh, Sue, 197
Savic, Ivanka, 418-9
Schenkel, Rudolf, 282
Schopenhauer, Arthur, 13-4
Scrappy (pinguim), 404
Sea Life, aquário de Londres, 405
segregação por sexo: em brincadeiras, 50; em hierarquias sociais, 305-10
Segunda Guerra Mundial, 122-3, 161, 210, 253, 256-7, 270, 442
seleção inversa, 300
seleção natural, 18, 200-1, 273, 300
seleção sexual, 200-1
sem pai, impacto hormonal sobre jovens, 302-4
Semendwa (bonobo), 156, 176
Senado dos Estados Unidos, Comissão Judiciária, 105
Senhor das moscas (Golding), 123, 128-9
seres humanos, 201, 435; ancestral distante dos, 264; bases biológicas e sociais em, 125-7; brinquedos e brincadeiras, escolha de, 34, 41-59; características em comum entre grandes primatas não humanos e, 159-72; como animais ultrassociais, 127; como grandes primatas, 134, 135, 151, 344, 435; comparações polêmicas com primatas, 120-5; competição entre adultos em, 336-7; disparidade de força conforme o gênero em, 51-3; DNA na árvore genealógica

dos, *135*; envolvimento masculino direto na criação de filhos, 386-95, *386*; estrutura familiar e violência em, 265-6; imaturidade prolongada em, 438-9; interdependência dos gêneros em, 437-8; perspectiva história de cultura versus biologia em, 73-4; princípio de Bateman em, 232-3; sinais sexuais biológicos em, 182-3; tabus sexuais de, 415-6; uso da linguagem por, 68; violência conforme o gênero em, 253

Sex and Friendship in Baboons [Sexo e amizade entre os babuínos] (Smuts), 140

sexismo, 21, 115

sexo anal, 408, 412, 420

sexo biológico: dimorfismo no, 329-30, 351, 355, 357; gênero versus, 19, 24-6, 73-90, 401-4, 434-5; terminologia do, 64-5, *83*, 434

sexo oral, 404

sexólogos, 60-5, 229-30

sexualidade: alimento e, 205-7; anatomia feminina na, 189-97; distinção binária na, 78-9, 418; diversidade na, 61; dominância masculina da, 186-7; duplo padrão cultural na, 229-31; passividade feminina na, 188; percepção exclusivamente humana da, 223-6; repressão da, 416

sexualidade feminina, 211-46; dominância das fêmeas na, 205-6; exibições de, 198, 202, 204-5, 213-4, 240-2, 327-8; iniciativa na, 245-6, 268; menosprezo da, 193-5

sexualidade masculina: exibições na, 211; mitos evolucionistas de, 186-9; potência sexual na, 227; violência na, 275, 343

Shaw, George Bernard, 105

Sheldrick, Daphne, 181

Short, Martin, 327

Short, Roger, 426

siamangos, 380

Silo (pinguim), 401-4, *402*

Simão, o Estilita, são, 226, 229

símbolos fálicos, 186

sinais odoríficos, 203, 419

sinais sexuais, 182-210

sinais visuais, 202-3

Smuts, Barbara, 140-1, 257-8, 275, 277

Snowdon, Charles, 379

Social Life of Monkeys and Apes, The [A vida social dos macacos e grandes primatas não humanos] (Zuckerman), 122

socialização: comportamento sexual e, 24-5; escolhas de brinquedos na, 33-6, *35*; fracasso sexual na, 63-4; papéis de gênero na, 45, 65-7; pessoas transgênero e, 85-6

socialização feminina, 445

Sociedade Internacional de Primatologia, 170, 238

Sociedade Zoológica de Londres, 124, 139

sociedades igualitárias, 316

sociedades poliândricas, 245

sociedades tribais, 314

Socko (chimpanzé), 198-9

sodomia, 404, 426

"solicitações adúlteras", 237

sorrisos, 213, 353-4

Spelman, Elizabeth, 442

Srebrenica, massacre de (1995), 255

Stany, Papa (*le Capitaine*), 153-4, 156, 172

status social: hierarquias no, 289-94, 314-7; reprodução e, 310

Steinem, Gloria, 278

Streep, Meryl, 19

Strum, Shirley, 147

Stutchbury, Bridget, 219

submissão, 213

Sugito (orangotango), 284

Sugiyama, Yukimara, 238-40

suicídio, 63, 302

Suma (orangotango), 203-4
suor, 419
superioridade masculina, 131-2, 169; explicação falha para a, 15
superpopulação, 389
Suprema Corte, EUA, 105, 404
supressão hormonal, 301, 303
Surbeck, Martin, 309
surdez em chimpanzés, 371
Swaab, Dick, 88, 417

tábula rasa, teoria da, 184
tamanho: agressão e, 267; diferenças de, conforme o gênero, 121-2, *121*; dominância masculina, *290*; viés de, 329-31
Tango (pinguim), 401
tartarugas, ameaça de extinção de, 227
Tarzan (filme), 124
taxas de gravidez na adolescência, 106
teoria de socialização dos gêneros, 45
Teoria do Verniz, 128
territorialidade, 149
testículos, 185, 191; remoção violenta dos, 247
testosterona, 95, 301, 352, 354, 393, 432
Thatcher, Margaret, 311
Theranos, 352
Thornhill, Randy, 272, 274
Thunberg, Greta, 181
Tia (chimpanzé), 382-3
"tias", 377
Tiger, Lionel, 325
timbre de voz, 160, 304, 351-2, 355-6
tom de voz, 351-6
tomada de decisão, 17
Tomé, Evangelho de, 439-40
Torre Eiffel, 186
torso, 276
Touro de Wall Street, 183
transexual, definição de, *83*
transfobia, 403, 424
transgênero, identidade, 84-90; uso do termo, 82, *83*

transgênero, pessoas, 25, 61-4, 403-4; número informado de, 85; preconceito contra, 84-90; tom de voz em, 353-5
transtorno de déficit de atenção e hiperatividade (TDAH), 48
transtorno do espectro autista, 27, 433
traseiro com traseiro, contato de, 413
traseiros, 198-201
Tratz, Eduard, 160-1
três tenores, 92
triângulo rosa, 424
troca de desaforos, 327
troféus, caçadores de, 300
Tutin, Caroline, 228

último abraço da matriarca, O (de Waal), 17
Uma (bonobo), 309
ungulados, 427
União Soviética: estupro pelo Exército Vermelho, 270; mortes na, durante 2ª Guerra Mundial, 257
universidades, hierarquia de poder em, 116-7
ursos, 239
útero, 193

Vacharkulksemsuk, Tanya, 186-7
vagina, 193
Valée des Singes, La, 178
Van Hooff, Jan, 125
Van Vugt, Mark, 311
veado, 201
Vernon (bonobo), 169
vestuário, características baseadas em gênero, 59
véu da evolução, 222, 223, 243, 428
Vicky (chimpanzé), 57-8
viés de gênero, raízes evolutivas do, 356
Vincent (macaco-prego), 225-6
vínculos do mesmo gênero, 429-30
vínculos entre fêmeas, 334, 343-4, 387; como fonte de poder e proteção, 264

Índice remissivo

vínculos entre machos, 324-5, 333-4, 344, 387-8
violência, 247-79, 436; chimpanzés e, 150, 165-6; conforme o gênero, 120-3, 121, 247-9, 254-5, 283-7, 343-4; elefantes desgarrados e, 300-1; natureza humana e, 166-8, 283-7; perpetradores e vítimas de, 247-8; retaliação de fêmeas por, 258-9
violência doméstica, 248, 266, 270, 277
"virilidade", estereótipos de, 393
visão em cores, 427
"viuvez", técnica da, 220
vocabulário de sexo e gênero, 83
vocalização na rivalidade, 341
Vohs, Kathleen, 229
vulnerabilidade, doença e, 294
vulva, 155, 159-60, 193, 197
Vygotsky, Lev, 373

Walker, Alice, 22
Wallen, Kim, 37-8
Warren, Elizabeth, 57
Washington, Monumento a, 186
Washoe (chimpanzé), 34
Wellington (babuíno), 141
Wicket (macaco-prego), 407-8
Wilson, Edward O., 233, 417
Wisconsin, Centro de Primatas de, 313, 358, 379

Wolfe, Linda, 410
"Woman as a Body" [A mulher como um corpo] (Spelman), 442
Women After All: Sex, Evolution, and the End of Male Supremacy [Mulheres, afinal: Sexo, evolução e o fim da supremacia masculina] (Konner), 102-3
Women's Inhumanity to Women [A desumanidade das mulheres com as mulheres] (Chesler), 324
Wrangham, Richard, 42, 167-8, 286
Wright, Quincy, 285

Yamamoto, Shinya, 365
Yerkes, Centro Nacional de Pesquisa em Primatas, 37, 197, 293, 299, 328, 366, 407
Yerkes, Estação de Campo de, 49, 77, 126
Yerkes, Robert, 157, 161, 203, 205-6
Yeroen (chimpanzé), 291-2, 298
YouTube, 108

Zahn-Waxler, Carolyn, 390
zebras, 224, 225, 233
zero a seis, escala Kinsey de classificação, 413, 421-2
Zuckerman, Solly, 122, 124-5, 129-32, 137, 283
Zurique, Zoológico de, 130

ESTA OBRA FOI COMPOSTA POR MARI TABOADA EM DANTE PRO E
IMPRESSA EM OFSETE PELA GRÁFICA SANTA MARTA SOBRE PAPEL PÓLEN SOFT
DA SUZANO S.A. PARA A EDITORA SCHWARCZ EM MAIO DE 2023

A marca FSC® é a garantia de que a madeira utilizada na fabricação do papel deste livro provém de florestas que foram gerenciadas de maneira ambientalmente correta, socialmente justa e economicamente viável, além de outras fontes de origem controlada.